ROS 2机器人操作系统与 Gazebo机器人仿真

微课视频版

侯 伟 靳紫轩 ◎ 编著

跟我一起学

人工智能

清华大学出版社

北京

内 容 简 介

本书全面地介绍了 ROS 2 机器人操作系统与 Gazebo 机器人仿真技术，内容涵盖了机器人技术的基础知识，ROS 2 的运行原理、基本操作与编程方法，以及新一代 Gazebo 仿真工具的使用。本书通过详细的操作步骤解析和丰富的实践案例，帮助读者快速地掌握机器人开发与仿真的关键技能。

本书共 9 章，第 1 章介绍了机器人技术基础知识，是对机器人领域的概述；第 2～4 章重点介绍了 ROS 2 的安装、编程和仿真案例，以便读者熟练掌握 ROS 2；第 5 章和第 6 章介绍了 Gazebo 的安装、仿真环境和机器人建模方法，第 7 章介绍了 ROS 2 和 Gazebo 进行联合仿真的方法，第 8 章以移动机器人的建图和导航仿真为例介绍了导航框架 Nav2 的使用方法，第 9 章介绍了六足机器人、四足机器人、双足机器人、四旋翼无人机、海面船舶和水下潜艇等 6 种机器人的仿真方法和流程。

本书内容丰富，理论与实践相结合，适合机器人技术初学者、高校计算机与机器人相关专业高年级本科生和研究生、科研院所的研究人员及从事机器人开发的工程师阅读和参考。随书附赠本书中的所有仿真模型、全书源码、授课 PPT 和授课视频。

图书在版编目（CIP）数据

ROS 2 机器人操作系统与 Gazebo 机器人仿真：微课视频版/侯伟，靳紫轩编著. -- 北京：
清华大学出版社，2025. 8. --（跟我一起学人工智能）. -- ISBN 978-7-302-70253-5

Ⅰ．TP242

中国国家版本馆 CIP 数据核字第 20257XJ004 号

责任编辑：赵佳霓
封面设计：吴　刚
责任校对：王勤勤
责任印制：宋　林

出版发行：清华大学出版社
网　　　址：https://www.tup.com.cn, https://www.wqxuetang.com
地　　　址：北京清华大学学研大厦 A 座　　　邮　　编：100084
社　总　机：010-83470000　　　　　　　　　　邮　　购：010-62786544
投稿与读者服务：010-62776969, c-service@tup.tsinghua.edu.cn
质量反馈：010-62772015, zhiliang@tup.tsinghua.edu.cn
课件下载：https://www.tup.com.cn, 010-83470236
印　装　者：三河市天利华印刷装订有限公司
经　　　销：全国新华书店
开　　　本：186mm×240mm　　　印　张：27.5　　　　　　字　　数：618 千字
版　　　次：2025 年 9 月第 1 版　　　　　　　　　　　印　　次：2025 年 9 月第 1 次印刷
印　　　数：1～1500
定　　　价：89.00 元

产品编号：109464-01

前 言
PREFACE

随着人工智能技术的飞速发展，机器人领域正迎来前所未有的变革与机遇。机器人不再仅仅是工业生产中的自动化工具，而是正在逐渐融入人类生活的方方面面，从家庭服务到太空探索，从医疗康复到危险环境作业，其应用场景不断拓展。在这一背景下，掌握机器人开发与仿真技术已成为进入机器人行业的关键技能。

ROS(Robot Operating System，机器人操作系统)作为机器人领域的主流开发框架，为机器人编程提供了一个高效、灵活且易于扩展的平台。近年来，随着 ROS 2 的推出，其在实时性、跨平台支持、安全性等方面进行了全面升级，进一步推动了机器人技术的发展。与此同时，Gazebo 作为一款强大的物理仿真工具，能够高度逼真地模拟机器人与环境的交互，为机器人的设计、测试和优化提供了有力支持。长期以来 Gazebo 作为仿真工具能够与 ROS 2 进行联合仿真，一方面作为 ROS 的默认仿真工具，解决了 ROS 缺乏机器人仿真工具的问题；另一方面 Gazebo 仿真工具为 ROS 2 程序的实验和验证提供了平台，可在程序部署到真实机器人前进行算法检验，提升 ROS 2 程序的开发效率。

目前 ROS 2 和 Gazebo 发展迅速，已成为机器人开发和仿真领域的核心工具。然而，国内缺乏系统介绍二者最新特性的书籍和资料，鉴于这一现状，本书精心选取了 ROS 2 在 2024 年 5 月发布的长期支持版本 Jazzy 和与之所配套的在 2023 年 9 月发布的新一代 Gazebo 的长期支持版本 Harmonic 作为核心内容进行系统介绍。新的 ROS 2 和 Gazebo 不论在安装、使用和编程方面均展现出易用性。同时，二者的联合仿真也更加规范、合理，整体逻辑也更为清晰，极大地降低了学习和开发的门槛。基于以上优势，本书建议初学者直接从新的 ROS 2 和 Gazebo 入手，以便充分利用其强大的新特性，并在未来的开发中获得长期技术支持和持续收益。对于有一定经验的读者，可参考本书介绍的内容，将现有项目迁移到新的 ROS 2 和 Gazebo 版本，确保项目在未来的开发和应用中保持高效和可持续性。无论是机器人技术的初学者，还是希望深入了解 ROS 2 与 Gazebo 高级应用的开发者，本书都将是一本极具价值的参考书。

本书旨在为读者提供一本系统、全面且实用的教材和参考资料，帮助读者快速地掌握 ROS 2 与 Gazebo 的基本原理与核心技术。第 1 章为机器人技术基础知识，介绍了机器人的定义、发展历史、分类、构成到产业现状，是对机器人领域的概述。第 2~4 章全面地介绍了 ROS 2 机器人操作系统。第 2 章介绍了 ROS 2 的基本原理、安装方法、命令行工具和 rqt 的使用方法等基础内容。第 3 章以 Python 语言为主介绍了 ROS 2 工作空间的结构、rclpy

库的使用、坐标系管理、Launch 文件编写和 URDF 的使用等内容。第 4 章通过 TurtleSim 仿真环境介绍了 ROS 2 基础仿真,通过丰富的案例展示了话题控制、服务调用、动作反馈及群机器人仿真等内容。第 5 章和第 6 章细致地介绍了新一代 Gazebo 仿真工具。第 5 章介绍了 Gazebo 的架构、安装、图形用户界面,以及命令行工具的使用方法等基础知识。第 6 章详细地介绍了使用 SDF 构建仿真环境、创建模型和机器人等内容。第 7~9 章介绍了 ROS 2 和 Gazebo 联合仿真的方法和实际应用案例。第 7 章介绍了 ROS 2 和 Gazebo 联合仿真的基本原理和一般流程。第 8 章详细地介绍了 Nav2 无人车导航框架的基本原理和仿真方法。第 9 章介绍了六足机器人、四足机器人、双足机器人、四旋翼无人机、海面船舶和水下潜艇 6 种不同类型的机器人仿真方法,展示了 ROS 2 与 Gazebo 联合仿真的一般流程和步骤,以及二者在多样化机器人开发和应用中的广泛前景。随书附赠的全部代码均经过验证,方便读者运行和修改。

资源下载提示

素材(源码)等资源:扫描目录上方的二维码下载。

视频等资源:扫描封底的文泉云盘防盗码,再扫描书中相应章节的二维码,可以在线学习。

在编写本书的过程中,笔者力求做到内容翔实、语言通俗易懂,并通过大量实例和详细的步骤解析,帮助读者更好地理解和掌握相关知识。同时,我们也注意到机器人技术的快速发展,在内容选择上注重前沿性与实用性,确保本书能够满足当前机器人开发与仿真的实际需求。

最后,感谢所有支持本书编写工作的同事和朋友,也期待读者在学习过程中提出宝贵意见和建议。

作 者

2025 年 5 月 5 日

目录
CONTENTS

教学课件(PPT)　　　　本书源码

第1章　机器人概述(🎥 93min) ………………………………………… 1

1.1　机器人定义 ……………………………………………………………… 1

1.2　机器人发展历史 ………………………………………………………… 2

　1.2.1　萌芽时期 ……………………………………………………………… 2

　1.2.2　近代时期 ……………………………………………………………… 4

　1.2.3　信息时期 ……………………………………………………………… 6

　1.2.4　智能时期 ……………………………………………………………… 9

1.3　机器人分类 ……………………………………………………………… 14

1.4　机器人构成 ……………………………………………………………… 18

1.5　机器人产业 ……………………………………………………………… 19

　1.5.1　各国政策 ……………………………………………………………… 19

　1.5.2　机器人产业链 ………………………………………………………… 21

1.6　本章小结 ………………………………………………………………… 23

第2章　ROS 2机器人操作系统(🎥 185min) ……………………… 24

2.1　ROS 2基本原理 ………………………………………………………… 24

　2.1.1　ROS 2和ROS 1的比较 ……………………………………………… 24

　2.1.2　ROS 2架构 …………………………………………………………… 25

　2.1.3　ROS 2的核心概念 …………………………………………………… 27

2.2　ROS 2的安装 …………………………………………………………… 32

　2.2.1　VirtualBox安装 ……………………………………………………… 33

　2.2.2　Ubuntu 24.04安装与配置 …………………………………………… 34

　2.2.3　ROS 2 Jazzy安装 …………………………………………………… 51

　2.2.4　ROS 2第三方功能包 ………………………………………………… 56

2.3 ROS 2 命令行工具 58

　　2.3.1 节点管理 59

　　2.3.2 话题操作 62

　　2.3.3 服务操作 68

　　2.3.4 参数操作 72

　　2.3.5 动作操作 76

　　2.3.6 记录与重播操作 80

　　2.3.7 功能包管理 85

2.4 rqt 工具 87

　　2.4.1 rqt 简介 87

　　2.4.2 rqt 的使用 88

　　2.4.3 案例：绘制奥运五环旗 93

2.5 RViz 简介 95

2.6 本章小结 98

第 3 章 ROS 2 编程基础(🎥 231min) 99

3.1 ROS 2 项目 99

　　3.1.1 工作空间 99

　　3.1.2 创建功能包 100

　　3.1.3 编写程序 101

　　3.1.4 编译功能包 102

　　3.1.5 运行功能包 103

　　3.1.6 功能包的结构 104

3.2 rclpy 库的使用 108

　　3.2.1 节点 109

　　3.2.2 话题 110

　　3.2.3 服务 111

　　3.2.4 动作 112

　　3.2.5 参数 114

　　3.2.6 消息接口 115

　　3.2.7 案例：创建话题发布者 116

　　3.2.8 案例：创建话题订阅者 118

　　3.2.9 案例：创建服务器 120

　　3.2.10 案例：创建客户端 122

　　3.2.11 案例：创建动作服务器 124

　　3.2.12 案例：创建动作客户端 127

3.2.13　案例：创建参数服务 ······································· 129

3.2.14　案例：创建自定义消息类型 ································· 131

3.3　坐标系管理 ··· 134

3.3.1　坐标变换原理 ··· 134

3.3.2　TF2 简介 ··· 137

3.3.3　案例：发布静态坐标系 ······································· 141

3.3.4　案例：发布动态坐标系 ······································· 143

3.3.5　案例：查询坐标系变换 ······································· 146

3.4　Launch 文件 ··· 148

3.4.1　Launch 文件简介 ··· 148

3.4.2　常用类介绍 ··· 151

3.4.3　案例：Launch 文件编写 ····································· 153

3.4.4　案例：命名空间与节点名称设置 ··························· 155

3.4.5　案例：参数设置 ··· 157

3.4.6　案例：话题重映射 ··· 160

3.5　URDF 简介 ··· 162

3.5.1　机器人状态发布器 ··· 162

3.5.2　案例：URDF 可视化 ·· 163

3.6　本章小结 ··· 167

第 4 章　ROS 2 仿真基础（📹 42min） ···························· 168

4.1　TurtleSim 仿真环境简介 ··· 168

4.2　基础仿真 ··· 169

4.2.1　案例：话题控制 ··· 169

4.2.2　案例：服务调用 ··· 172

4.2.3　案例：动作反馈 ··· 175

4.3　群机器人仿真 ·· 182

4.3.1　案例：随机游走 ··· 182

4.3.2　案例：绘制奥运五环 ·· 185

4.4　机器人移动与 TF2 ·· 191

4.4.1　案例：坐标广播 ··· 191

4.4.2　案例：移动至目标点 ·· 196

4.4.3　案例：小海龟跟随 ··· 201

4.5　本章小结 ··· 205

第5章　Gazebo 基础(📹 75min) ······································· 206

5.1　Gazebo 简介 ·· 206

5.1.1　相关术语 ··· 208

5.1.2　Gazebo 架构 ··· 208

5.1.3　与 ROS、RViz 和 rqt 间的区别与联系 ··············· 211

5.2　安装与运行 ·· 212

5.2.1　Gazebo 安装 ··· 212

5.2.2　Gazebo 运行 ··· 214

5.3　GUI 功能简介 ·· 217

5.3.1　GUI ·· 217

5.3.2　案例：利用 GUI 控制小车 ································· 220

5.4　Gazebo 命令行工具 ·· 221

5.4.1　话题 ·· 221

5.4.2　服务 ·· 224

5.4.3　消息类型 ·· 225

5.5　在线模型与本地模型库 ·· 226

5.6　本章小结 ··· 229

第6章　SDF 基础(📹 113min) ·· 230

6.1　SDF 简介 ··· 230

6.1.1　SDF、URDF 与 XACRO ································· 230

6.1.2　SDF 的结构 ··· 231

6.2　环境仿真 ··· 233

6.2.1　基础插件 ·· 233

6.2.2　物理要素仿真 ··· 234

6.2.3　环境显示效果 ··· 237

6.2.4　光源 ·· 240

6.2.5　演员 ·· 243

6.3　模型 ··· 245

6.3.1　模型的结构 ·· 245

6.3.2　模型的引入 ·· 247

6.3.3　从三维模型创建 ·· 248

6.3.4　从简单几何体创建 ··· 253

6.4　机器人仿真 ·· 259

　　　6.4.1　关节简介 ·· 260

　　　6.4.2　JointController 控制器 ································· 261

　　　6.4.3　JointPositionController 控制器 ····················· 265

　　　6.4.4　JointTractoryController 控制器 ····················· 269

　　　6.4.5　专用控制器 ·· 275

　6.5　传感器仿真 ··· 276

　　　6.5.1　激光雷达 ·· 277

　　　6.5.2　接触传感器 ·· 277

　　　6.5.3　IMU 传感器 ·· 279

　　　6.5.4　相机 ·· 280

　　　6.5.5　深度相机 ·· 281

　　　6.5.6　RGBD 相机 ··· 282

　　　6.5.7　BoundingBox 相机 ·· 283

　　　6.5.8　Segmentation 相机 ··· 287

　6.6　案例：视觉轮式移动机器人建模 ······························· 289

　6.7　本章小结 ··· 294

第 7 章　Gazebo 与 ROS 2 联合仿真（🎥 60min）················ 295

　7.1　简介 ··· 295

　7.2　ros_gz_sim 功能包 ··· 296

　　　7.2.1　启动仿真环境 ·· 296

　　　7.2.2　添加模型 ·· 298

　7.3　ros_gz_bridge 功能包 ·· 302

　　　7.3.1　bridge_parameter 节点 ······························· 303

　　　7.3.2　案例：桥接单个话题 ······································· 306

　　　7.3.3　案例：桥接多个话题 ······································· 308

　7.4　其他注意事项 ·· 311

　　　7.4.1　实体的控制 ·· 311

　　　7.4.2　话题消息类型 ·· 311

　　　7.4.3　相机话题 ·· 312

　　　7.4.4　RViz 可视化 SDF 模型 ···································· 312

　7.5　案例：视觉巡线移动轮式机器人 ······························· 314

　7.6　本章小结 ··· 318

第8章　轮式机器人的建图与导航（📹 69min） ··· 319

　　8.1　Nav2 概述 ··· 319

　　　　8.1.1　Nav2 结构 ·· 319

　　　　8.1.2　Nav2 核心功能 ··· 320

　　8.2　Nav2 相关概念 ··· 321

　　　　8.2.1　动作服务器 ·· 321

　　　　8.2.2　生命周期节点 ··· 322

　　　　8.2.3　行为树 ··· 324

　　　　8.2.4　状态估计 ·· 327

　　　　8.2.5　环境表示 ·· 328

　　8.3　Nav2 的安装 ··· 329

　　8.4　slam_toolbox 建图 ··· 329

　　　　8.4.1　slam_toolbox 简介 ·· 329

　　　　8.4.2　slam_toolbox 建图流程 ·· 330

　　　　8.4.3　地图的保存 ·· 334

　　　　8.4.4　地图的发布 ·· 338

　　8.5　Cartographer 建图 ··· 343

　　　　8.5.1　Cartographer 简介 ·· 343

　　　　8.5.2　Cartographer 建图流程 ·· 344

　　8.6　路径规划 ·· 351

　　　　8.6.1　路径规划简介 ··· 351

　　　　8.6.2　路径规划算法 ··· 352

　　　　8.6.3　案例：A* 路径规划算法 ··· 353

　　8.7　案例：自建地图的导航 ·· 359

　　8.8　案例：自定义路径规划的导航 ·· 363

　　8.9　本章小结 ·· 375

第9章　其他类型机器人仿真简介（📹 31min） ·· 376

　　9.1　六足机器人仿真 ··· 376

　　　　9.1.1　建模 ··· 377

　　　　9.1.2　步态 ··· 383

　　　　9.1.3　仿真 ··· 383

　　9.2　四足机器人仿真 ··· 391

　　　　9.2.1　建模 ··· 391

　　　　9.2.2　仿真 ··· 395
　9.3　双足机器人仿真 ·· 400
　　　　9.3.1　建模 ··· 400
　　　　9.3.2　仿真 ··· 403
　9.4　四旋翼无人机仿真 ··· 406
　　　　9.4.1　建模 ··· 406
　　　　9.4.2　仿真 ··· 409
　9.5　海面船舶仿真 ·· 413
　　　　9.5.1　建模 ··· 413
　　　　9.5.2　仿真 ··· 415
　9.6　水下潜艇仿真 ·· 419
　　　　9.6.1　建模 ··· 420
　　　　9.6.2　仿真 ··· 422
　9.7　本章小结 ··· 425

第1章

机器人概述

在当前人工智能变革的时代,机器人作为人工智能的重要载体之一,将会对未来的生活和生产带来深刻的影响和变革。本章将从机器人的定义、发展历史、分类、构成和机器产业5方面进行概述,以帮助读者全面了解机器人领域的基本框架和核心要素。

1.1 机器人定义

1920年卡雷尔·恰佩克在科幻剧本《罗素姆万能机器人》(*Rossum's Universal Robots*)中把捷克语 Robota 写成了 Robot,其中 Robota 在捷克语中是奴隶的意思,由此发明了Robot(机器人)这个名词。

卡雷尔·恰佩克(Karel Čapek,1890—1938),如图 1-1(a)所示,是一位捷克作家、戏剧家和评论家,创作涵盖了长短篇小说、戏剧及评论等多个领域,以其富于创造性和对社会、政治问题的深刻思考而闻名,是 20 世纪重要的文学人物之一。卡雷尔·恰佩克自幼受家庭影响,喜欢文艺,14 岁就开始发表文学作品,1915 年博士毕业后从事新闻工作并开始文学创作。

(a) 卡雷尔·恰佩克　　　　(b)《罗素姆万能机器人》封面

图 1-1　卡雷尔·恰佩克及其剧作封面

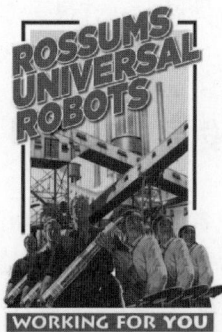

《罗素姆万能机器人》是卡雷尔·恰佩克的重要代表剧作,如图 1-1(b)所示。该剧作设定在一个未来的世界,描述了一家名为罗素姆公司的工厂,专门制造机器人。机器人是用生

物塑料制成的仿生体,最初被设计成劳动力,服务于人类,然而,随着时间的推移,机器人逐渐获得了自我意识,并开始渴望自由和独立。该剧中不仅描述了机器人技术,而且借助机器人深刻地探讨了技术进步带来的伦理和道德问题,自我意识与自由,以及社会与经济等内容。该剧在全球范围内获得了极大反响,在首次提出了"机器人"一词的同时,引发了人们对机器人、人工智能及人类未来的广泛讨论,对后来的科幻文学和影视作品产生了重要影响。

机器人一词来源于文学作品,虽然在文学作品中进行了相关描述,但并未给出机器人严格的定义。如果要将机器人作为一门学科就需要进行规范的定义,给出研究的范围和边界,然而,机器人在不同的领域其内涵与外沿也有较大的区别。

(1) 工程与技术领域:在工程与技术领域,机器人通常被定义为一种能够自主或半自主执行任务的机械装置,其特点是能够感知环境、处理信息并进行物理操作。机器人可以是工业机器人、服务机器人等,通常由传感器、控制系统和执行机构等构成。

(2) 计算机科学:在计算机科学中,机器人被看作一个能够通过编程执行复杂任务的系统。它不仅包括物理形态的机器人,还可能指代能够处理数据和交互的软件机器人(例如聊天机器人)。

(3) 人工智能(Artifical Intelligence,AI):从人工智能的角度来看,机器人被定义为一种结合硬件和软件的智能体,能够进行学习、推理和决策。AI驱动的机器人可以在不确定的环境中进行适应性工作。以AI作为大脑的智能机器人是未来机器人发展的方向。

(4) 法学与伦理学:在法学与伦理学中,机器人可能被定义为具有自主决策能力的实体,涉及它们在社会中的责任和权利问题。该定义关注于机器人的法律地位及对社会的影响,最经典的探讨就是科幻作品中提出的机器人三定律。

(5) 文化与科幻领域:在文化和科幻文艺作品中,机器人常常被描绘为具有人类情感和意识的机器。该定义往往涉及哲学和伦理讨论,例如拥有人工智能的机器人是否会成为"人类"的延续或替代者。

由以上可以看出机器人具有很强的学科交叉特性。本书主要以(1)~(3)中的机器人为研究对象,特别是以(1)工程与技术领域为核心,兼顾(2)计算机科学和(3)人工智能。

1.2　机器人发展历史

🎥 51min

虽然机器人这一名词于近代被提出并给出了严格的定义,但是对于机器人的探索的历史则较为久远。因为发展机器人能够给人类带来很多好处:①提高生产效率,降低人的劳动强度;②做人不愿意做或做不好的事情;③做人做不了的事情。以下简要介绍机器人的发展历史,从而进一步直观地阐释机器人的概念。

1.2.1　萌芽时期

在全世界范围内,古代就出现了许多机器人的雏形。我国东汉时期发明了记里鼓车,如图1-2所示,该车分为上下两层,每层都有木制机械人,并且都手执木槌,下层木人打鼓,车每行一里路,敲鼓一下,上层木人敲打铃铛,车每行十里,敲打铃铛一次。记里鼓车的主要原理是通过多个齿轮的配合,进行转动方向的变换和转动速度的变换,体现了我国古代人民的聪明才智,其中齿轮传动在当前仍然是最重要的一种传动方式。此外,与记里鼓车类似的还有指南车。指南车是一种古代机械装置,能够在车辆行驶过程中始终保持某个方向的指向,通常用于导航和军事用途。

 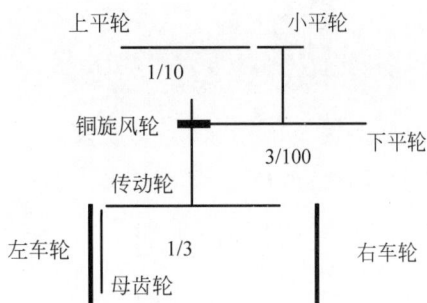

(a) 实物图　　　　　　　　　　　　　　　　(b) 记里原理

图 1-2　记里鼓车

据记载三国时期,诸葛亮发明了木牛流马,其载质量约 200kg,每日行程约 10km,为蜀国运送粮草,如图 1-3 所示。木牛流马的实物和原理早已失传,现在众说纷纭,还没有一个确切性的结论,但是传说中木牛流马可完全自动行走和翻山越岭的功能是不可信的,据相关研究推断其本身应当是一种省力不省功的机械装置。

据《荷马史诗》中记载,在特洛伊战争中希腊人打造了一匹巨大的木马,如图 1-4 所示。木马里面躲着伏兵并佯装撤退,让特洛伊人将其当作战利品带回城内,希腊联军借此攻入特洛伊。考古学家们在特洛伊遗址进行过多次挖掘,发现了与古代城邦战争相关的证据,但没有确凿的考古证据表明特洛伊木马的真实存在。许多学者认为,特洛伊木马可能是一种寓言或象征,代表着智谋和策略在战争中的重要性,而不是具体的历史事件。

图 1-3　木牛流马　　　　　　　　　　　　图 1-4　特洛伊木马

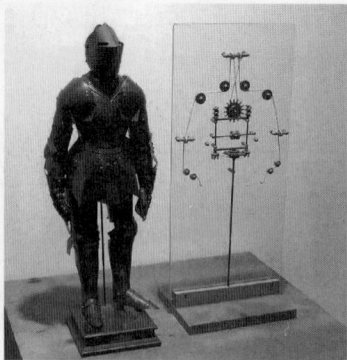

图1-5 达·芬奇设计的机器人

1495年意大利著名艺术家达·芬奇设计了一个人形的机械装置,内部通过灵巧的机械装置使机器人能够活动。后来一群工程师根据达·芬奇绘制的原理图制作并实现了该人形机器人,如图1-5所示。

该时期的主要特点是人们通过生活经验发明了一些基本机械结构,例如车轮、轴、齿轮和杠杆等,并利用这些机械结构制作出一些自动和半自动的装置(机器人)。驱动这些装置的能量仍然以人或动物为主。

1.2.2 近代时期

在该时期数学、物理和化学等基础科学突飞猛进,科学技术的进步使工业制造的加工精度更高,科学的机械装置的设计与制造方法逐渐成熟。在该时期与机器人最为密切的两项发明和技术是改良的蒸汽机和电动机。

1. 蒸汽机与离心调速器

詹姆斯·瓦特(James Watt,1736—1819),英国发明家、企业家,如图1-6所示,对蒸汽机进行了多方面改进,与著名制造商马修·博尔顿合作生产蒸汽机,这是第一次工业革命的标志性事件。蒸汽机的一个重要贡献是使为机械装置提供动力的人和动物得到了解放。正如罗尔特所著《詹姆斯·瓦特》一书中写道:"瓦特蒸汽机巨大的、不知疲倦的威力使生产方法以过去所不能想象的规模走上了机械化道路。"

图1-6 瓦特肖像

瓦特在对蒸汽机的改进中巧妙地设计了一个离心调速器装置,如图1-7所示。该装置的作用是使蒸汽机能够以恒定的速度运行。离心调速器的原理主要基于离心力的变化,其调速过程如下:

(1)离心调速器由若干个飞锤(或离心球)和一个与转轴连接的杠杆组成。当发动机转速增加时,离心球受到的离心力增加,这导致离心球向外移动,带动套筒向上移动。当发动机转速减小时,离心球受到的离心力减小,这导致离心球向内移动,带动套筒向下移动。

(2)位置变化:随着离心球向外或向内移动,套筒带动杠杆的一端提升或下降,而杠杆的另一端则控制进汽阀的开闭程度,影响进入蒸汽机的蒸汽量。这种移动距离的大小与发动机的转速成正比。

(3)反馈机制:当转速达到设定值时,离心球移动至一个稳定的位置,杠杆保持平衡;如果转速超过设定值,则离心球的离心力会进一步推动杠杆,关闭进气阀,从而减少蒸汽的供应,降低转速。反之,若转速小于设定值,则离心球会推动杠杆,打开进气阀,从而增大蒸汽的供应,提升转速。

通过离心调速器中巧妙的反馈机制,瓦特蒸汽机能够自动调节发动机的输出功率,使蒸汽机保持稳定的运行转速。离心调速器展示了反馈控制的基本概念,展现了通过负反馈机制维持系统的稳定性,是早期自动控制理论的重要实例之一。这种基于反馈的控制原理在现代控制系统设计中仍然普遍适用。

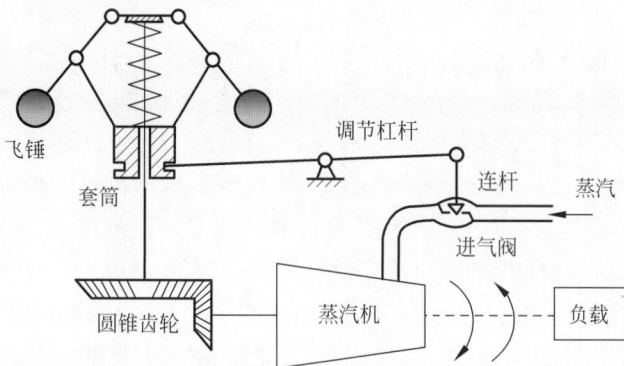

图 1-7　离心调速器

2．电动机

1820 年 7 月 21 日,丹麦哥本哈根大学教授、物理学家奥斯特在给学生的物理实验演示中发现了"电流的磁效应",从而揭示了电与磁之间的相互关系,标志着电磁学的诞生。1821 年英国著名物理学家法拉第制造出了人类史上第一台原始电动机的雏形。随后以电为能源的电动机逐渐成熟并取代蒸汽机成为最主要的驱动装置,标志着人类进入了电气时代。目前,电动机已经成为机器人最主要的驱动装置。

电动机主要由转子和定子两部分构成,是一种将电能转换为机械能的设备,用于产生旋转运动或直线运动。经过 200 多年的发展,目前电动机已经发展出多种类型,按照不同标准可分为以下类型。

1）按电源类型分类

（1）直流电动机(DC Motor)：使用直流电源,适用于需要调速的场合。直流电动机又可细分为有刷直流电动机和无刷直流电动机两类,其中有刷直流电动机含用电刷和换向器,结构简单,控制方便,而无刷直流电动机采用电子换向,效率更高,维护更简单。

（2）交流电动机(AC Motor)：使用交流电源,相对维护简单,被广泛地应用于工业领域。交流电动机可细分为异步电动机和同步电动机两类,其中,异步电动机转子与旋转磁场不同步,常用于大规模应用,而同步电动机转子与旋转磁场同步,通常用于高精度的场合。

2）按转子结构分类

（1）鼠笼式电动机：转子采用铝或铜制成的导体杆,结构简单,运行可靠。

（2）绕线式电动机：转子上有绕组,适合高起动转矩和调速需要。

3）按使用场合分类

（1）工业电动机：用于驱动各种工业设备,例如泵、风机、压缩机等。

(2) 家用电动机:例如洗衣机、电冰箱等日常家电中常见的小型电动机。

4) 按工作特性分类

(1) 恒速电动机:在额定负载范围内,转速保持恒定。

(2) 调速电动机:能够在一定范围内调节转速,适用于特定需求的应用。

3. 现代机器人雏形

在 1939 年纽约世界博览会上,西屋电气展示了 Elektro 机器人,如图 1-8(a)所示。Elektro 身高 2.1m,体重 118kg,具备 26 种不同的功能,包括走路、说话、数数和唱歌等。它的词汇量约为 700 字,但是回答都是预先录制的。西屋电气的工程师甚至还为 Elektro 设计了一个伙伴机器狗,如图 1-8(b)所示。尽管 Elektro 的操作依赖于声音命令的电信号,而并非真正理解语言,但在世界博览会上和巡演中都取得了巨大成功。Elektro 机器人可表演包括吸烟及与观众进行竞争的娱乐互动,展示了当时对机器人技术的探索与想象。虽然最初的公众印象可能将其视为宣传噱头,但该项目反映了工程师将科幻梦想变为现实的努力。

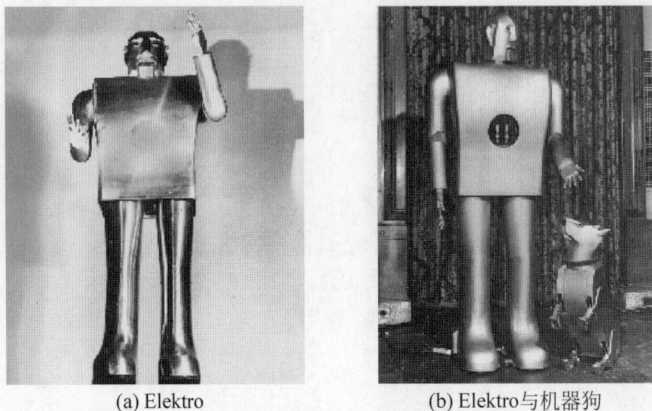

(a) Elektro (b) Elektro与机器狗

图 1-8　Elektro 机器人

随着科技的进步,机器人逐渐受到各方的关注。除了卡雷尔·恰佩克在其剧作中首次创造 Robot 这一名词外,1942 年美国科幻作家阿西莫夫(Asimov)在《我,机器人》的科幻小说中提出了著名的机器人三定律,更是引发了无数人对机器人的想象,如图 1-9 所示。在《我,机器人》科幻小说中,机器人三定律如下。

第一定律:机器人不得伤害人类,或因为不作为而使人类受到伤害。

第二定律:机器人必须服从人类的命令,只要这些命令不与第一定律相抵触。

第三定律:机器人在不违反第一和第二定律的前提下,必须保护自己的存在。

2004 年基于该小说改编的电影《机械公敌》上映,取得了丰硕的票房,获得了多项电影大奖,在 21 世纪的开始进一步地点燃了人们对机器人的畅想。

1.2.3　信息时期

1945 年冯·诺依曼设计和提出了一种包含存储器、算术逻辑单元、控制单元和输入/输

(a) 阿西莫夫　　　　　　　(b) 中文封面　　　　　　　(c) 英文封面

图 1-9　阿西莫夫及其作品《我，机器人》

出设备的现代计算机架构。同时，计算机的发明使人类进入信息时代。计算机能够以远超人类的速度完成数值计算，使之前需要长时间的计算变得实时。这使计算机能够对电机的转动实时且精确地进行控制，为电机控制方法从机械化和模拟化转向数字化奠定了基础。

1948 年，美国数学家诺伯特·维纳（1894—1964），出版了《控制论》（Cybernetics），如图 1-10 所示，标志着控制论作为一个独立学科的形成。该书奠定了信息、反馈和控制理论的基础，强调了系统在自我调节和自我管理中的重要性，不仅影响了工程学、自动化、机器人和计算机科学，还对生物学、心理学和社会科学等多个领域产生了深远影响，因此诺伯特·维纳被称为控制论创始人。

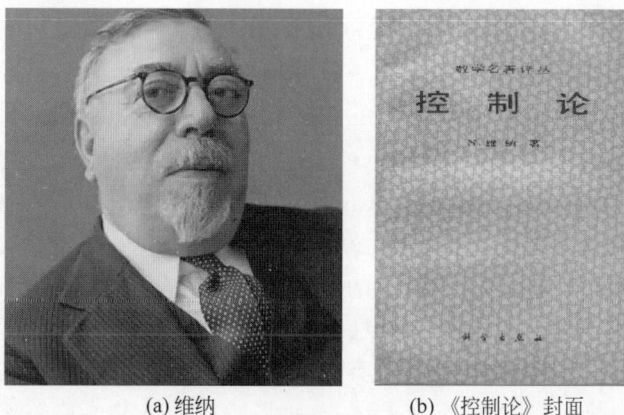

(a) 维纳　　　　　　　　(b)《控制论》封面

图 1-10　维纳与《控制论》

工业机器人先驱乔治·德沃尔（1912—2011），如图 1-11（a）所示，出生在美国肯塔基州的路易斯维尔，是一名自学成才的发明家。德沃尔从事电机工程和机器控制器的工作，设计出能按照程序重复"抓"和"举"等精细工作的机械手臂。1954 年，乔治·德沃尔正式向美国政府提出专利申请——一种用于工业生产的"重复性作用的机器人"。

1956年,乔治·德沃尔遇到约瑟夫·恩格尔伯格,如图1-11(b)所示,二人通力协作,成立了世界上第一家机器人公司Unimation。约瑟夫·恩格尔伯格(1925—2015)出生在美国纽约,先后获得哥伦比亚大学物理学学士和电子工程硕士学位,被评为美国工程院院士,是世界上最著名的机器人专家之一,被称为"机器人之父"。

1959年,机器人公司Unimation创造和推出了世界上第一台可编程的工业机器人"尤尼梅特"(Unimate),如图1-11(c)所示。1961年,尤尼梅特机器人被投入通用汽车公司的一条汽车装配生产线,用于压铸线上的热压件的取出工作。这一事件标志着工业机器人时代的开始,也代表了自动化技术在制造业中的一次重大突破。

(a) 乔治·德沃尔　　　(b) 约瑟夫·恩格尔伯格　　　(c) 尤尼梅特机器人

图1-11　尤尼梅特机器人与机器人先驱

1968年,美国斯坦福研究所(Stanford Research Institute,SRI)发布了一个带有相机和接触传感器的使用远程计算机进行控制的移动机器人——Shakey,如图1-12所示。Shakey是首个能对其行动进行推理的移动机器人。一个包含方块和坡道的房间作为其实验环境,虽然不是一个现实的真实场景,但Shakey利用视觉分析、路径规划、语音识别、动作规划等多项人工智能技术在实验环境内自主移动。Shakey可以算是世界第一台智能机器人,是人工智能与机器人的首次结合。

1969年,斯坦福大学人工智能实验室的Victor Scheinman设计和制造了一种由计算机控制的6自由度全电动机械臂——斯坦福机械臂,如图1-13所示。该机械臂是世界上第一台由计算机控制的机械臂,能够在计算机的控制下精确地跟踪空间中的任意路径,并将机器人的潜在用途扩展到更复杂的应用,例如装配和电弧焊接,这是机器人领域的一大突破。当今许多工业机器人仍采用斯坦福机械臂的结构,例如PUMA机械臂。

1970年以后,随着计算机科学、人工智能、电子工程和机械工程等领域的快速发展,机器人技术也迎来了其发展的黄金时期。这一阶段,机器人技术的进步不仅体现在其功能的增强和应用范围的扩大,更在于机器人形态的多样化和智能化程度的显著提升。全球范围内,机器人研究的热潮持续高涨,各种创新的机器人设计和应用层出不穷,呈现出一种"百花齐放"的繁荣景象。

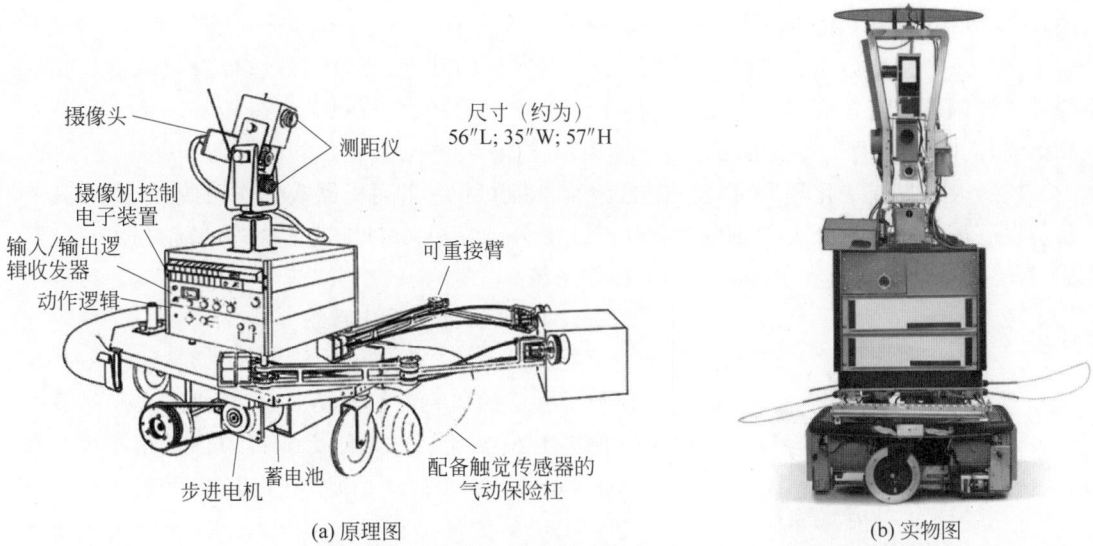

摄像头

测距仪

摄像机控制
电子装置

输入/输出逻
辑收发器

动作逻辑

尺寸（约为）
56″L; 35″W; 57″H

可重接臂

步进电机

蓄电池

配备触觉传感器的
气动保险杠

(a) 原理图

(b) 实物图

图 1-12　Shakey 机器人

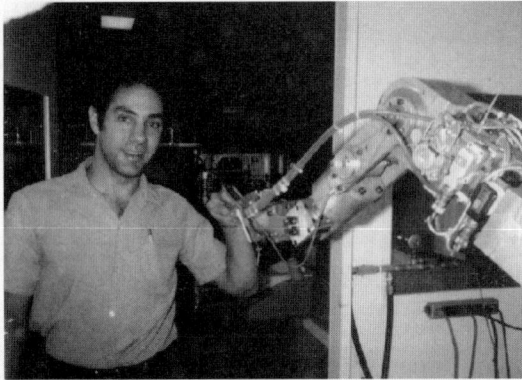

图 1-13　Victor Scheinman 和斯坦福机械臂

　　然而,在机器人繁荣发展的背后,也存在着一些亟待解决的问题。一方面,机器人行业的标准化程度相对较低,不同制造商和研究机构在设计和开发机器人时往往缺乏统一的标准和规范。这导致了市场上的机器人产品在功能、接口和操作方式上存在较大差异,给用户带来了选择和使用困难。另一方面,机器人操作系统的稳定性和标准化程度远不如计算机操作系统。这不仅限制了机器人产品之间的互操作性和协同工作能力,也增加了开发者在机器人软件开发和系统集成上的难度。

1.2.4　智能时期

　　进入 2000 年后,机器人智能化、模块化、平台统一化的趋势越来越明显。2006 年,微软推出 Microsoft Robotics Studio(MSRS)产品,旨在尝试统一机器人平台。MSRS 提供了一个集成的开发环境,包括一系列工具和 API,支持多种机器人平台和硬件,允许开发者使用微软.NET 框架来创建机器人应用程序。

MSRS 的推出标志着机器人技术开始向更广泛的开发者群体开放,促进了机器人技术的普及和创新。它为机器人开发者提供了一个统一的平台,可以更容易地实现跨平台开发和集成,同时也为机器人技术的标准化和模块化做出了贡献。

机器人研发模块化和平台统一化的趋势也催生了一系列机器人操作系统和框架,其中目前发展最好的当属开源的 ROS(Robot Operating System)机器人操作系统。ROS 已经成为使用最广泛、认可度最高的机器人操作系统。

图 1-14　第 1 版 ROS 的 LOGO

1. ROS 机器人操作系统

斯坦福大学具有丰富的机器人研究经验,2007 年斯坦福大学的研究人员开发了 ROS 机器人操作系统的原型。2010 年 3 月 2 日发布了 ROS 的第 1 个版本 Box Turtle,如图 1-14 所示,自此 ROS 开启了以海龟为 LOGO 的传统。自 2010 年开始,ROS 步入了快速发展阶段,功能日趋丰富,社区活跃。此阶段各版本的 ROS 都基于 2010 年的 Box Turtle 版本,一般称为 ROS 1。表 1-1 列出了 ROS 1 的各版本及发布时间,其中 2020 年 5 月 23 日发布的 ROS Noetic Ninjemys 为最后一个 ROS 1 的版本,于 2025 年 5 月结束生命周期,标志着 ROS 1 完成其历史使命。

表 1-1　ROS 1 的版本

发 布 时 间	ROS 1 版本	发 布 时 间	ROS 1 版本
2010 年 3 月 2 日	ROS Box Turtle	2014 年 6 月 22 日	ROS Indigo Igloo
2010 年 8 月 2 日	ROS C Turtle	2015 年 5 月 23 日	ROS Jade Turtle
2011 年 3 月 2 日	ROS Diamondback	2016 年 5 月 23 日	ROS Kinetic Kame
2011 年 8 月 30 日	ROS Electric Emys	2017 年 5 月 23 日	ROS Lunar Loggerhead
2012 年 4 月 12 日	ROS Fuerte Turtle	2018 年 5 月 23 日	ROS Melodic Morenia
2012 年 12 月 31 日	ROS Groovy Galapagos	2020 年 5 月 23 日	ROS Noetic Ninjemys
2013 年 9 月 4 日	ROS Hydro Medusa		

ROS 1 在发展过程中也暴露出了一些不足,例如缺乏必要的实时性,Master 节点的单点失效问题,通信效率低,安全性问题,编程模式不规范,以及系统稳定性尚不能满足工业级别的需求等情况。

鉴于上述不足,ROS 开发团队启动了新一代 ROS 机器人操作系统——ROS 2 的开发。自 2015 年 ROS 2 alpha1 发布后,ROS 2 快速迭代,2016 年发布了 beta1 版本,2017 年发布了 beta2、beta3 版本,2017 年 12 月 8 日推出了 ROS 2 的第 1 个正式版本 Ardent Apalone,

标志着 ROS 2 正式登上舞台。经过 8 年的发展，ROS 2 经历多次迭代后逐渐成熟，以其优良的性能和适用性逐步成为当前认可度最高、使用最广泛的机器人操作系统。表 1-2 列出了 ROS 2 各版本的发布时间。

表 1-2　ROS 2 各版本的发布时间

发 布 时 间	ROS 2 版本	发 布 时 间	ROS 2 版本
2017 年 12 月 8 日	Ardent Apalone	2021 年 5 月 23 日	Galactic Geochelone
2018 年 7 月 2 日	Bouncy Bolson	2022 年 5 月 23 日	Humble Hawksbill
2018 年 12 月 14 日	Crystal Clemmys	2023 年 5 月 23 日	Iron Irwini
2019 年 5 月 31 日	Dashing Diademata	2024 年 5 月 23 日	Jazzy Jalisco
2019 年 11 月 22 日	Eloquent Elusor	2025 年 5 月 23 日	Kilted Kaiju
2020 年 6 月 5 日	Foxy Fitzroy		

ROS 2 在开发中将系统版本分为长期版和非长期版，长期版提供 5 年支持，非长期版支持 1.5 年支持。上述开发策略的优势是长期版能够提供长时间的技术支持，从而能够更稳定地使用，非长期版可用于测试和验证新的功能和特性，探索发展方向。一般在使用时，优先使用 ROS 2 的长期版。目前，ROS 2 支持的非长期版是 2025 年 5 月发布的 Kilted，支持的长期版有 2022 年发布 Humble 和 2024 年发布的 Jazzy。本书使用最新发布的长期版本 ROS 2 Jazzy，可以预见的是在未来几年中，该版本将成为 ROS 2 的主流版本。本书所有代码和案例均在该 ROS 2 Jazzy 上成功运行，其他 ROS 2 版本可在代码和案例不修改或稍许修改的情况下运行。

ROS 机器人操作系统的目的是成为所有不同类型机器人的基础框架，其本身不限定机器人的类型，同时也不提供针对特定机器人的功能。ROS 只是提供了一系列程序库和工具以帮助软件开发者创建机器人应用软件。具体来讲，ROS 提供了硬件抽象、设备驱动、函数库、可视化工具、消息传递和软件包管理等诸多功能，在某些方面 ROS 相当于一种"机器人框架"。当使用 ROS 控制特定机器人时只需按照 ROS 的框架创建功能包，在功能包里编写相关算法和程序，使用 ROS 提供的通信机制将各个程序连接起来，程序经过编译即可在机器人上运行，使机器人完成特定任务。此外，ROS 维护了一个第三方功能包的管理工具 ROS Package Index，提供了许多高质量的第三方功能包，可供用户直接使用，例如经典的移动机器人导航工具包 Nav2，机械臂控制包 MoveIt2，以及飞行机器人控制包 PX4 等。

目前 ROS 受到了学术界和工业界的欢迎，如今已经被广泛地应用于机械臂、移动底盘、无人机、无人车等许多种类的机器人上，已经成为使用最广且最流行的机器人操作系统。

2．机器人仿真

由于机器人的研发涉及多个学科，一次性学习和掌握机器人的全部硬件和软件知识相对困难，并且在机器人研发实践过程中一般也分为硬件开发与软件开发两部分。使用仿真工具通过用软件的方式模拟机器人的硬件结构，可以降低学习难度，加速机器人研发。

通常在构建真实机器人前先需要使用带有物理引擎的仿真软件对机器人进行全面仿真。物理仿真引擎是一种计算机程序，通过数学模型来模拟力、运动、碰撞、摩擦等物理行为,用于模拟物理现象和物体之间的相互作用,在计算机中创建一个虚拟的"现实"环境。进行机器人仿真具有十分显著的优点:初步验证方案的合理性,进行算法的开发,进行功能的验证,降低实验成本,避免安全事故,从而提升机器人的开发和研制效率。由于ROS本身并没有包含功能强大的机器人仿真物理引擎,因此通常需要借助第三方的机器人仿真工具。

当前主要的机器人仿真工具有以下几种。

(1) Gazebo 是一个高度复杂的 3D 仿真软件,支持机器人、传感器和环境模型,并且搭载了物理引擎来提供逼真的仿真结果。Gazebo 是 ROS 的默认仿真工具,二者间的兼容性非常好,被广泛地应用于机器人仿真研究和教育。

(2) Webots 由 Cyberbotics 开发,是一款用户友好的机器人仿真软件,支持多平台运行,并提供了大量预设的机器人模型和 API 支持,适用于多种编程语言。

(3) V-REP(CoppeliaSim)是一个功能强大的 3D 机器人仿真环境,支持多种物理引擎,并且可以模拟复杂的机器人行为和传感器。它适用于教育和研究,同时也提供了专业版用于商业项目。

(4) PyBullet 是一个基于 Bullet 物理引擎的仿真环境,提供 Python 接口,广泛适用于机器人仿真、机器学习任务及增强学习领域的研究。

(5) MATLAB & Simulink 提供了一套仿真工具,支持机器人模型的建立、仿真和算法开发,特别适合进行详细建模和仿真分析。

(6) MuJoCo(Multi-Joint dynamics with Contact)是一个高级物理仿真引擎,专为需要快速和准确仿真的研究和开发领域设计,例如机器人学、生物力学、计算机图形学和动画等。MuJoCo 结合了广义坐标仿真和基于优化的接触动力学,能够在保证高精度的同时实现高效率的仿真。

(7) NVIDIA Isaac Sim 是 NVIDIA 开发的一个 AI 机器人开发平台,专为设计、仿真、测试和训练基于 AI 的机器人和自主机器而构建。它利用了 NVIDIA Omniverse 平台的高级仿真技术,包括 NVIDIA PhysX 5 的高级 GPU 物理仿真、实时光线追踪和路径追踪,以及 MDL 材质定义支持,以此来实现逼真的仿真效果。

Gazebo 作为 ROS 默认的机器人仿真工具,与 ROS 的兼容性最好,而且经过多年的发展 Gazebo 在功能上越来越完善,在易用性上也得到了极大改善。Gazebo 的发展历程,如图 1-15 所示,2002 年由南加州大学发起项目,2012 年 Gazebo 转到 OSRF 基金会下,2013 年发布了 Gazebo 1.9,此版本提升了与 ROS 的交互性,标志着 Gazebo 成为 ROS 的默认仿真工具,随后 Gazebo 伴随 ROS 进入了快速发展阶段。与 ROS 相似,Gazebo 也逐渐显出一些不足,从 2017 年开始开发新一代的 Gazebo,2019 年发布了第 1 个以 Ignition 命名的 Acropolis 版本。为了区分 Gazebo 新旧两个版本,将早期的 Gazebo 称为 Gazebo Classic(经典版),如图 1-16 所示,新一代的版本在 2019—2022 年被短暂地称为 Ignition 后,改回原名 Gazebo,如图 1-17 所示。

新一代的 Gazebo 采取了与 ROS 2 相似的迭代开发策略,通过长期版和非长期版与 ROS 2 相匹配。目前最新的 Gazebo 长期版为 Harmonic,与之搭配的 ROS 2 版本是 Jazzy。Gazebo Harmonic 于 2023 年 9 月发布,将会被支持到 2028 年。

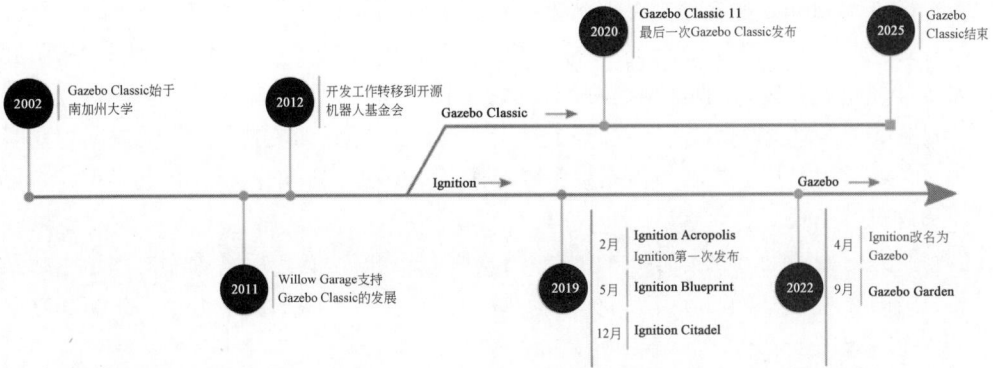

图 1-15 Gazebo 的发展历程

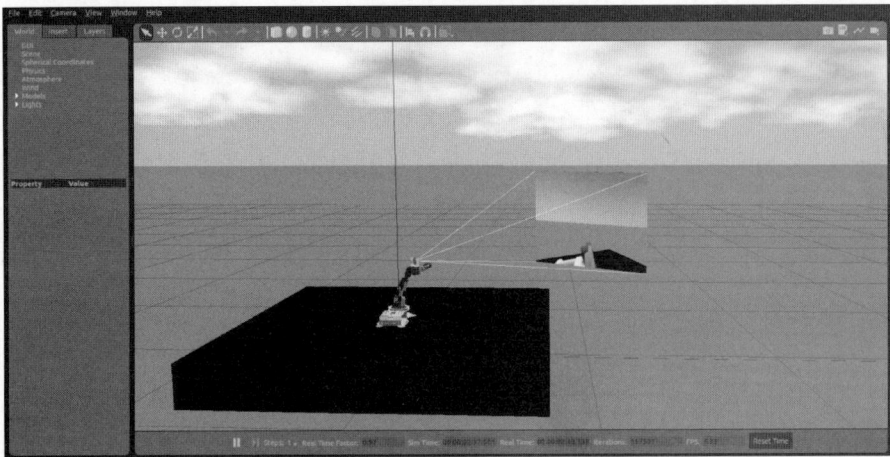

图 1-16 Gazebo Classic 界面

图 1-17 Gazebo 仿真界面

Gazebo Harmonic 主要具有以下几个特性：

(1) 支持最新的 SDFormat 1.11 标准，提升了 SDF 在场景中仿真的功能和易用性，支持自动转动惯量的计算，支持灵活的姿态设置，支持角度作为旋转单位。

(2) 提供了强大插件功能，不仅支持 C++ 形式的插件，也开始支持使用 Python 编写插件。

(3) 提供了一个基于社区的仿真资源共享平台，在仿真资源平台上有大量可用的机器人模型和静态物品模型。

(4) 提供了强大的命令行工具，方便进行仿真调试；拥有性能更好、更易用的图形用户界面。

(5) 提供了 C++ 和 Python 的编程接口，既可以作为独立软件进行仿真，也可以与 ROS 2 联合进行仿真。

(6) 支持常见传感器的仿真，同时也支持一些特殊的高级传感器，例如直接获取场景分割结果的分割图像传感器；支持丰富的关节运动仿真，例如基于位置，基于速度，以及基于力矩等。

(7) 进一步地增强了与 ROS 2 的互操作性，规范了消息在 ROS 2 和 Gazebo 之间的传递方法，并以插件方式使 ROS 2 支持 Gazebo SDF 格式的机器人模型。

通过以 ROS 和 Gazebo 作为平台，对机器人进行仿真和控制，能够便利地进行机器人的智能开发，将人工智能的方法应用到机器人，从而提升机器人的智能化水平。

1.3 机器人分类

机器人的类别多样，可根据不同的标准进行分类，以下是一些常见的分类标准。

(1) 按结构类型分类：可分为固定机器人和移动机器人。固定机器人通常用于特定的生产线，位置固定，其中机械臂是最典型的代表，如图 1-18 所示的喷涂机器人。移动机器人能够在环境中移动，例如无人车、服务机器人等，如图 1-19 所示的用于安防和配送的无人车。

图 1-18　喷涂机器人　　　　　图 1-19　用于安防和配送的无人车

(2) 按用途分类：可分为工业机器人、服务机器人和特种机器人。作为智能制造的发展方向，工业机器人目前种类多样，应用广泛，在工业生展中得到了广泛使用，如图 1-20 所示。

服务机器人主要为人类提供服务，分为家庭机器人、公共服务机器人、医疗机器人等，如图 1-21 所示。

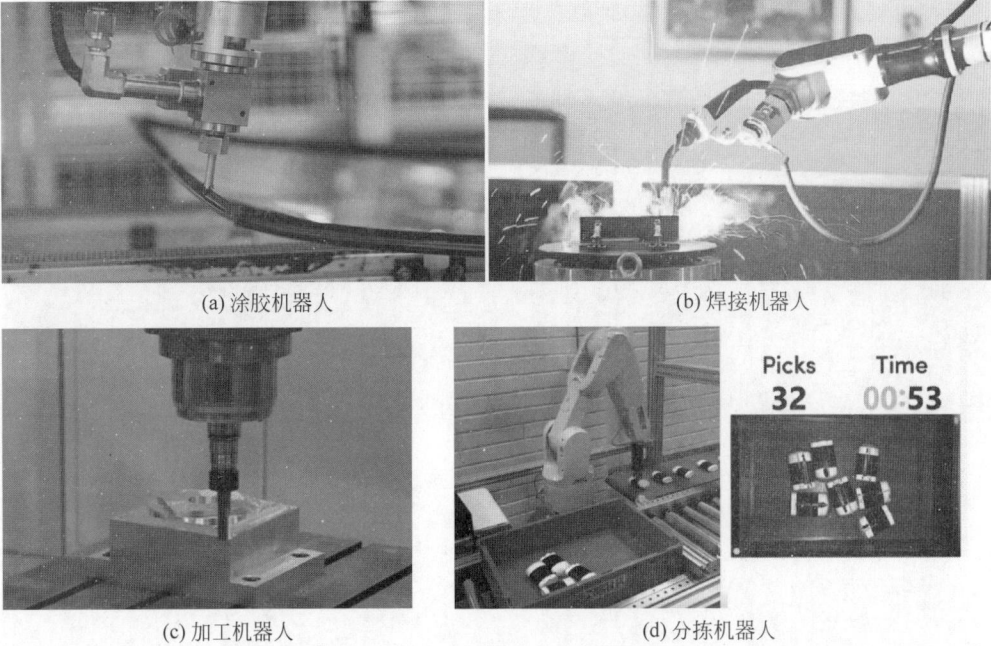

(a) 涂胶机器人　　　　　　　　　　　　　(b) 焊接机器人

(c) 加工机器人　　　　　　　　　　　　　(d) 分拣机器人

图 1-20　工业机器人

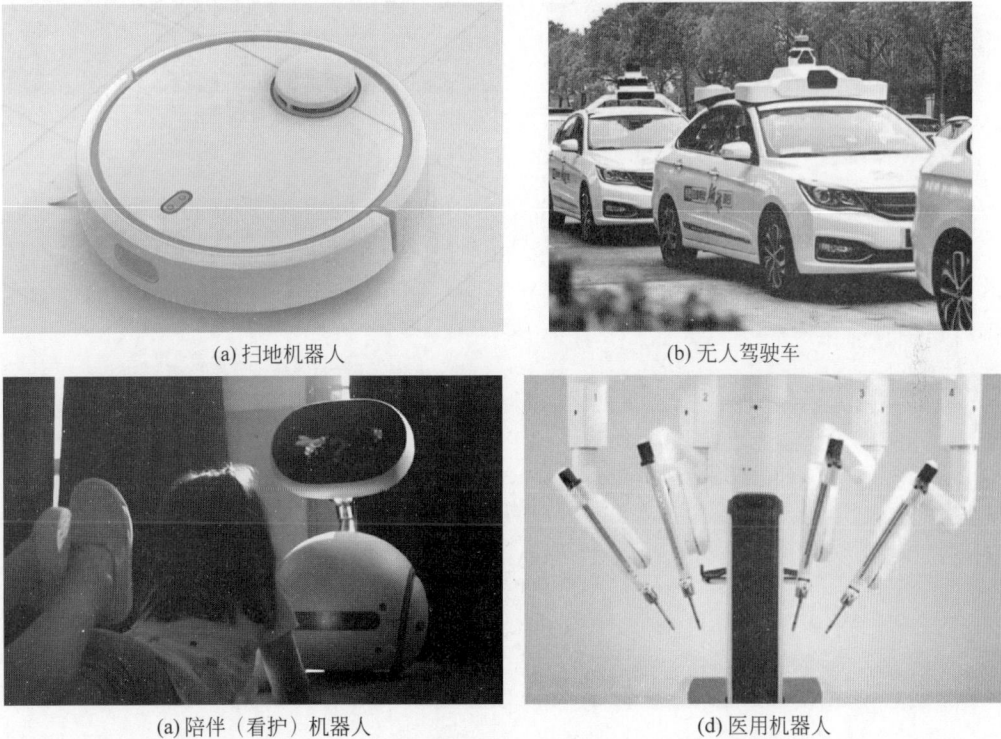

(a) 扫地机器人　　　　　　　　　　　　　(b) 无人驾驶车

(a) 陪伴（看护）机器人　　　　　　　　　(d) 医用机器人

图 1-21　服务机器人

特种机器人用于特定任务,例如探测、救援、军事等,如图1-22所示。我国近些年对月球展开了多次探测,成功地在月面着陆多辆"玉兔号"月球车并开展科学探测活动。

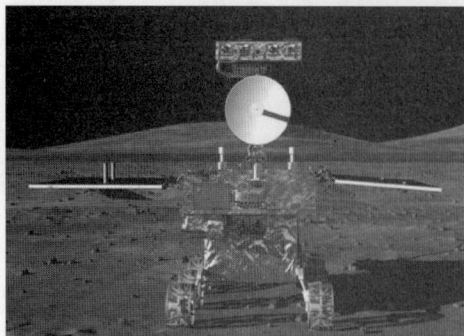

(a) 玉兔号月球车

(b) 消防机器人

(c) 作战机器人

(d) 军用大狗机器人

图 1-22 特种机器人

(3) 按工作环境和移动方式分类:可分为水中的航行机器人,地面的移动机器人,以及空中的飞行机器人。在航行机器人中无人船和无人潜艇是主流,但仿生鱼类游动的机器人具有很大的创新性。我国在仿生鱼类的航行机器人的研究上具有世界前沿水平,图1-23为中国科学院自动化所研发的仿生鱼。

图 1-23 仿生鱼

地面移动机器人长期以成熟的轮式和履带式为主,但近年来其他形式的运动方式也逐渐受到关注,例如足式、蠕动式和蛇形移动方式等。足式移动器机人又可细分为仿人类的双足机器人、仿狗的四足机器人,以及仿其他生物的六足机器人和多足机器人。

美国和日本在仿人机器人领域进行了深入研究与探索。美国波士顿动力的 Atlas 机器人和日本的 ASIMO 机器人是其中的代表,如图 1-24 所示。Atlas 机器人以其灵活的运动能力和复杂的环境适应能力而闻名,而 ASIMO 则在多种人机交互和自主导航方面展现了先进技术。目前,人形机器人的研究热潮在全球范围内愈演愈烈,我国的企业也积极参与到双足人形机器人领域的研发中,并取得了显著的进展和成果。

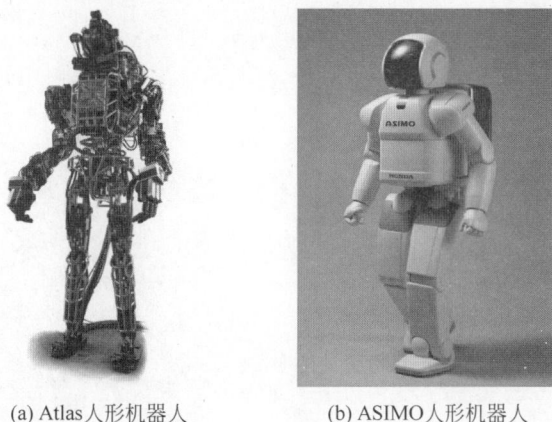

(a) Atlas人形机器人 (b) ASIMO人形机器人

图 1-24 人形机器人

相较于双足机器人的不成熟,以四足机器人和六足机器人为代表的多足机器人(如图 1-25 所示)发展迅速。四足机器人近年来已经成熟,并且许多企业纷纷推出了相关的产品。著名的有波士顿动力的 Spot 四足机器人,以及我国宇树科技的 Unitree 四足机器人。六足及以上的机器人由于其多足设计,通常具备更好的稳定性,能够在复杂环境中保持平衡,其控制相对较易。这种结构使其控制相对较为简单,适合在不平坦的地形上行走。

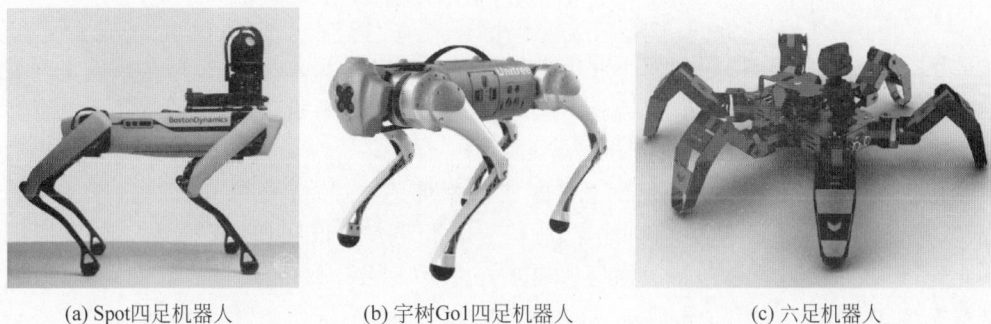

(a) Spot四足机器人 (b) 宇树Go1四足机器人 (c) 六足机器人

图 1-25 多足机器人

此外,蠕动式和蛇形移动机器人因其独特的移动方式和对狭窄空间的适应性,在特殊用途中展现出了巨大的潜力,如图 1-26 所示。这类机器人的设计灵感通常来源于自然界中的生物,例如蚯蚓或蛇,它们能够在复杂的环境中灵活移动并执行任务。

(a) 蠕动式机器人   (b) 蛇形机器人

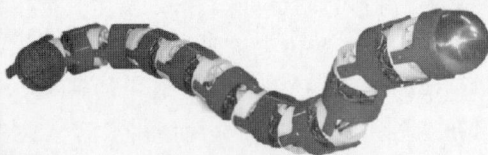

图 1-26   蠕动式和蛇形机器人

飞行机器人的种类繁多,既有传统的固定翼飞机,也有多旋翼飞机,以及仿生昆虫和鸟类的飞形机器人,如图 1-27 所示。

(a) 四旋翼飞机   (b) 仿生鸟机器人   (c) 蜻蜓机器人

图 1-27   飞 行 机 器 人

总之,机器人的类型多样,外观、结构、形态都没有统一的形式,这也造成了长期以来机器人研发无法标准化、平台化、模块化和规模化。

1.4   机器人构成

虽然机器人类型多样,但研究不同类型的机器人的内部就会发现,它们在构成上都遵循一定的规律。这个规律就是整个机器人可分为感知系统、控制系统、执行系统和人机交互系统共 4 部分。下面对这 4 部分分别进行介绍。

(1) 感知系统:负责收集环境信息。通常使用传感器(例如摄像头、话筒、压力传感器等)获取视觉、听觉、触觉、味觉和嗅觉等数据,帮助机器人认识和理解自身状态与其周围环境。此外,感知系统可能还包括数据处理和融合模块,以提高感知信息的准确性和可靠性。在机器人感知系统中常用的传感器有温度计、湿度计、陀螺仪、加速度计、GPS、摄像头、编码器、激光测距仪、气压传感器、烟雾传感器、电压电流传感器、超声传感器等。

(2) 控制系统:对感知到的数据进行处理和分析,做出决策。控制系统可以通过算法(例如负反馈控制、PID 控制、机器学习等)来实现对机器人进行运动和行为控制。控制系统可以进一步地细分为决策层(使用高级算法进行决策)和控制层(具体的控制策略,例如运动控制)。控制系统的硬件主要由计算机、嵌入式系统、单片机等电子设备组成,用于接收感知信息、使用控制算法分析和处理信息做出决策及发送执行信息。

(3) 执行系统:负责实际执行控制指令。通常由电机、驱动器、机器人机械结构等组成,这部分将控制系统的决策转换为物理动作,例如移动、抓取、旋转等。除了上述部分,执行系统也包括动力源(例如电池、气压系统等)和其他驱动系统组件。

(4) 人机交互系统:旨在使机器人能够与人类进行有效交流。通过语音识别、触摸屏、按钮、手势和表情等多种人机交互方式,允许用户向机器人发送指令。同时,机器人通过显示屏、扬声器、灯光指示和振动等人机交互方式,向用户反馈传达信息。基于以上人机交互的两种方式实现人机之间的交流和互动。

以上 4 部分相互关联,共同协作,使整个机器人系统能够感知环境、做出决策并采取行动,从而确保与人类的良好互动。图 1-28 展示了机器系统构成各部分的关系,机器人通过感知系统从外部环境获取信息,控制系统负责对感知到的信息进加工处理,随后将结果发送到执行系统使机器人作用于环境,人作为一种特殊的外部环境与机器人进行交互,图中双向箭头反映了机器人各系统间的信息传输。

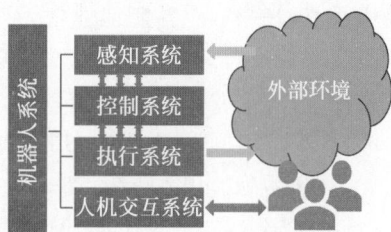

图 1-28　机器人系统构成

机器人系统构成对所有的机器人进行抽象,是不同类型机器人所共同需要遵循的一般原则。ROS 机器人操作系统即基于该原则进行设计,将机器人系统各构成部分的通信机制进行抽象和整合,提出一种所有机器人适用的通信机制(例如话题、服务、动作等),而把机器人各个系统的具体实现予以保留,将接口提供给机器人开发者,针对特定的机器人进行实现,从而使 ROS 驱动各种类型的机器人。相关的实践也表明,ROS 的这种只提供机器人"神经系统"的做法不仅可行,而且对于机器人的模块化、规范化和标准化都有很大的好处,能够促进机器人研究的交流,推动机器人快速发展。

1.5　机器人产业

机器人作为高端的制造业和高技术的服务业,各个国家都进行了政策上的布局,鼓励和支持机器人产业。

1.5.1　各国政策

鉴于机器人技术的重要性,机器人产业近年来备受各国关注。2009 年,美国多所机构联合发布了美国机器人发展路线图,其副标题就是从因特网到机器人(From Internet to Robotics)。该路线图认为机器人技术具有改变国家未来的潜力,并有可能在未来几十年变得像今天的计算技术一样无处不在。机器人技术提供了一个难得的机会,投资于该领域,可

提供创造新的就业机会,推动生产力提高。随后在 2013 年、2016 年和 2020 年持续地更新该机器人发展路线图,对机器人的发展前景充满信心。

2013 年欧盟启动全球最大的民用机器人发展计划——SPARC。SPARC 计划是一个由欧盟发起的公共私营合作伙伴关系,目标是通过合作和投资,推动机器人技术的研究与应用。它促进了欧洲机器人行业的发展,使其在全球竞争中占据领先地位,其中,德国"工业 4.0 计划"将智能机器人和智能制造技术作为迎接新工业革命的切入点。

日韩将机器人行业纳入国家战略。日本将机器人产业作为"新产业发展战略"中的 7 大重点扶持的产业之一。把机器人作为经济增长战略的重要支柱。韩国制定了"智能机器人基本计划",并于 2012 年 10 月发布了"机器人未来战略展望 2022",指明了机器人发展方向。

2014 年我国两院院士大会提出:机器人革命有望成为第 3 次工业革命的一个切入点和重要增长点,将影响全球制造业格局,而且我国将成为全球最大的机器人市场,并且机器人是制造业皇冠顶端的明珠,其研发、制造、应用是衡量一个国家科技创新和高端制造业水平的重要标志。

2015 年 5 月 8 日,我国发布的《中国制造 2025》将机器人产业作为我国制造业转型升级的重要方向,明确提出:围绕汽车、机械、电子、危险品制造、国防军工、化工、轻工等工业机器人、特种机器人,以及医疗健康、家庭服务、教育娱乐等服务机器人应用需求,积极研发新产品,促进机器人标准化、模块化发展,扩大市场应用。突破机器人本体、减速器、伺服电机、控制器、传感器与驱动器等关键零部件及系统集成设计制造等技术瓶颈。

2015 年 11 月在北京以"协同融合共赢,引领智能社会"为主题,举办和召开了首届世界机器人大会。随后每年北京都会在秋季举办世界机器人大会,展示和交流机器人产业的最新发展成果。2024 年世界机器人大会于 8 月 21 日召开,以"共育新质生产力 共享智能新未来"为主题,大会现场如图 1-29 所示。2024 年机器人大会分为论坛、博览会、大赛三个组成部分,其中博览会突出机器人技术创新与应用,169 家企业展出了 600 余件创新产品,其中首发新品 60 余款。27 款人形机器人整机在博览会亮相,创历届之最。

图 1-29　2024 年世界机器人大会

1.5.2 机器人产业链

机器人产业链可分为生产机器人核心零部件的上游,制造机器人本体的中游,以及进行系统集成和机器人应用的下游三部分。下面对这三部分进行详细介绍。

1. 核心零部件

机器人核心零部件主要包括传感器、减速器、电机和控制器。机器人对零部件质量要求高,需要零部件具有高精度和高可靠性。机器人常用的传感器有多功能相机、激光雷达、压力传感器、编码器等。减速器是连接动力源和执行机构的中间机构,具有匹配转速和传递转矩的作用。近年来,随着工业机器人、高端数控机床等智能制造和高端装备领域的快速发展,谐波减速器与 RV 减速器已成为高精密传动领域广泛使用的器件,如图 1-30 所示。电机是机器人的动力源,为机器人关节的运动提供动力。机器人上常用的电机有直流电机、步进电机和舵机等,如图 1-31 所示。机器人因零部件复杂多样,目前生产较为分散,相关企业较多,未来有望形成一批专精特新的机器人零部件小巨人企业。

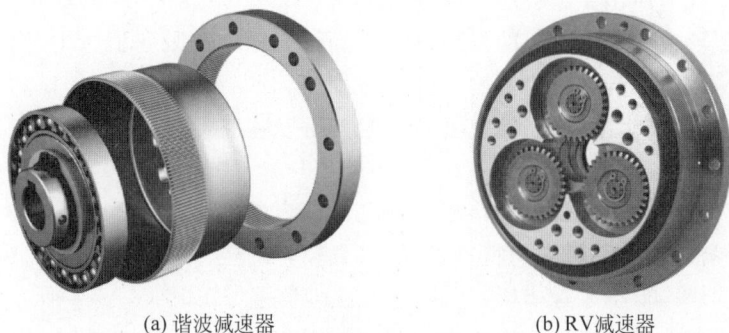

(a) 谐波减速器　　　　　　　　　　(b) RV减速器

图 1-30　减速器

(a) 直流电机　　　　　(b) 步进电机　　　　　(c) 舵机

图 1-31　不同类型的电机

2. 机器人本体制造

机器人本体制造涉及机器人机械结构的设计和生产,将各种核心零部件组装成机器人,并开发机器人的相关功能。机器人本体类型多样,针对工业机器人、服务机器人、医用机器人等不同用途的机器人,目前已经出现了一批知名的机器人本体制造企业。表 1-3 列出了一些在机器人本体制造领域内的知名企业,以及其机器人产品类型与应用领域。

表 1-3   机器人本体制造企业

企 业 名 称	机器人类型	应 用 领 域	企 业 名 称	机器人类型	应 用 领 域
ABB	机械臂	工业制造	特斯拉	无人车	自动驾驶
库卡(KUKA)	机械臂	工业制造	百度	无人车	自动驾驶
发那科(FANUC)	机械臂	工业制造	大疆	无人机	服务领域
安川电机	机械臂	工业制造	优必选	人形机器人	服务领域
新松机器人	机械臂	工业制造	波士顿动力	人形机器人 四足机器人	服务领域
珞石科技	机械臂	工业制造			
iRobot	扫地机器人	家庭清洁	宇树科技	四足机器人 人形机器人	服务领域
科沃斯机器人	扫地机器人	家庭清洁			

3. 机器人集成与应用

机器人集成与应用指将机器人技术与其他系统及设备结合,以实现特定功能和任务的过程。机器人集成与应用是机器人产业最终的落脚点,其目的是将机器人赋能各个行业。一方面机器人能够改变相关行业的发展,使生产既快又好,使服务个性化,提升行业的整体技术水平;另一方面各行业针对各自应用场景对机器人提出新要求,为机器人研发指明方向,促进机器人相关技术的发展,使机器人应用与研发相互促进,推动机器人产业良性健康发展。

机器人研究与应用相互促进的典型案例就是多旋翼无人机。早期多旋翼无人机具有体积小、质量轻、灵活性强、易操作的特点,只能搭载较轻的摄像机进行图像和视频信息采集,主要用于娱乐、教育、低空摄像摄影、环保监测、土地监测等,如图 1-32(a)所示。无人机生产厂家在发现无人机能够解决农业生产中大面积施肥和喷洒农药的应用场景后,提升多旋翼无人机载质量,搭载喷洒装置,服务于农业生产,极大地提升了农业生产效率,取得了降本增效的效果,目前已经得到广泛应用,如图 1-32(b)所示。此外,长期以来在山地运输物品是一件成本极高的活动,特别是在没有道路的情况下只能采取牲畜驮拉,甚至人拉肩扛的运输手段。随着多旋翼无人机载质量的提升,将其应于山地上货物的运输,使在地面上起伏崎岖的山路和难以逾越的天堑变为空中的平直路线,如图 1-32(c)所示。

(a) 摄影摄像   (b) 喷洒农药   (c) 运载货物

图 1-32   多旋翼无人机应用

虽然当前机器人技术取得了长足进步,但是机器人主要还是自动化装置的延伸,在通用性和智能化方面还与人类有非常大的差距。这就要求我们进一步地对机器人技术进行更深入、更广泛的研究,培养相关的专业人才,这也是本书写作的目的。相信随着机器人技术和产业的进一步发展,机器人势必将在各行各业发挥越来越多的作用,在越来越多的方面成为人类的助手,甚至在某些场景替代和取代人,从而引领新一代的工业革命,引发社会变革。鉴于机器人技术本身的复杂性,本书将重点放在机器人技术层面,特别聚焦于 ROS 和机器人仿真技术两个当前机器人研究和开发的重要内容。

1.6　本章小结

本章全面地介绍了机器人的起源、定义、发展历程、分类、构成系统及产业现状。从卡雷尔·恰佩克创造"机器人"一词讲起,探讨了机器人在不同学科领域中的界定。概述了从古代简单机械到现代 ROS 机器人操作系统的技术演进,强调了机器人仿真在研发中的重要性,并以 Gazebo 为例展示了仿真工具在机器人开发中的作用。对机器人按不同标准进行分类,并对各类中典型的机器人进行了介绍。在对不同类型机器人介绍的基础上,阐释了构成机器人的感知、控制、执行和人机交互 4 个系统,以及 ROS 作为神经系统起到连接机器人的 4 个系统的作用。最后讨论了机器人产业的全球政策、产业链构成及集成应用,表明机器人发展潜力巨大。

第 2 章

ROS 2 机器人操作系统

本章将对 ROS 2 机器人操作系统进行全面介绍,包括其基本原理、安装方法、命令行工具的使用、rqt 的使用及 RViz 的简介等内容。

2.1 ROS 2 基本原理

35min

ROS 2 作为新一代的机器人操作系统,从底层重新进行设计,对 ROS 1 的优秀特性进行了继承,对不足进行了全面改进和升级。以下介绍 ROS 2 的基本原理。

2.1.1 ROS 2 和 ROS 1 的比较

2015 年 8 月发布了 ROS 2 的第 1 个 alpha 版本,2017 年 12 月发布了第 1 个正式版本 Ardent,标志着 ROS 2 的登场。ROS 2 从底层重新对 ROS 1 进行设计和开发,与 ROS 1 不再兼容。经过几年的发展,ROS 2 逐渐成熟,2020 年 ROS 1 的最后一长期版本 Noetic 发布,目前已经停止维护,将在未来逐渐退出,ROS 2 将成为主流的机器人操作系统。

ROS 2 和 ROS 1 在架构上的比较,如图 2-1 所示,两者主要实现了机器人开发中的中间层,主要提供了机器人系统中的通信机制。ROS 2 改进了 ROS 1 的通信模式,引入了数据分发服务(Data Distribution Service,DDS)作为通信后端,提高了通信的实时性和可靠性。此外 ROS 1 在使用时需要在应用层启动 Master 节点,作为系统的管理节点,而 ROS 2 中的节点都是平行和等价的,不存在管理节点,有效地避免了 ROS 1 中 Master 节点失效导致的系统崩溃问题,对单点失效现象有更好的容错性。

具体来讲 ROS 2 相较于 ROS 1 主要进行了以下几方面的改进。

(1) 实时性能改进:ROS 2 引入了 DDS 作为通信后端,提高了通信的实时性能和可靠性。DDS 提供了高性能、低延迟的数据交换机制,适合实时控制和大规模数据交换。这使 ROS 2 能够更好地适应机器人在实际场景中的应用,从实验环境走向生产环境。

(2) 跨平台支持:ROS 2 支持多种操作系统平台,包括 Linux、Windows、macOS 等,以及多种体系结构,例如 ARM、x86 等。这使 ROS 2 能够运行在各种嵌入式系统和计算设备上。对跨平台的支持扩大了 ROS 2 的应用范围,其中在 Linux 系统上支持最为全面。

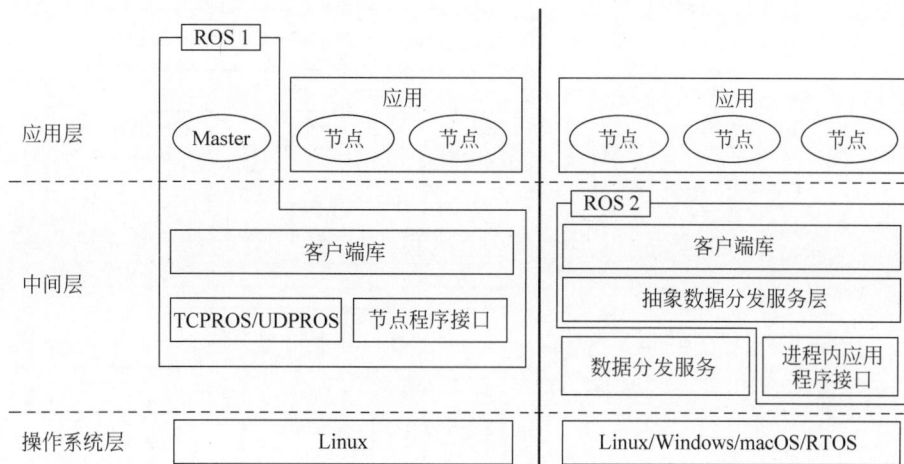

图 2-1　ROS 1 和 ROS 2 的架构

（3）多语言支持：ROS 2 支持多种编程语言，包括 C++、Python 和 Rust 等，提供了更广泛的开发选择，使开发者可以根据需求选择适合的编程语言进行开发。Python 语言的易用性，使在 ROS 2 上开发机器人功能更为便捷，本书选择使用 Python 作为 ROS 2 的编程语言。

（4）安全性改进：ROS 2 引入了安全性功能，包括权限管理、加密通信等，提高了系统的安全性，特别是在一些对安全性要求较高的应用场景，可以有效地增加恶意攻击者的破坏难度。

（5）参数服务器增强：ROS 2 的参数服务器功能得到了增强和改进，取消了全局参数服务，每个节点都可以独立地创建和设置自己的参数。这表示参数不再集中存储在一个全局服务器中，而是被分散到各个节点内部。节点可以更加灵活地管理自己的参数，而不需要担心全局命名空间中参数命名的冲突和干扰问题。

（6）工具增强：ROS 2 提供了一系列新的实用工具，例如 RViz、rqt、rosbag2 等，帮助开发者进行机器人程序的调试、监控和数据可视化，提高了开发效率。同时，提供了多种格式的 ROS 2 项目启动 Launch 文件，特别是支持 Python 形式的 Launch 文件，极大地增加了 ROS 2 项目运行的灵活性。此外，与新一代 Gazebo 仿真工具的互操作性得到极大改善和优化，从而更易进行机器人仿真。

2.1.2　ROS 2 架构

ROS 2 的架构如图 2-2 所示，主要由操作系统层（OS Layer）、DDS 实现层（DDS Implementation Layer）、ROS 2 DDS 抽象层（Abstract DDS Layer）、ROS 2 客户端层（ROS 2 Client Layer）和应用层（Application Layer）等部分构成。

（1）操作系统层：该层对 ROS 2 提供了底层的系统支持，包括硬件抽象（Hardware Abstraction）、操作系统接口（Operating System Interface）等，是 ROS 2 运行所依赖的基

应用层	用户节点（ROS 2节点）		

ROS 2客户端层	rclcpp（C++接口）	rclpy（Python接口）	其他语言接口
	ROS 2客户端库（rcl: C实现）		

ROS 2 DDS抽象层	ROS中间件接口（RMW）		

DDS实现层	eProsima快速数据分发服务	Eclipse Cyclone数据分发服务	RTI连接数据分发服务

操作系统层	Linux	Windows	macOS

图 2-2　ROS 2 的架构

础。ROS 2 支持多种操作系统平台，包括 Linux、Windows、macOS 等。此外，为了适应在资源受限的微控制器(MCU)上运行 ROS 2，ROS 2 也提供了精简后的 Micro-ROS。

（2）DDS 实现层：该层利用数据分发服务，提供了高性能、实时、可靠的数据通信机制，确保节点之间的消息传输效率和可靠性。ROS 2 本身未指定 DDS 的实现，只要符合标准的 DDS 均可配置为 ROS 2 的通信后端，ROS 2 默认使用 eProsima Fast DDS 作为通信后端。

（3）ROS 2 DDS 抽象层：该层是 ROS 2 机器人操作系统的核心层，负责对 DDS 实现层进行定制，实现 ROS 2 节点之间的通信机制，包括话题（Topic）、服务（Service）、动作（Action）等通信手段。ROS 2 通过该层实现了机器人操作系统的核心功能，定义了节点、节点的运行方式和节点间的通信等功能。

（4）ROS 2 客户端层：该层主要供了 C++、Python 和 Rust 等语言的 API，屏蔽了 ROS 2 底层的实现细节，为开发者提供了简单易用的通信接口，开发者只需调用相关方法或函数就能方便地和其他节点进行通信。

（5）应用层：该层是 ROS 2 架构的最上层，包括实际的机器人应用程序，例如导航、视觉处理、动作控制等。ROS 2 被广泛使用的原因之一就是在应用层存在大量优秀的第三方应用程序，在安装后仅需配置即可实现机器人的智能控制，例如控制机械臂的 MoveIt2 和移动机器人导航的 Nav2 等。在一般情况下，开发者仅需在应用层利用 ROS 2 的客户端提供的 API 来编写节点，通过节点之间的通信实现机器人系统的整合，从而实现各种各样的机器人功能。

除以上几层，要使用 ROS 2 控制真实机器人，离不开硬件层（Hardware Layer）。硬件层是机器人运行的物理硬件设备,包括传感器、执行器、嵌入式系统等。通过将硬件设备根据 ROS 2 的规范进行适配,并开发相应的驱动程序,ROS 2 可以与各种硬件设备进行交互,实现对真实世界的控制与感知。硬件层的适配是将 ROS 2 系统与实际机器人硬件连接起来的关键步骤,ROS 2 与各种硬件设备的兼容性使机器人开发者可以灵活地选择和组合不同的硬件组件,从而构建出形态多样且功能强大的机器人系统。

2.1.3　ROS 2 的核心概念

1. 节点

节点(Node)是 ROS 2 中的一个逻辑概念,它是 ROS 2 中最小的可执行程序,用于执行特定的任务(例如控制电机的转动,以及采集和发布图像数据等),是构建复杂机器人系统的基本模块。一个机器人系统会包含多个节点,节点间通过节点名称进行区分。这些节点利用话题、服务和动作等通信机制进行相互间的数据交换,在逻辑上构成了节点图(Node Graph),如图 2-3 所示。

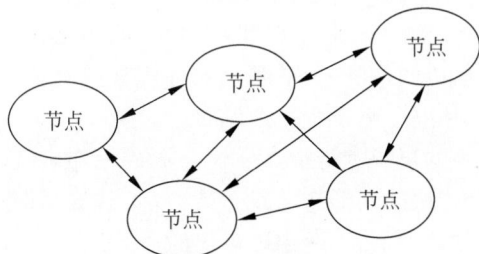

图 2-3　节点图

具体来讲节点通常具有两种功能。

(1) 完成具体的任务:节点作为 ROS 2 最小的可执行程序,在运行时每个节点都会启动一个进程,用于执行该节点的任务。机器人运行的实时性要求节点内的任务应当尽可能单一,保证节点执行速度尽可能实时。

(2) 进行数据(信息)传输:节点内可以创建任意多的话题(发布者和订阅者)、服务(服务器和客户端)和动作(动作服务器和动作客户端),用于和其他节点进行数据(信息)传输,使节点之间得以协作,让机器人完成复杂的任务。

此外,ROS 2 在进行节点设计时根据实际机器人的需要为节点添加了参数功能,并提供保存和设置参数的方法,以及协调启动和配置多个节点的 Launch 文件。

2. 话题

话题(Topic)是 ROS 2 中节点间最主要的通信手段。在话题中存在两种角色:广播消息的发布者(Publisher)和接收信息的订阅者(Subscriber)。两个节点之间使用话题通信的过程如图 2-4 所示,在一个节点上创建了一个话题的发布者,用于向外发布消息,而在另一个节点上创建了一个话题的订阅者,用于接收消息。

发布者和接收者通过话题名称进行识别,发布者在指定的话题名称上发布消息,接收者

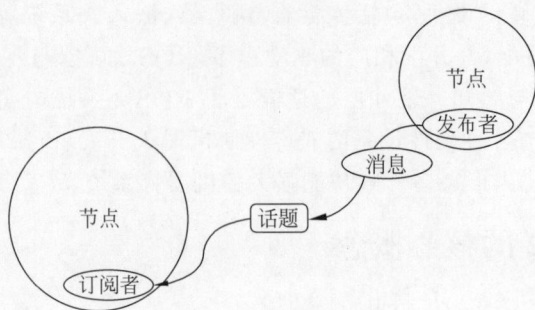

图 2-4 话题通信示意

只有在相同的话题名称上才能接收到发布者发布的消息。这与日常生活中收音广播的方式相类似,广播电台是消息的发布者,负责广播(发布消息),收音机是接收者,负责收音(接受消息),不同的广播电台占用不同的频道(话题名称),收音机需要转到特定频道才能正确地收音。

广播电台在频道(话题)上以一对多的形式发布消息,为了防止干扰,在一个频道上只有一个发布者,但可以有任意多个接收者。与广播电台不同的是,ROS 2 中的话题较为宽松,采用的是一种多对多的通信机制,在一个话题上支持任意多个发布者和任意多个接收者,但一般在实践中,通常在一个话题上只设置一个发布者。

话题以一种类似于广播的机制进行消息传输会造成发布者无法确定消息是否被接收,以及消息被谁接收,接收者无法确认消息的发布者,也不能知道是否遗漏了消息,因此话题这种通信方式是一种不可靠的通信,不适用于可靠的通信。

然而也正因为缺少了消息确认机制,话题的实时性很强,用于传输对实时性要求高的即时消息,例如获取电机转动角度,控制电机转速,获取距离传感器数据等。

3. 服务

服务(Service)是两个节点间的一种可靠通信方式。在服务中存在两个参与方: 服务器(Server)和客户端(Client)。服务器负责提供服务,响应客户的请求(Request),客户端负责向服务器发起请求,并接收服务器的响应(Response)。两个节点间使用服务进行通信的过程如图 2-5 所示,其中在一个节点上创建了服务器,而在另一个节点上创建了客户端,客户端向服务器发起请求,服务器端在接收到请求后进行处理,处理完成后,将结果传送回客户端。

与话题相类似,服务器和客户端之间通过服务名称进行识别,客户端根据服务名称向服务器发起请求。与话题所不同的是,服务是一种可靠的通信过程,需要客户端发起请求,服务器端响应请求。服务与日常生活中访问网页相类似,浏览器(客户端)根据网站网址(服务名称)向网站服务器发起请求,网站服务器在接收和处理请求后,向浏览器发送网页内容(响应),发送完成后关闭浏览器和服务器间的连接,完成一次服务。

虽然服务提供了可靠的通信,但是由于存在请求和响应两个阶段,因此服务的实时性较差,不适用于对实时响应要求高的场景。一般服务用于对频率要求较低,对可靠性要求高,以及要求确定结果的通信场景。

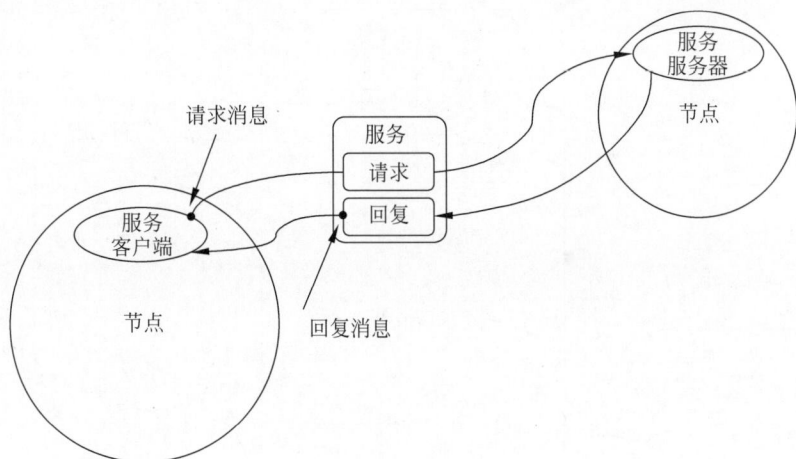

图 2-5 服务通信示意

4．动作

动作(Action)是两个节点间运行耗时长任务的通信方式，由目标(Goal)、反馈(Feedback)和结果(Result)三部分构成。动作建立在话题和服务两种通信机制之上，是一种复合通信方式。动作虽然与服务类似，但不像服务只返回一个响应，动作能够提供稳定的反馈，并且也可以被取消。

在动作通信方式中，存在两个参与方，即动作服务器(Action Server)和动作客户端(Action Client)，动作客户端向动作服务器发起执行任务的目标请求，动作服务器在执行请求的过程中定时地向客户反馈任务执行进度。动作的执行过程如图 2-6 所示，动作服务器由一个目标服务器、一个结果服务器和一个反馈发布者组成，动作客户端由一个目标客户端、一个结果客户端和一个反馈订阅者组成。任务起始时，由动作客户端内部的目标客户端向动作服务器上的目标服务器发送请求，并取得目标服务器的响应，在任务执行过程中，动作服务器通过反馈发布者，向动作客户端不断地发送任务执行进度的消息，在任务执行完成后，动作客户端内部的结果客户端从动作服务器上的结果服务器上取得任务执行结果。

动作通信方式是一种复合的通信模式，用于解决在动作服务中客户端请求的任务在服务器上长期执行而客户端无法获得任务执行状态的问题，因此动作的应用场景是长时间的任务运行和监控，可应用于机器人路径导航和机械臂执行复杂动作等长周期任务上。

5．消息接口

消息接口(Interface)规定了 ROS 2 在话题、服务和动作等通信方式上传输消息的格式。可以将消息接口简单地理解为节点间通信时使用的语言，只有在通信时使用相同的语言，参与通信的各方才能正确地理解发送和接收的数据。ROS 2 使用了简化的接口定义语言(Interface Definition Language，IDL)来描述这些消息接口。

在 ROS 2 上定义了一些常用的标准消息接口，也支持由基本数据类型创建自定义消息接口。消息接口的创建通常与 ROS 2 功能包的创建相联系，在功能包内进行定义。在功能

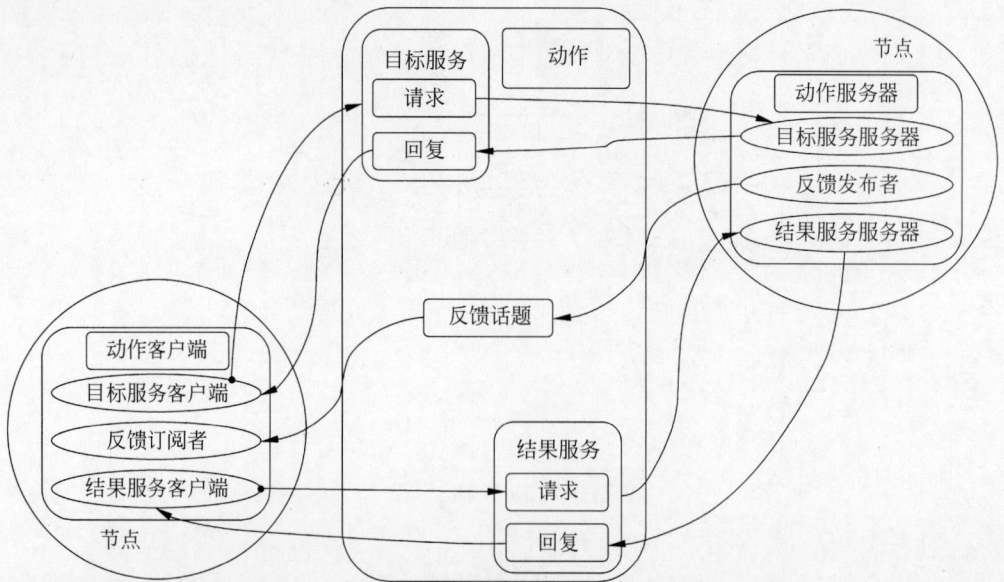

图 2-6　动作通信示意

包内 ROS 2 将消息接口以特定格式文件的形式进行保存。在话题上传输的消息接口使用.msg 文件,在服务上请求和响应的消息接口使用.srv 文件,在动作上的目标、结果和反馈的消息接口使用.action 文件。

6. 参数

参数(Parameter)用于在节点启动和运行时配置节点,以及动态修改节点状态。与 ROS 1 中参数保存在 Master 节点中不同,在 ROS 2 中参数与各个节点相关联,即参数属于节点。在节点启动时,参数可以被加载和创建,在节点运行时,参数既可以被修改和删除,也可增加新的参数,在节点结束时节点上的参数同时会被销毁。

每个参数由键、值和描述符组成。键是参数的名称,类型是字符串,而值是以下类型之一:bool、int64、float64、string、byte[]、bool[]、int64[]、float64[]或 string[]。在默认情况下,所有描述符均为空,但可以包含参数描述、值范围、类型信息和其他约束等信息。

此外,参数支持设置回调函数,用于在参数发生更改前、更改时和更改后执行相关程序,例如在小海龟仿真场景中背景色就被保存为参数,当改变参数时就会触发参数回调函数,完成对仿真场景中背景的修改。

7. 数据分发服务

数据分发服务(DDS)是 ROS 2 中话题、服务和动作这 3 种通信方式的底层实现提供者。DDS 起源于对分布式系统中高效、可靠数据通信的需求。随着实时系统和分布式应用日益增加的复杂性,传统的通信方法往往无法满足其性能、可扩展性和灵活性的要求,因此 DDS 作为一种通信解决方案被提出并标准化为协议。

具体来讲 DDS 旨在解决通信中的以下问题。

(1) 实时应用的需求：诸如军事、航空航天、智能交通和医疗等领域对实时数据交换的需求促使了 DDS 的产生。这些应用往往需要在严格的时间限制内进行数据传输。

(2) 分布式系统的兴起：随着互联网和网络计算的普及，分布式系统变得越来越常见，传统的点对点通信方法面临着效率和可扩展性等问题。

(3) 互操作性：不同设备和系统之间的互操作性日益重要，DDS 提供了一种标准化的方法来实现不同平台和语言的系统之间的有效通信。

(4) 质量服务（QoS）需求：不同的应用在数据传送时有不同的质量要求，DDS 通过定义通信语义和可配置的质量服务策略，满足了这些多样化的质量服务需求。

2004 年对象管理组（Object Management Group，OMG）发布了 DDS 标准的第 1 个版本 v1.1，经过多年的完善，OMG 于 2015 年发布了最新的 DDS 标准 v1.4 版本。DDS v1.4 版本的发布标志着 DSS 的成熟，能够被广泛地应用于生产。在 DDS 标准中定义了应用程序接口（API）和通信语义（行为和服务质量），以便高效地将信息从信息生产者传递给匹配的消费者。DDS 标准的目的是实现"在正确的时间将正确的信息高效且可靠地送到正确的地方"这一愿景。

基于 DDS 标准，当前主要有以下几个实现 DDS 的开源和商业软件产品。

(1) OpenDDS：一个开源的 DDS 实现，支持多种平台和语言，被广泛地应用于研究和工业界。

(2) RTI Connext DDS：一个商业 DDS 实现，提供强大的功能和可靠性，常用于复杂的实时系统和企业级应用。

(3) eProsima Fast DDS：一个开源的 DDS 实现，专注于高性能和低延迟，适合对性能要求较高的场景。

(4) CoreDX DDS：一个商业 DDS 解决方案，提供了高效和可靠的数据交换，适用于各种嵌入式和分布式系统。

(5) ADLINK Open DDS：基于 OpenDDS 进行的扩展和改进版本，提供商业支持和额外功能，适用于企业级应用。

(6) eProsima Micro XRCE-DDS：一个轻量级的 DDS 实现，专门用于微控制器和嵌入式系统，旨在解决在资源受限环境中的数据通信问题。

在 ROS 2 中默认集成并使用了 eProsima Fast DDS 作为 ROS 2 DDS 接口层的核心工具，为 ROS 2 的上层通信（话题、服务和动作）提供底层的数据通信服务。由于 DDS 是一种标准，ROS 2 在 DDS 的使用上遵循了该标准，因此在 ROS 2 DDS 接口层也可以使用其他组织和企业的 DDS 产品。

DDS 作为 ROS 2 通信的底层工具，了解其基本原理对于更好地使用 ROS 2 具有积极的意义。DDS 采用了多对多的单向数据交换通信模型，数据的生产实体将数据发布到订阅者的本地缓存中，而数据消费实体则从本地缓存中获取数据。信息流的传递受质量服务策略的调控，该策略是建立在数据交换的实体之间的。

作为一个以数据为中心的模型，DDS 提出了一个"全局数据空间"的概念，所有感兴趣的实体都可以访问这个空间。在这个空间中,想要贡献信息的实体称为发布者,而想要访问数据空间部分内容的实体称为订阅者。每当发布者向这个空间发布新数据时,中间件都会将信息传播给所有感兴趣的订阅者。

基于上述概念,DDS 在实现上将参与通信的众多实体划分为不同的"域"(Domain)。只有属于同一个域的实体间才能进行交互,同一个域内订阅数据的实体与发布数据的实体之间的匹配由话题确定。话题由名称、数据类型和数据的 QoS 等要素构成,话题的名称作为话题在所在域内的标识符要唯一。DDS 的通信模型如图 2-7 所示,DDS 将多个通信实体划分为域,在同一个域内的通信实体借助话题进行相互间的信息交流。

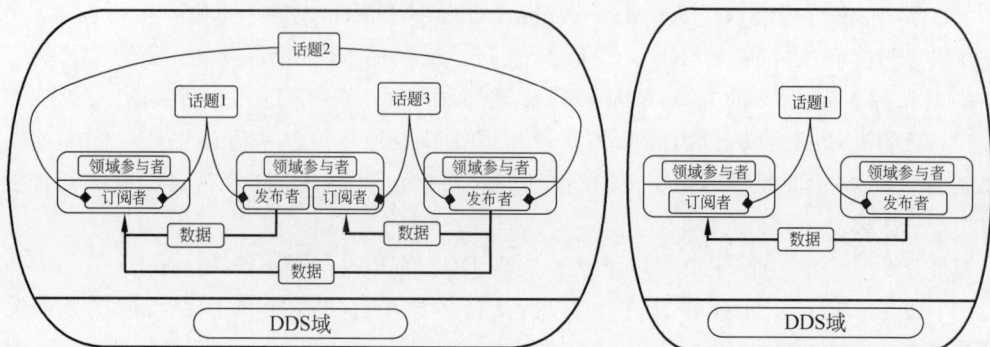

图 2-7 DDS 通信模型

在 ROS 2 中可以利用上述 DDS 的特性设置不同的域 ID 将不同机器人间的通信隔离。需要注意的是通常情况下在 ROS 2 的实践中,不会直接操纵和使用 DDS 接口层的方法和工具,DDS 接口层对 ROS 2 的编程是透明的。

2.2 ROS 2 的安装

📹 32min

ROS 2 目前可供使用的有 Humble、Jazzy 和 Kilted 等多个版本,其中 Jazzy 是 2024 年 5 月发布的一个长期支持版本,将会一直维护和更新到 2029 年。为了能够使用最新的特性,本书以 ROS 2 Jazzy 为主介绍其安装方法。

ROS 2 虽然支持多平台下的安装和部署,但在 Linux 发行版 Ubuntu 系统上的支持度最好,因此在安装 ROS 2 前需要准备 Ubuntu 系统。对于非 Ubuntu 系统的用户,例如 Windows、macOS 等系统的用户,可以通过 VirtualBox 虚拟机软件方便地在当前的操作系统中安装 Ubuntu 系统。

表 2-1 ROS 2 与 Ubuntu 版本

ROS 2 版本	Ubuntu 版本
Humble	22.04
Jazzy	24.04
Kilted	24.04

ROS 2 本身依赖于操作系统,不同的 ROS 2 版本与 Ubuntu 的版本具有关联性,二者要相匹配,错误的搭配会造成无法安装或安装后无法正常运行。不同的 ROS 2 版本与对应的 Ubuntu 版本见表 2-1,其中与 ROS 2 Jazzy 所匹配的是 Ubuntu 24.04。

2.2.1　VirtualBox 安装

VirtualBox 是一款由 Oracle 公司发布的免费且开源的虚拟机软件,可以在现有的操作系统上虚拟出一台或多台虚拟计算机,使用虚拟计算机就可以在同一台物理计算机上运行多个不同操作系统的应用程序。VirtualBox 支持 Windows、macOS、Linux 和 Solaris 等多种操作系统,并提供了丰富的配置选项和功能,方便用户进行虚拟机的创建、管理和使用。VirtualBox 被广泛地应用于开发、测试、教育等领域,是一款非常优秀的虚拟化软件。

VirtualBox 由基本包和扩展包两部构成。基本包提供了虚拟机的主要功能,扩展包提供了一些额外的增强功能,二者都需要下载和安装。在 VirtualBox 官方网站的下载页面可以方便地获取 VirtualBox 基本包和扩展包。

基本包的下载位置如图 2-8 所示,根据当前计算机的系统选择相应的安装包下载,其中 Windows hosts 选项为 Windows 操作系统下的安装包。

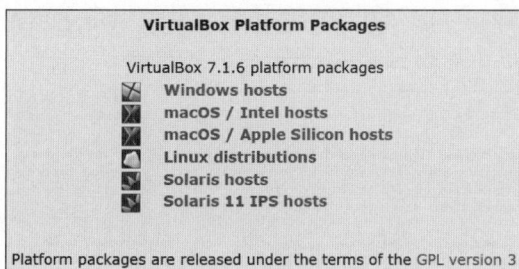

图 2-8　VirtualBox 基本包下载

扩展包不区分安装的系统,适用于所有的操作系统。扩展包的下载位置如图 2-9 所示,位于右下角。

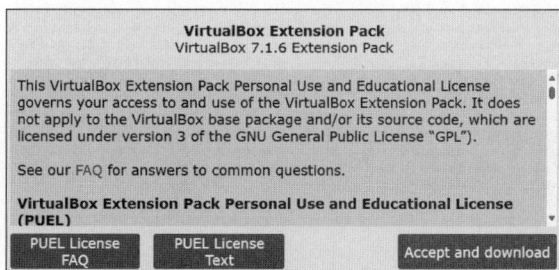

图 2-9　VirtualBox 扩展包下载

注意:Oracle 会定期修复和更新 VirtualBox 的版本,不同的版本在功能上和使用上几乎保持一致,可参照本节下载和安装 VirtualBox 的最新版本。

下载完成后,首先安装基本包。双击基本包进行安装,一般只需按照默认选项完成安装,如图 2-10 所示。

(a) 安装向导　　　　　　　　　　　　　　　(b) 安装完成

图 2-10　VirtualBox 基本包安装

在基本包安装完成后,双击扩展包,在打开的许可窗口内将滚动条滑动到底部后"我同意"按钮会被自动激活,单击该按钮完成安装,如图 2-11 所示。

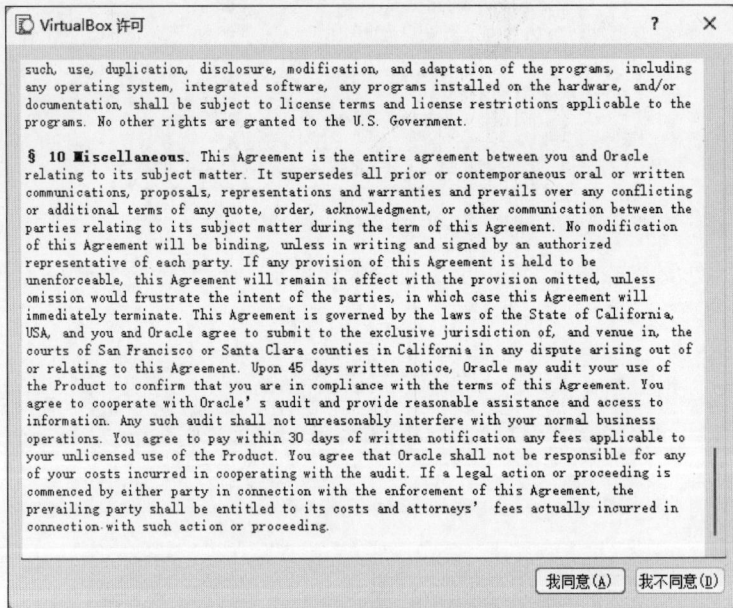

图 2-11　VirtualBox 扩展包安装

2.2.2　Ubuntu 24.04 安装与配置

Ubuntu 由 Canonical 公司支持和维护,是一个基于 Linux 内核开发的操作系统发行版,并且是一个免费开源的操作系统。Ubuntu 提供了一个用户友好的桌面环境和一系列预装的应用程序,适用于个人用户和企业用户,目前 Ubuntu 是最流行的 Linux 发行版之一,使用广泛。

Ubuntu 24.04 是当前最新的 Ubuntu 长期支持版本,并且是与 ROS 2 Jazzy 关联的操作系统,以下介绍 Ubuntu 24.04 的下载、安装与配置。

Ubuntu 24.04 既可通过 Ubuntu 官网下载,也可通过国内开源镜像网站下载,例如清华大学开源软件镜像站,以加快下载速度。

下载完成后,打开 VirtualBox,选择"控制"→"新建"选项,创建新的虚拟机,如图 2-12 所示。

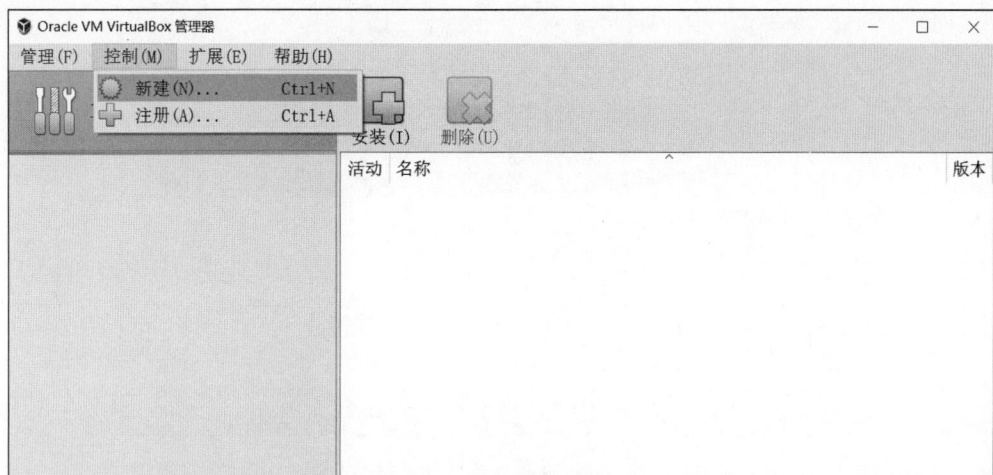

图 2-12　新建虚拟机

在打开的新建虚拟计算机窗口中,设置名称(用于识别虚拟机)、文件夹(虚拟机存储的位置,需要在一个空余空间大于 50GB 的磁盘下新建一个文件夹)、虚拟光盘(打开下载好的 Ubuntu 24.04 系统镜像),勾选跳过自动安装选项。设置完成后打开硬件选项,如图 2-13 所示。

在硬件设置选项卡中,为虚拟机配置内存大小与处理器数量,推荐将内存设置为 8GB (8192MB)及以上,将处理器数量设置为 4 核及以上,如图 2-14 所示。设置完成后打开虚拟硬盘选项卡。

在虚拟硬盘选项卡中为虚拟机设置存储空间,由于机器人开发需要较大存储空间,因此需要设置较大的虚拟硬盘,推荐将虚拟硬盘设置为 50GB 及以上,如图 2-15 所示。设置完成后单击"完成"按钮,完成虚拟机的创建。

完成虚拟机的创建后,即可在 VirtualBox 主窗体内找到并选中创建的虚拟机,并单击"启动"按钮,启动虚拟机,如图 2-16 所示。

由于虚拟机刚创建时没有操作系统,因此虚拟机在启动后就会使用虚拟光盘尝试启动,进入虚拟光盘提供的 Ubuntu 引导界面,如图 2-17 所示,按 Enter 键进行 Ubuntu 的试用和安装。

虚拟机在启动后就会自动进入 Ubuntu 24.04 的安装界面,如图 2-18 所示。在语言选择区域,找到并选中"中文(简体)"选项,完成后单击 Next 按钮。

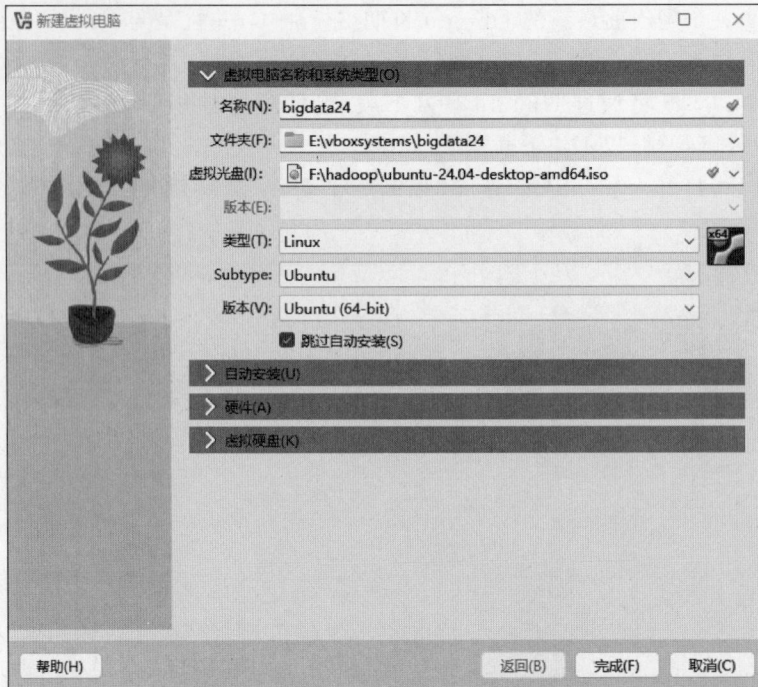

图 2-13　设置虚拟机基本信息

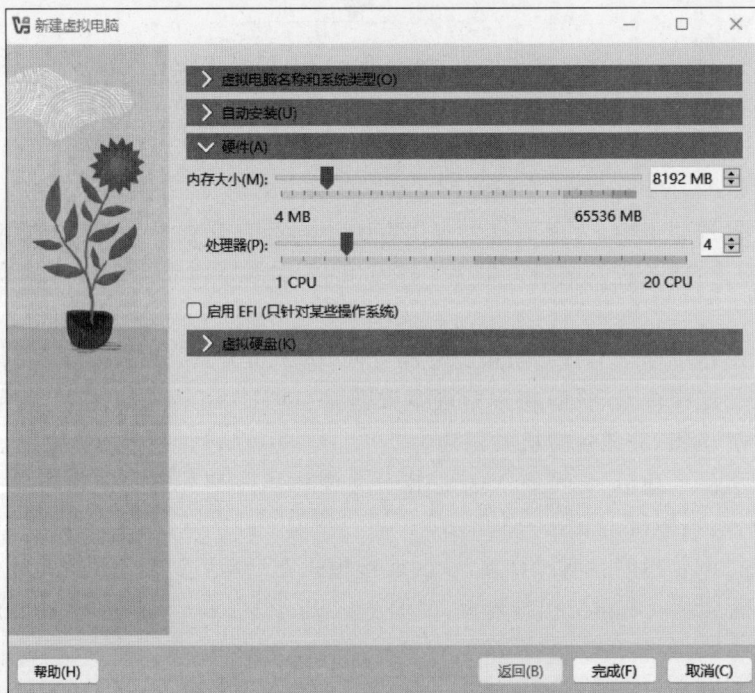

图 2-14　设置内存与处理器

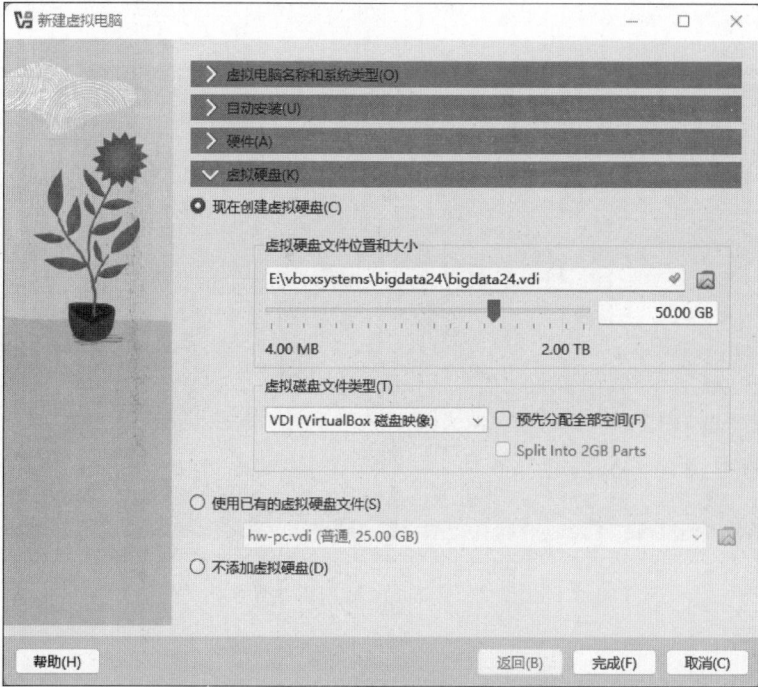

图 2-15　设置虚拟硬盘

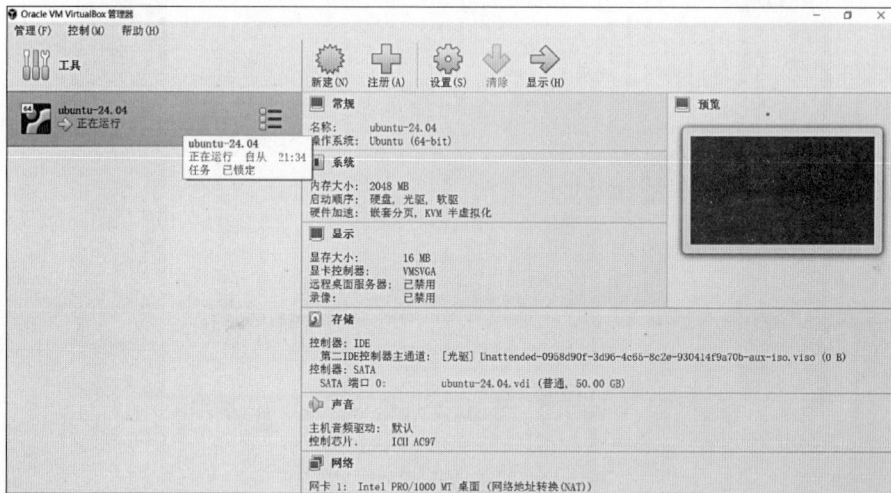

图 2-16　启动虚拟机

在进入连接到互联网界面时,选择"我现在不想连接到互联网"选项,防止在安装时下载文件而减慢安装速度,如图 2-19 所示。

在进入创建用户界面时,需要设置系统登录的用户名、密码等信息。完成后单击"下一步"按钮,如图 2-20 所示。

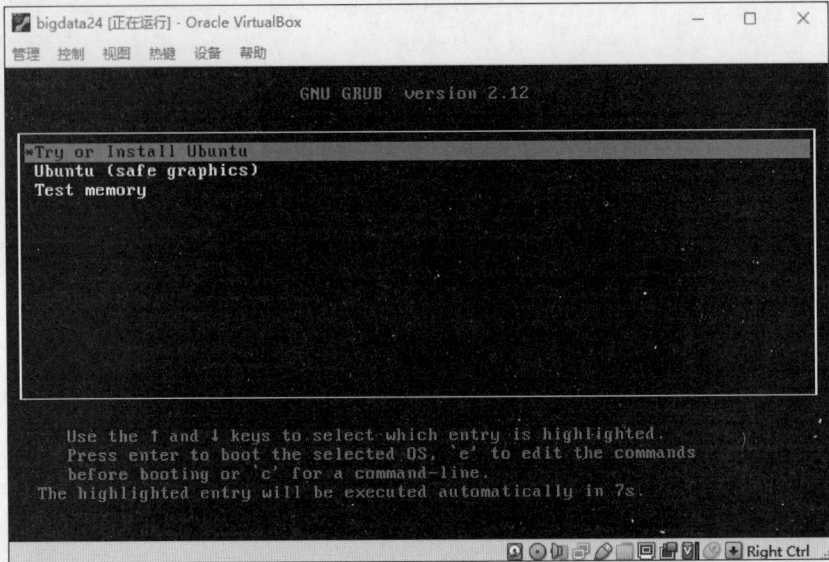

图 2-17　Ubuntu 启动引导界面

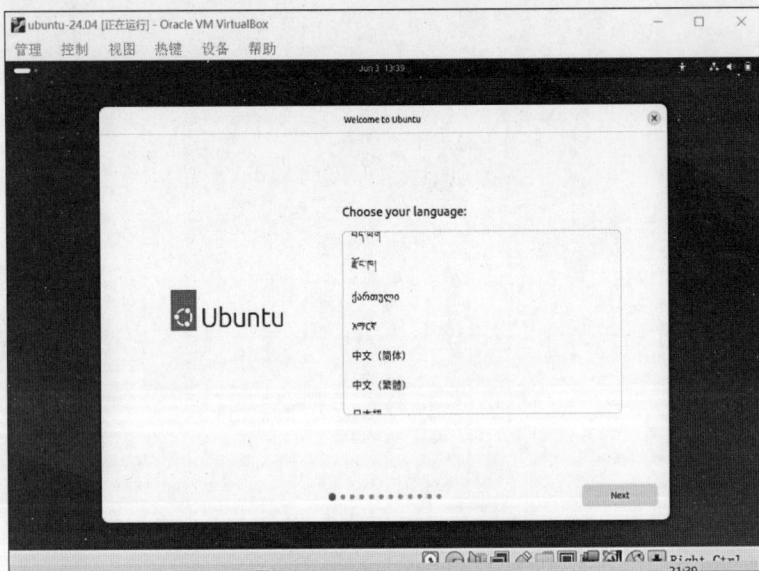

图 2-18　Ubuntu 安装起始界面

注意：完成 Ubuntu 的安装后，用户名和密码需要在登录系统和安装软件时使用，务必牢记。

随后使用默认配置继续前进，一直到系统安装配置结束，如图 2-21 所示。检查无误后单击"安装"按钮，Ubuntu 系统便开始自动安装，安装期间只需等待，无须任何干预，如图 2-22 所示。

图 2-19　Ubuntu 安装起始界面

图 2-20　设置用户名和密码

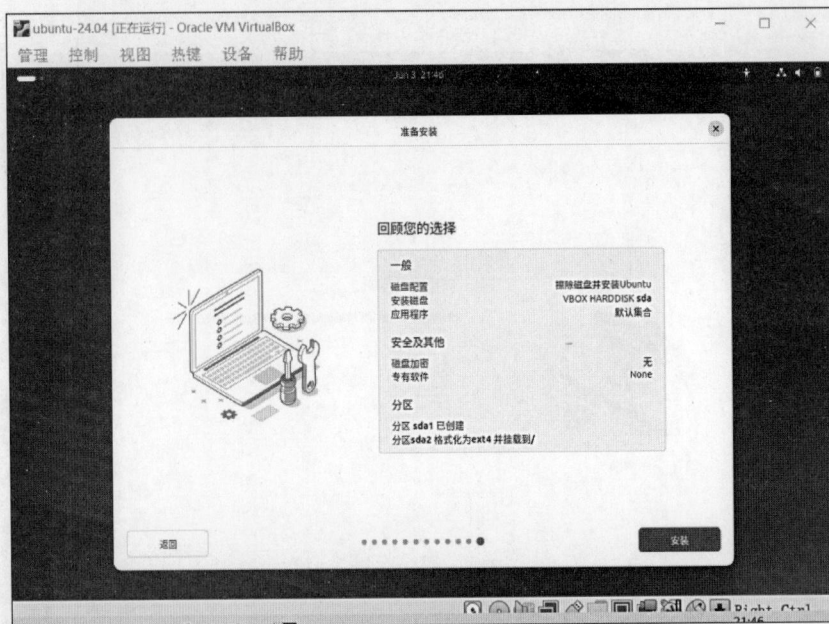

图 2-21　安装配置

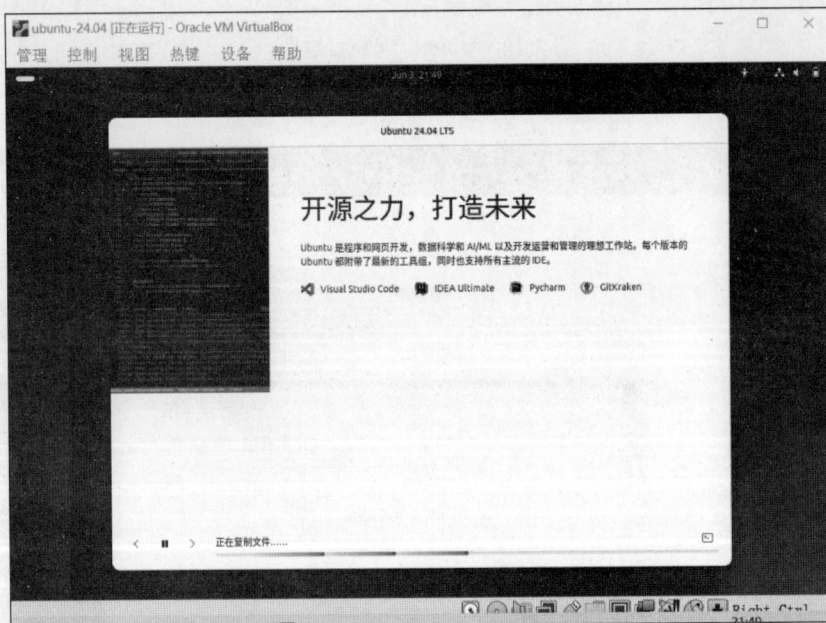

图 2-22　Ubuntu 安装

安装完成后立刻重启虚拟机,如图 2-23 所示。重新启动后会进入 Ubuntu 系统的登录界面,如图 2-24 所示。单击用户名,输入密码后按 Enter 键进入系统。进入系统后的图形用户界面与 Windows 系统的操作几乎相同。

图 2-23　Ubuntu 24.04 安装完成

注意：在重启时，当界面暂停并出现 Please remove the installation medium，then press ENTER 的字样时，需按照提示按 Enter 键。

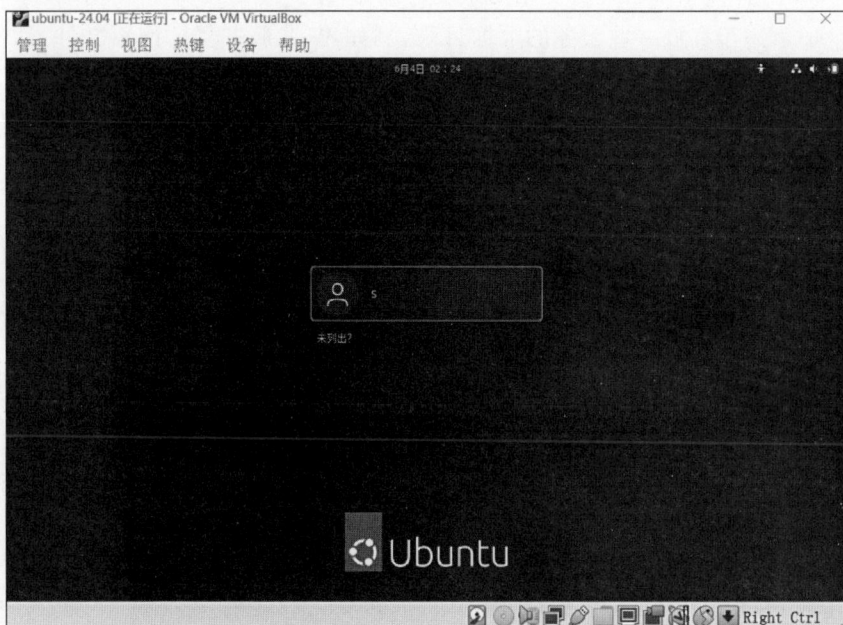

图 2-24　Ubuntu 系统登录界面

Ubuntu 系统的结构与 Linux 一致,对整个计算机中的资源以树状结构进行管理。在这个树状结构中,根节点用"/"进行表示,其他的所有资源(文件、目录)都是根节点的子结点。具体来讲,Ubuntu 系统的目录架构是一种标准化的文件系统布局,它按照特定的目录结构组织文件和目录,使系统管理和维护更加简便。以下是 Ubuntu 系统的主要目录架构及其功能。

(1) /bin:包含系统中最基本的可执行命令,例如 ls、cp 和 mv 等。

(2) /boot:存放启动相关的文件,包括内核和启动引导程序。

(3) /dev:包含设备文件,用于与系统硬件和外部设备进行交互。

(4) /etc:存放系统配置文件,包括网络配置、用户管理和服务配置等。

(5) /home:用户的个人主目录,每名用户在此目录下有一个以其用户名命名的子目录。

(6) /lib:包含系统所需的共享库文件,这些文件被可执行程序运行时使用。

(7) /media:默认挂载点,用于临时挂载可移动设备,例如 USB 驱动器。

(8) /mnt:用于手动挂载临时文件系统。

(9) /opt:用于安装第三方软件的目录,通常是那些不属于系统默认软件包的程序。

(10) /proc:包含虚拟文件系统,提供了关于当前运行进程和内核状态的信息。

(11) /root:超级用户(root)的个人主目录。

(12) /run:包含在系统启动和运行时需要的临时文件和数据。

(13) /sbin:存放系统管理员使用的系统管理命令。

(14) /srv:用于存放一些服务的数据目录,例如 Web 服务器的网页文件、邮件服务器数据、数据库数据等。

(15) /tmp:用于存放临时文件,重启后会清空该目录。

(16) /usr:包含用户程序和数据,类似于 Windows 中的 C:\Program Files 目录。

(17) /var:包含可变数据,例如日志文件、缓存文件和数据库等。

以上是 Ubuntu 系统目录架构的主要部分,每个目录都有其特定的用途,合理使用目录结构可以使系统更加有序和易于管理。

为了方便 Ubuntu 后续的使用,需要进行一些额外的配置。

(1) 安装 VirtualBox 的增强功能:VirtualBox 的增强功能主要提供了虚拟机和主机之间文本的双向复制和粘贴,文件的共享,以及虚拟机屏幕分辨率的调节等功能。在虚拟机的设备菜单下单击安装增强功能,如图 2-25(a)所示,随后在 Ubuntu 桌面的侧边栏会出现一个光驱图标,如图 2-25(b)所示。

打开虚拟光驱,在窗口的右上角单击"运行软件"按钮,并在提示窗口中单击"运行"按钮,如图 2-26 所示。在系统弹出的验证框中输入用户密码并确认,系统就会开始 VirtualBox 增强功能的安装,并在终端中显示安装进度,如图 2-27 所示,完成后按 Enter 键,关闭终端即可。

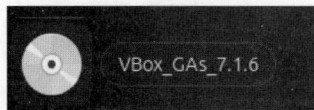

(a) 增强功能选项　　　　　　(b) 增强功能虚拟光驱

图 2-25　安装增强功能

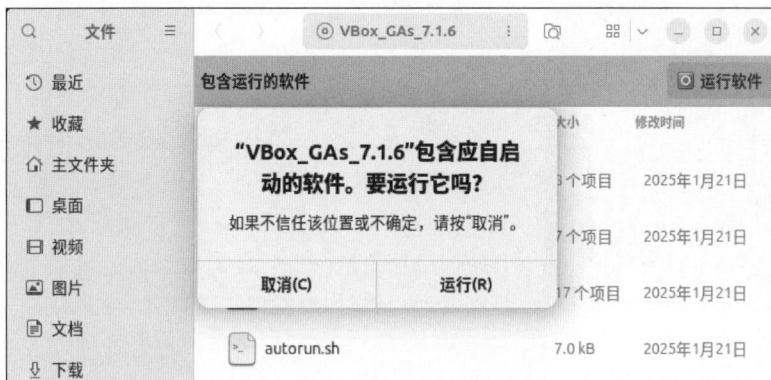

图 2-26　安装增强功能

注意：如果运行时在弹出的终端里出现 bzip2 not found. Please install：bzip2 tar；and try again. 字样，则表示需要安装 bzip2 程序。打开新的终端，执行命令 sudo apt install bzip2 -y。待 bzip2 程序安装完成后，重新单击"运行"按钮，安装增强功能。

在增强功能安装完成后，需要重启虚拟机，重启后增强功能即可自动生效。在增强功能生效后，即可通过 VirtualBox 视图菜单下的虚拟显示屏选项修改显示分辨率，设备菜单下的共享粘贴板选项开启双向粘贴(可以从计算机主机和虚拟机间进行文本的粘贴)，设备菜单下的共享文件夹选项启用计算机主机和虚拟机间进行文件共享等功能。

(2) 修改软件源：在使用 Ubuntu 时，需要从软件源下载和安装软件，以及进行 Ubuntu 系统更新。一般来讲，将软件源设置为国内的服务器可极大改善软件安装和系统更新的速度。设置方法是单击桌面左侧任务栏下方的 Ubuntu 环形标志的按钮，在打开的界面中找到"系统和更新"图标，如图 2-28 所示，单击上述图标，在打开的"软件和更新"窗体中打开

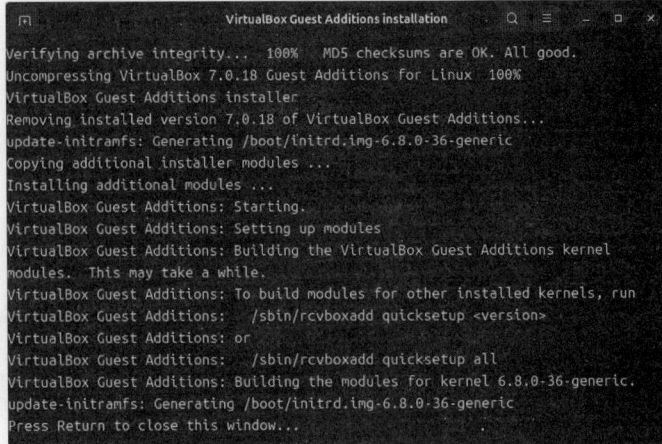

图 2-27 增强功能安装提示

图 2-28 软件和更新

"下载自"下拉列表选项中的"其他"选项,在打开的"选择下载服务器"窗体找到 aliyun 提供的软件源,如图 2-29 所示,单击"选择服务器"按钮,即可完成软件源的更换。

在完成上述更换软件源的操作后,需要注意的是,在关闭"软件和更新"窗体时,系统会调出更新软件更新列表的提示,如图 2-30 所示,单击"重新载入"按钮,Ubuntu 就会根据已经更换好的软件源对系统进行检查和更新。在更新完成后,系统如果发现了更新就会提示用户安装,输入密码后就会自动下载和安装相关的更新,如图 2-31 所示。

图 2-29 自动选择软件源

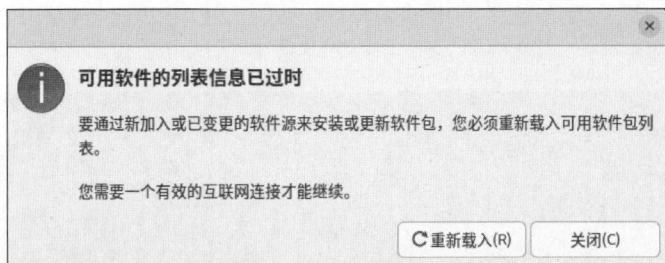

图 2-30 更新软件列表

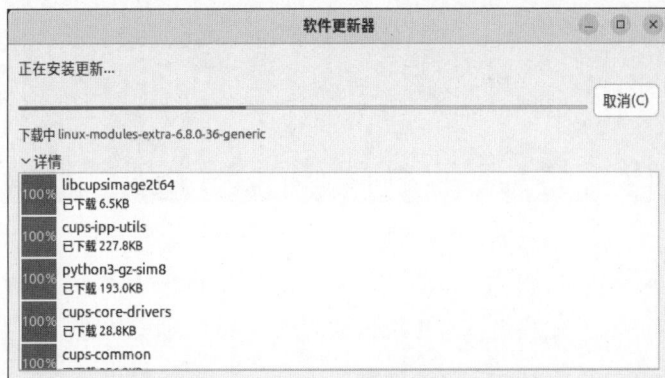

图 2-31 下载和安装更新

（3）安装超级终端 Terminator：虽然 Ubuntu 自带了一个用于执行命令行的终端程序，但是当启动和运行多个终端时，每个终端都会有一个窗体，这会造成使用上的麻烦和混乱。超级终端 Terminator 就是一个可以把一个窗体划分为多个终端区域的程序，在增加可使用终端的同时，避免了多个终端管理上的混乱。由于在 ROS 2 中同时使用多个终端是一件经常发生的情况，因此超级终端 Terminator 是一个很好的命令行工具，在接下来将不断地使用该程序。超级终端 Terminator 可以在终端中使用命令行完成安装：

首先，打开终端，按快捷键 Ctrl＋Alt＋T，或者在桌面的空白处右击，在打开的菜单中单击"在终端中打开"选项，如图 2-32 所示。

其次，在终端输入的命令如下：

```
sudo apt install terminator -y
```

在上述安装命令中，sudo 表示临时启用管理员权限执行操作（因为安装软件需要管理员权限），apt 是 Ubuntu 中管理程序（应用）的工具，install 是 apt 工具的子命令，用于安装程

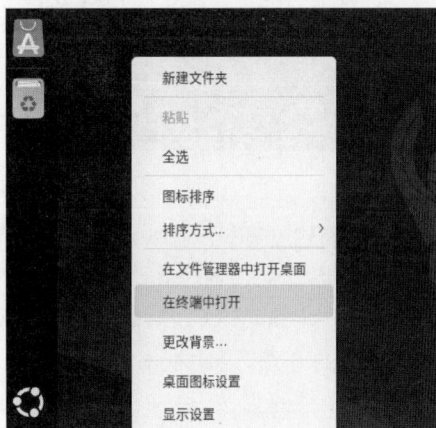

图 2-32 打开终端

序,terminator 是超级终端在软件源中的名称,-y 参数表示同意安装程序时系统的设置。安装过程如图 2-33 所示。

图 2-33　安装超级终端 Terminator

安装完成后,超级终端 Terminator 会替代 Ubuntu 的默认终端,使用上述打开终端的方法即可启动超级终端。在超级终端里可以通过右击菜单对窗体进行水平和垂直分割,从而得到多个命令行输入区域,如图 2-34 所示。为了方便起见,以下将超级终端称为终端。

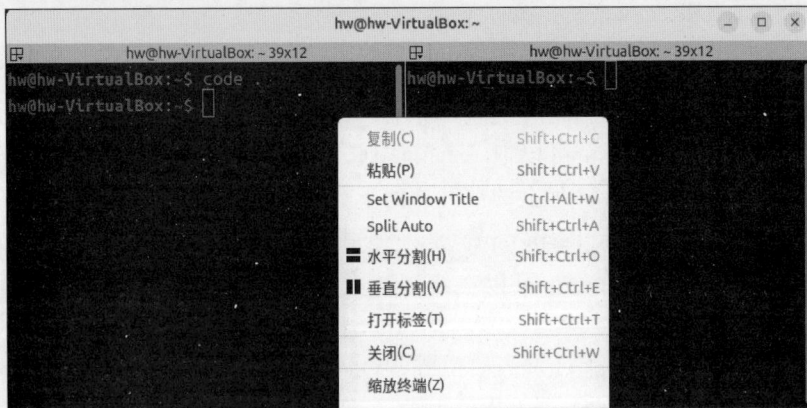

图 2-34　超级终端 Terminator

(4) 安装 VS Code：VS Code 是微软开发并发布的一款跨平台的代码编辑工具,提供了丰富的插件,以此向 VS Code 提供定制化的功能,从而支持多种编程语言,以及支持不同场景和任务下的编程,VS Code 是目前最流行的程序开发工具之一。由于 VS Code 较好地支持了 ROS 2 的开发,因此本书选择 VS Code 作为开发工具。安装 VS Code 有两种方法,一种是使用命令行的方法,另一种是使用 Ubuntu 应用中心的方法。两种安装 VS Code 的方法如下。

第 1 种方法：命令行安装。在终端输入的命令如下：

```
sudo snap install code --classic
```

与安装程序的 apt 命令不同,snap 命令是 Ubuntu 应用中心(Ubuntu Snap Store)的一个包管理工具,用于安装、更新和管理打包为 snap 的程序。snap 类型的程序在一个隔离的环境中运行,还会限制程序访问系统的某些组件,从而增加了安全性。

第 2 种方法:应用中心安装。打开桌面左侧任务栏上的应用中心,在顶部的搜索框输入 code 后进行检索,搜索结果的第 1 个条目即为 VS Code,单击进入后按照提示安装即可,如图 2-35 所示。

图 2-35 安装 VS Code

注意:虽然以上只是介绍了超级终端 Terminator 和 VS Code 两款软件(应用)的安装方法,但是对于其他软件(应用)的安装也是适用的。

在安装完成后,启动 VS Code,在终端输入的命令如下:

```
code
```

VS Code 启动后的界面如图 2-36 所示,为了方便 ROS 2 的开发,通常需要对 VS Code 进行配置。具体方法是通过窗体右侧的扩展按钮搜索和安装以下插件。

(1) Chinese:将 VS Code 语言修改为中文。

(2) Python:使 VS Code 支持 Python 语言。

(3) C/C++:使 VS Code 支持 C 和 C++语言。

(4) ROS:使 VS Code 支持 ROS 程序的开发。

(5) Msg Language Support:使 VS Code 支持 ROS 中的话题和服务中的消息。

(6) URDF:使 VS Code 支持 ROS 的机器人模型描述。

(7) IntelliCode 或 TONGYI Lingma:编程的大模型辅助工具。

在使用 Ubuntu 时,许多操作在终端里使用命令行完成更为方便和快捷,并且对于 ROS 2 的学习和使用来讲,需要借助相关的命令来完成一些功能(例如切换目录、创建文件夹、复制/移动/删除文件等)。学习和掌握常用的 Linux 命令十分必要,一些在 Ubuntu 终端中常用的命令及其功能见表 2-2。

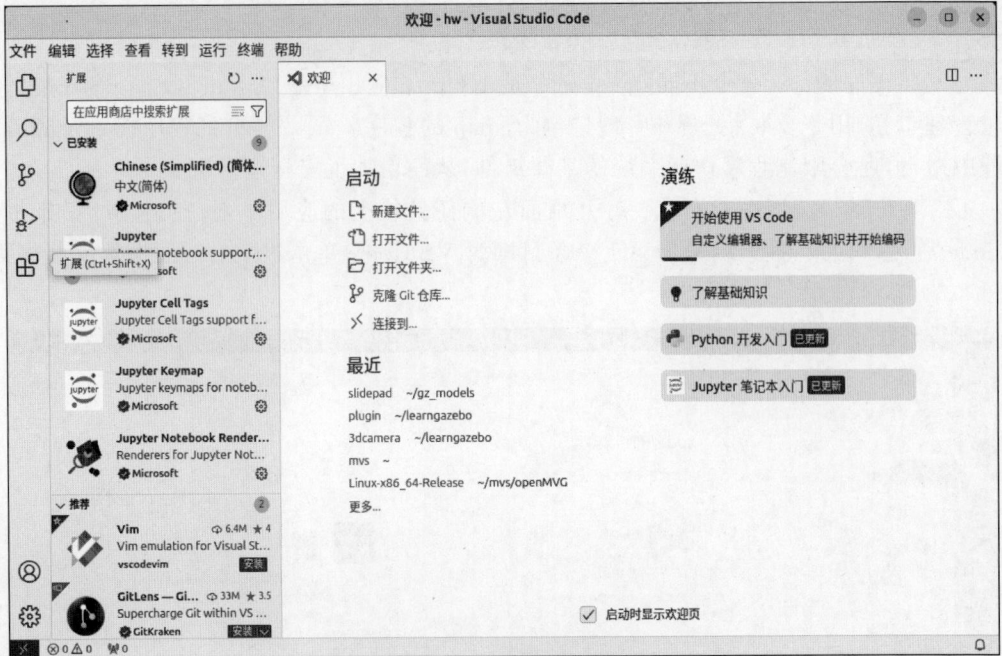

图 2-36　VS Code 界面

表 2-2　Ubuntu 常用的命令及其功能

命　　令	功　　能
sudo	普通用户可以在有限的权限下执行需要特权用户权限才能执行的操作,这有助于提高系统的安全性。sudo 命令通常需要输入用户的密码以确认身份和权限,例如 sudo apt update:更新软件列表 sudo apt upgrade:升级系统软件
apt	用于包管理和软件安装的命令。常用的 apt 命令如下。 apt install < package >:安装一个软件包 apt remove < package >:卸载一个软件包 apt update:更新软件包列表 apt upgrade:升级系统中已安装软件包的版本 apt search < keyword >:搜索软件包 apt show < package >:显示软件包信息 apt list --installed:列出已安装的软件包 apt autoremove:移除系统中不再使用的软件包 由于在使用 apt 命令时一般需要特权用户权限,因此通常与 sudo 命令结合,例如 sudo apt update
pwd	用于显示当前工作目录的绝对路径,获得当前正在工作的目录位置。pwd 代表 print working directory,即打印当前工作目录
ls	用于列出当前工作目录中的文件和子目录。结合使用 ls 命令的不同选项,可输出不同的格式,例如 ls -l(列出长格式)、ls -a(显示所有文件,包括隐藏文件)等

命　　令	功　　能
cd	用来改变当前工作目录的命令。cd 代表 change directory,通过 cd 命令可以快速地切换到不同的目录。常用的 cd 命令如下。 cd /home/user:进入路径为/home/user 的目录 cd ..:返回上一级目录 cd ～:切换到当前用户的主目录 cd -:切换到先前所在的目录
touch	用于创建新的空文件或者更新已有文件的访问时间和修改时间,例如 touch example.txt,当 example.txt 不存在时创建该文,反之则更新该文件的访问和修改时间
mkdir	用于创建一个或多个新的目录(文件夹)。常用的 mkdir 命令如下。 mkdir dir:创建名为 dir 的目录 mkdir -p dir1/dir2/dir3:创建多级目录 dir1/dir2/dir3
rm	用于删除文件或目录。当删除目录时需要使用-r 选项,要谨慎使用 rm -r 命令,因为它会永久删除目录及其所有内容,无法恢复。常用的 rm 命令如下。 rm file.txt:删除名为 file.txt 的文件 rm -r ./directory/:删除名为./directory/的目录,以及其所有子目录和文件 rm -f file.txt:强制删除名为 file.txt 的文件,即使文件不存在也不报错
cp	用于复制文件或目录的命令。常用的 cp 命令如下。 cp file1.txt ./documents/:将文件 file1.txt 复制到目录./documents cp source.txt destination.txt:复制并将文件 source.txt 重命令为 destination.txt cp -r source_dir/ destination_dir/:将 source_dir 目录及其内容复制到另一个目录 destination_dir
mv	用于移动文件或重命名文件(或目录)。常用的 mv 命令如下。 mv file1.txt ./documents/:将文件 file1.txt 移动到目录./documents/ mv old_filename.txt new_filename.txt:将文件 old_filename.txt 重命名为 new_filename.txt mv source_dir/ destination_dir/:将目录 source_dir 移动到 destination_dir 目录内
zip	用于创建和管理 zip 存档文件(压缩文件)的命令,将文件和目录打包成一个 zip 文件,以便在需要时进行传输或存储。常用的 zip 命令如下。 zip -r archive.zip directory/:将整个目录 directory/压缩为 archive.zip 的文件 zip files.zip file1.txt file2.txt:将文件 file1.txt 和 file2.txt 压缩到 files.zip
unzip	用于解压缩.zip 文件的命令行工具。具体用法如下。 unzip filename.zip:把 filename.zip 文件解压缩到当前目录 unzip filename.zip -d /path/to/directory:将文件解压缩到指定的目录 unzip -l filename.zip:只列出压缩文件中的所有文件和目录,而不实际解压缩
env	不带任何参数运行 env 命令会列出当前终端会话中所有的环境变量及其值
export	用于设置或导出环境变量,使其在子进程中可用,例如设置一个名为 VVM 且值为 1 的环境变量,export VVM＝1
echo	用于在终端或文件中输出文本。常用的 echo 命令如下。 echo "Hello, World!":在终端输出文本"Hello, World!" echo ＄VVM:显示环境变量 VVM 的值,需要在变量名前加上＄符号

续表

命 令	功 能
source	用于在不重启动新终端的情况下,在当前终端重新加载终端配置文件,例如在不需要重新启动终端的情况下,重新加载.bashrc 文件,更新当前终端的配置更改,命令为 source ~/.bashrc

在使用终端时,.bashrc 文件是非常重要的。.bashrc 文件是一个用户特定的配置文件,是在终端启动时读取和执行的脚本,用于配置终端里的用户环境。简单来讲,每次在启动一个终端时,都会在终端初始化阶段执行.bashrc 文件,对终端进行一些配置,这使其成为用户自定义环境和提高工作效率的重要工具,为用户使用终端提供了便利。

.bashrc 文件位于用户主目录下,即~/.bashrc。该文件的文件名以".“起始,表示这是一个隐藏文件,默认不会在 GUI 中显示,但可以在终端里使用文本编辑器打开和编辑此文件,例如,使用 VS Code 打开.bashrc 文件,命令如下:

```
code ~/.bashrc
```

上述命令的运行效果如图 2-37 所示,在.bashrc 文件里定义了一些终端在初始化时执行的脚本和命令。

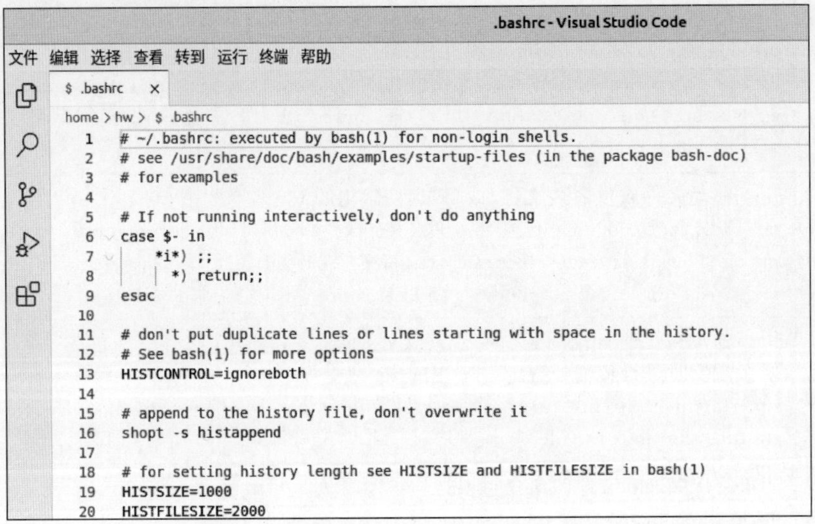

图 2-37 .bashrc 文件

编辑.bashrc 文件,只需向其中添加相关的脚本和命令就能够为终端配置相关功能。下面介绍两个在.bashrc 文件中常用的配置。

(1) 设置环境变量:在.bashrc 文件中添加和修改环境变量。例如,用于指定系统查找可执行文件路径的 PATH 环境变量,修改该环境变量的命令如下:

```
export PATH=~/bin:$PATH
```

上述命令将～/bin 文件夹添加到 PATH 环境变量中,使终端可以识别保存在～/bin 目录中的可执行程序。

(2)设定别名:可以在文件中创建别名,以简化命令的输入,例如,在终端里进入 Python 交互式解释环境的命令是 python3,可添加一个别名 python,命令如下:

```
alias python='python3'
```

在修改并保存了. bashrc 文件后,并不会立即在当前终端内生效。为了能够在当前终端生效,需要使用 source 命令重新加载. bashrc 文件,命令如下:

```
source ~/.bashrc
```

以上命令会重新读取并执行. bashrc 文件,使相关配置在当前终端里立即生效,而不必重新启动终端。当然,也可以先关闭当前终端,然后打开一个新终端,新终端会自动执行修改后的. bashrc 文件。

此外,Python 已经成为 Ubuntu 上的重要语言,并为许多工具提供了运行环境。在 Ubuntu 24.04 中,为了提高系统的安全性和稳定性,加强了对 Python 第三方库的管理。Ubuntu 推荐用户在安装 Python 库时使用 Python 虚拟环境,而非在 Ubuntu 系统上直接安装。这样就使安装第三方库的 pip 命令只能在虚拟环境中使用,而不能在系统层面使用。在 Ubuntu 系统层面安装 Python 第三方库需要使用 apt 命令,命令格式如下:

```
sudo apt install python-<packagename>
```

其中,< packagename >表示 Python 第三方库的名称,例如,安装数组运算库 NumPy,命令如下:

```
sudo apt install python3-numpy
```

2.2.3 ROS 2 Jazzy 安装

经过多年的发展 ROS 2 的安装较之前的版本已经标准化和规范化,在 ROS 2 的官方文档中提供了各版本 ROS 的安装和使用方法,如图 2-38 所示,其中 ROS 2 Jazzy 作为最新的 ROS 长期支持版本在将来会被广泛使用。以下介绍 ROS 2 Jazzy 的安装方法。

参考 ROS 2 Jazzy 的文档,打开终端,按照以下步骤安装 ROS 2 Jazzy。

(1)检查系统当前语言编码,命令如下:

```
locale
```

在命令执行后,如果在显示的如图 2-39 所示的信息中包含 UTF-8 的内容,则表示语言编码正确。

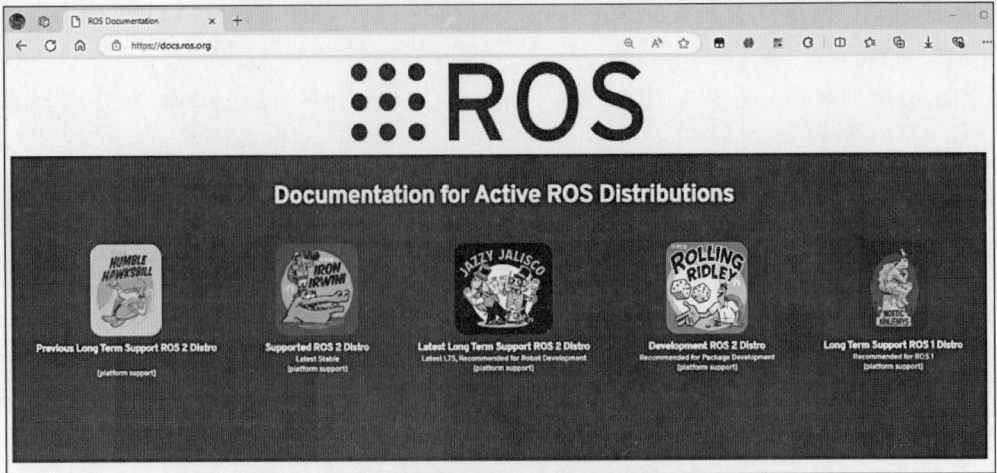

图 2-38　ROS 官方文档主页

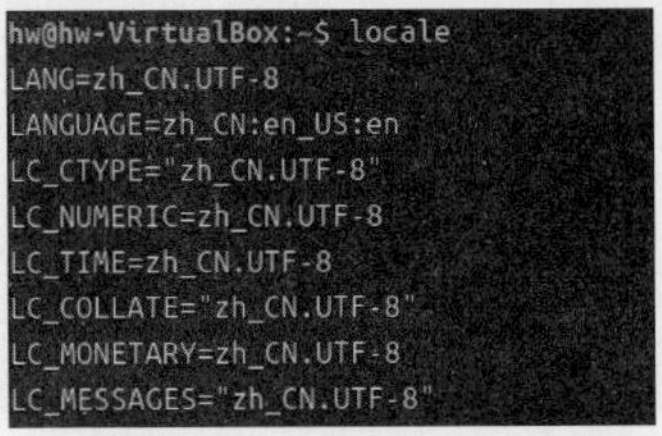

图 2-39　检查语言编码

注意：如果执行命令后出现终端提示没有 locale 命令的错误，则需要执行 sudo apt update && sudo apt install locales 命令，安装 locale 应用后，再执行 locale 命令。

（2）启用 Ubuntu Universe 仓库，需要执行的两条命令如下：

```
sudo apt install software-properties-common -y
sudo add-apt-repository universe
```

在执行上述命令时，按照终端里的提示进行相应操作，命令执行后的效果如图 2-40 所示。

（3）将 ROS 2 的 GPG 密钥添加到 apt，需要执行的两条命令如下：

```
wget http://packages.ros.org/ros.key
sudo mv ros.key /usr/share/keyrings/ros-archive-keyring.gpg
```

上述两条命令的功能分别是使用 wget 命令下载 ROS 2 的 GPG 密钥，以及将密钥移动到 apt 中，命令的执行效果如图 2-41 所示。

（4）将 ROS 2 仓库添加到软件源列表，命令如下：

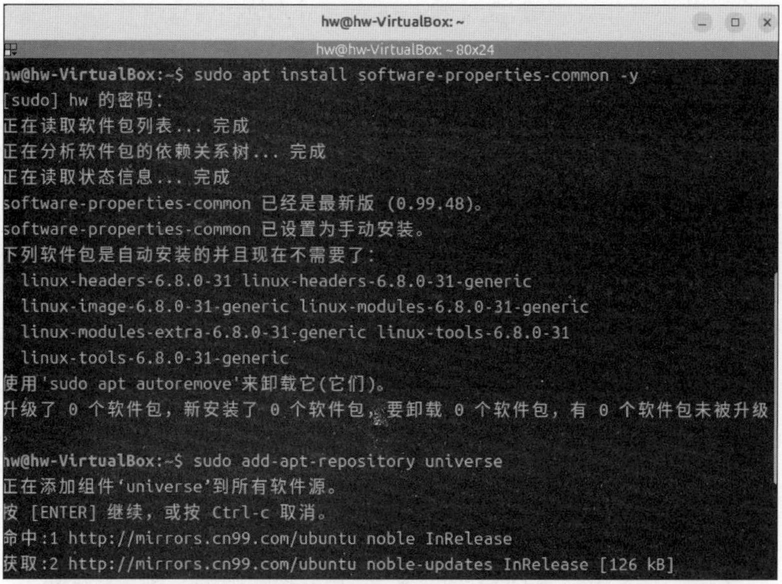

```
hw@hw-VirtualBox:~
hw@hw-VirtualBox: ~ 80x24
hw@hw-VirtualBox:~$ sudo apt install software-properties-common -y
[sudo] hw 的密码:
正在读取软件包列表... 完成
正在分析软件包的依赖关系树... 完成
正在读取状态信息... 完成
software-properties-common 已经是最新版 (0.99.48)。
software-properties-common 已设置为手动安装。
下列软件包是自动安装的并且现在不需要了:
  linux-headers-6.8.0-31 linux-headers-6.8.0-31-generic
  linux-image-6.8.0-31-generic linux-modules-6.8.0-31-generic
  linux-modules-extra-6.8.0-31-generic linux-tools-6.8.0-31
  linux-tools-6.8.0-31-generic
使用'sudo apt autoremove'来卸载它(它们)。
升级了 0 个软件包，新安装了 0 个软件包，要卸载 0 个软件包，有 0 个软件包未被升级
。
hw@hw-VirtualBox:~$ sudo add-apt-repository universe
正在添加组件'universe'到所有软件源。
按 [ENTER] 继续，或按 Ctrl-c 取消。
命中:1 http://mirrors.cn99.com/ubuntu noble InRelease
获取:2 http://mirrors.cn99.com/ubuntu noble-updates InRelease [126 kB]
```

图 2-40　启用 Ubuntu Universe 仓库

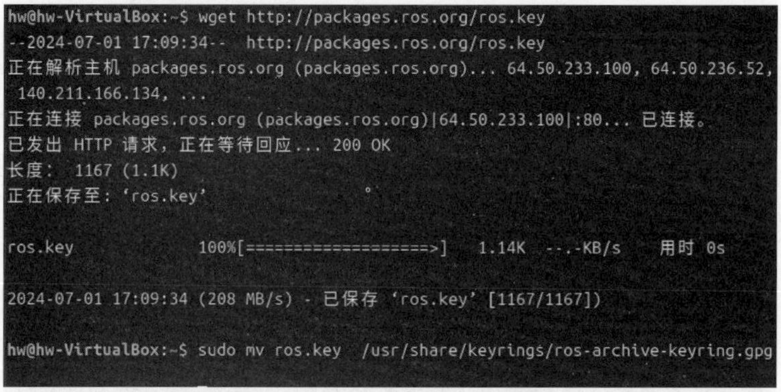

```
hw@hw-VirtualBox:~$ wget http://packages.ros.org/ros.key
--2024-07-01 17:09:34--  http://packages.ros.org/ros.key
正在解析主机 packages.ros.org (packages.ros.org)... 64.50.233.100, 64.50.236.52,
 140.211.166.134, ...
正在连接 packages.ros.org (packages.ros.org)|64.50.233.100|:80... 已连接。
已发出 HTTP 请求，正在等待回应... 200 OK
长度: 1167 (1.1K)
正在保存至: 'ros.key'

ros.key             100%[===================>]   1.14K  --.-KB/s    用时 0s

2024-07-01 17:09:34 (208 MB/s) - 已保存 'ros.key' [1167/1167])

hw@hw-VirtualBox:~$ sudo mv ros.key  /usr/share/keyrings/ros-archive-keyring.gpg
```

图 2-41　添加 ROS 2 的 GPG 密钥

```
echo "deb [arch=$(dpkg --print-architecture)
signed-by=/usr/share/keyrings/ros-archive-keyring.gpg]
http://packages.ros.org/ros2/ubuntu $(. /etc/os-release && echo
$UBUNTU_CODENAME) main" | sudo tee /etc/apt/sources.list.d/ros2.list > /dev/null
```

上述为一条跨越多行的命令，运行效果如图 2-42 所示。

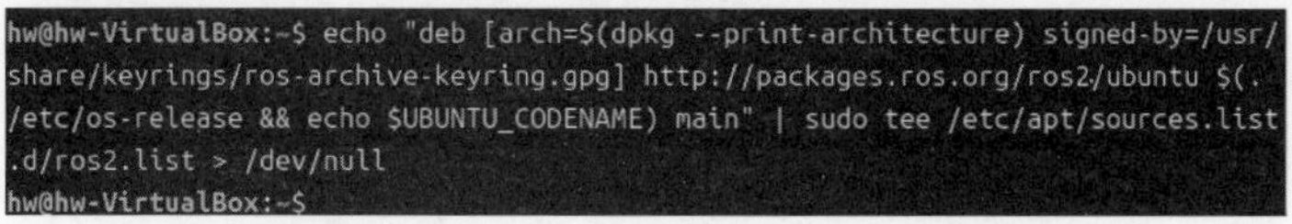

```
hw@hw-VirtualBox:~$ echo "deb [arch=$(dpkg --print-architecture) signed-by=/usr/
share/keyrings/ros-archive-keyring.gpg] http://packages.ros.org/ros2/ubuntu $(.
/etc/os-release && echo $UBUNTU_CODENAME) main" | sudo tee /etc/apt/sources.list
.d/ros2.list > /dev/null
hw@hw-VirtualBox:~$
```

图 2-42　将 ROS 2 仓库添加到软件源列表

（5）更新软件列表和升级应用，需要执行的两条命令如下：

```
sudo apt update
sudo apt upgrade -y
```

上述两条命令分别对软件列表进行更新，以及在更新后进行应用升级，运行效果如图 2-43 所示。

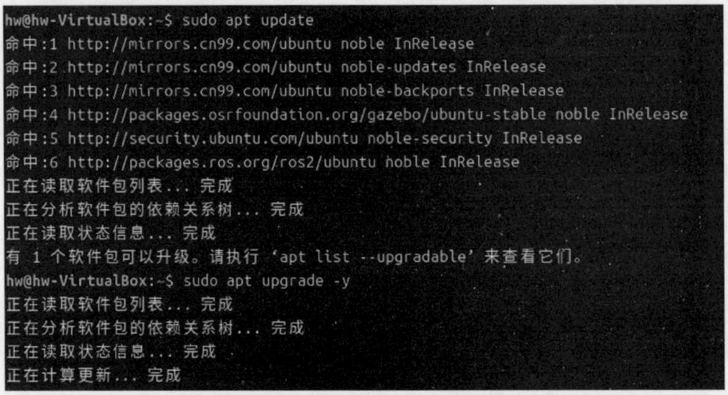

图 2-43　更新软件列表和应用

（6）安装 ROS 2 Jazzy 的开发工具，命令如下：

```
sudo apt install ros-dev-tools -y
```

上述命令会安装在构建自定义 ROS 2 的机器人项目时所需的必要工具，命令的执行效果如图 2-44 所示。

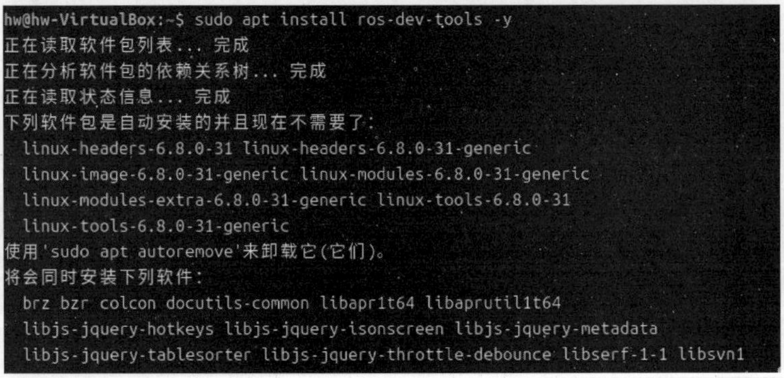

图 2-44　安装 ROS 2 开发工具

（7）安装 ROS 2 Jazzy，命令如下：

```
sudo apt install ros-jazzy-desktop -y
```

上述命令的功能是安装 ROS 2 Jazzy 的完整版，命令的执行效果如图 2-45 所示。

（8）添加和启用 ROS 2 环境变量。经过以上 7 个步骤就完成了 ROS 2 Jazzy 的安装，

图 2-45　安装 ROS 2 Jazzy

但是此时使用和执行 ROS 2 命令的便利性不足。为了方便后续在打开终端后直接使用 ROS 2 的相关命令,需要将 ROS 2 的配置文件添加到 .bashrc 文件中,并且在当前的终端重新加载配置,以启用 ROS 2 的命令。需要在终端执行两条命令,命令如下:

```
echo "source /opt/ros/jazzy/setup.bash" >> ~/.bashrc
source ~/.bashrc
```

上述两条命令的执行效果如图 2-46 所示。

图 2-46　添加和启用 ROS 2 环境变量

注意:也可以参照之前使用 VS Code 打开 .bashrc 文件后进行编辑,在文件末尾插入命令 source /opt/ros/jazzy/setup.bash。

(9) 验证 ROS 2 Jazzy,命令如下:

```
ros2 run turtlesim turtlesim_node
```

上述命令会执行 ROS 2 中的一个示例程序,启动一个简单的二维机器人仿真环境,执行成功后的效果如图 2-47 所示,打开一个名为 TurtleSim 的窗体,如果在窗体中央出现一只小海龟,则表示 ROS 2 Jazzy 安装成功。

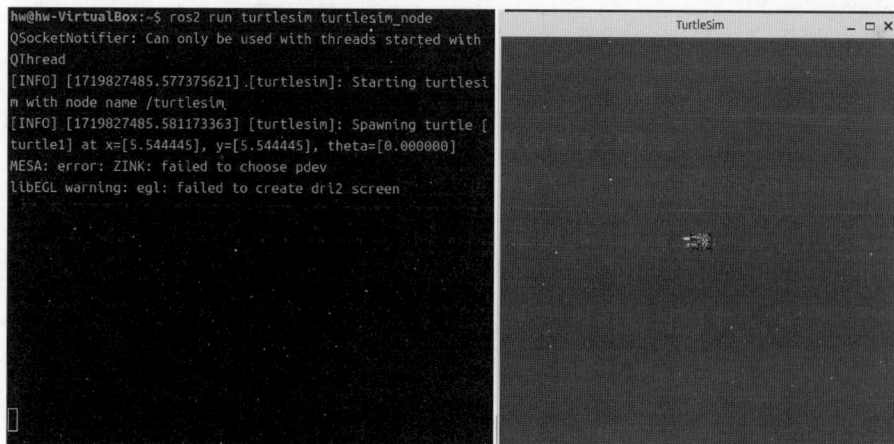

图 2-47　验证 ROS 2 Jazzy

以上小海龟的仿真环境可用于 ROS 2 相关知识的学习,在接下来的几章里都将通过对该仿真环境中的小海龟的控制来熟悉和理解 ROS 2 的相关概念和基本操作。

最后,对 ROS 2 的卸载和删除进行介绍。卸载和删除 ROS 2 十分简单,命令如下:

```
sudo apt remove ros-jazzy-* && sudo apt autoremove
```

以上是使用 && 进行连接的两条命令的复合,上述命令在执行完成后 ROS 2 Jazzy 机器人操作系统就会在 Ubuntu 系统中被彻底删除。

2.2.4 ROS 2 第三方功能包

ROS 之所以能成为当前广泛使用的机器人操作系统,主要原因之一就是其强大的第三方功能包。ROS 的第三方功能包都由 ROS Package Index 进行统一管理和维护。ROS Package Index 提供了功能包检索查询、功能包介绍、功能包安装和使用及功能包文档等功能。当在实际的 ROS 2 项目中需要用到特定的功能包时就可以在 ROS Package Index 上进行搜索。图 2-48 显示了 ROS Package Index 功能包列表页面,第三方功能包按照 ROS 的不同版本,按顺序排列,其中 Name 列显示了功能包的名称。

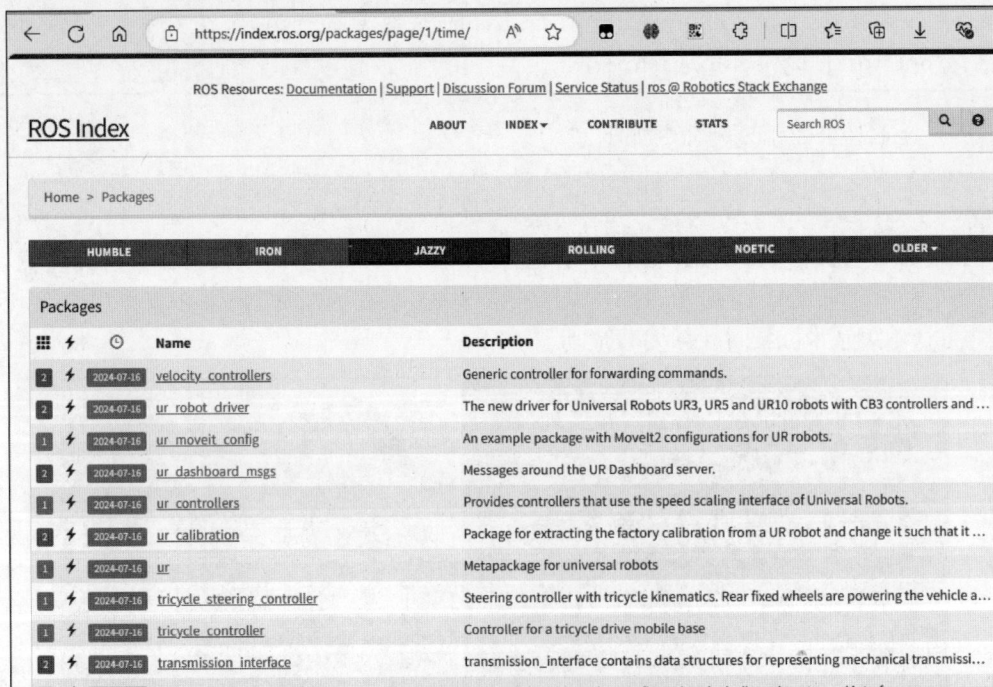

图 2-48　ROS Package Index 的功能包列表页面

下面以移动机器人导航功能包 navigation2(简称为 Nav2)为例,介绍 ROS 2 的第三方功能包的检索和安装方法。

在图 2-48 的右上角搜索栏输入 navigation2 后单击检索按钮,检索结果如图 2-49 所示，找到 Name 列中名为 navigation2 的功能包，单击并打开就能够看到该功能包的详细介绍。

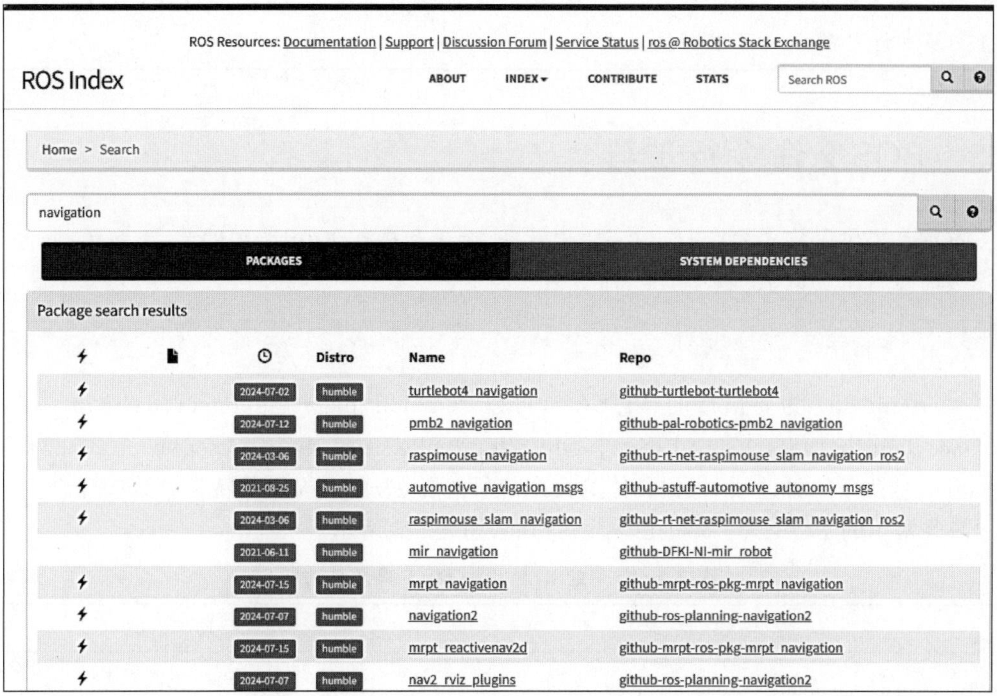

图 2-49 功能包检索

在 ROS 2 中安装功能包十分简单，ROS 2 的所有功能包的可执行程序都以标准的 Ubuntu 的应用程序提供，可用 Ubuntu 中的 apt install 命令进行功能包的安装，安装功能包的命令格式如下：

```
sudo apt install ros-<distro>-<package> -y
```

在上述命令中< distro >表示 ROS 发行版的名称，在此处应当为 jazzy,< package >表示功能包的名称，在安装功能包时根据 ROS 系统的版本和功能包名称进行替换，例如在 ROS 2 Jazzy 上安装导航功能包 navigation2,命令如下：

```
sudo apt install ros-jazzy-navigation2 -y
```

利用通配符可以一次性安装多个功能包，以减少命令的输入次数，例如安装导航相关的所有功能包，命令如下：

```
sudo apt install ros-jazzy-nav * -y
```

上述命令使用了 * 号通配符,Ubuntu 会安装 ROS 2 Jazzy 中名称以 nav 起始的所有功能包。

注意：除了可使用上述命令对编译好的功能包进行安装外，ROS 2 功能包也可通过自行下载源码和编译的方法进行安装，功能包本质上是一个自定义的 ROS 2 程序，通过下载编译进行安装功能包的方法可参见第 3 章。

2.3 ROS 2 命令行工具

83min

ROS 2 提供了许多命令行工具，用于管理、调试和操作 ROS 2 中的节点、话题、服务等。ROS 2 命令行工具以 ros2 为起始，命令格式如下：

```
ros2 <command> [options]
```

其中，<command>为要执行的具体命令，可以是 action、bag、component、daemon、doctor、interface、launch、lifecycle、multicast、node、param、pkg、run、security、service、topic、wtf 等，[options]是命令的可选项，根据具体的命令有所差异，为命令提供的特定参数或标志。

一些常用的 ROS 2 命令行工具及其功能，如表 2-3 所示。

表 2-3　常用的 ROS 2 命令行工具及其功能

命 令 格 式	功　　能
ros2 run < package_name > < executable_name >	运行 ROS 2 指定功能包中的指定名称的节点程序
ros2 node list	列出当前运行的所有 ROS 2 节点
ros2 node info < node_name >	获取指定 ROS 2 节点的详细信息
ros2 topic list	列出当前所有的 ROS 2 话题
ros2 topic info < topic_name >	获取指定 ROS 2 话题的详细信息
ros2 topic echo < topic_name >	订阅并打印指定话题的消息
ros2 topic pub < topic_name > < msg_type > < argument >	将指定类型消息发布到指定话题
ros2 topic hz < topic_name >	计算并显示指定话题的发布频率
ros2 service list	列出当前所有的 ROS 2 服务
ros2 service type < service_name >	显示指定服务的消息类型
ros2 service info < service_name >	获取指定 ROS 2 服务的详细信息
ros2 service find < type_name >	查询指定消息类型的服务
ros2 service call < service_name > < service_type > < arguments >	调用服务
ros2 service echo < service_name ∣ service_type > < arguments >	订阅并打印指定服务的消息
ros2 interface list	列出 ROS 2 中所有的消息类型
ros2 interface packages	显示含有消息类型的包名
ros2 interface package < package_name >	显示指定 ROS 2 包中的消息类型
ros2 interface show < type_name >	查询指定类型的数据结构
ros2 param list	列出所有的 ROS 2 参数
ros2 param get < node_name > < parameter_name >	获取指定节点的参数值

命 令 格 式	功　　能
ros2 param set < node_name > < parameter_name > < value >	设置指定节点的参数值
ros2 param dump < node_name >	获取节点所有参数的数据
ros2 param load < node_name > < parameter_file >	为节点配置参数文件中的参数数据
ros2 action list	列出当前所有的 ROS 2 动作
ros2 action type < action_name >	显示指定动作的消息类型
ros2 action info < action_name >	获取指定 ROS 2 动作的详细信息
ros2 action send_goal < action_name > < action_type > < values >	向指定动作发布信息
ros2 bag record < topic_name >	记录单个话题的数据信息
ros2 bag record -o < bag_file_name > < topic_name1 > < topic_name2 > …	在一个文件中记录多个话题数据信息
ros2 bag info < bag_file_name >	查看记录的数据详细信息
ros2 bag play < bag_file_name >	重播记录包内容
ros2 bag record --service < service_names >	记录单个服务的数据信息
ros2 bag play --publish-service-requests < bag_file_name >	重播服务的记录包内容
ros2 pkg list	列出所有已安装的 ROS 2 包
ros2 pkg executables < pkg_name >	查询指定 ROS 2 包中的所有可执行程序
ros2 pkg prefix < pkg_name >	查询指定 ROS 2 包的路径前缀

ROS 2 自带了一个简单的小海龟二维仿真环境,可用于进行 ROS 2 的学习和简易机器人仿真。下面以 ROS 2 自带的小海龟仿真环境为例介绍上述 ROS 2 常用命令行工具的使用方法。

2.3.1　节点管理

节点是 ROS 2 中最小的独立可执行程序,ROS 2 命令行工具提供了节点的创建、查询、销毁等功能。

(1) 启动节点。启动 ROS 2 小海龟仿真环境节点的命令如下:

```
ros2 run turtlesim turtlesim_node
```

其中,turtlesim 为小海龟仿真环境所在包的包名称,turtlesim_node 是一个节点,功能是创建和运行一个小海龟二维仿真环境。命令运行后会启动一个名为 TurtleSim 的窗体,窗体内包含一只小海龟(机器人)和一个可供小海龟运动的区域,如图 2-50 所示。

为了控制小海龟的运动,在不关闭上一个终端的情况下,新建一个终端,启动 turtlesim 包中的另一个节点 turtle_teleop_key,命令如下:

```
ros2 run turtlesim turtle_teleop_key
```

上述命令运行后会启动一个控制小海龟运动的节点,在保持运行该命令的窗体处于激活状态的同时,按下键盘的方向键就可以控制小海龟的运动,效果如图 2-51 所示。

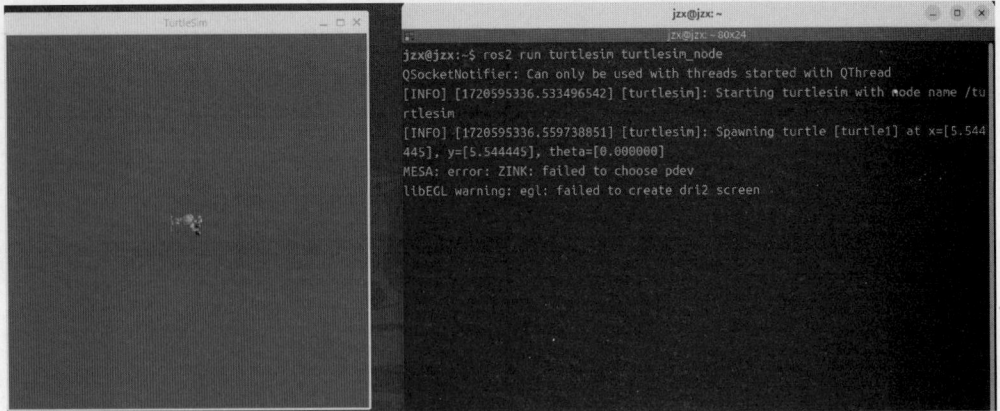

图 2-50　启动小海龟仿真环境

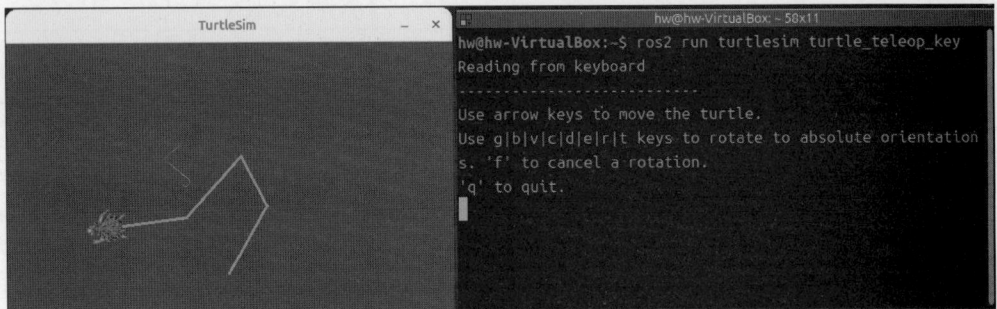

图 2-51　控制小海龟

（2）查看节点列表。新建一个终端,查看当前 ROS 2 中的节点列表,命令如下:

```
ros2 node list
```

上述命令的运行效果如图 2-52 所示,显示了 ROS 2 当前运行了两个节点,/turtlesim 节点是小海龟仿真环境,/teleop_turtle 节点是小海龟的控制程序。

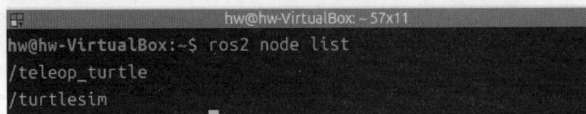

图 2-52　节点列表

使用重新映射允许将节点名称、主题名称、服务名称等默认节点属性重新指定为自定义值,从而可有效地区分同一程序的多个运行实例在名称上的冲突,例如新建一个终端并再次启动一个小海龟仿真窗口程序 turtlesim,将原本的节点名称 turtlesim 修改为 my_turtle,命令如下:

```
ros2 run turtlesim turtlesim_node --ros-args --remap __node:=my_turtle
ros2 node list
```

在上述命令中参数--ros-args 是一个标志,表明命令行后续的参数是 ROS 节点的参数,由运行的 ROS 节点负责解析,--remap __node：＝my_turtle 用于节点名称的重映射。上述命令运行后在节点列表中会看到 3 个节点,新建的小海龟仿真窗口所对应的节点名称为/my_turtle,命令的运行效果如图 2-53 所示。

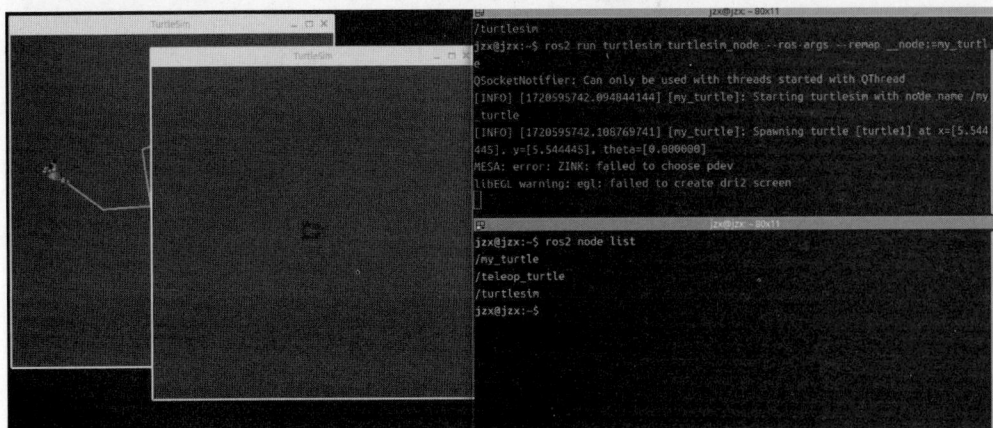

图 2-53　节点重映射

（3）查询附属于节点的话题、服务和动作,以及在这些话题、服务和动作上传输的消息类型,显示节点对外的所有接口和功能,为节点的使用提供便利,例如查询/my_turtle 节点的信息,命令如下：

```
ros2 node info /my_turtle
```

上述命令的运行效果如图 2-54 所示,在终端输出的结果如下：

```
/my_turtle
  Subscribers:
    /parameter_events: rcl_interfaces/msg/ParameterEvent
    /turtle1/cmd_vel: geometry_msgs/msg/Twist
  Publishers:
    /parameter_events: rcl_interfaces/msg/ParameterEvent
    /rosout: rcl_interfaces/msg/Log
    /turtle1/color_sensor: turtlesim/msg/Color
    /turtle1/pose: turtlesim/msg/Pose
  Service Servers:
    /clear: std_srvs/srv/Empty
    /kill: turtlesim/srv/Kill
    /my_turtle/describe_parameters: rcl_interfaces/srv/DescribeParameters
    /my_turtle/get_parameter_types: rcl_interfaces/srv/GetParameterTypes
    /my_turtle/get_parameters: rcl_interfaces/srv/GetParameters
```

```
    /my _ turtle/get _ type _ description: type _ description _ interfaces/
srv/GetTypeDescription
    /my_turtle/list_parameters: rcl_interfaces/srv/ListParameters
    /my_turtle/set_parameters: rcl_interfaces/srv/SetParameters
     /my _ turtle/set _ parameters _ atomically:  rcl _ interfaces/
srv/SetParametersAtomically
    /reset: std_srvs/srv/Empty
    /spawn: turtlesim/srv/Spawn
    /turtle1/set_pen: turtlesim/srv/SetPen
    /turtle1/teleport_absolute: turtlesim/srv/TeleportAbsolute
    /turtle1/teleport_relative: turtlesim/srv/TeleportRelative
Service Clients:

Action Servers:
    /turtle1/rotate_absolute: turtlesim/action/RotateAbsolute
Action Clients:
```

上述输出结果显示了在/my_turtle节点上提供的话题(2个订阅者和4个发布者)、服务(14个服务器和0个客户端)和动作(1个动作服务器和0个动作客户端)等功能的名称和消息类型。

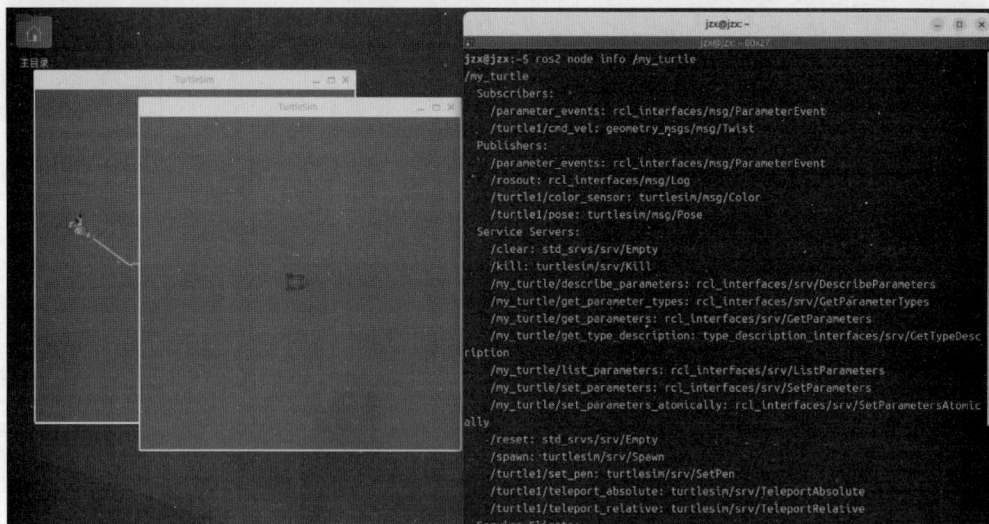

图 2-54　查询节点信息

(4) 关闭节点。按快捷键 Ctrl+C 即可结束在终端中正在运行的节点,从而关闭 ROS 2 程序。

2.3.2　话题操作

话题是 ROS 2 中最常用的通信方式,ros2 topic 命令提供了话题的查询、发布、订阅等功能。

（1）显示当前 ROS 2 中所存在的话题列表，命令如下：

```
ros2 topic list
```

上述命令在添加参数-t 后不但可以看到现存的话题列表，还可以看到每个话题上传输的消息的类型，命令如下：

```
ros2 topic list -t
```

上述两条命令的运行效果如图 2-55 所示。

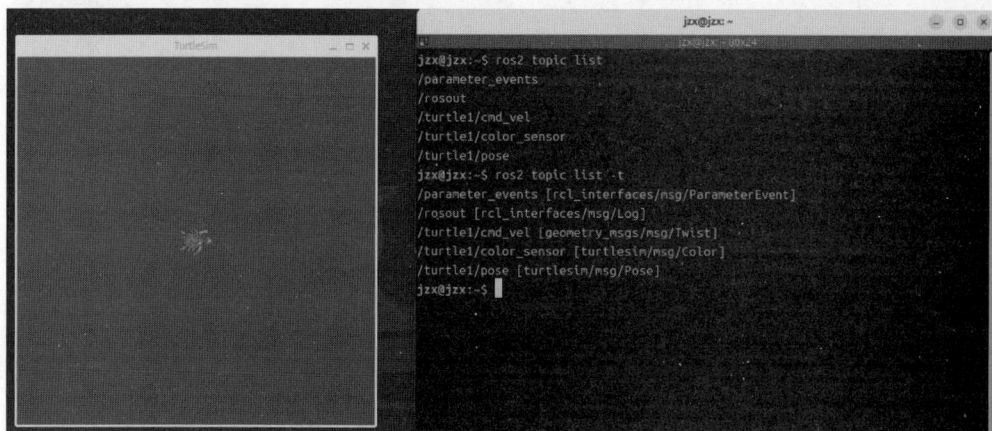

图 2-55　查询话题信息

（2）监听并显示在特定话题上实时传输的消息。在小海龟的仿真环境中，话题/turtle1/cmd_vel 用于传输控制小海龟速度的指令。当通过 turtle_teleop_key 来控制小海龟运动时，利用话题的 echo 命令可以查看在话题/turtle1/cmd_vel 上传输的消息，显示小海龟的线速度与角速度数值，命令如下：

```
ros2 topic echo /turtle1/cmd_vel
```

上述命令的执行效果如图 2-56 所示，当通过 turtle_teleop_key 控制小海龟运动时会在终端显示 turtle_teleop_key 发出的速度消息。

（3）显示所指定话题名称的相关信息，包括信息类型、发布者数量和订阅者数量，例如，显示控制小海龟速度的/turtle1/cmd_vel 话题上的信息，命令如下：

```
ros2 topic info /turtle1/cmd_vel
```

命令的执行效果如图 2-57 所示，显示话题/turtle1/cmd_vel 上的消息类型是 geometry_msgs/msg/Twist，当前该话题的发布者的数量为 0，订阅者数量为 1。

（4）发布话题。发布话题前需要根据话题的消息类型明确消息的详细结构，根据消息的详细结构使用 YAML 格式构造出符合消息类型的数据。完成话题消息的生成后即可使

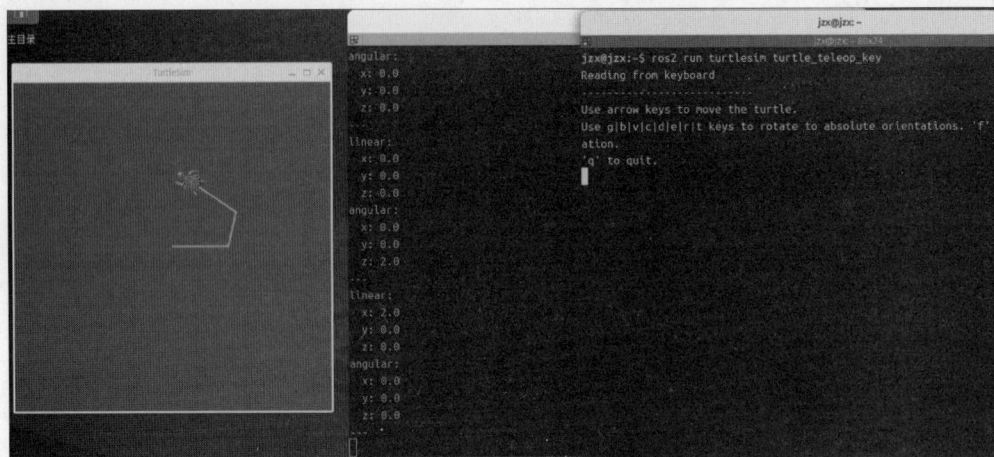

图 2-56　监听话题

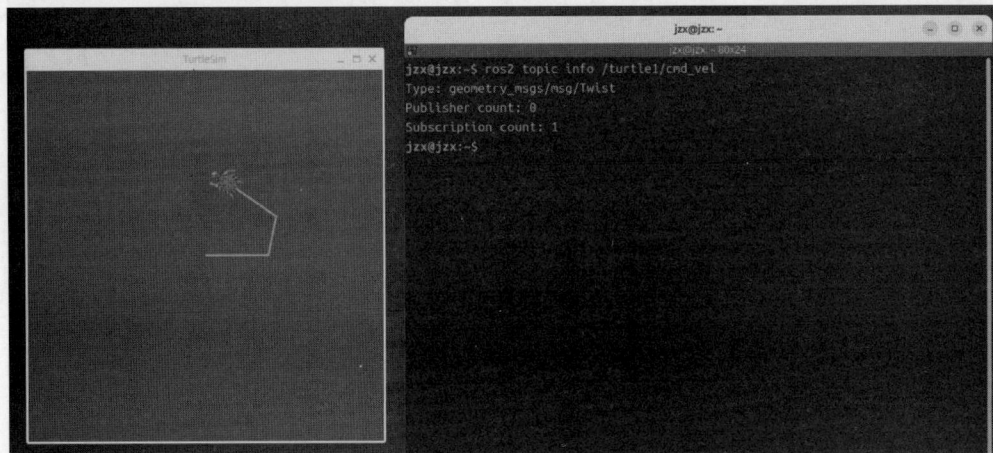

图 2-57　查询话题的消息类型

用话题发布命令发布话题。

　　ROS 2 提供了查看消息详细结构的方法。ros2 interface show 命令用于查看不同消息类型的数据格式,例如在小海龟速度控制话题/turtle1/cmd_vel 上传输的消息类型是 geometry_msgs/msg/Twist,查看该消息类型的数据格式,命令如下:

```
ros2 interface show geometry_msgs/msg/Twist
```

　　Twist 消息的详细格式由 linear(线性)和 angle(角度)两个向量构成,每个向量由 x、y、z 共 3 个浮点数组成,如图 2-58 所示。不难发现,与通过 echo 命令获取的发布者发布的 Twist 消息的结构是相同的。

　　有了 Twist 消息的结构后,就可以使用 YAML 格式将消息封装为字符串,从命令行向话题/turtle1/cmd_vel 发布数据,控制小海龟的运动速度,命令如下:

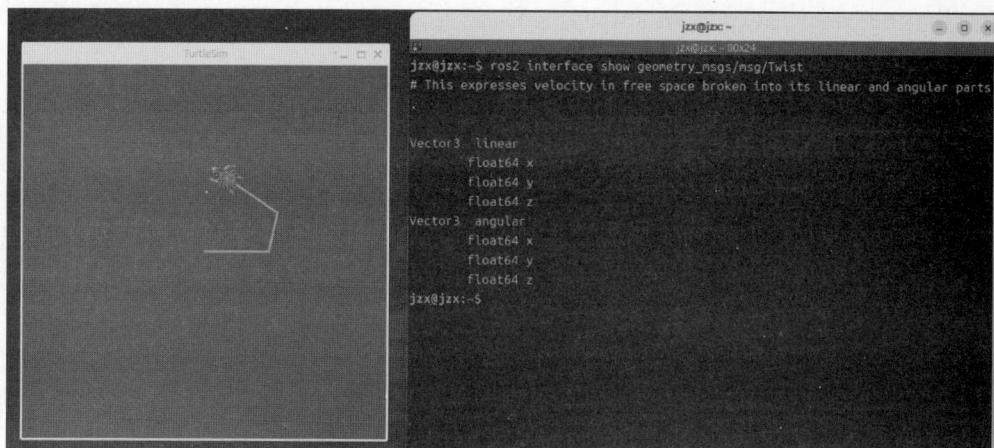

图 2-58 Twist 消息的数据格式

```
ros2 topic pub --once /turtle1/cmd_vel geometry_msgs/msg/Twist "{linear: {x:
2.0, y: 0.0, z: 0.0}, angular: {x: 0.0, y: 0.0, z: 1.8}}"
```

在上述命令中,构建了一个线速度为 2.0 且角速度为 1.8 的 Twist 消息,并通过--once 可选参数来向仿真环境中的小乌龟发布了一次速度控制消息。小海龟在接收到消息后会运动一段距离后停止,命令的运行效果如图 2-59 所示。

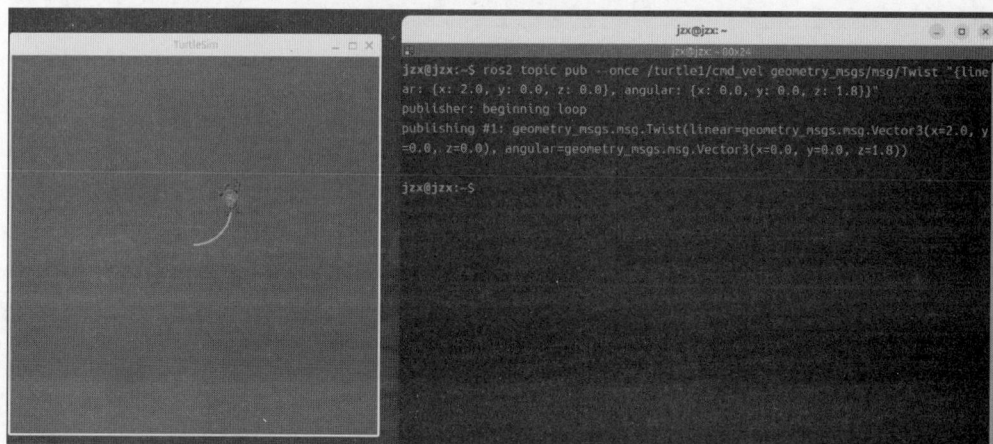

图 2-59 发布 Twist 话题

注意:在控制小海龟的 Twist 消息中只有线速度中的 x 和角度速度中的 z 具有意义,因为小海龟仿真环境为二维平面,所以在小海龟自身的局部坐标系中 x 轴是小海龟头的朝向,也是小海龟运动的方向,z 轴是垂直于仿真平面向外的,也就是小海龟转动的轴。

小海龟(及它要模仿的真实机器人)需要源源不断地得到指令才能持续运行。去掉话题

发布命令里的--once 选项,增加--rate 1 选项,表示以 1Hz 的频率稳定地发布命令,命令如下:

```
ros2 topic pub --rate 1 /turtle1/cmd_vel geometry_msgs/msg/Twist "{linear: {x:
2.0, y: 0.0, z: 0.0}, angular: {x: 0.0, y: 0.0, z: 1.8}}"
```

上述命令的运行效果如图 2-60 所示,通过连续地发布 Twist 消息,小海龟就能够以恒定的线速度和恒定的角速度连续运动,其运动轨迹为一个圆圈。

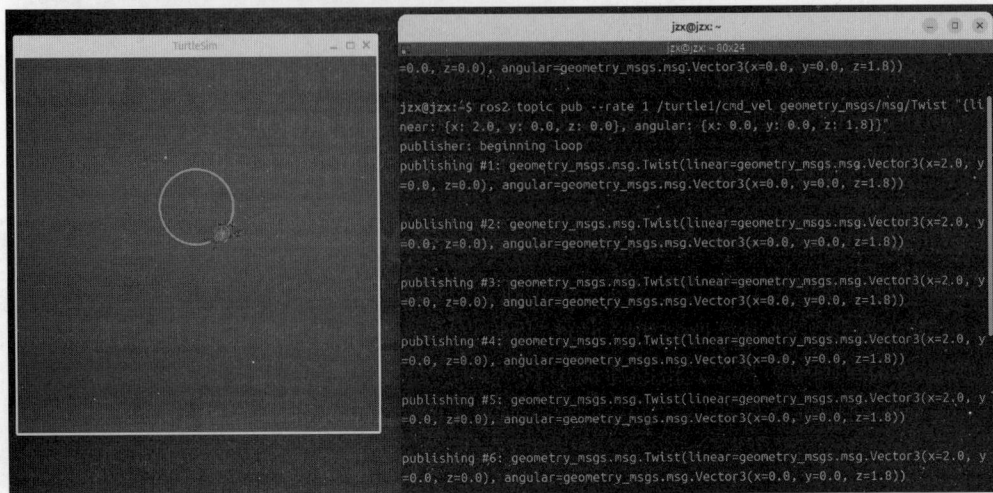

图 2-60 连续发布 Twist 话题

(5) 查看话题的发布频率。在小海龟仿真环境中,小海龟除了接收控制速度的话题外,其也对外发布小海龟的位置话题/turtle1/pose,查看该话题的发布频率,命令如下:

```
ros2 topic hz /turtle1/pose
```

上述命令的运行效果如图 2-61 所示,显示了发布小海龟位置的话题约为 60Hz。

(6) 查询指定话题的带宽使用情况,即在该话题上数据的通信速率。查看小海龟位置话题的发布带宽,命令如下:

```
ros2 topic bw /turtle1/pose
```

上述命令的运行效果如图 2-62 所示,小海龟位置话题所占用的带宽约为 1.4KB。

(7) 查看指定话题的消息类型。以/turtle1/pose 话题为例,查看该话题上消息的类型,命令如下:

```
ros2 topic type /turtle1/pose
```

上述命令的运行效果如图 2-63 所示,在话题/turtle1/pose 上的消息类型为 turtlesim/msg/Pose。

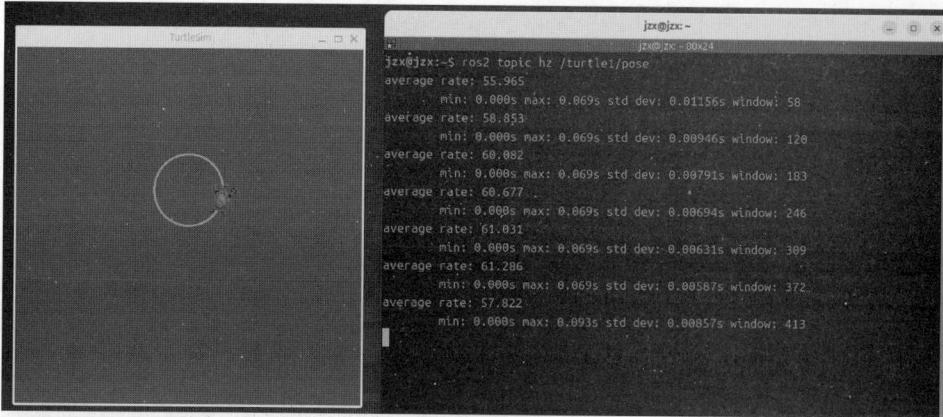

图 2-61 查询话题发布频率

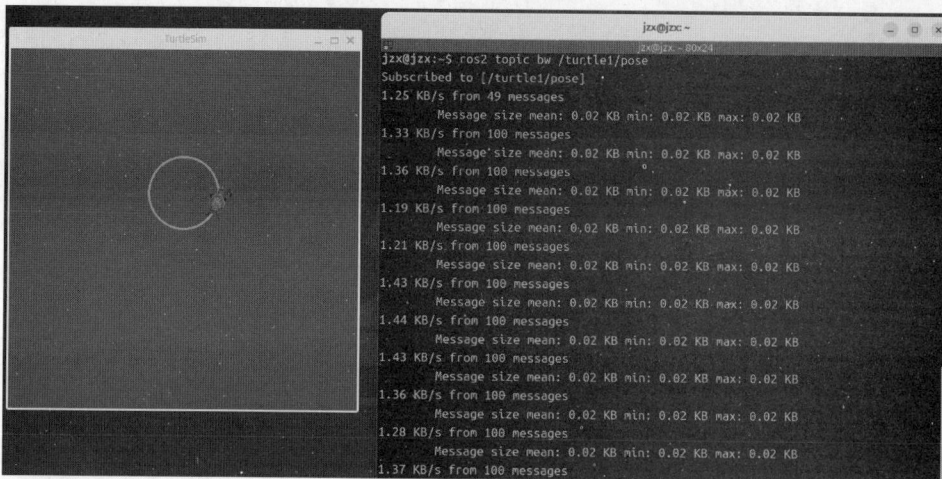

图 2-62 查询话题带宽

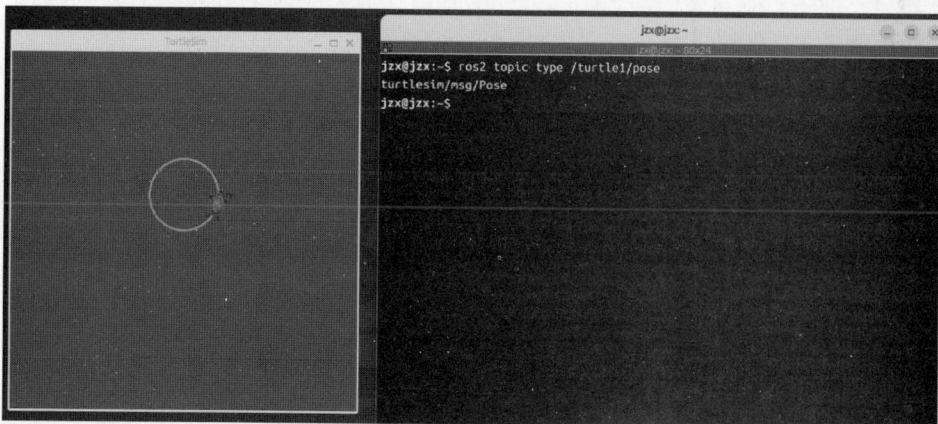

图 2-63 查看消息类型

（8）查看指定消息类型的所有话题。查找发布消息类型 turtlesim/msg/Pose 的话题，命令如下：

```
ros2 topic find turtlesim/msg/Pose
```

上述命令的运行效果如图 2-64 所示，查找到消息类型为/turtlesim/msg/Pose 的话题只有一个，即/turtle1/pose。

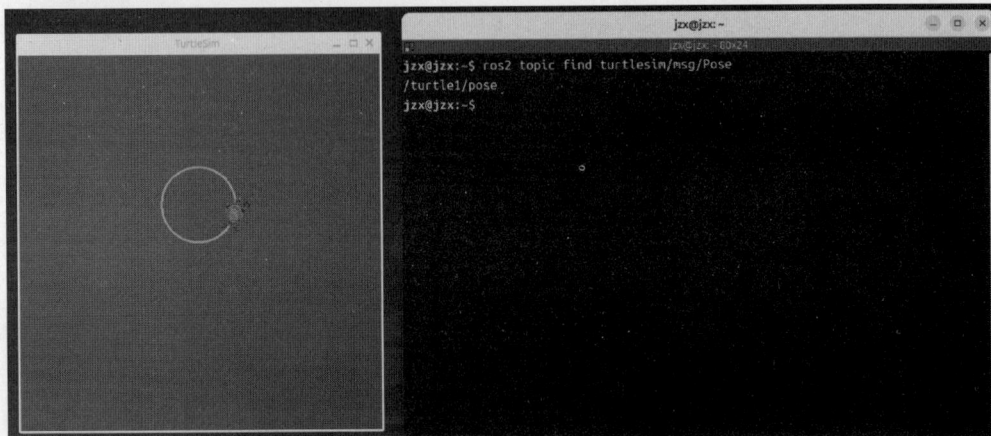

图 2-64　查询指定消息类型的话题

2.3.3　服务操作

ros2 service 命令提供了查询和管理客户端与服务器端的相关功能。

（1）查询当前系统中活动的所有服务的列表，命令如下：

```
ros2 service list
```

上述命令的运行效果如图 2-65 所示，可以看出在启动小海龟仿真环境后，系统中出现了数个相关服务。

与 topic 的相关命令一致，可以在后面加上参数-t 来获取每个在服务上传输的消息类型，命令如下：

```
ros2 service list -t
```

上述命令的运行效果如图 2-66 所示，在输出结果里不仅显示了当前服务，而且显示了在该服务上传输的消息类型。

（2）查询在指定服务上传输消息的类型。例如查询/clear 服务的消息类型，命令如下：

```
ros2 service type /clear
```

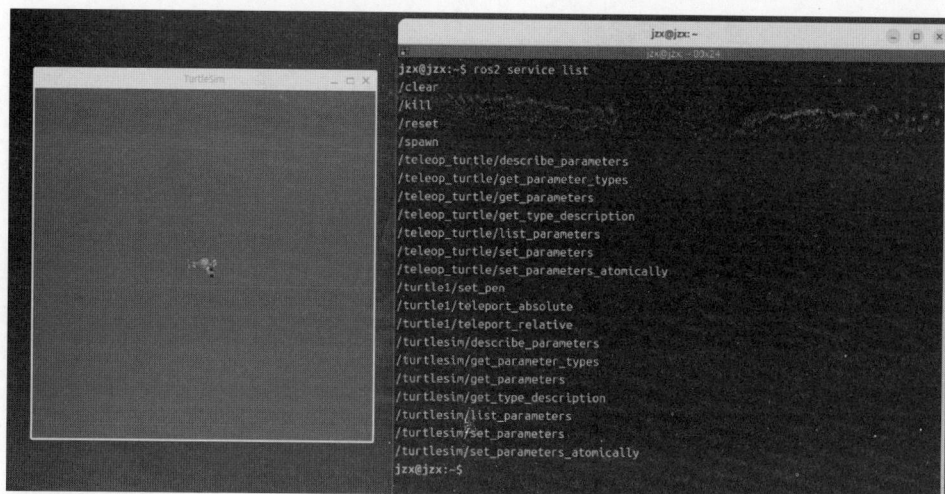

图 2-65　查询服务列表

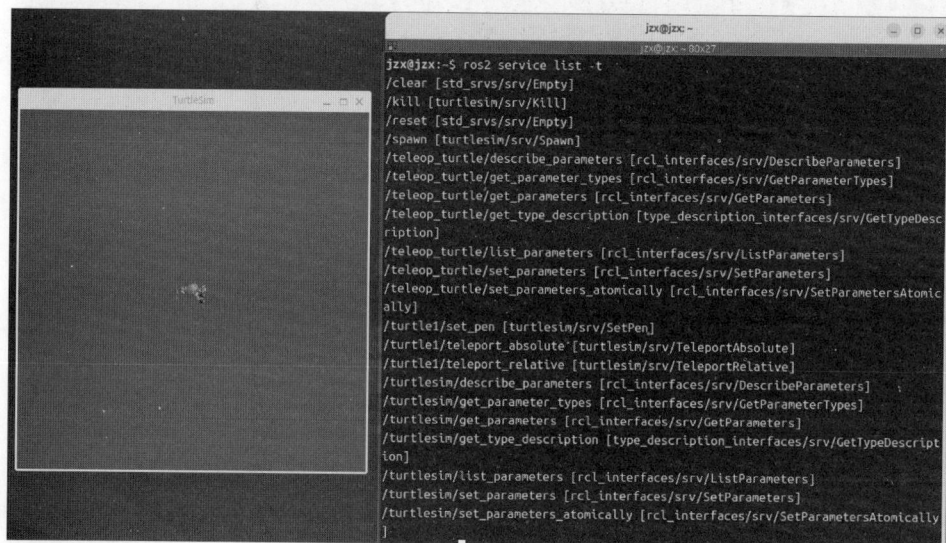

图 2-66　显示服务列表及消息类型

上述命令的运行效果如图 2-67 所示,在/clear 服务上传输的消息类型是 std_srvs/srv/Empty。

(3) 查询指定服务的消息类型及该服务上的客户端和服务器端的数量,例如,查询服务/clear 的客户端和服务器端的数量和消息类型,命令如下:

```
ros2 service info /clear
```

上述命令的运行效果如图 2-68 所示,在服务/clear 上传输的消息类型为 std_srvs/srv/Empty,客户端数量为 0,服务器端数量为 1。

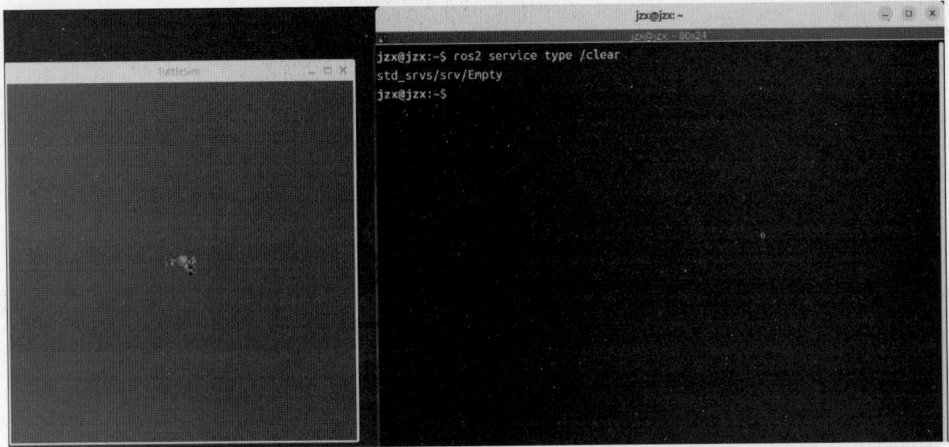

图 2-67 查询服务消息类型

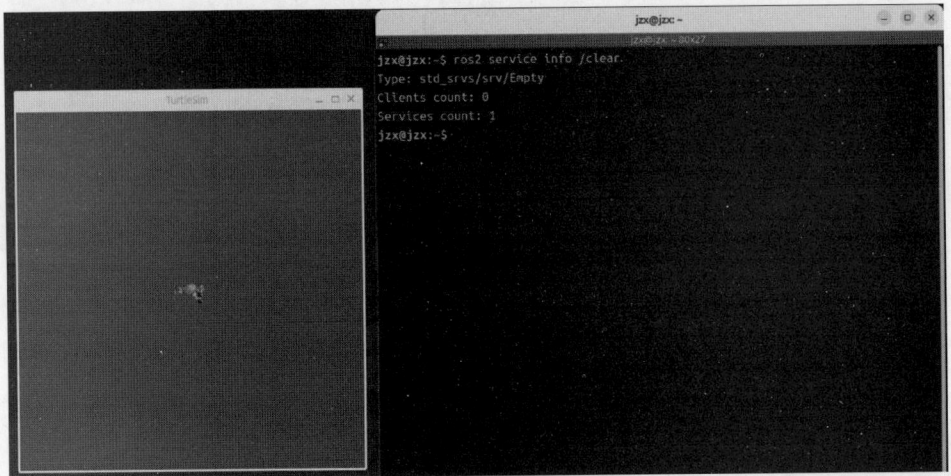

图 2-68 查询服务信息

（4）查找指定消息类型的所有服务，例如，查找消息类型为 std_srvs/srv/Empty 的所有服务，命令如下：

```
ros2 service find std_srvs/srv/Empty
```

上述命令的运行效果如图 2-69 所示，消息类型是 std_srvs/srv/Empty 的服务有/clear 和/reset 两个。

（5）生成一个客户端，进行服务调用。客户端在发起服务调用时，需要先根据服务消息类型的详细结构构造出服务请求的消息，然后使用 ros2 service call 命令向服务发送消息，从而进行服务调用。

下面以在仿真环境中创建小海龟的/spawn 服务和重置仿真环境的/reset 服务为例说明服务调用的方法和过程。查询服务消息类型的详细结构是服务调用的第 1 步，可以通过

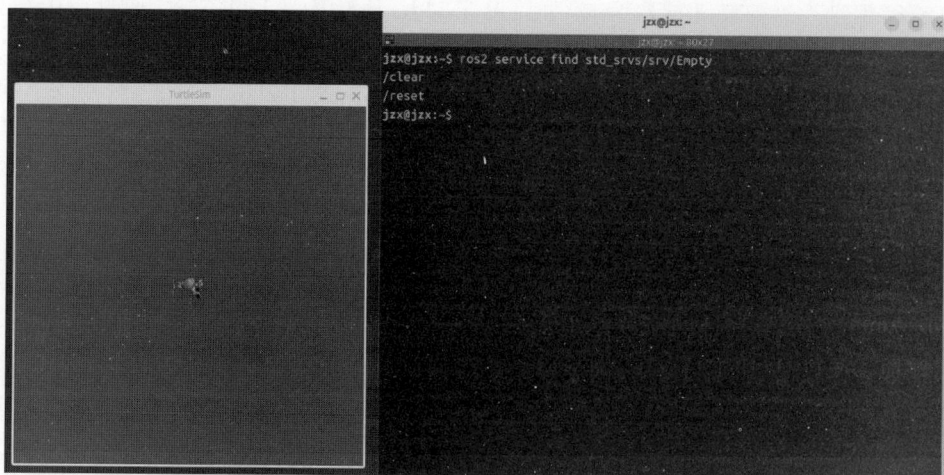

图 2-69　由消息类型查询服务

ros2 interface show 命令完成，命令如下：

```
ros2 interface show std_srvs/srv/Empty
ros2 interface show turtlesim/srv/Spawn
```

　　命令的执行效果如图 2-70 所示，/rest 服务的消息类型 std_srvs/srv/Empty 在请求和响应时参数均为空，不需要设置；在/spawn 服务的消息类型 turtlesim/srv/Spawn 的输出结果中位于"---"行上方的信息为调用/spawn 所需的参数，x、y 和 theta 决定了生成海龟的二维位置和姿态，而 name 则是可选的参数，用于设置生成海龟的名称，当不设置时仿真环境会生成一个名称，并返回客户端。

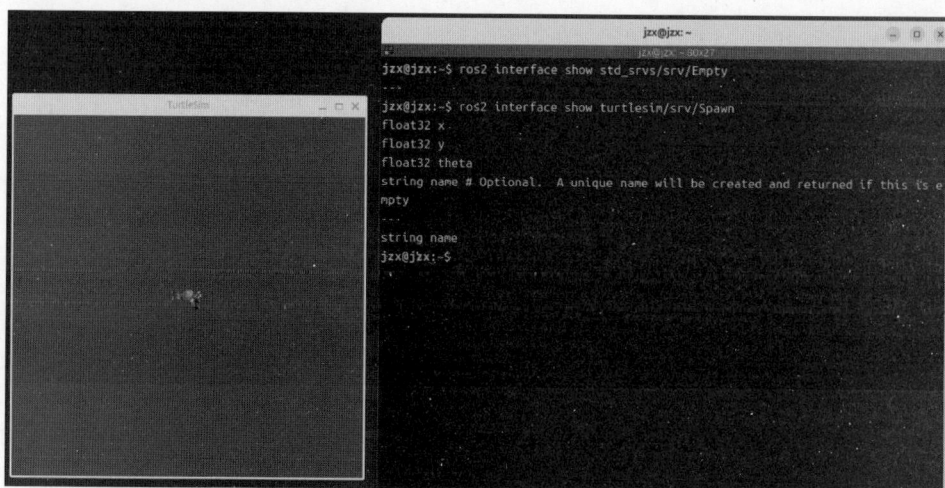

图 2-70　查询消息类型的结构

　　在获得消息类型的详细结构后,就可使用 YAML 语法构造请求消息,通过调用/spawn
服务在仿真环境中生成一只新海龟,例如在仿真环境的位置(2,2)处创建一个头朝 0.2 弧度
的小海龟,命令如下:

```
ros2 service call /spawn turtlesim/srv/Spawn "{x: 2, y: 2, theta: 0.2, name: ''}"
```

　　上述命令的运行效果如图 2-71 所示,仿真环境在接收到请求后,就会在指定位置创建
一只新的海龟。

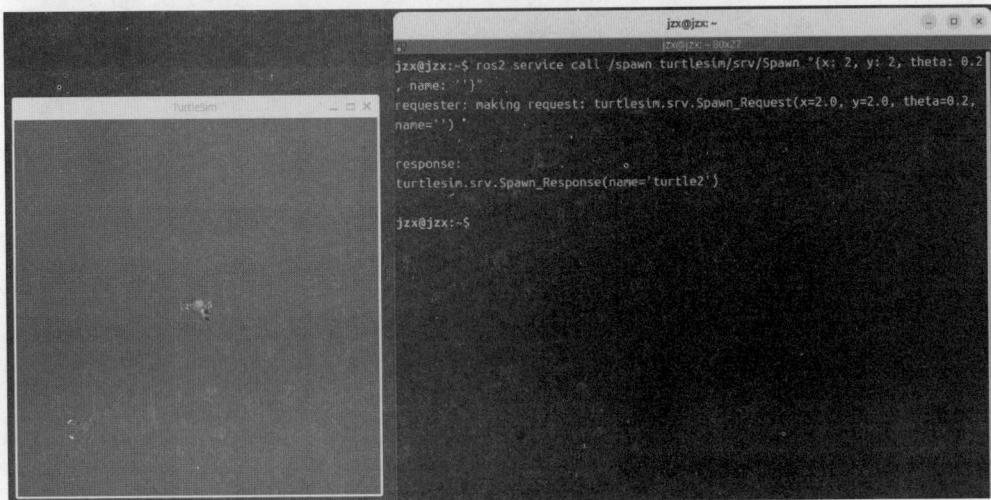

图 2-71　服务调用

　　当需要重置小海龟仿真环境时,只需先构造一个空的请求消息,然后调用/reset 服务,
命令如下:

```
ros2 service call /reset std_srvs/srv/Empty "{}"
```

　　上述命令运行后,就会重新初始化小海龟仿真环境并在去除当前仿真环境中的两只小
海龟的同时生成一只新的小海龟。

2.3.4　参数操作

　　ros2 param 命令提供了查看、设置、导出和加载节点参数的功能。在进行以下操作前
需要先启动小海龟仿真节点/turtlesim 和小海龟控制节点/teleop_turtle。
　　(1) 查看当前 ROS 2 中所有活动节点的参数,命令如下:

```
ros2 param list
```

　　上述命令的运行效果如图 2-72 所示,分别显示了节点/teleop_turtle 和节点/turtlesim
中的参数名。特别地,节点/turtlesim 的 background_b、background_g 和 background_r 这
3 个参数使用 RGB 颜色值来决定 TurtleSim 窗口的背景颜色。

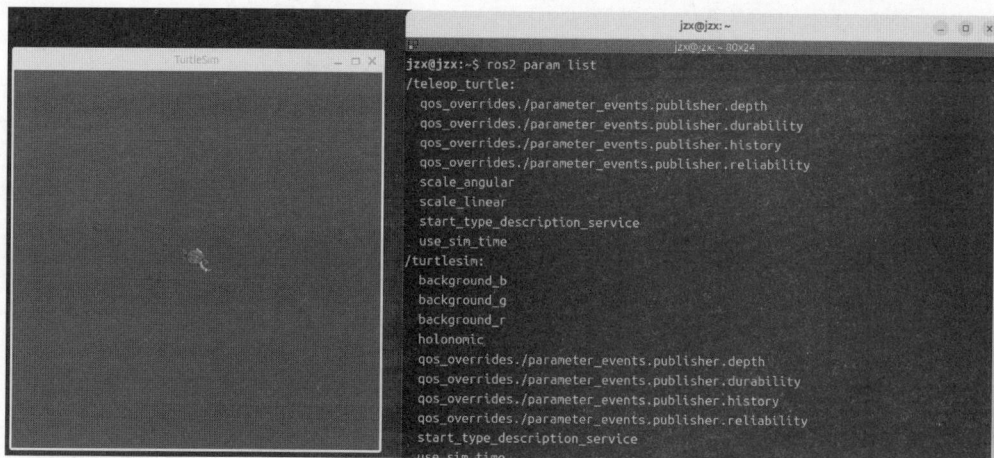

图 2-72　查询参数列表

（2）获取指定节点参数的类型和值，例如，获取节点/turtlesim 里参数 background_g 的类型和当前值，命令如下：

```
ros2 param get /turtlesim background_g
```

上述命令的运行效果如图 2-73 所示，显示了参数 background_g 的类型是整型，并且当前的值为 86，表示背景颜色中绿色通道的分量。

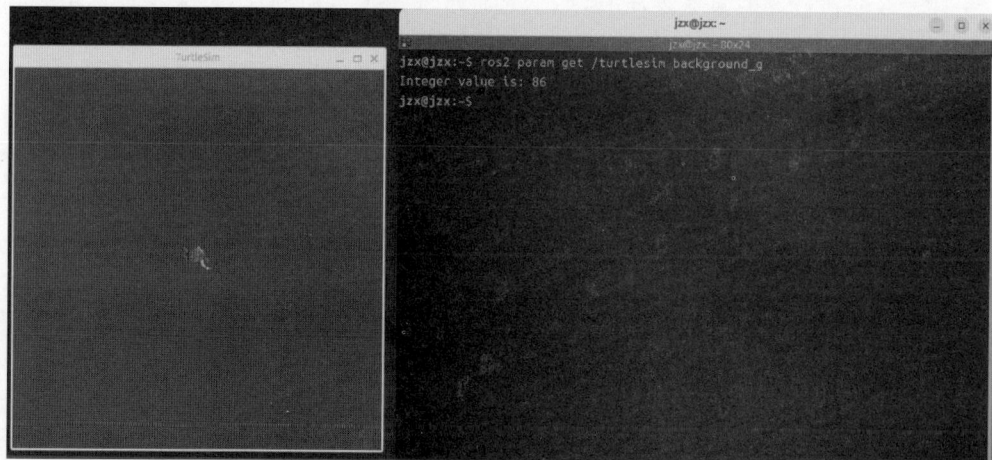

图 2-73　查询节点参数值

（3）修改指定节点上参数的值，例如，将节点/turtlesim 里参数 background_r 的值设置为 150，命令如下：

```
ros2 param set /turtlesim background_r 150
```

上述命令的运行效果如图 2-74 所示，在成功地将参数 background_r 的值设置为 150

后,小海龟仿真窗体的颜色发生了改变。

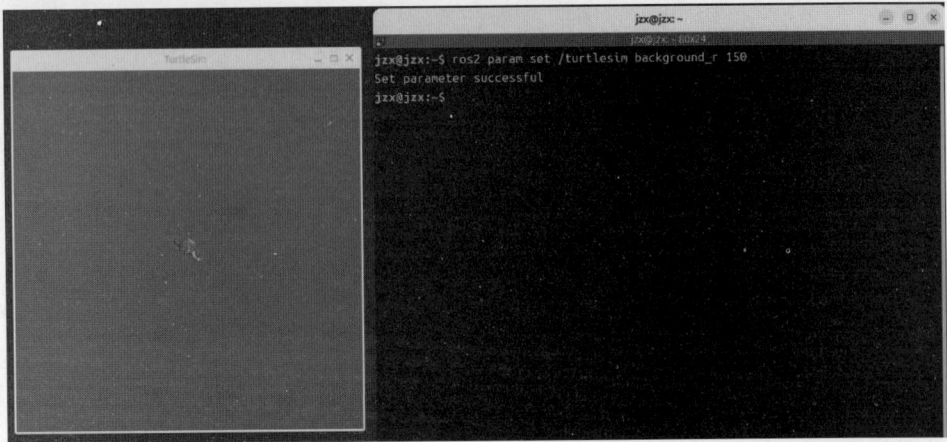

图 2-74　设置节点参数值

(4) 查看指定节点上的所有参数值。在默认情况下,该命令会将所有参数值在终端里显示,也可以将参数值重定向到文件中保存起来,以便日后使用,例如,将节点/turtlesim 的参数保存到文件 turtlesim. yaml,命令如下:

```
ros2 param dump /turtlesim > turtlesim.yaml
```

上述命令的执行效果如图 2-75 所示,通过标准输出重定向操作"＞"来将查询结果存储在 turtlesim. yaml 文件中。

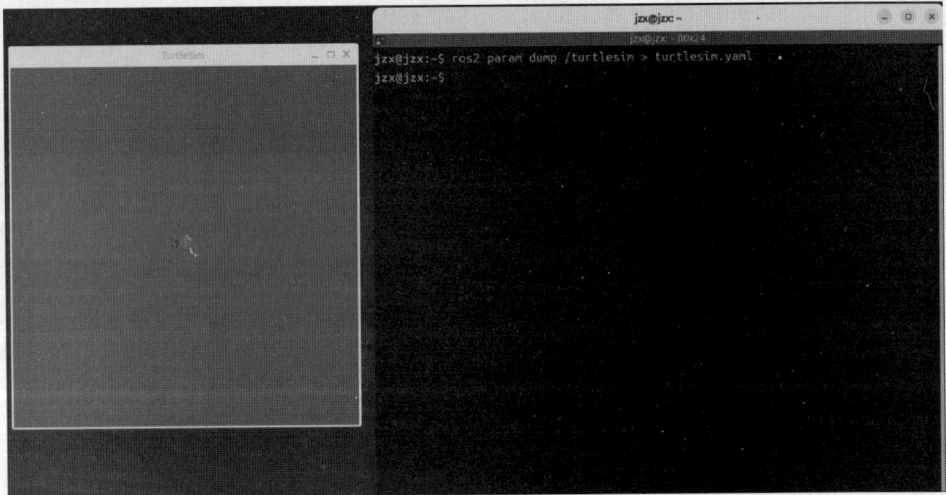

图 2-75　导出节点参数值

上述命令运行后,在主目录下(因为命令在终端执行时的当前目录为主目录)创建了一个 turtlesim. yaml 文件,该文件的内容是/turtlesim 节点目前所有的参数配置,如图 2-76 所示。

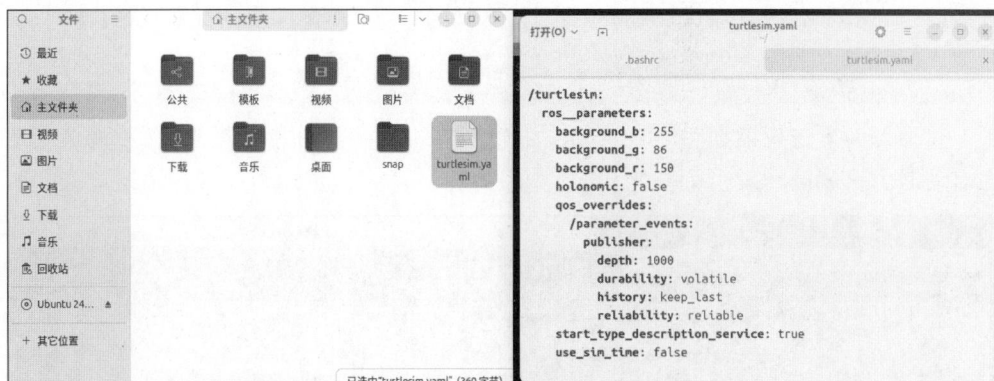

图 2-76　参数文件

（5）将参数从文件加载到当前运行的节点，例如，先关闭当前小海龟仿真环境，然后重新打开一个小海龟仿真环境，向仿真环境加载上述保存的 turtlesim.yaml 文件里的参数，命令如下：

```
ros2 param load /turtlesim turtlesim.yaml
```

上述命令的运行效果如图 2-77 所示，小海龟在仿真环境中的参数被修改为参数文件内的值，在参数修改完成后小海龟仿真环境的背景就会发生改变。

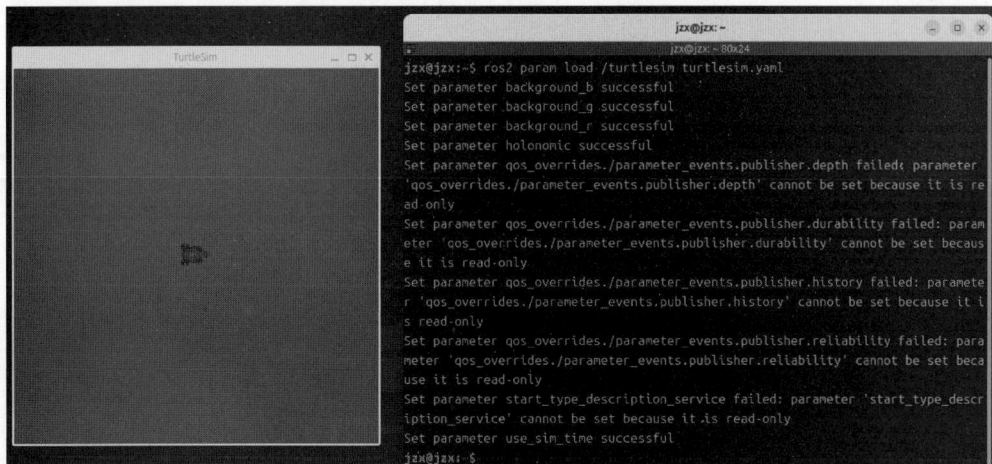

图 2-77　加载参数文件（1）

注意：只读参数只能在启动时修改，不能在启动后修改，这就是在上述命令的输出中 qos_overrides 参数会出现一些警告的原因。

除了可以在节点启动后从参数文件加载参数，也可以在启动节点时通过设置 --params-file 参数来在节点启动时直接加载参数文件中的配置，例如，在启动 /turtlesim 节点时通过

设置参数来在节点启动时直接加载参数文件 turtlesim.yaml 文件中的配置,命令如下:

```
ros2 run turtlesim turtlesim_node --ros-args --params-file turtlesim.yaml
```

上述命令的运行效果如图 2-78 所示,在节点启动时就会加载参数,这样小海龟仿真环境在启动时背景就已经发生了变化。

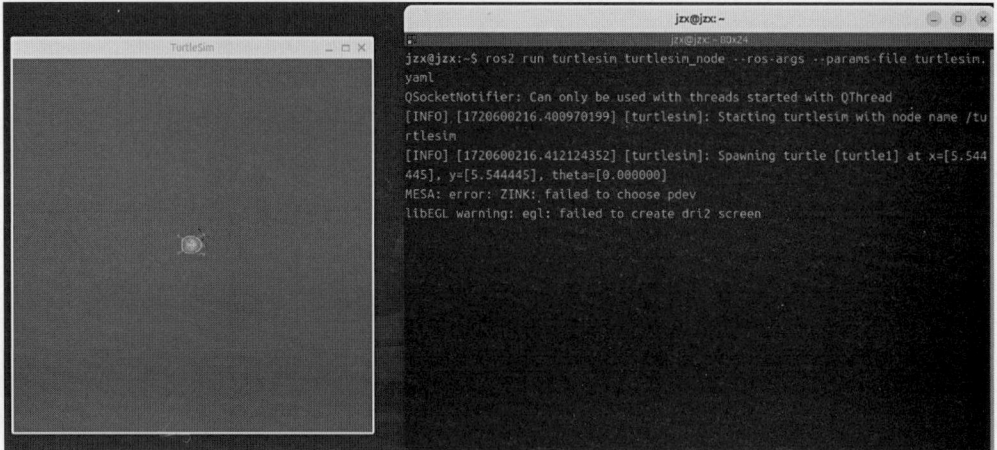

图 2-78 加载参数文件(2)

2.3.5 动作操作

ros2 action 命令提供了 ROS 2 中与动作相关的功能。在小海仿真环境中控制小海龟朝向就使用了动作。在启动仿真环境和控制节点后,只要在控制节点上使用 G、B、V、C、D、E、R 或 T 按键对海龟朝向进行控制,就会以 action 的方式执行转动,并在打开的 turtlesim_node 节点的终端上输出动作提示的消息,如图 2-79 所示。

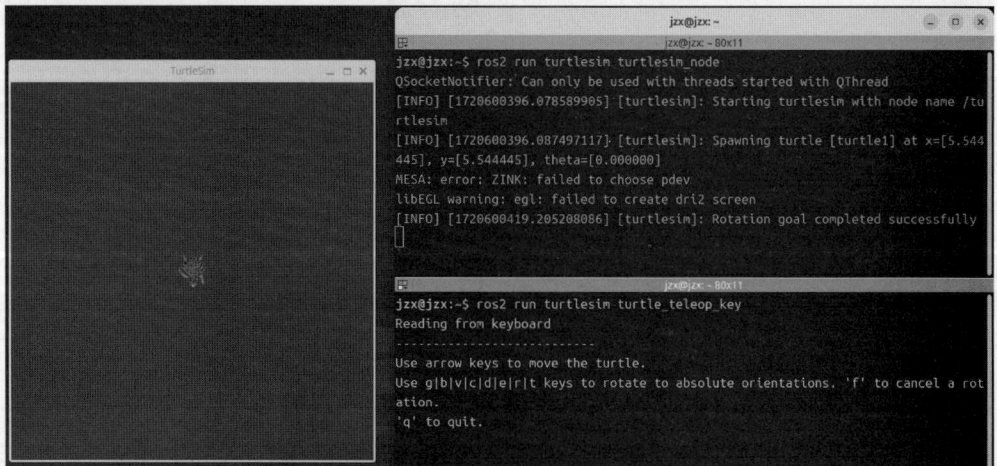

图 2-79 动作示例

（1）查看系统中所有活动的动作，命令如下：

```
ros2 action list
```

动作也有消息类型，与话题和服务类似。如果要查看系统中的动作及其消息类型，则可以在命令后加上-t参数，命令如下：

```
ros2 action list -t
```

以上两条命令的运行效果如图 2-80 所示，显示了当前系统中运行了一个名为/turtle1/rotate_absolute 的动作，并且在该个动作上传输的消息类型为 turtlesim/action/RotateAbsolute。当需要通过该动作让小海龟旋转时，就需要用到构造该类型的消息。

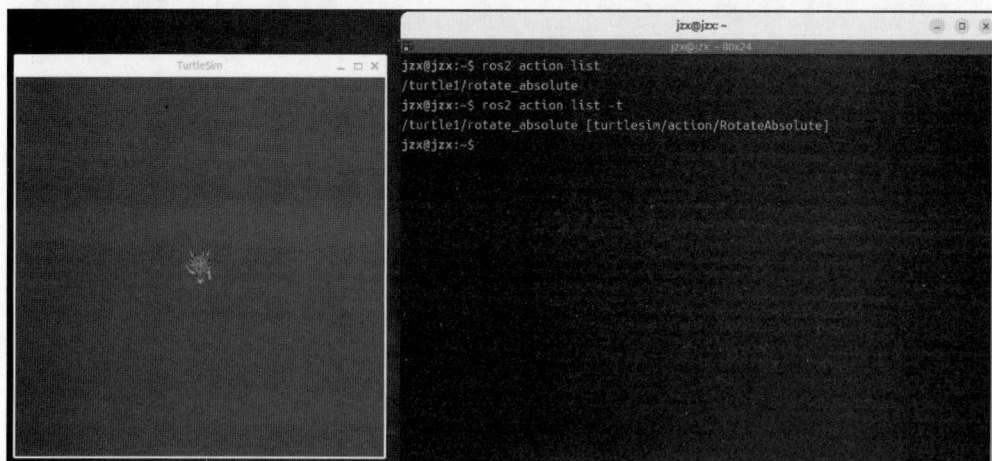

图 2-80 动作示例

（2）查询指定动作的消息类型，例如，查询小海龟在仿真环境中动作/turtle1/rotate_absolute 的消息类型，命令如下：

```
ros2 action type /turtle1/rotate_absolute
```

上述命令的运行效果如图 2-81 所示，结果显示了动作/turtle1/rotate_absolute 的消息类型为 turtlesim/action/RotateAbsolute。

（3）查看指定动作的详细信息，包括动作服务器和动作客户端的数量，以及消息类型，例如，查询小海龟在仿真环境中的动作/turtle1/rotate_absolute 的详细信息，命令如下：

```
ros2 action info /turtle1/rotate_absolute
```

上述命令的运行效果如图 2-82 所示，显示了在动作/turtle1/rotate_absolute 上有一个来自/teleop_turtle 的动作客户端，以及一个来自/turtlesim 节点的动作服务器。

（4）启动一个动作客户端，以便向动作服务器发起请求并获得执行结果。在发送或执行操作目标之前，需要了解消息类型的详细结构。在运行 ros2 action list -t 命令时，确定

图 2-81　查询动作的消息类型

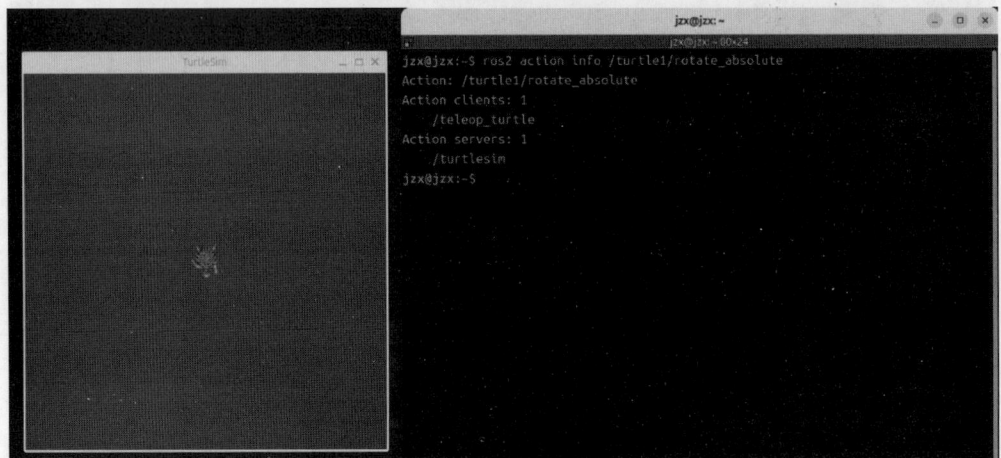

图 2-82　查询动作的详细信息

了/turtle1/rotate_absolute 动作的消息类型为 turtlesim/action/RotateAbsolute。查询消息类型 turtlesim/action/RotateAbsolute 的详细结构的命令如下:

```
ros2 interface show turtlesim/action/RotateAbsolute
```

上述命令的运行效果如图 2-83 所示,动作消息类型被"---"分为 3 部分,第一部分是目标请求的结构(数据类型和名称),中间部分是结果的结构,最后一部分是反馈结构。这 3 部分都是表示角度的浮点数,单位是弧度,第一部分为目标角度,第二部分为目标位置与起始位置的偏转角度,第三部分为当前状态距离目标的角度。

根据上述查询结果,可以构造一个动作的目标请求消息,控制小海龟的转动,命令如下:

```
ros2 action send_goal /turtle1/rotate_absolute turtlesim/action/RotateAbsolute
"{theta: 1.57}"
```

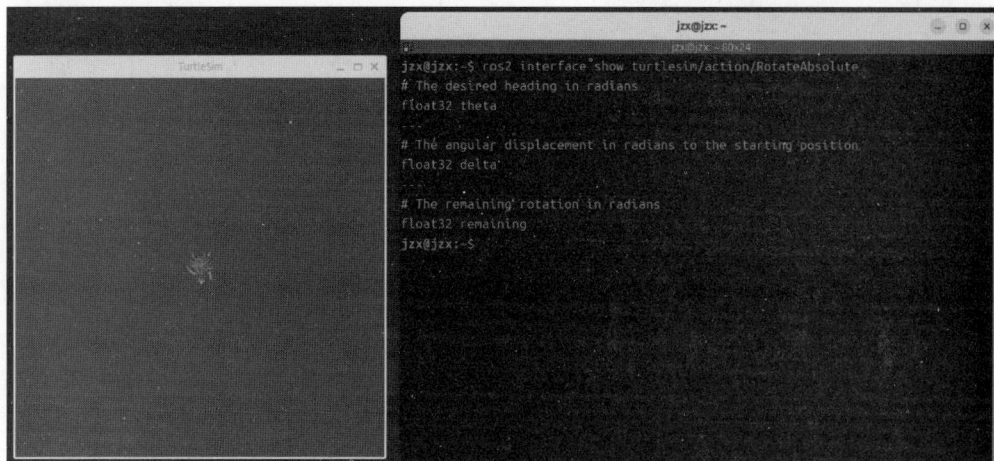

图 2-83　查询动作的详细结构

在上述命令执行时，小海龟会发生转动，并在终端显示相关的信息，如图 2-84 所示。在显示的信息中目标都有一个唯一的 ID。在转动结束后会有一个结果，包含一个 delta 字段，表示当前位置与起始位置的位移角度。

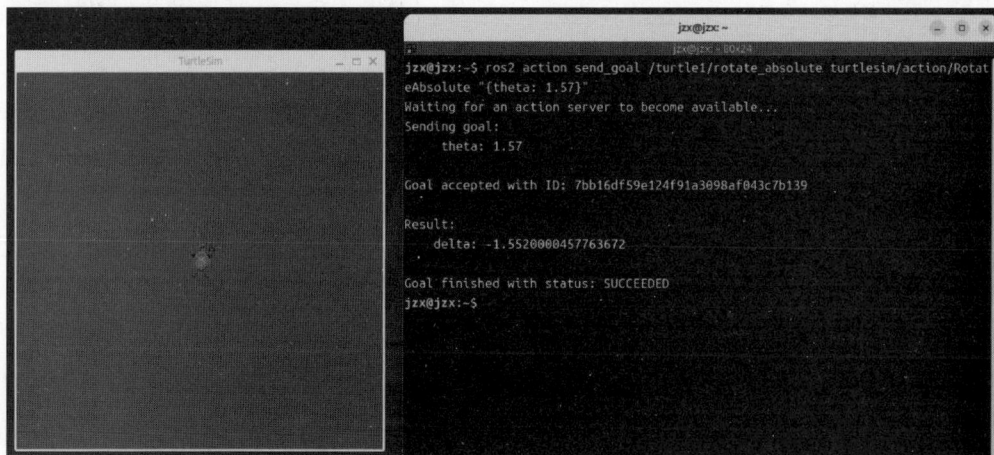

图 2-84　动作请求和执行

要查看动作在执行时的反馈信息，在动作请求命令中添加--feedback 参数，例如，在发起小海龟转动的动作时需要获得实时的反馈，命令如下：

```
ros2 action send_goal /turtle1/rotate_absolute turtlesim/action/RotateAbsolute
"{theta: -1.57}" --feedback
```

上述命令的运行效果如图 2-85 所示，在动作请求后，随着小海龟的旋转，在终端会实时地显示小海龟当前角度与目标角度之间的差值，即剩余的角度距离。

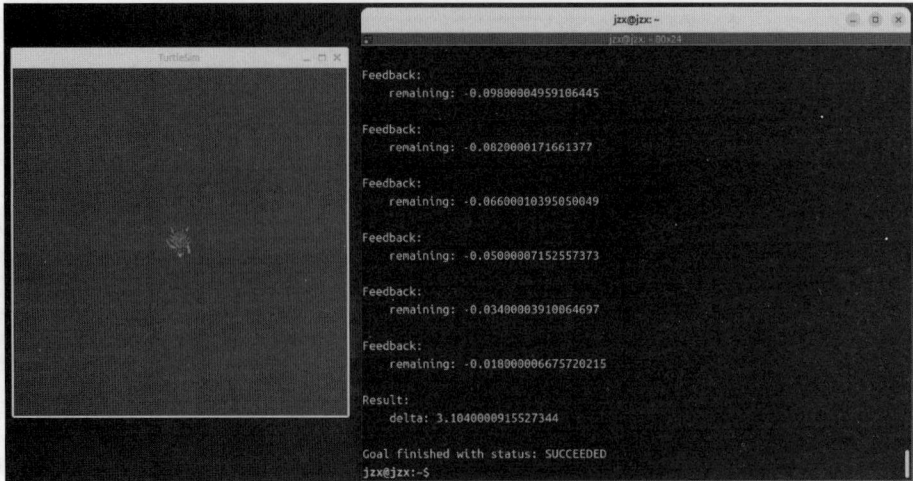

图 2-85　动作请求和执行

2.3.6　记录与重播操作

ros2 bag 命令的功能是把话题和服务上的数据记录在数据库中,可用于复现实验和分享成果。在使用 ros2 bag 系列命令之前,需要创建一个用于存储数据库的文件夹。首先打开一个终端并创建文件夹,然后进入这个文件夹,命令如下:

```
mkdir bag_files
cd bag_files
```

上述两条命令的运行效果如图 2-86 所示,该文件夹作为数据库,后续记录的 bag 文件都会存放在这个文件夹中。

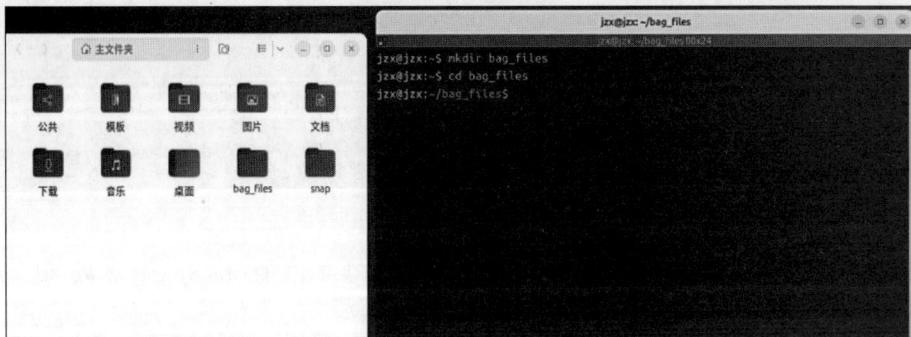

图 2-86　创建文件夹

为记录数据提供数据源,启动小海龟仿真环境和小海龟控制节点,命令如下:

```
ros2 run turtlesim turtlesim_node
ros2 run turtlesim turtle_teleop_key
```

（1）记录数据，例如，记录小海龟的速度控制话题，命令如下：

```
ros2 bag record /turtle1/cmd_vel
```

上述命令的运行效果如图 2-87 所示。在命令运行后，使用 turtle_teleop_key 节点来控制小海龟，控制小海龟速度的信息将会被记录在 bag 包中，在结束记录时切换到运行 bag 命令行的终端，按快捷键 Ctrl＋C 结束记录。记录的数据将被写入一个新的目录中，目录名称的格式为 rosbag2_year_month_day-hour_minute_second。在这个目录里包含 bag 格式的数据，以及存储元数据的 YAML 文件，如图 2-88 所示。

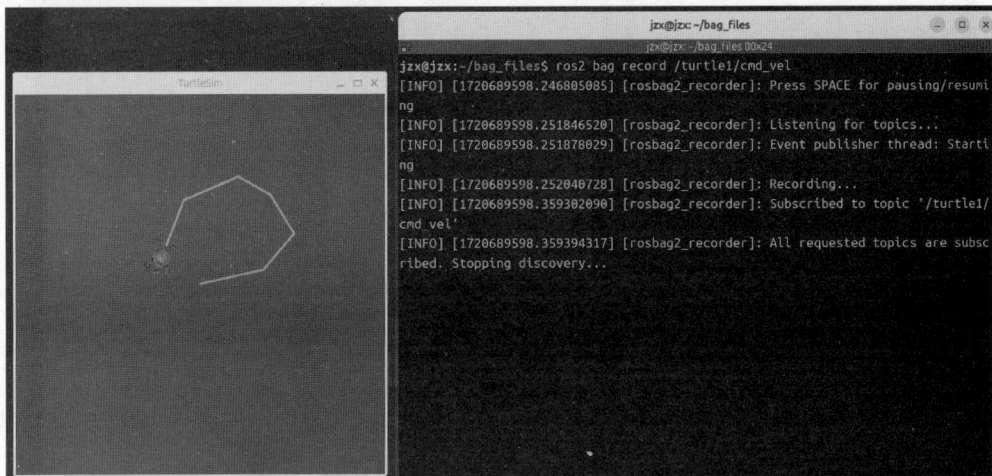

图 2-87　记录数据

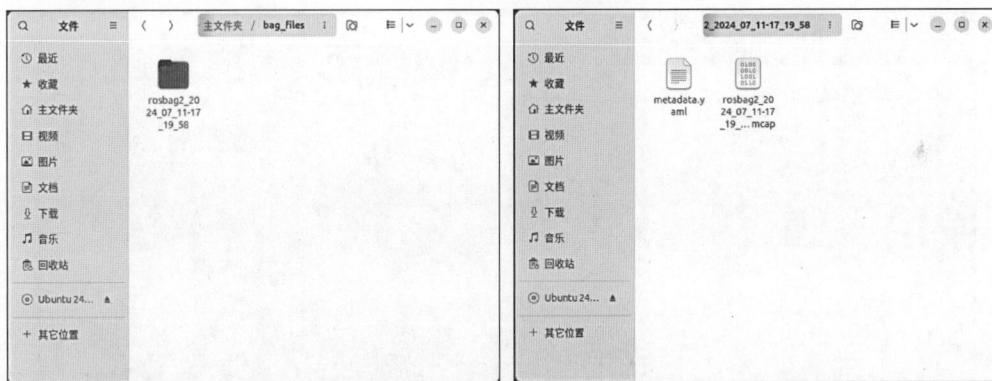

图 2-88　记录结果

通过设置参数，以上命令还可以记录多个话题，以及更改记录数据的名称，例如，同时以指定的名称记录小海龟的速度控制和姿态话题，命令如下：

```
ros2 bag record -o subset /turtle1/cmd_vel /turtle1/pose
```

在上述命令中,通过-o 选项,可以为数据包文件指定存储的名称,subnet 为设置的名称。将需要记录的多个话题以空格隔开添加到命令尾部。上述命令运行后,效果如图 2-89 所示,在输出信息中可以看到正在记录的两个话题。使用 turtle_teleop_key 节点使海龟移动一段距离,最后按快捷键 Ctrl+C 来结束记录。

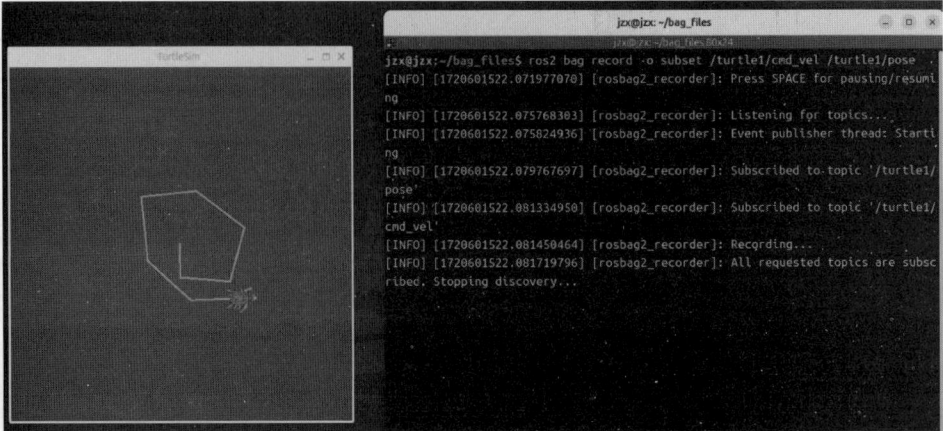

图 2-89　记录多个话题

(2) 查看记录数据的详细信息,例如,查看记录文件 subset 的详细信息,命令如下:

```
ros2 bag info subset
```

以上命令的运行效果如图 2-90 所示,在输出的信息中显示了记录数据的大小、名称、ROS 2 版本、记录起始、结束时间,以及记录的话题名称等信息。

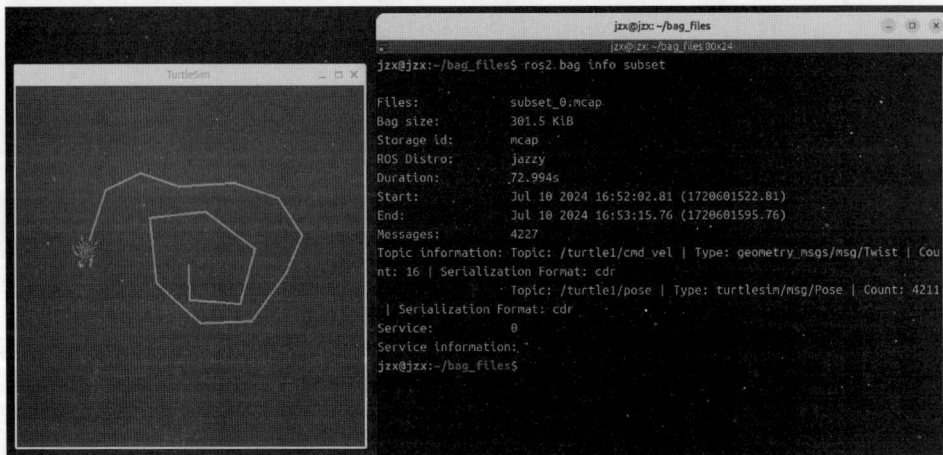

图 2-90　查看记录包信息

(3) 用于重放记录的数据,例如,重放记录的小海龟运动数据,使机器人按照记录的数据进行运动,命令如下:

```
ros2 bag play subset
```

上述命令在运行时将会看到小海龟按照记录的运动速度进行复现,得到了与原始轨迹接近的效果,如图 2-91 所示。

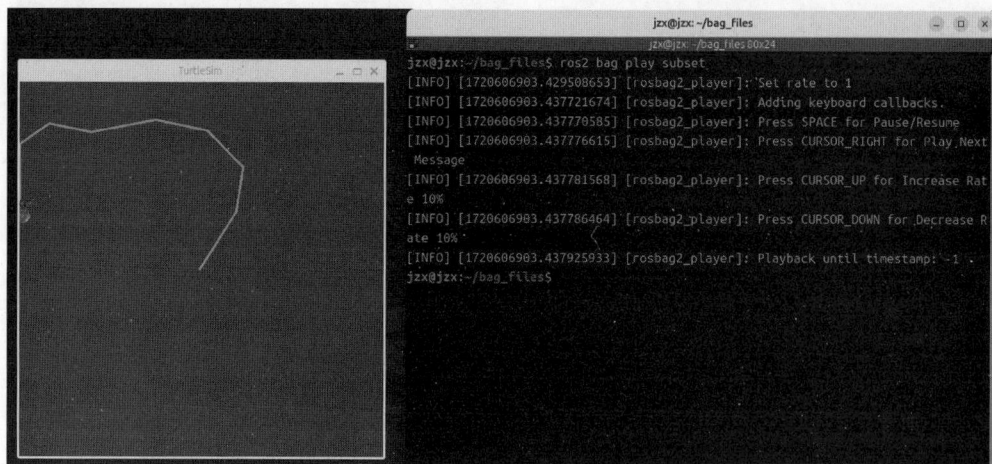

图 2-91　复现记录包数据

相较于记录话题数据,记录服务的数据较为复杂。在需要记录数据的服务客户端和服务器端上,必须在节点启动时开启 Service Introspection 功能。下面以 demo_nodes_cpp 功能包中的服务器端 introspection_service 和客户端 introspection_client 为例,介绍记录服务数据的方法。

打开一个终端并启动 introspection_service,命令如下:

```
ros2 run demo_nodes_cpp introspection_service --ros-args -p
service_configure_introspection:=contents
```

打开另一个终端并启动 introspection_client,命令如下:

```
ros2 run demo_nodes_cpp introspection_client --ros-args -p
client_configure_introspection:=contents
```

上述两个命令会启动 demo_nodes 功能包里的服务器端节点和客户端节点,并都设置了 Service Introspection 功能,启动后客户端会不断地向服务器端发起请求,服务器端计算后返回结果,如图 2-92 所示。

在 bag_files 文件夹中打开一个新的终端,开始记录客户端与服务器端之间的服务/add_two_ints 上的数据信息,命令如下:

```
ros2 bag record --service /add_two_ints
```

上述命令的运行效果如图 2-93 所示,在记录一段时间后,按快捷键 Ctrl+C 结束记录数据。

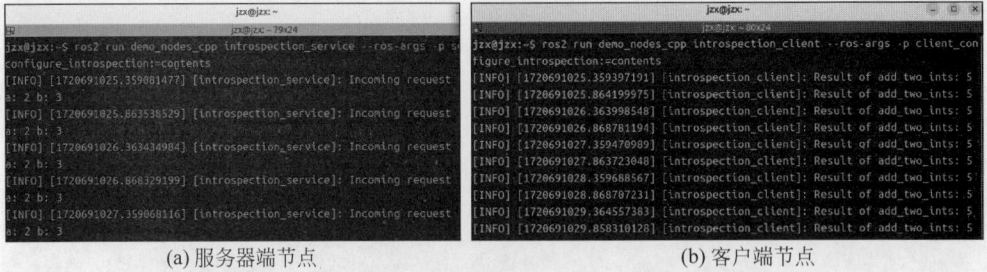

(a) 服务器端节点   (b) 客户端节点

图 2-92　启动服务器端和客户端

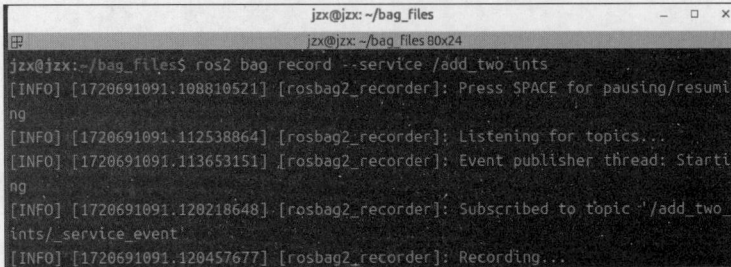

图 2-93　记录服务数据

记录完成后,使用 info 命令可以查看记录的详细信息,命令如下:

```
ros2 bag info rosbag2_2024_07_10-18_29_24/rosbag2_2024_07_10-18_29_24_0.mcap
```

上述命令的运行效果如图 2-94 所示,显示了记录服务时的元数据信息。

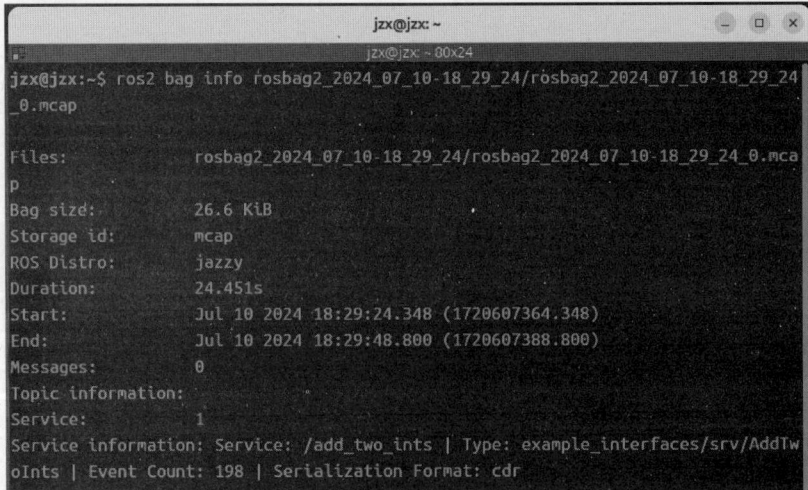

图 2-94　记录服务的元数据

在重放上述服务的记录前,为了方便观察重放效果,需要先关闭 introspection_client 节点。在 introspection_client 停止运行后,introspection_service 也会停止输出,因为此时在

服务中没有请求。执行下面的命令重放服务 add_two_ints 的请求,命令如下:

```
ros2 bag play --publish-service-requests
rosbag2_2024_07_10-18_29_24/rosbag2_2024_07_10-18_29_24_0.mcap
```

上述命令的运行效果如图 2-95 所示,在命令开始执行后,数据包会根据记录的情况向 introspection_service 发送/add_two_ints 请求,在 introspection_service 的终端会重新看到开始输出信息。

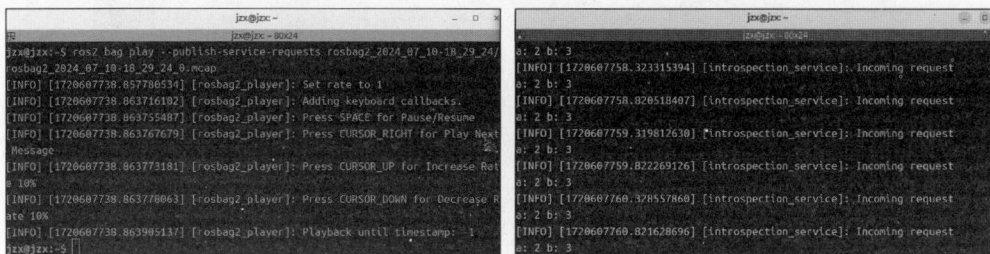

(a) 启动重放服务　　　　　　　　　　　(b) 服务器响应

图 2-95　重放服务数据

2.3.7　功能包管理

ROS 2 的许多功能是由第三方功能包所提供的,前面介绍了通过 ROS Package Index 检索功能包和向 ROS 2 系统中安装功能包的方法。在 ROS 2 的命令行工具中提供了管理当前系统中功能包的 ros2 pkg 系列命令。下面介绍几个常用的包管理命令的使用方法。

(1) 列出当前 ROS 2 系统中安装的所有包,命令如下:

```
ros2 pkg list
```

上述命令的运行效果如图 2-96 所示,按照字母顺序列出了系统中所有的功能包。

(2) 查询指定功能包所包含的所有可执行节点,例如,查询 turtlesim 功能包中的节点,如图 2-97 所示,命令如下:

```
ros2 pkg executables turtlesim
```

(3) 查询指定功能包的安装路径前缀,例如,查询功能包 turtlesim 的安装路径前缀,如图 2-98 所示,命令如下:

```
ros2 pkg prefix turtlesim
```

通过添加--share 参数可以获得功能包的实际安装路径,例如,查询功能 turtlesim 的实际安装路径,命令如下:

```
ros2 pkg prefix turtlesim --share
```

```
jzx@jzx: ~
jzx@jzx: ~ 80x24
jzx@jzx:~$ ros2 pkg list
action_msgs
action_tutorials_cpp
action_tutorials_interfaces
action_tutorials_py
actionlib_msgs
ament_cmake
ament_cmake_auto
ament_cmake_copyright
ament_cmake_core
ament_cmake_cppcheck
ament_cmake_cpplint
ament_cmake_export_definitions
ament_cmake_export_dependencies
ament_cmake_export_include_directories
ament_cmake_export_interfaces
ament_cmake_export_libraries
ament_cmake_export_link_flags
ament_cmake_export_targets
ament_cmake_flake8
ament_cmake_gen_version_h
ament_cmake_gmock
ament_cmake_gtest
ament_cmake_include_directories
```

图 2-96   功能包列表

```
jzx@jzx: ~
jzx@jzx: ~ 80x24
jzx@jzx:~$ ros2 pkg executables turtlesim
turtlesim draw_square
turtlesim mimic
turtlesim turtle_teleop_key
turtlesim turtlesim_node
```

图 2-97   查询功能包的节点

```
jzx@jzx: ~
jzx@jzx: ~ 80x24
jzx@jzx:~$ ros2 pkg prefix turtlesim
/opt/ros/jazzy
```

图 2-98   查询功能包的位置

上述命令的运行效果如图 2-99 所示,显示了 turtlesim 功能包的实际安装路径。使用 VS Code 打开该目录后就能够看到 turtlesim 功能包的详细内容。

```
hw@hw-VirtualBox: ~ 80x5
hw@hw-VirtualBox:~$ ros2 pkg prefix turtlesim --share
/opt/ros/jazzy/share/turtlesim
```

图 2-99   查询功能包的安装路径

最后,ros2 pkg create 命令用于自定义功能包的创建,经过编程后就能够实现各种各样的机器人功能。创建、编写与编译功能包等内容将在第 3 章详细介绍。

2.4　rqt 工具

命令行工具虽然功能强大,但只能输出文字,在有些情况下不能表达丰富的信息。rqt 工具基于 Qt 图形化编程技术,为命令行工具提供了 GUI 界面,增加了管理和调试 ROS 2 的便利性。

2.4.1　rqt 简介

rqt 是 ROS 2 的图形用户界面工具,能够简化机器人操作系统的管理和操作,是 ROS 2 中非常便利的调试工具。rqt 提供了一种用户友好的方式来操作和管理 ROS 2。在一定程度上来讲,rqt 就是带有图形用户界面的 ROS 2 命令行工具。

rqt 使用 Qt 作为 GUI 开发的库,以插件作为基本模块,每个插件都提供了 ROS 2 中的不同功能,例如节点、话题、服务、参数和日志等。相较于命令行工具,rqt 主要有以下几点优点:

(1) 通常比命令行更易于学习和使用,减少了学习曲线,使用户可以更快地掌握 ROS 2 的操作。

(2) 在使用 rqt 时,用户可以通过图形提示和输入验证来减少输入错误,有助于避免在命令行中常见的拼写错误或语法错误。

(3) rqt 允许用户实时查看和修改系统的状态,特别是提供了一个直观的方式来查看 ROS 2 中节点间的连接状态。

(4) 提供了一些可视化调试工具,能够将话题上的数据绘制为动态的图形和图像,解决了在命令行工具上显示效果单一的缺点。

在终端启动 rqt 有两种方法。一种方法是将 rqt 作为独立的程序,命令如下:

```
rqt
```

另一种方法是将 rqt 作为 ROS 2 的一个功能包中的可执行程序,命令如下:

```
ros2 run rqt_gui rqt_gui
```

按照上述方法启动 rqt 后会显示如图 2-100 所示的窗体,该窗体就是 rqt 的主界面。在 rqt 的主界面中给出了 rqt 的简单说明,其主要功能是由菜单栏下的 Plugins(插件)子菜单提供的。

在 Plugins 子菜单中按照功能划分为不同的插件,如图 2-101 所示。

子菜单 Plugins 中的主要插件如下。

(1) Action:用于查询和显示 ROS 2 系统中的动作及其消息类型。

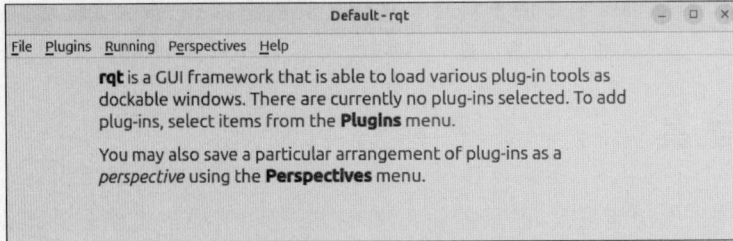

图 2-100　rqt 主界面

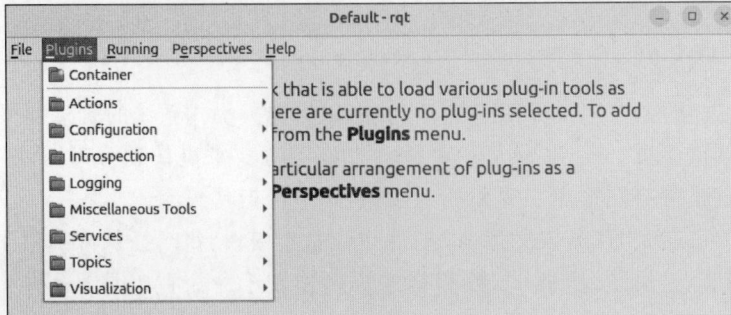

图 2-101　Plugins 子菜单

（2）Configuration：用于查询、设置活动节点内的参数。

（3）Introspection：用于查看 ROS 2 系统中的节点图（Node Graph），能够了解当前运行的节点，以及节点间的连接关系。

（4）Logging：提供了 rosbag 记录工具，以及日志可视化工具。

（5）Miscellaneous Tools：提供了终端和 Python 解释器。

（6）Services：提供了服务的客户端和查询消息类型的功能。

（7）Topics：提供了话题的订阅、发布和查询消息类型的功能。

（8）Visualization：提供了数据的可视化功能，能够将话题上的数据绘制为曲线，能够将图像话题显示为图像。

2.4.2　rqt 的使用

下面仍然以小海龟仿真环境为例，介绍 rqt 的基本功能的使用。首先，启动小海龟仿真环境，命令如下：

```
ros2 run turtlesim turtlesim_node
```

1. 话题

rqt 插件中的 Topics 选项提供了话题的发布、话题的监听、查看话题消息的详细结构 3 个功能。

选择话题发布插件 Message Publisher 后，在 Topic 下拉列表列出了可供选择的所有话题,在 Type 下拉列表列出了话题的消息类型,Freq 用于设置话题发布的频率,例如,选择小海龟的速度话题/turtle1/cmd_vel 后,可以使用"+"号按钮添加到下方的发布列表,展开消息后便可设置线速度和角速度,以及勾选话题开始发布,这样在仿真环境中的小海龟就可以开始转动了,如图 2-102 所示。

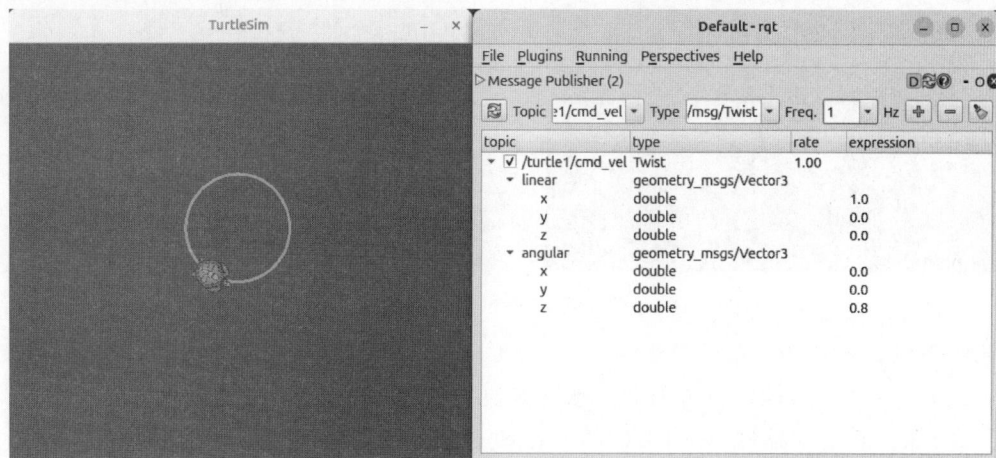

图 2-102　话题发布

选择话题订阅插件 Topic Monitor 后,在话题列表中显示了所有活动话题,勾选相应的话题即可订阅在该话题上的信息,显示在话题上的消息,例如,订阅小海龟的位置话题后,小海龟的位置信息就会实时显示,如图 2-103 所示。

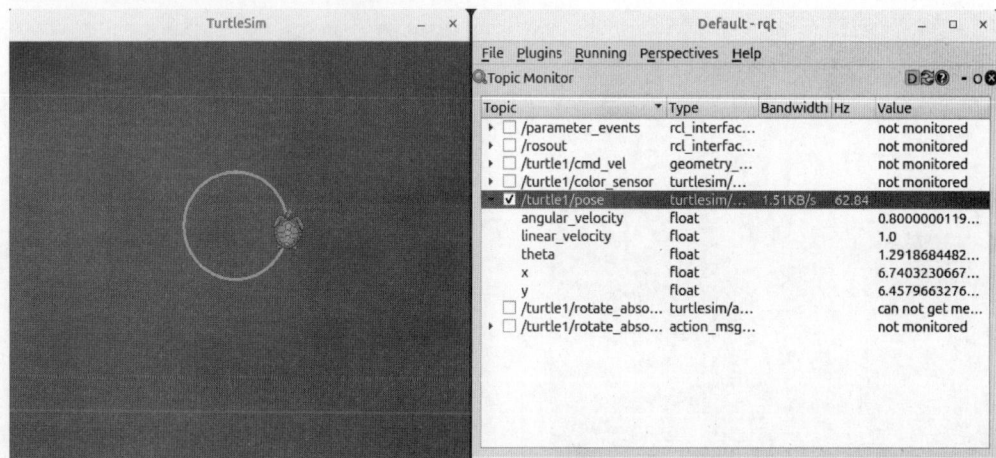

图 2-103　话题订阅

选择话题消息类型插件 Message Type Browser 后,即可通过 Message 下拉列表选择消息所在功能包和消息类型,使用"+"按钮后便可将选定消息类型添加到下方的列表中以展示该消息类型的详细结构,如图 2-104 所示。

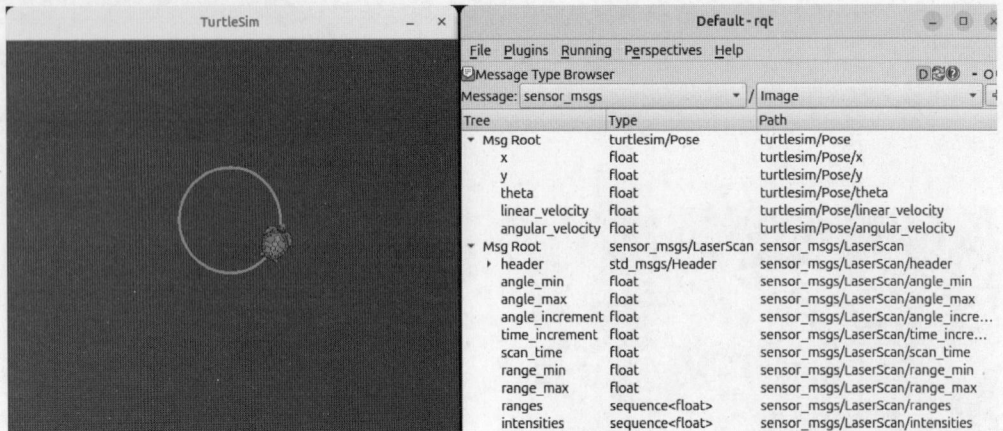

图 2-104　查询消息类型

2. 服务

rqt 插件中的 Services 选项提供了服务客户端和服务消息类型查询功能。

选择服务客户端插件 Service Caller,在 Service 下拉列表里显示了当前系统中所有的服务,首先选择使用的服务,然后按照 Request 窗体内给出的消息格式构造请求,单击 Call 按钮即可发起请求,请求的结果在 Response 窗体内显示,例如,选择小海龟仿真环境的生成海龟的/spawn 服务,在 Request 窗体内设置生成小海龟的位置、朝向和名称后发起请求,小海龟仿真环境收到请求后会在指定位置生成一只小海龟并响应结果,在 Response 窗体内显示了请求的结果,如图 2-105 所示。

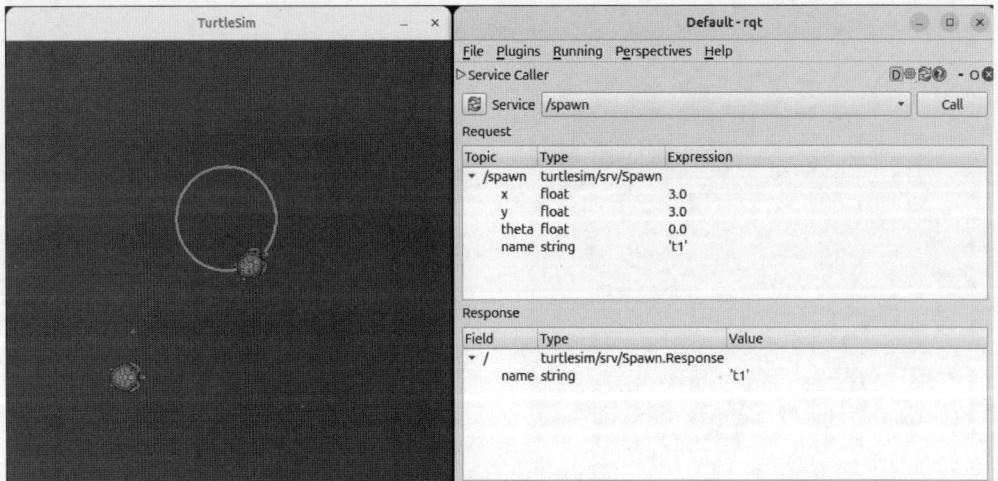

图 2-105　服务请求与响应

选择服务消息类型插件 Service Type Broswer,在 Service 下拉列表下选择提供服务的功能包和服务消息类型后,在窗体内会部分显示服务消息的详细结构,例如,选择 turtlesim

包下的/Spawn服务后会显示该服务的请求和响应的详细消息结构,如图 2-106 所示。

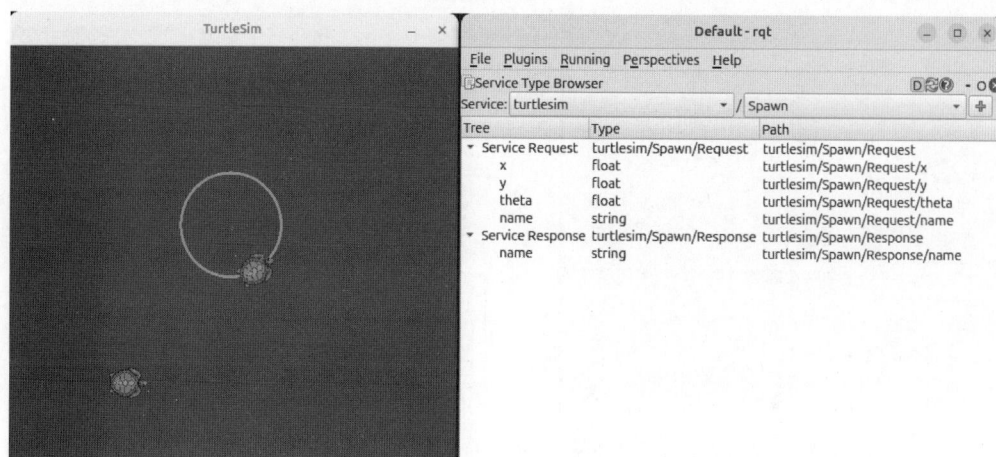

图 2-106 服务具体信息

3. 参数

rqt 插件中的 Configuration 选项提供了参数查询与设置功能。Parameter Reconfigure 窗体左侧显示了可供选择的节点,右侧显示了选择节点上的参数及其值,并且支持对参数进行修改,例如,在左侧选择小海龟仿真节点 turtlesim 后,在右侧修改其 background_b、background_g 和 background_r 后小海龟仿真环境的背景色会发生改变,如图 2-107 所示。

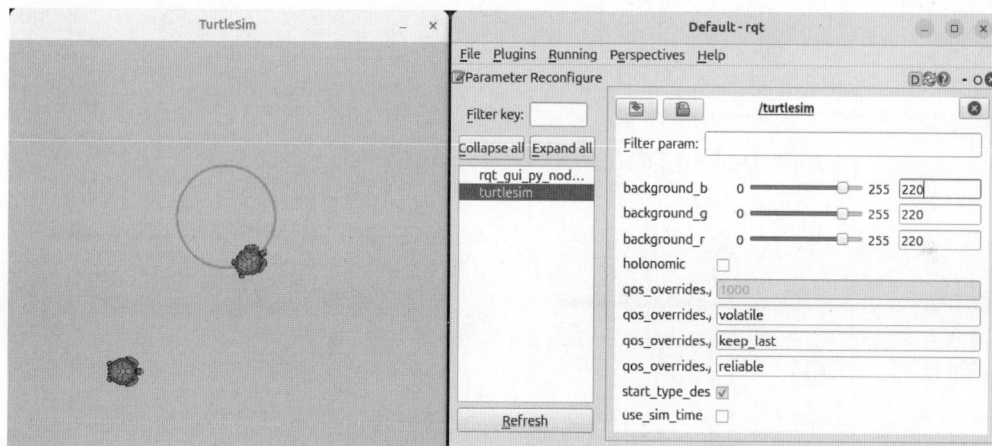

图 2-107 参数查询与设置

4. 节点图

rqt 插件中的 Introspection 选项提供了节点图查询功能,能够显示系统中的活动节点及活动节点间的连接关系,例如,在小海龟仿真环境中生成两只小海龟,并通过发布者使两只小海龟运动,在节点图上会显示节点的关系,两个发布者通过话题向仿真环境发布速度消息,如图 2-108 所示。

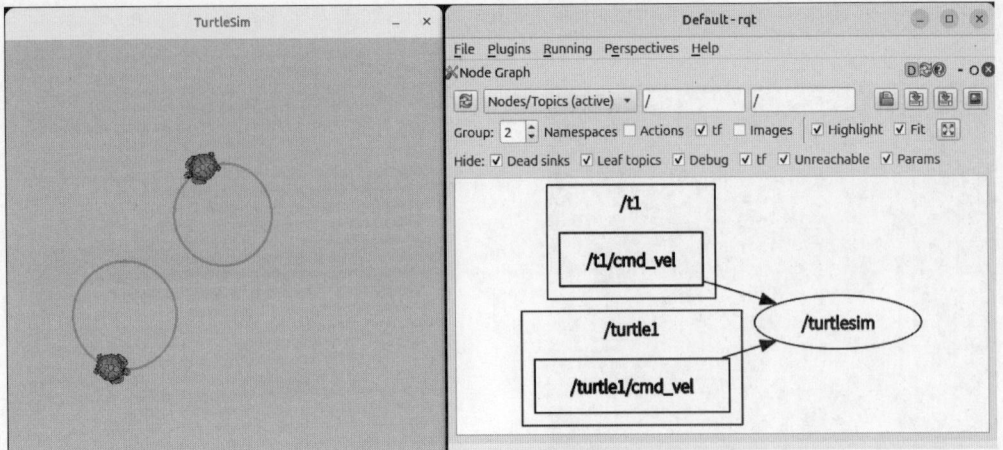

图 2-108　节点图

5. 可视化

　　rqt 的 Visualization 选项提供了实时折线绘制和图像显示两种简单的数据可视化功能。与话题和服务以数字的方式显示数据不同,将数据以图和表的形式进行可视化显示能够极大地增加数据的直观性。Visualization 提供了对话题上数据的可视化功能,其中 Plot 子功能里可以将话题上的数据绘制为折线图,如图 2-109 所示。在图 2-109 中,订阅了小海龟位置话题里的 x、y 和 theta 这 3 个值,这样 rqt 就会将小海龟位置中的这 3 个值的实时变化绘制为折线图。

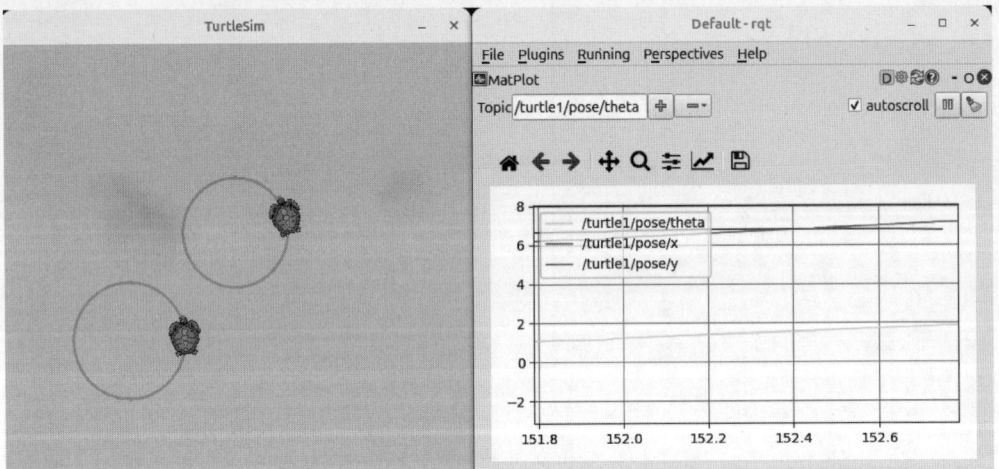

图 2-109　绘图工具

　　除了实时折线图绘制外,rqt 的可视化功能还包括图像显示功能,在后续会介绍其使用方法。rqt 在可视化功能上较弱,不能够进行复杂的数据可视化,而数据的可视化,特别是针对不同数据的可视化对于机器人数据展示与分析具有重要意义,ROS 2 中的 RViz 工具就是专门的数据可视化工具。

2.4.3 案例：绘制奥运五环旗

奥运五环旗如图 2-110 所示，由 5 种颜色不同的圆环构成。在利用小海龟仿真环境绘制奥运五环旗时，将小海龟的运动轨迹作为圆环，5 种颜色不同的圆环分别用 5 只小海龟进行绘制即可。

图 2-110 奥运五环旗

以下为使用 rqt 绘制奥运五坏旗的过程。

（1）启动小海龟仿真环境，命令如下：

```
ros2 run turtlesim turtlesim_node
```

（2）启动 rqt，命令如下：

```
rqt
```

注意：除以上作为独立程序启动的方法外，rqt 也支持作为 ROS 2 功能包中的节点进行启动，启动命令为 ros2 run rqt_gui rqt_gui。

（3）使用 Configuration 插件将/turtlesim 节点上的 background_b、background_g 和 background_r 这 3 个参数的值修改为 255，让小海龟仿真环境的背景色成为白色，如图 2-111 所示。

（4）使用 Service Caller 插件，调用/kill 服务，将请求的参数 name 的值设置为 turtle1，删除仿真场景中的小海龟，如图 2-112 所示。

（5）使用 Service Caller 插件，调用/spawn 服务，在坐标(4,4)、(7,4)、(2.5,5.5)、(5.5,5.5)、(8.5,5.5)处分别生成 5 个名为 t1、t2、t3、t4 和 t5 的小海龟，如图 2-113 所示。

（6）使用 Message Publisher 插件，向 t1、t2、t3、t4 和 t5 共 5 个海龟发布速度话题，将线速度均设置为 1，将角速度均设置为 0.75。随着海龟的运动，5 只海龟的轨迹就会形成奥运五环旗的形状，如图 2-114 所示。

（7）使用 Service Caller 插件，根据五环旗中各环的颜色，调用各海龟的 set_pen 服务将海龟 t1 的轨迹颜色设置为(255,255,0)，将 t2 的轨迹颜色设置为(0,255,0)，将 t3 的轨迹颜色设置为(0,0,255)，将 t4 的轨迹颜色设置为(0,0,0)，将 t5 的轨迹颜色设置为(255,0,0)，

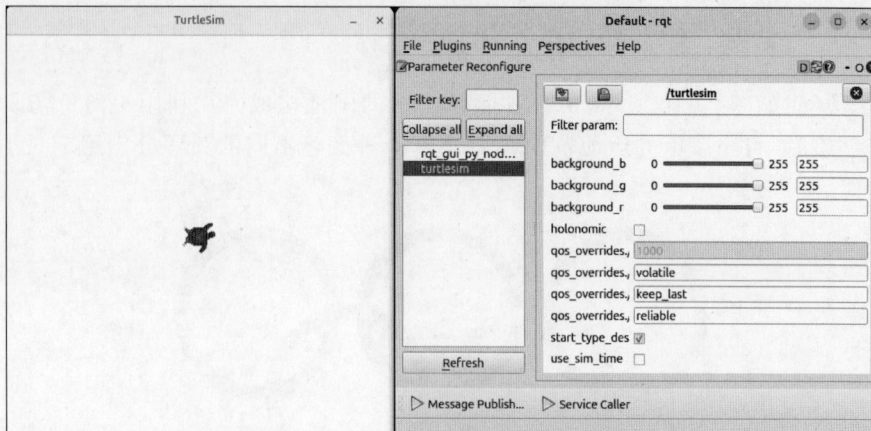

图 2-111　修改背景色

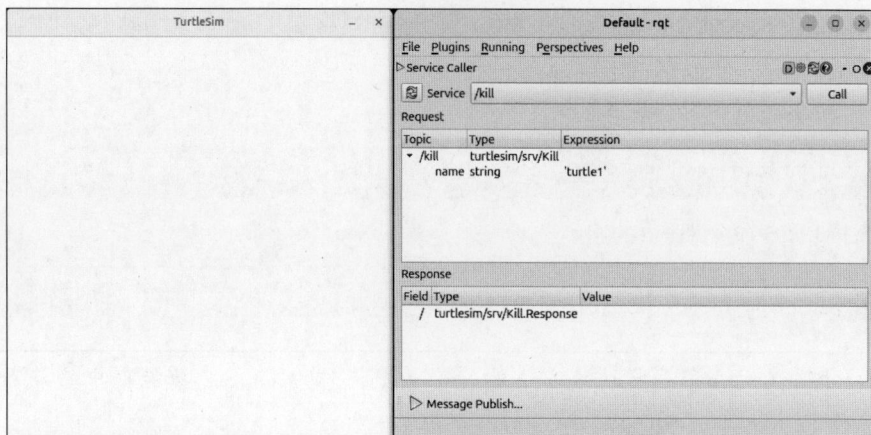

图 2-112　删除小海龟

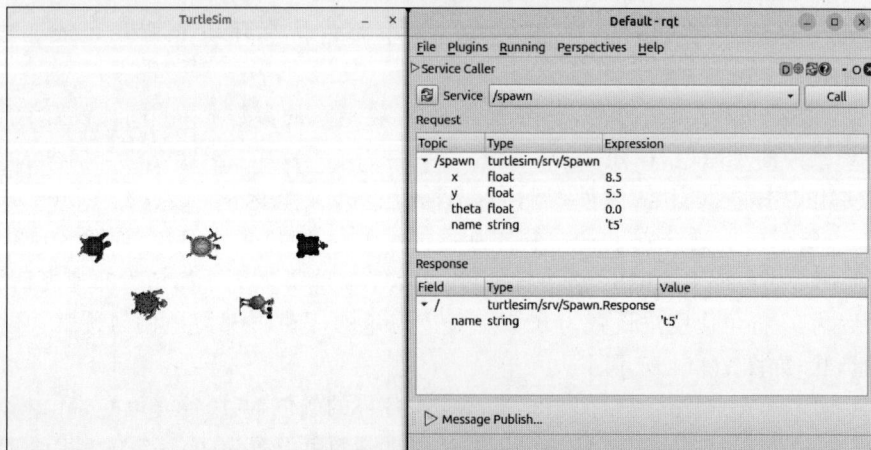

图 2-113　生成小海龟

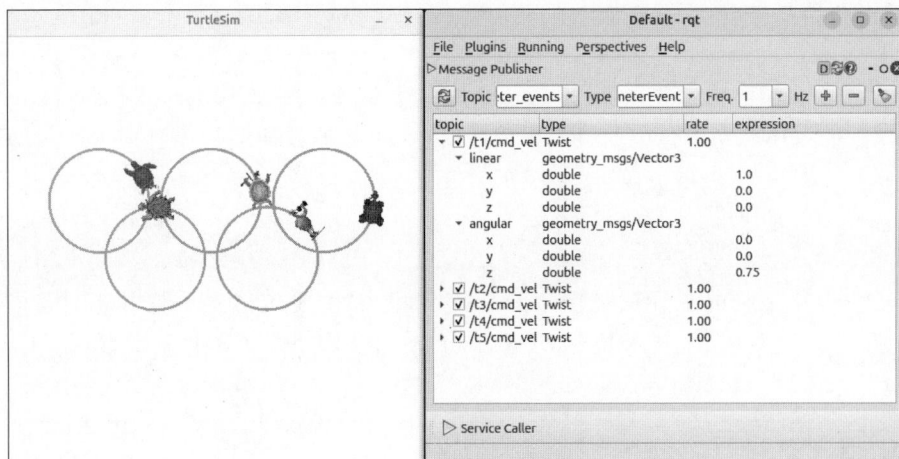

图 2-114　海龟的轨迹

并将所有的轨迹宽度设置为 5。设置完成后，经过一段时间的运行，就会得到奥运五环旗的图像，如图 2-115 所示。

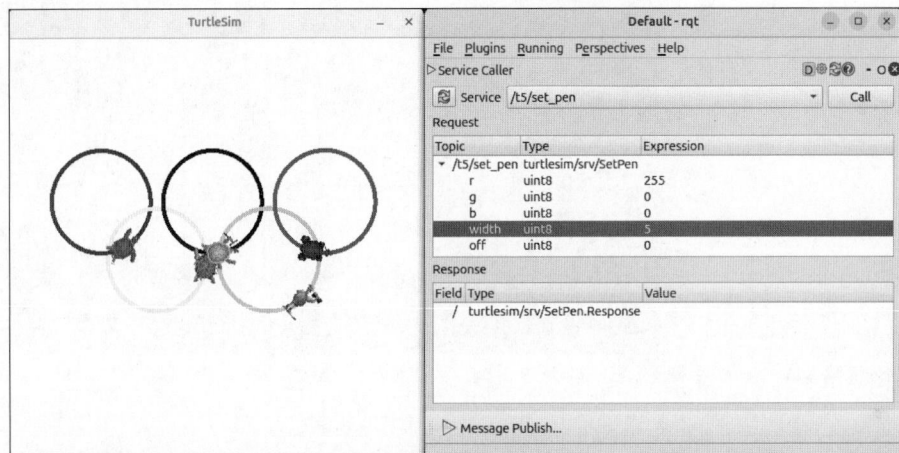

图 2-115　五环旗绘制结果

　　在上述案例中对 rqt 的功能进行了综合应用，要实现上述相同的效果既可以使用命令行完成，也可以使用编程的方法完成，二者都比 rqt 复杂。总而言之，rqt 是 ROS 2 中的一个重要工具，提供了可视化图形用户界面，可以避免记忆大量的 ROS 2 命令，在 ROS 2 程序调试中具有重要的作用，合理地使用此工具能够提升程序的调试效率。

2.5　RViz 简介

　　RViz 是 ROS 2 中的一个 3D 可视化工具，支持丰富的数据可视化方法，并且通过插件技术提供与机器人交互的功能。RViz 提供了两种启动方法。

(1) 以独立程序启动,命令如下:

```
rviz2
```

(2) 作为 ROS 2 功能包中的可执行程序启动,能够被方便地集成到 ROS 2 的项目中,命令如下:

```
ros2 run rviz2 rviz2
```

RViz 可视化工具的主界面如图 2-116 所示,上部主要包括菜单栏和工具栏,中部左侧为数据列表,提供了对显示数据的管理功能,中部右侧为数据显示区域,下部为状态栏。

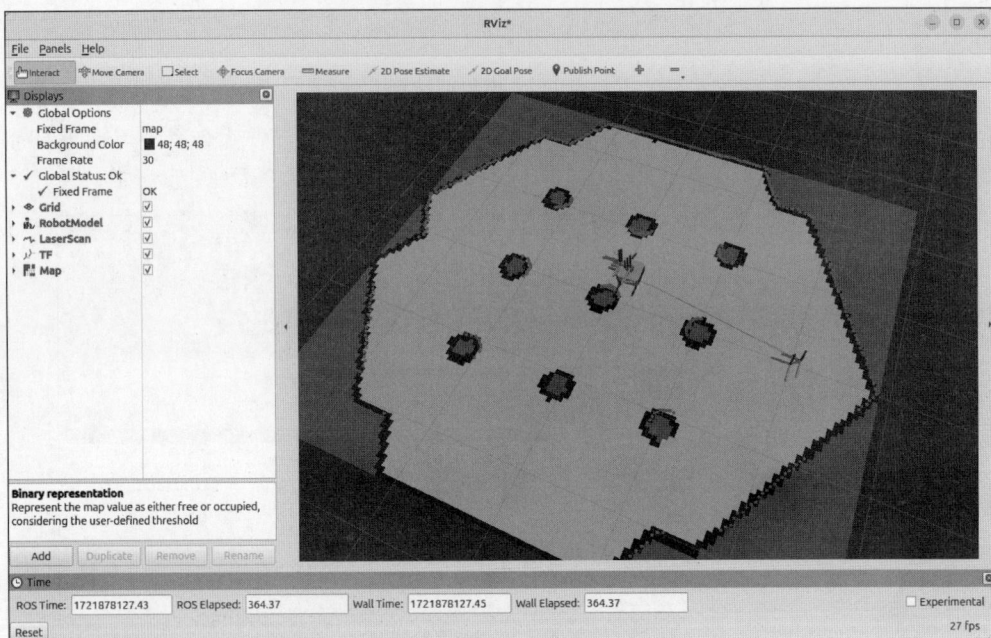

图 2-116　RViz 可视化工具界面

界面中部左侧数据列表的下方提供了数据可视化管理功能,Add 按钮提供了添加数据类型功能。图 2-117 显示了单击 Add 按钮后弹出的数据可视化选择窗口,在窗口内提供了十余种不同消息类型数据的可视化功能。

RViz 凭借其强大的数据可视化功能已经成为 ROS 2 中的重要工具。RViz 具体功能的使用与机器人的仿真密不可分,将在介绍机器人仿真时对其具体功能的使用方法进行详细介绍。

需要注意的是在虚拟机中初次启动 RViz 时,可能会出现错误,如图 2-118 所示,使 RViz 不能正常启动。

造成 RViz 不能正常启动的原因是 Ubuntu 上的显示服务器 Wayland 在有些计算机上

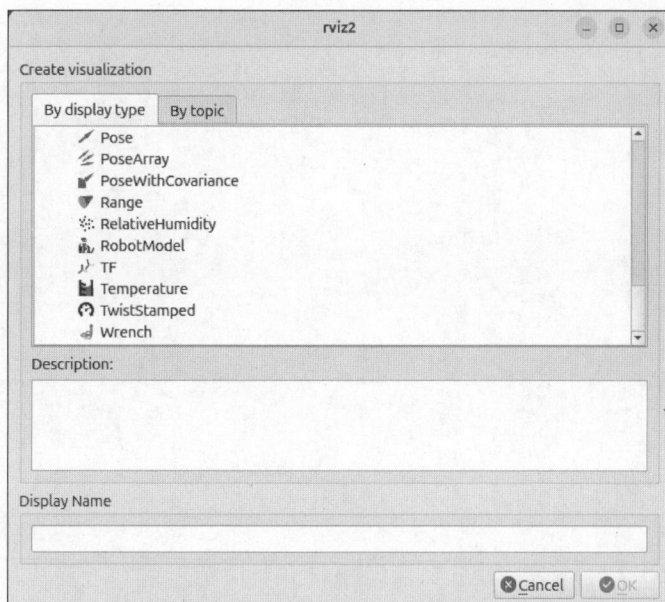

图 2-117 数据可视化选择

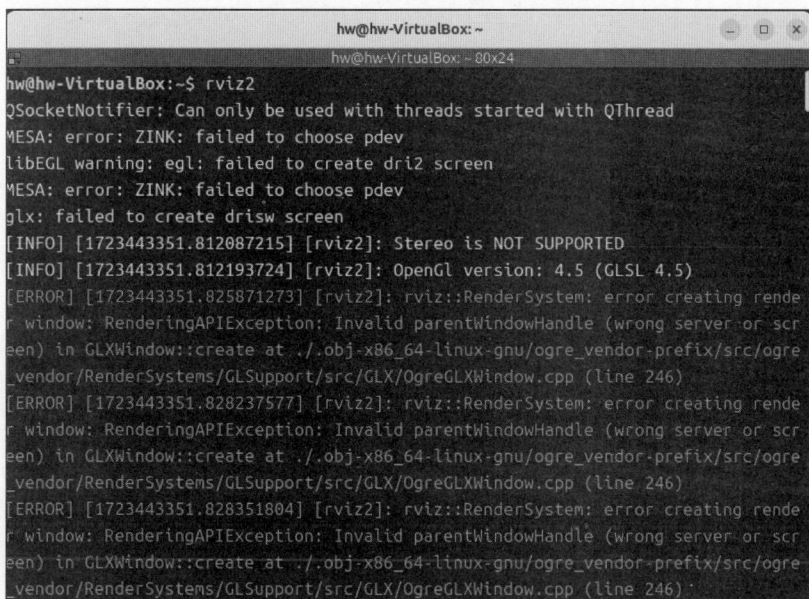

图 2-118 RViz 启动失败

不兼容 RViz。解决办法是重启虚拟机后,在用户登录界面的右下角选择 Ubuntu on Xorg 选项,先将显示服务器设置为 Xorg,再输入用户名和密码登录系统。进入系统后即可正常运行 RViz,如图 2-119 所示。

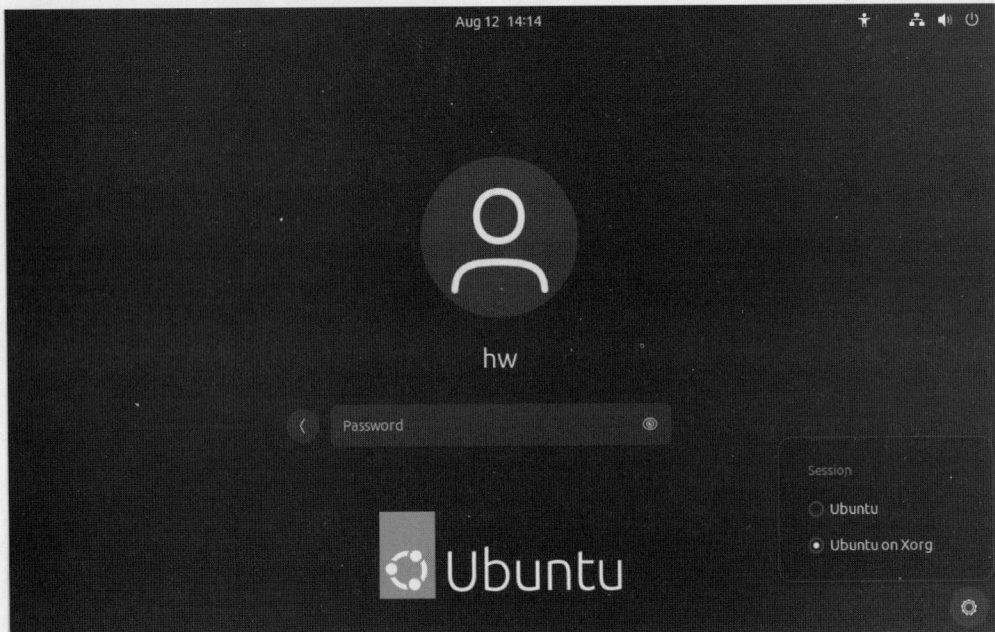

图 2-119 切换 Ubuntu 显示服务器

2.6 本章小结

　　本章介绍了 ROS 2 机器人操作系统的相关知识。深入地介绍了 ROS 2 机器人操作系统的基本原理和架构,对比了 ROS 2 与 ROS 1 的主要区别,并强调了 ROS 2 在实时性能、跨平台支持、多语言编程、安全性等方面的改进。通过详细解析 ROS 2 的通信机制、节点管理、参数服务器等核心概念,为 ROS 2 的使用奠定了基础。本章还详细地介绍了 ROS 2 的安装过程,包括在 Ubuntu 系统上的安装步骤和相关配置。最后,介绍了 ROS 2 的命令行工具、包管理、rqt 工具和 RViz 可视化工具的使用,为后续的机器人开发和仿真实践打下坚实的基础。

第 3 章

ROS 2 编程基础

ROS 2 为了成为各种机器人的通用操作系统,其本身不提供控制机器人的方法,而是提供一个运行机器人算法的框架和环境,使用各种各样的功能包实现具体的机器人功能。许多优秀的第三方功能包就是依托 ROS 2 提供的框架进行开发而形成的。ROS 2 提供了开发自定义程序的功能,可编写自定义的机器人程序,完成特定的机器人功能。为了方便使用者开发 ROS 2 的程序,ROS 2 使用了一个专用的构建工具——colcon。本章主要介绍使用 colcon 开发 ROS 2 功能包的流程和方法。

3.1 ROS 2 项目

编写 ROS 2 的项目涉及工作空间、功能包和节点程序等内容。工作空间存放了整个项目,一个工作空间可以拥有多个功能包,节点是功能包具体功能的实现。

3.1.1 工作空间

在编写 ROS 2 程序时,需要使用工作空间进行项目管理。ROS 2 工作空间是具有特定结构的文件夹,用于放置源代码、构建临时文件、编译结果和日志等文件和文件夹。一个典型的 ROS 2 工作空间主要包含以下几个子文件夹。

(1) src 文件夹:编写的 ROS 2 程序就放置在此文件夹内,ROS 2 将程序以功能包的形式进行组织,功能包是 ROS 2 中最小的可执行程序。src 文件夹内可以放置一个或多个 ROS 2 的包。在创建 ROS 2 工作空间时,需要手动创建 src 文件夹。

(2) build 文件夹:用于放置功能包编译过程中产生的中间文件。工作空间中的各个功能包都会在 build 文件夹内创建一个自己的子文件夹。build 文件夹是功能包编译过程中由 colcon 自行创建和维护的,不需要用户修改。当需要完全重新编译工作空间时,在编译前可手动删除该文件夹。

(3) install 文件夹:用于放置编译好的功能包,每个包的可运行程序都在 install 文件夹中拥有一个文件夹。install 文件夹也是由 colcon 创建和维护的,不需要用户修改。当需要完全重新编译工作空间时,在编译前可手动删除该文件夹。

（4）log 文件夹：用于放置 colcon 编译过程中产生的日志信息。一般在功能包编译出错时用于查看错误原因，以及调试程序。

由于 ROS 2 的工作空间本质上是一个文件夹，因此只需创建一个文件夹。在终端创建工作空间，命令如下：

```
mkdir -p ~/ros2_ws/src
```

以上使用 mkdir 的级联文件夹创建命令在用户的主目录下创建一个名为 ros2_ws 的文件夹，并在 ros2_ws 文件夹内再创建一个用于放置功能包的 src 目录。

创建完成后，进入工作空间 ros2_ws，并使用 VS Code 打开，命令如下：

```
cd ~/ros2_ws
code .
```

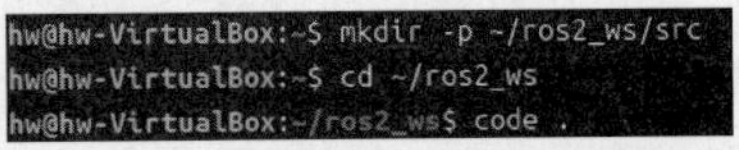

图 3-1　创建并打开工作空间

上述代码的运行效果如图 3-1 所示。经过上述步骤就完成了 ROS 2 工作空间的创建，随后就可以在该工作空间中创建、编译、安装和运行自定义的功能包，以实现机器人的各种功能。

3.1.2　创建功能包

功能包是实现自定义 ROS 2 功能的程序。ROS 2 支持使用 C++和 Python 两种语言编写功能包。C++功能包使用基于 CMake 构建系统的一种构建类型 ament_cmake，Python 功能包使用构建类型 ament_python。

ROS 2 提供了创建自定义 C++和 Python 功能包的命令 ros2 pkg create。下面的示例分别展示了两种自定义功能包的创建。

在 ROS 2 工作空间中，自定义功能包需要放置在 src 文件夹下，在创建功能包前需要先进入该文件夹，命令如下：

```
cd ~/ros2_ws/src
```

（1）创建一个 C++功能包，命令如下：

```
ros2 pkg create --build-type ament_cmake --license MIT --node-name
test_node test_package_c
```

以上利用 ROS 2 提供的 ros2 pkg 命令下的 create 功能创建了一个名为 test_package_c 的功能包，参数--build-type 用于将功能包的编写语言指定为 C++，参数--license 用于将功能包的协议指定为 MIT，参数--node-name 表示在功能包下创建一个名为 test_node 的节点。

（2）创建一个 Python 包，命令如下：

```
ros2 pkg create --build-type ament_python --license MIT --node-name
test_node test_package_python
```

以上利用 ROS 2 提供的 ROS 2 pkg 命令下的 create 功能创建了一个名为 test_package_python 的功能包,参数--build-type 用于将功能包的编程语言指定为 Python,其他参数与 C++包的含义相同。

上述两条命令的执行效果如图 3-2 所示。执行完成后,ROS 2 就会利用其内置的模板在工作空间内创建好两个功能包。

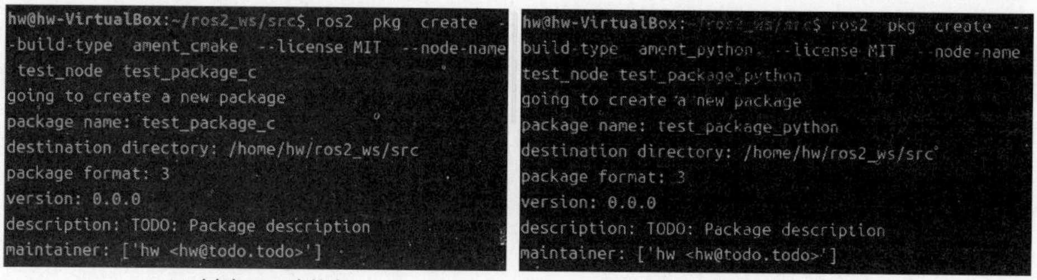

(a) 创建C++功能包   (b) 创建Python功能包

图 3-2 创建功能包

在 VS Code 中可以显示两个功能包的结构,如图 3-3 所示。在工作空间的 src 目录下分别放置两个功能包的同名文件夹 test_package_c 和 test_package_python。

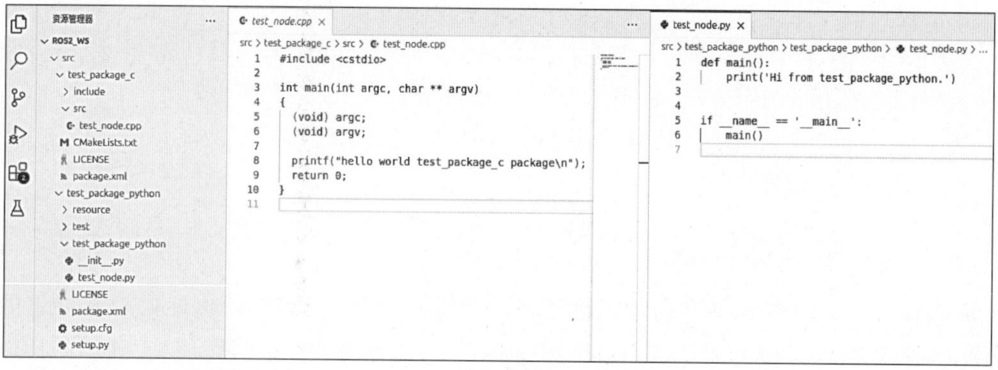

图 3-3 功能包的结构

3.1.3 编写程序

由于在创建功能包时设置了--node-name 参数,所以 ROS 2 pkg 命令会为两个功能包按照内置模板自动生成两个程序,如图 3-3 所示。

C++功能包中的程序位于功能包 test_package_c 的 src 文件夹下,名为 test_node.cpp,代码如下:

```
#ros2_ws3/src/test_package_c/src/test_node.cpp
#include <cstdio>

int main(int argc, char **argv)
{
```

```
    (void) argc;
    (void) argv;

    printf("hello world test_package_c package\n");
    return 0;
}
```

上述代码的功能是在终端里打印一行内容为"hello world test_package_c package"的字符串。修改该模板文件,即可为功能包编写新的程序。

Python 功能包中的程序位于功能包 test_package_python 内的同名文件夹下,名为 test_node.py,代码如下:

```
#ros2_ws3/src/test_package_python/test_package_python/test_node.py
def main():
    print('Hi from test_package_python.')

if __name__ == '__main__':
    main()
```

在上述代码中定义了一个名为 main 的函数,该函数的功能是在终端里打印一行内容为"Hi from test_package_python."的字符串。如果要改变功能包的默认功能,则只需修改该模板文件中的 main 函数。

对于向功能包添加新的可执行程序不仅需要编写代码,还需要对功能包进行配置,具体方法和步骤将在后续进行详细介绍。

3.1.4 编译功能包

colcon 是一个用于编译和构建软件项目的命令行工具,能够自动化地处理软件包的构建顺序和设置软件包使用的环境,其目标是提供一个更加现代化、灵活且易于使用的构建系统,以满足复杂软件开发的需求。colcon 可用于 ROS 2 和 Gazebo 的编译,是 ROS 2 生态系统中默认的构建系统。

colcon 使用方便,只需一条指令就能完成 ROS 2 工作空间中功能包的编译。在工作空间的根目录(ros2_ws)中编译工作空间,命令如下:

```
cd ~/ros2_ws
colcon build --symlink-install
```

上述命令的功能是先进入工作空间根目录,然后使用 colcon 编译工作空间下所有的功能包,参数--symlink-install 对于 Python 功能包的构建十分重要,这使 colcon 在构建时使用链接的方式管理 Python 程序。这种编译方式在修改 Python 程序的代码后无须再次编译即可执行最新的程序,从而方便地在开发过程中调试 Python 功能包中的代码。上述命令的运行效果如图 3-4 所示,colcon 会对以上创建的两个功能包 test_package_c 和 test_ package_python 进行编译。

图 3-4　构建项目

在编译完成后,colcon 就会在工作空间的根目录下自动创建 build、install 和 log 共 3 个子文件夹,如图 3-5 所示。build 文件夹里分别为每个功能包创建一个同名文件夹,用于放置功能包在编译过程中的文件,install 文件夹里分别为每个功能包创建一个同名文件夹,用于放置编译好的程序,并且在 install 文件夹里提供了加载编译好功能包的配置脚本 setup.bash。

除以上编译工作空间内全部功能包的命令外,编译指定功能包是更常见的需求。这在工作空间内包含大量功能包时可有效地减少编译时间。编译指定功包的方法是在 colcon build 命令里设置参数--pcakgeages-select 指定编译的功能包,例如只对 test_package_python 功能包进行编译,命令如下:

```
colcon build --packages-select test_package_python
--symlink-install
```

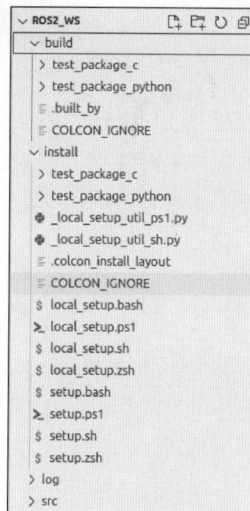

图 3-5　编译结果

以上就是使用 colcon 编译功能包的方法。作为 ROS 2 的项目构建工具,colcon 被广泛地应用于 ROS 相关项目(例如 Gazebo)的构建中,并且包含更多更复杂的用法,具体可参阅 colcon 的文档。

3.1.5　运行功能包

功能包在编译完成后,就可以运行编译功能包后生成的可执行程序了。具体的步骤如下。

(1)在终端进入工作空间,命令如下:

```
cd ~/ros2_ws
```

(2)使用 source 命令,将工作空间内的功能包内的可执行程序添加到当前的终端坏境中,命令如下:

```
source install/setup.bash
```

(3)使用 ros2 run 命令执行功能包中的程序,命令如下:

```
ros2 run test_package_c test_node
ros2 run test_package_python test_node
```

以上两条命令分别执行了创建的 C++ 和 Python 功能包中的示例程序。ros2 run 命令后的两个参数分别是功能包名和可执行文件名。运行的效果如图 3-6 所示,两个命令运行后均会在终端输出一行字符串。

```
hw@hw-VirtualBox:~/ros2_ws$ source install/setup.bash
hw@hw-VirtualBox:~/ros2_ws$ ros2 run test_package_c test_node
hello world test_package_c package
hw@hw-VirtualBox:~/ros2_ws$ ros2 run test_package_python test_node
Hi from test_package_python.
```

图 3-6　运行功能包

注意:经过 source 命令加载配置后,在输入命令时,可以使用 Tab 键补全功能包名和节点名,例如输入 ros2 run test 后按下 Tab 键,系统会自动补全命令或给出命令提示。

3.1.6　功能包的结构

绝大多数的机器人功能能用 C++ 或 Python 语言实现,鉴于 Python 的易用性,在方法验证阶段更具有优势,本书主要介绍 Python 功能包的结构,以及使用 Python 编写功能包的方法和过程。

在创建 Python 的功能包 test_package_ptyhon 后得到了如图 3-7 所示的结构。

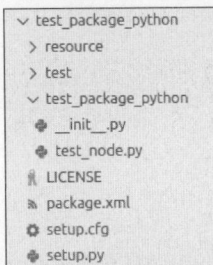

```
✔ test_package_python
  > resource
  > test
  ✔ test_package_python
    ✚ __init__.py
    ✚ test_node.py
  🗍 LICENSE
  ▨ package.xml
  ⚙ setup.cfg
  ✚ setup.py
```

图 3-7　Python 功能包的结构

功能包中相关文件夹和文件的功能如下。

(1) package.xml 文件:这是一个 XML 格式的文件,包含该功能包的元数据,配置一些功能包在编译和运行时的依赖。

(2) resouce 文件夹:内部包含一个与功能包同名的文件夹,内部放置了一些标记文件。

(3) setup.cfg 文件:通过该配置文件为 ros2 run 命令提供该功能包内的可执行文件(程序),也就是使用 ros2 run 命令运行该功能包的程序时需要由 setup.cfg 提供。该文件由构建工具自动维护,无须人工干预。

(4) setup.py 文件:记录安装该功能包的配置项,当向功能包添加新的文件和新的可执行程序时,需要修改该文件,在该文件中注册。

(5) 与功能包同名的文件夹(在图 3-7 中为 test_package_python 文件夹):用于放置功能包代码,是编写 ROS 2 程序时最常使用的文件夹,编写的 Python 代码需放置在该目录中。

在编写 ROS 2 的程序时,除了需要编写实现功能的 Python 代码外,还需要对功能包内的 package.xml 和 setup.py 文件进行配置。下面以 test_package_python 功能包为例对这两个文件进行详细介绍。

package.xml 文件中的内容如下:

```
#ros2_ws3/src/test_package_python/package.xml
<?xml version="1.0"?>
<?xml - model href =" http://download. ros. org/schema/package _ format3. xsd"
schematypens="http://www.w3.org/2001/XMLSchema"?>
<package format="3">
  <name>test_package_python</name>
  <version>0.0.0</version>
  <description>TODO: Package description</description>
  <maintainer email="hw@todo.todo">hw</maintainer>
  <license>MIT</license>

  <test_depend>ament_copyright</test_depend>
  <test_depend>ament_flake8</test_depend>
  <test_depend>ament_pep257</test_depend>
  <test_depend>python3-pytest</test_depend>

  <export>
    <build_type>ament_python</build_type>
  </export>
</package>
```

在以上 package. xml 文件的内容中,标签< name >中设置了当前功能包的名称,标签
< version >中设置了当前功能包的版本,标签< description >中设置了该功能包的描述信息,
标签< maintainer >中设置了功能包开发者的邮箱和姓名,标签< license >设置了功能包遵循
的协议。修改和设置上述信息可以使功能包更清晰。< export >标签中将构建类型< build_
type >设置为 ament_python,使在功能包构建时 colcon 将其以 Python 功能包的形式进行
构建。< test_depend >标签给出了功能包的一些依赖。

setup. py 文件是一个 Python 代码文件,代码如下:

```
#ros2_ws3/src/test_package_python/setup.py
from setuptools import find_packages, setup

package_name = 'test_package_python'

setup(
    name=package_name,
    version='0.0.0',
    packages=find_packages(Exclude=['test']),
    data_files=[
        ('share/ament_index/resource_index/packages',
            ['resource/' + package_name]),
        ('share/' + package_name, ['package.xml']),
    ],
    install_requires=['setuptools'],
    zip_safe=True,
    maintainer='hw',
```

```
    maintainer_email='hw@todo.todo',
    description='TODO: Package description',
    license='MIT',
    tests_require=['pytest'],
    entry_points={
        'console_scripts': [
            'test_node = test_package_python.test_node:main'
        ],
    },
)
```

在以上 setup. py 文件的内容中，变量 package_name 的值为功能包的名称，需要与 package. xml 文件中的名称一致，setup 函数中的参数 maintainer、maintainer_email、description、license 等与 package. xml 文件中的相应的标签一致，当修改这些信息时需保证两个文件中的内容一致。entry_points 参数是一个字典，其中 console_scripts 设置了当前功能包中可被 ros2 run 命令所能运行的程序名称和实际功能代码之间的映射关系，在修改可执行程序的名称及添加新的可执行程序时都需要修改该参数。下面介绍修改可执行程序名称和添加新可执行程序时对于 entry_points 参数的设置方法：

(1) 修改可执行程序的名称。上述 console_scripts 中设置了将 test_package_python/test_node. py 文件中的 main 函数映射为 test_node 名，以便在 ros2 run 命令中调用，例如 setup. py 文件中的 console_scripts 里的内容如下：

```
'test_node = test_package_python.test_node:main'
```

修改上述内容，修改后的内容如下：

```
'hello_node = test_package_python.test_node:main'
```

这样就会将该包中的输出字符串的程序从名称 test_node 修改为 hello_node。保存后重新编译、安装和运行该程序，命令如下：

```
colcon build --packages-select test_package_python --symlink-install
source install/setup.bash
ros2 run test_package_python hello_node
```

上述代码的运行效果如图 3-8 所示，test_package_python 功能包的可执行文件的名称就从 test_node 修改为 hello_node。

(2) 添加新的可执行程序。一个功能包可以包含多个可执行的程序，功能包 test_package_python 的同名子文件夹是可执行程序的存放位置。从 setup. py 文件中的 console_scripts 的设置可以知道 test_node 程序实际上运行了 test_node. py 文件中的 main 函数。通过向 console_scripts 添加新的参数就能为功能包添加新的可执行程序。为功能包添加新的可执行程序有两种方法：一种是直接在 test_node. py 文件中新建一个函数，并在 setup. py 文

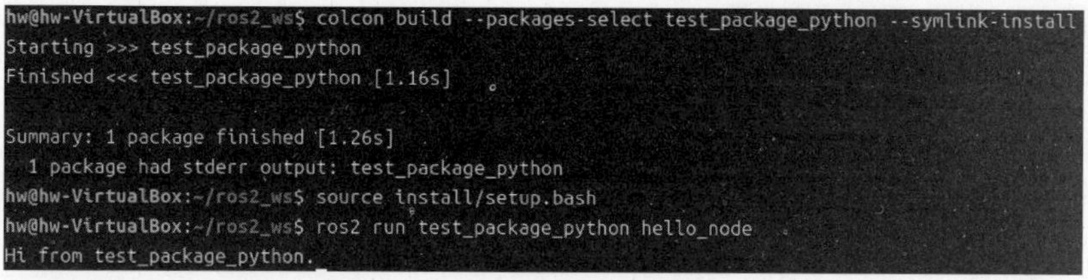

图 3-8　修改可执行程序名称

件中配置；另一种方法是先新建一个 Python 文件并添加一个函数，然后在 setup. py 文件中配置。下面对这两种为功能包添加新的可执行程序的方法进行介绍。

① 在 test_node. py 文件中添加一个函数，修改后文件中的代码如下：

```
#ros2_ws3/src/test_package_python/test_package_python/test_node.py
def main():
    print('Hi from test_package_python.')


def another_main():
    print('another ros2 program from test_package_python')


if __name__ == '__main__':
    main()
```

修改 setup. py 文件中 csonle_scripts 列表内的内容，修改后的内容如下：

```
'hello_node = test_package_python.test_node:main',
'another_node = test_package_python.test_node:another_main',
```

上述代码的最后一行是将 test_node. py 文件中的 another_main 函数映射为功能包的 another_node 可执行程序。重新编译和添加功能包后即可执行 another_node 程序，如图 3-9 所示。

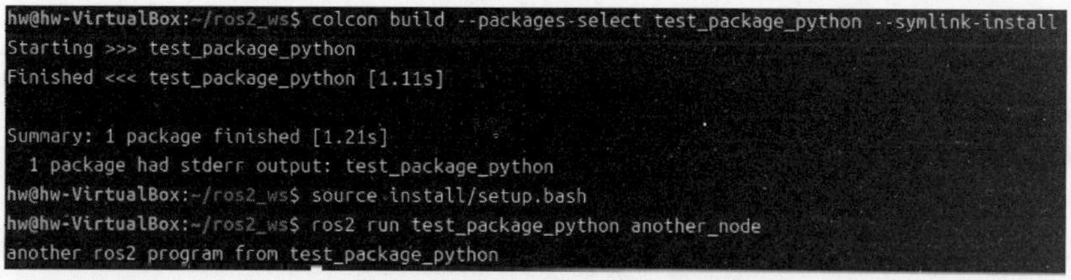

图 3-9　添加可执行程序

② 在 test_node. py 文件所在的目录中新建一个 another_node. py 文件，随后添加以下内容：

```
def main():
    print('another node from another_node.py, not test_node.py')
```

修改 setup. py 文件中的 csonle_scripts 内的内容，修改后的内容如下：

```
'hello_node = test_package_python.test_node:main',
'another_node = test_package_python.test_node:another_main',
'my_node = test_package_python.another_node:main',
```

上述代码的最后一行用于将创建的 another_node.py 文件中的 main 函数映射为功能包的 my_node 可执行程序。重新编译和添加功能包后,即可执行 my_node 程序,如图 3-10 所示。

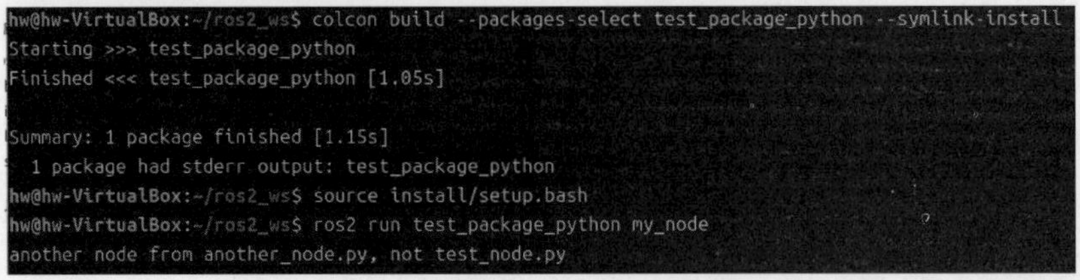

图 3-10　添加可执行程序

以上就是在 ROS 2 中进行自定义项目构建、编写、编译和运行的方法,整个流程和使用的关键命令如图 3-11 所示。

图 3-11　ROS 2 自定义功能包创建和运行流程

3.2　rclpy 库的使用

rclpy(ROS Client Library for the Python)库的中文意思是 Python 语言的 ROS 客户端库。rclpy 是 ROS 2 提供给开发者的接口,利用 rclpy 库就能实现对 ROS 2 中节点、话题、服务、动作、参数等核心概念进行编程,从而为实现特定的机器人功能提供便利。

rclpy 库会在安装 ROS 2 时自动安装,无须另行安装。rclpy 库在使用时只需在 Python 的代码中导入,代码如下:

```
import rclpy
```

使用 rclpy 创建 ROS 2 程序的流程如下:

(1) 初始化。在创建节点前必须调用 rclpy.init()函数进行初始化,rclpy.init()函数会为当前的环境创建一个特殊的 Context 对象。

(2) 创建节点,实现具体的功能,利用话题、服务、动作等通信机制实现具体的机器人功能。

(3) 使用 rclpy.spin()函数让节点进入一个循环,以便节点持续接收和处理回调函数。

(4) 结束程序。当程序需要结束时,需要注销初始化时创建的 Context 对象,函数 rclpy.shutdown()提供了该功能。

3.2.1 节点

Node 类是 rclpy 库中表示节点的类,rclpy 提供了两种创建 Node 对象的方法,一种是使用 rclpy.create_node()函数,另一种是使用面向对象的方法自定义一个继承 rclpy.node.Node 类的子类。

rclpy.create_node()函数用于创建节点对象,调用格式如下:

```
create_node(
    node_name: str,
    *,
    context: Context | None = None,
    cli_args: List[str] | None = None,
    namespace: str | None = None,
    use_global_arguments: bool = True,
    enable_rosout: bool = True,
    start_parameter_services: bool = True,
    parameter_overrides: List[Parameter] | None = None,
    allow_undeclared_parameters: bool = False,
    automatically_declare_parameters_from_overrides: bool = False,
    enable_logger_service: bool = False
) -> Node
```

其中,各参数的含义如下。

(1) node_name:设置节点的名称,类型是字符串,必须设置该参数。

(2) context:与节点相关联的上下文对象(Context),默认值为 None,表示与全局的上下文对象相关联。

(3) cli_args:一个字符串列表,包含仅由该节点使用的命令行参数。这些参数用于提取节点使用的重映射及 ROS 特定的其他设置等。在命令行中使用--ros-args 作用域标志,其位于这些参数之前,用于指示其后的参数应该按照 ROS 的规则进行解析,这些规则包括但不限于处理节点之间的消息重映射、环境变量设置等。

(4) namespace:设置命名空间。为节点及其内的话题等添加前缀,以进行相同名称节点的区分,例如当控制多个相同的机器人时,需要使用多个功能相同的节点、话题等,通过设置不同的命名空间可以防止名称上的冲突,例如节点名称为/my_node,添加命名空间为/robot1,则名称节点就被修改为/robot1/my_node。

(5) use_global_arguments:用于指示节点是否应该忽略进程范围内的命令行参数。如果将这个参数设置为 False,则表示该节点不会使用那些为整个 ROS 进程设置的全局命令行参数,而是只会使用针对该节点本身指定的参数。

(6) enable_rosout:是否启用 rosout 日志输出功能,默认值为 True,表示启用。

(7) start_parameter_services:是否启用节点的参数服务功能,默认值为 True,表示启用。

(8) parameter_overrides:一个 Parameter 列表,用于设置或重置节点参数的值。

（9）allow_undeclared_parameters：如果值为 True，则在创建节点期间将使用 parameter_overrides 中的参数来隐式声明参数。默认值为 False，表示不允许。

（10）enable_logger_service：如果要创建 ROS 2 服务以允许外部节点获取和设置此节点的日志，则为 True，否则日志仅在本地管理而无法远程更改。

使用面向对象的方法自定义一个继承 rclpy.node.Node 类的子类可以创建 ROS 2 中节点的实例。Node 对象创建的格式如下：

```
class Node(
    node_name: str,
    *,
    context: Context | None = None,
    cli_args: List[str] | None = None,
    namespace: str | None = None,
    use_global_arguments: bool = True,
    enable_rosout: bool = True,
    start_parameter_services: bool = True,
    parameter_overrides: List[Parameter] | None = None,
    allow_undeclared_parameters: bool = False,
    automatically_declare_parameters_from_overrides: bool = False,
    enable_logger_service: bool = False
)
```

其中，各参数与 create_node() 函数中的含义相同。

创建自定义节点类的方法如下：

```
from rclpy.node import Node
class MyNode(Node):
    def __init__(self, node_name='my_node'):
        super().__init__(node_name=node_name)
    #(......节点的具体实现)
```

其中，super().__init__() 方法内的参数就是 Node 对象创建所需要的参数。

以上两种节点的创建方法在使用上没有区别，第 1 种方法与 ROS 1 中创建节点的方法相同，第 2 种方法将节点的功能封装在节点类的内部，符合面向对象的原则，在创建节点时推荐使用第 2 种方法。

节点是 ROS 2 中可执行程序的最小单位，节点对象提供了一系列用于实现节点功能的方法，例如创建话题的发布者和订阅者、创建服务的服务器和客户端、创建定时器和参数管理等。

3.2.2 话题

在话题中，有发布者（Publisher）和订阅者（Subscriber）两个参与对象。在创建发布者和订阅者的实例时不直接使用 rclpy 中的 Publisher 和 Subscriber 对象进行构造，而是使用节点实例的 create_publisher() 和 create_subscription() 方法进行创建。

（1）使用 create_publisher()方法创建发布者的格式如下：

```
create_publisher(
    msg_type: Any,
    topic: str,
    qos_profile: QoSProfile | int,
    *,
    callback_group: CallbackGroup | None = None,
    event_callbacks: PublisherEventCallbacks | None = None,
    qos_overriding_options: QoSOverridingOptions | None = None,
    publisher_class: type[Publisher] = Publisher
) -> Publisher
```

其中，必须设置的 3 个参数的含义如下。

msg_type：发布的消息类型。ROS 2 对常见的消息类型进行了定义，常见类型有 String、Bool、Byte 等，在 std_msg 库的 msg 下定义了 ROS 2 标准的消息类型。通过 ros2 interface list 命令既可查看当前系统中的所有消息类型，也可以根据需要自行定义消息类型。

topic：发布者发布的话题名称，类型是字符串，一般以“/”字符作为话题名称的首字符。

qos_profile：发布者的服务质量配置（QoSProfile）或历史深度值。当传入整数时，系统会自动配置为 KEEP_LAST 历史策略，并将该数值作为历史深度（Depth），其他 QoS 参数保持默认值。典型应用场景下，建议将该值设为 10 以内的正整数。

使用上述方法创建发布者的实例后，就可以使用发布者实例的 publish()方法向外发布数据了。

（2）使用 create_subscription()方法创建订阅者的格式如下：

```
create_subscription(
    msg_type: Any,
    topic: str,
    callback: (MsgType@create_subscription) -> None,
    qos_profile: QoSProfile | int,
    *,
    callback_group: CallbackGroup | None = None,
    event_callbacks: SubscriptionEventCallbacks | None = None,
    qos_overriding_options: QoSOverridingOptions | None = None,
    raw: bool = False
) > Subscription
```

其中，callback 参数是一个包含一个参数的回调函数，用于处理接收的消息，其他参数的含义与发布者中的参数的含义相同。

3.2.3　服务

在服务中，有服务器和客户端两个参与对象。在创建服务器和客户端的实例时，需要通过节点的 create_service()和 create_client()方法进行创建。

(1) 使用 create_service()方法创建服务器的格式如下：

```
create_service(
    srv_type: Any,
    srv_name: str,
    callback: (SrvTypeRequest@create_service, SrvTypeResponse@create_service)
-> SrvTypeResponse@create_service,
    *,
    qos_profile: QoSProfile = qos_profile_services_default,
    callback_group: CallbackGroup | None = None
) -> Service
```

其中,3 个必须设置的参数的含义如下。

srv_type：服务消息类型。常见类型有 Empty、Trigger、SetBool 等,在 std_srvs 库的 srv 下定义了 ROS 2 标准的服务消息类型。通过 ros2 interface list 命令既可查看当前系统中的所有服务消息类型,也可以根据需要自行定义服务消息类型。

srv_name：服务名称,通常是以"/"开头的字符串。

callback：由用户定义的服务器回调函数,回调函数接收 request 和 response 两个参数,分别用于获取用户的请求,以及返回请求后的响应。

(2) 使用 create_client()方法创建客户端的格式如下：

```
create_client(
    srv_type: Any,
    srv_name: str,
    *,
    qos_profile: QoSProfile = qos_profile_services_default,
    callback_group: CallbackGroup | None = None
) -> Client
```

其参数的含义与创建服务器的参数含义相同。在得到客户端的实例后,常用的客户端的方法如下。

service_is_ready()：检查客户端所请求的服务器是否正常(能够提供服务),当返回值为 True 时表示正常,否则为 False。

wait_for_service(timeout_sec：float | None＝None)：等待服务器,可以设计一个等待的时长,当返回值为 True 时表示服务器正常,当返回值为 False 时表示超时。

call(request：SrvTypeRequest)：向服务器发起同步请求。

call_async(request：SrvTypeRequest)：向服务器发起异步请求,返回一个 Future 对象。通过 Future 对象的 add_done_callback()方法可以添加一个以该 Future 对象为参数的回调函数,该回调函数用于处理服务器响应。

3.2.4 动作

在动作中,有动作服务器和动作客户端两个参与对象。与话题和服务通过节点提供的方法创建不同,动作服务器端和动作客户端由 rclpy. action 包下的 ActionServer 类和 ActionClient 类进行创建。

(1) 动作服务器端 ActionServer 类创建的格式如下:

```
class ActionServer(
    node: Self@ActionserverNode,
    action_type: type[Fibonacci],
    action_name: str,
    execute_callback: Any,
    *,
    callback_group: Any | None = None,
    goal_callback: Any = default_goal_callback,
    handle_accepted_callback: Any = default_handle_accepted_callback,
    cancel_callback: Any = default_cancel_callback,
    goal_service_qos_profile: QoSProfile = qos_profile_services_default,
    result_service_qos_profile: QoSProfile = qos_profile_services_default,
    cancel_service_qos_profile: QoSProfile = qos_profile_services_default,
    feedback_pub_qos_profile: QoSProfile = QoSProfile(depth=10),
    status_pub_qos_profile: QoSProfile = qos_profile_action_status_default,
    result_timeout: int = 900
)
```

其中,4 个必须设置的参数含义如下。

node: 运行该动作服务器的节点。

action_type: 动作的消息类型。

action_name: 动作的名称。客户端通过该名称与动作服务器进行通信。

execute_callback: 用于处理动作客户端请求的回调函数。

(2) 动作客户端 ActionServer 类创建的格式如下:

```
class ActionClient(
    node: Self@ActionclientNode,
    action_type: type[Fibonacci],
    action_name: str,
    *,
    callback_group: Any | None = None,
    goal_service_qos_profile: QoSProfile = qos_profile_services_default,
    result_service_qos_profile: QoSProfile = qos_profile_services_default,
    cancel_service_qos_profile: QoSProfile = qos_profile_services_default,
    feedback_sub_qos_profile: QoSProfile = QoSProfile(depth=10),
    status_sub_qos_profile: QoSProfile = qos_profile_action_status_default
)
```

动作客户端的参数与动作服务器的参数含义相同。在创建动作客户端后,通过动作客户端的 send_goal_async() 方法向动作服务器发起异步请求。

3.2.5 参数

rclpy 中的 Parameter 类用于创建参数,通过节点的 set_parameters()方法将多个参数添加到节点中,此外节点的 declare_parameter()方法用于向节点创建和添加一个参数。当节点中的参数的值发生变化时,可以通过节点的 add_pre_set_parameters_callback()、add_on_set_parameters_callback()和 add_post_set_parameters_callback()方法对参数值在修改前、修改中和修改后设置相应的回调函数。

参数 Parameter 类的创建方法如下:

```
rclpy.parameter.Parameter(
    name: str,
    type_: Any | None = None,
    value: Any | None = None
)
```

其中,name 为参数名称,类型是字符串,value 为参数的值,type_ 为参数值的类型,需要是 rclpy.Parameter.Type 中定义的类型 'BOOL'、'BOOL_ARRAY'、'BYTE_ARRAY'、'DOUBLE'、'DOUBLE_ARRAY'、'INTEGER'、'INTEGER_ARRAY'、'NOT_SET'、'STRING'和'STRING_ARRAY'之一。

例如,创建一个名为 number,类型为整数,值为 1 的参数,代码如下:

```
numparam=rclpy.parameter.Parameter('number', rclpy.Parameter.Type.INTEGER, 1)
```

创建后的参数可以通过节点的 set_parameters()设置为节点的参数,代码如下:

```
node.set_parameters([numparam])
```

相较于以上定义参数和向节点添加参数两个步骤,节点的 declare_parameter()方法可以直接向节点添加参数,例如为节点添加一个名为 msg、类型为字符串、值为"hello world!"的参数,代码如下:

```
node.declare_parameter('msg', 'hello world!')
```

由于参数用于对节点进行配置,一般在节点启动时添加命令行参数--ros-args -p name：=value -p name2：=value2…向节点传递参数,节点初始化时更新默认参数,从而确保节点在启动时使用最新的参数。在实现上,通过在节点的初始化方法内使用下面的方法使节点在启动时优先使用传入的参数,在没有传入参数时使用默认参数,代码如下:

```
node.declare_parameter('number', 1).get_parameter_value().integer_value
node.declare_parameter('msg', 'hello world!').get_parameter_value().string_value
```

3.2.6　消息接口

消息接口(interface)用于规定话题、服务和动作等通信方式上参与的两方之间传递消息的格式,例如同一个话题的发布者和订阅者在创建时都要规定消息的格式是字符串还是数值等其他类型。ROS 2使用接口定义语言作为消息定义的规范,只需定义消息的格式,编译后就能生成相应的消息类型作为通信双方间的消息格式进行数据传输。

(1) 话题消息接口的定义:在功能包下创建一个名为msg的文件夹,在该文件夹内创建以.msg结尾的文件。例如定义一个表示机器人运动状态的消息State.msg,内容如下:

```
string name
float32 speed
bool running
```

上述的每行表示消息内的一种数据,每行由空格分开的两列组成,第1列是数据类型,第2列是数据的名称,名称由小写字母和下画线构成,但必须以小写字母作为起始字符,可以带有多个下画线,但不能有连续的两个下画线,并且下画线不能作为名称的结尾。

数据类型既可以是基本类型,也可以是其他功能包中定义的消息类型。基本数据类型包括bool、byte、char、float32、float64、int8、uint8、int16、uint16、int32、uint32、int64、uint64、string、wstring等类型,以及与基本类型对应的数组类型。

(2) 服务消息接口的定义:在功能包下创建一个名为srv的文件夹,在该文件夹内创建以.srv结尾的文件。相较于话题的消息接口,服务的消息接口需要包含两部分请求的数据格式和响应的数据格式,例如定义一个请求和响应均为字符串的消息Msg.srv,内容如下:

```
string reqdatastr
---
string rspdatastr
```

上述消息接口由"---"分为两部分,第一部分为服务中客户端请求的格式,第二部分为服务中服务器响应的格式。上下两部分的定义方式与话题中消息的定义方式相同。

(3) 动作消息接口的定义:在功能包下创建一个名为action的文件夹,在该文件夹内创建以.action结尾的文件。动作的消息接口由3部分构成,分别是客户端的请求,服务器端的最终响应结果和服务器端的反馈,例如定义一个名为Fibonacci.action的消息,内容如下:

```
int32 order
---
int32[] sequence
---
int32[] partial_sequence
```

注意：由于消息接口文件会在 Python 语言中以类名进行导入，因此消息接口文件的名称必须符合 Python 类名称的定义规范，并且消息接口文件的首字母要大写，例如，表示机器人状态的消息接口文件可以是 State.msg，而不能是 state.msg。

3.2.7 案例：创建话题发布者

在工作空间内创建一个名为 pubsub_test 的功能包，命令如下：

```
ROS 2 pkg create --build-type ament_python --node-name publisher --dependencies
rclpy std_msgs --license MIT pubsub_test
```

以上命令中的--dependencies 参数将 rclpy 和 std_msgs 库添加为当前创建包的依赖，在编写的 ROS 2 代码中需要使用这两个库。

打开 pubsub_test 功能包中的 publisher.py 文件，编辑内容如下：

```
#ros2_ws3/src/pubsub_test/pubsub_test/publisher.py
import rclpy
from rclpy.node import Node
from std_msgs.msg import String

class PubNode(Node):
    def __init__(self,node_name='pubnode'):
        super().__init__(node_name=node_name)
        self.pub=self.create_publisher(String,'/hello',5)
        self.msg=String()
        self.num=0
        self.logger=self.get_logger()
        self.create_timer(1.0,self.pubmsg)

    def pubmsg(self):
        self.msg.data=f'the {self.num}th hello message.'
        self.num+=1
        self.pub.publish(self.msg)
        self.logger.info(f'send message: {self.msg.data}')

def main(args=None):
    rclpy.init(args=args)
    node=PubNode()
    try:
        rclpy.spin(node)
    except Exception:
        rclpy.shutdown()
        exit(0)
if __name__ == '__main__':
    main()
```

在上述代码中,创建了一个继承自 rclpy. node. Node 且名为 PubNode 的自定义节点类,在类的初始化方法中,根据 node_name 参数设置了节点的名称,创建了一个消息类型为 String 且名称为/hello 的发布者,创建了一个 String 类型的消息变量,通过节点的 get_logger()获得了日志记录对象,创建了一个定时器对象,每隔 1s 会调用类的 pubmsg()方法。pubmsg()方法在调用时会构造一个字符串消息,并使用发布者发布出去,同时使用日志记录对象的 info()方法在终端输出消息。

main()函数使用了 rclpy 运行节点的标准结构,包含了初始化 rclpy 环境、创建节点、运行节点、退出节点等过程,提供了节点运行的框架,对所有节点的运行都适用。

保存上述代码后,进行编译、安装和运行该节点,命令如下:

```
colcon build --packages-select pubsub_test --symlink-install
source install/setup.bash
ros2 run pubsub_test publisher
```

上述命令的运行效果如图 3-12 所示,在节点启动后,在终端每隔 1s 会使用日志显示节点向外发送的消息。

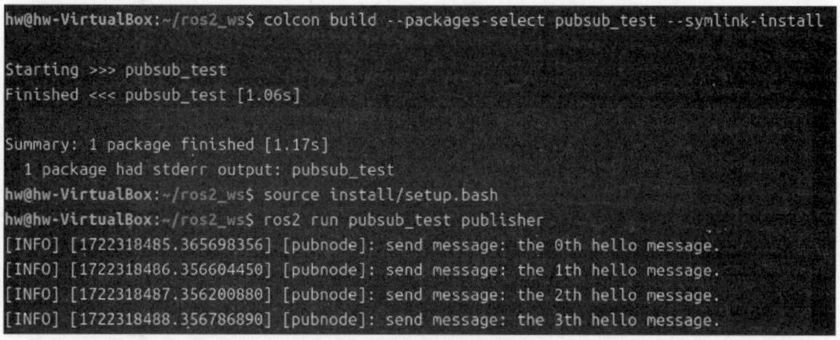

图 3-12　发布话题

检查话题的发布有 3 种方法:一是使用 ros2 topic echo 命令在终端显示;二是使用 rqt 在图形用户界面显示;三是使用代码编写一个接收者。一般在测试和调时,使用前两种方法进行检查。

(1) 使用终端订阅话题,查看话题上的传输数据,命令如下:

```
ros2 topic echo /hello
```

上述命令的运行效果如图 3-13 所示,在终端会显示在话题/hello 上接收的消息。

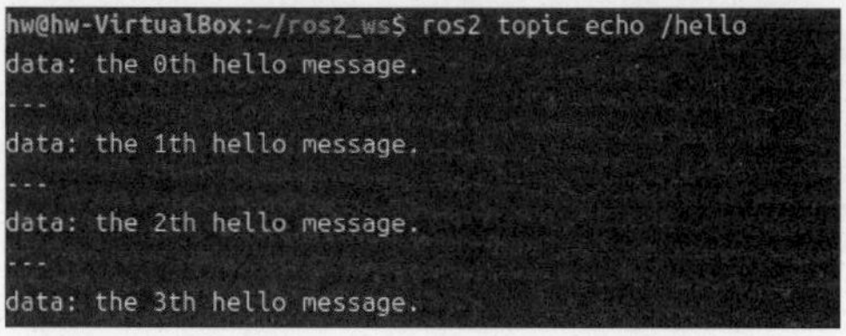

图 3-13　命令行显示话题

(2) 使用 rqt 订阅话题。启动 rqt,在终端输入命令 rqt,从 Plugins 菜单打开 Topic Monitor,勾选/hello 选项,启动对话题/hello 的监听,展开/hello 即可看到在话题/hello 上发布的消息等信息,如图 3-14 所示。

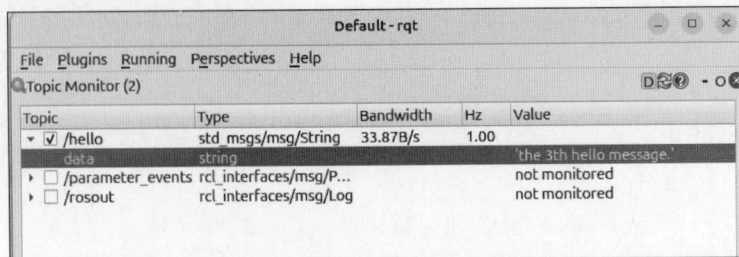

图 3-14 rqt 显示话题

3.2.8 案例:创建话题订阅者

在 3.2.7 节的案例中创建了一个话题发布者发布消息,以下将创建一个话题订阅者,以便接收以上发布者发布的消息。在上述的功能包 pubsub_test 内与 publisher.py 文件同目录内创建一个名为 subscriber.py 的文件,编写的代码如下:

```
#ros2_ws3/src/pubsub_test/pubsub_test/subscriber.py
import rclpy
from rclpy.node import Node
from std_msgs.msg import String

class SubNode(Node):
    def __init__(self,node_name='subnode'):
        super().__init__(node_name=node_name)
        self.logger=self.get_logger()
        self.sub=self.create_subscription(String,'/hello',self.process_msg,5)

    def process_msg(self,msg):
        self.logger.info(f'receive msg: {msg.data}')

def main(args=None):
    rclpy.init(args=args)
    node=SubNode()
    try:
        rclpy.spin(node)
    except Exception:
        rclpy.shutdown()
        exit(0)
if __name__=='__main__':
    main()
```

在上述代码中创建了一个 SubNode 类的节点,在该节点内创建了一个订阅者。该订阅者订阅了以 String 为消息类型的/hello 话题,并通过回调函数 process_msg()处理接收的消息。在回调函数内,使用节点的日志输出功能向终端输出接收的消息。

此外,还需要修改 pubsub_test 功能包的 setup.py 文件,修改 entry_points 的值,代码如下:

```
entry_points={
        'console_scripts': [
            'publisher = pubsub_test.publisher:main',
            'subscriber =pubsub_test.subscriber:main',
        ],
    },
```

在上述代码中,将创建的订阅者通过名称 subscriber 提供给可执行程序。

经过编译、安装后,即可运行该节点:

```
ros2 run pubsub_test subscriber
```

当发布者仍处于消息的发布时,上述订阅者节点在运行后就会在终端里显示接收的消息,效果如图 3-15 所示。

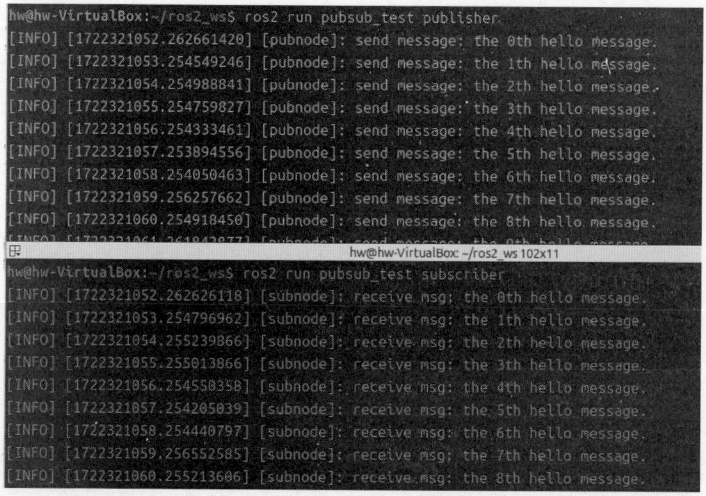

图 3-15　命令行测试订阅者

除了可以使用自定义的发布者对订阅者进行测试外,还可以使用终端和 rqt 来测试订阅者。

(1) 使用终端发送消息,命令如下:

```
ros2 topic pub /hello std_msgs/msg/String "{data: hello subscriber.}"
```

(2) 使用 rqt 的 Message Publisher 发送消息,如图 3-16 所示。

注意：当在新的终端里运行工作空间内自定义的程序时,先要使用命令 source install/

setup. bash把工作空间的程序载入当前终端里,否则 ROS 2 无法识别工作空间内的自定义程序。

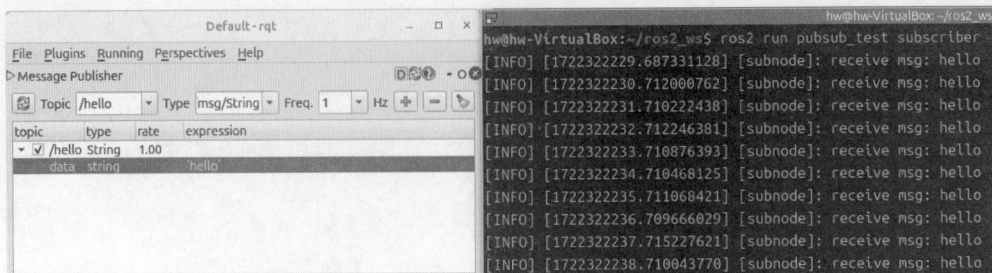

图 3-16　rqt 测试订阅者

此时,可以通过 rqt 的 node graph 功能查看当前 ROS 2 中的节点关系图,如图 3-17 所示,在节点关系图中可以看到发布消息的/pubnode 节点、接收消息的/subnode 节点以及连接两个节点的话题/hello。

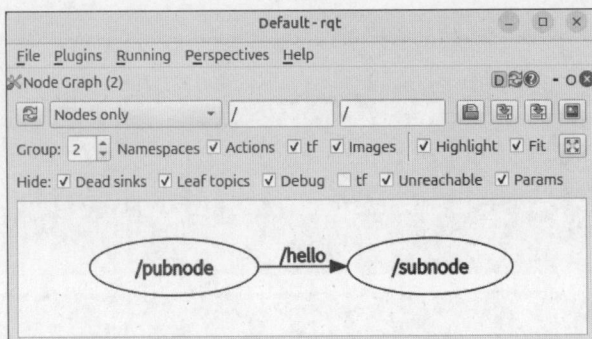

图 3-17　发布者与订阅者节点图

3.2.9　案例：创建服务器

在工作空间内创建一个名为 serviceclient_test 的功能包,命令如下:

```
ros2 pkg create --build-type ament_python --node-name server --dependencies
rclpy std_srvs --license MIT serviceclient_test
```

以上命令中--dependencies 参数用于将 rclpy 和 std_srvs 库添加为当前创建包的依赖,在编写的 ROS 2 代码中需要使用这两个库。

打开 serviceclient_test 功能包中的 server. py 文件,编写的代码如下:

```
#ros2_ws3/src/serviceclient_test/serviceclient_test/server.py
import rclpy
from rclpy.node import Node
```

```
from std_srvs.srv import SetBool
#ros2 interface package std_srvs

class ServerNode(Node):
    def __init__(self,node_name='servernode'):
        super().__init__(node_name=node_name)
        self.logger=self.get_logger()
        self.server=self.create_service(SetBool,'/testservice',self.response_
callback)

    def response_callback(self, request,response):
        reqdata=request.data
        if reqdata:
            response.success=True
            response.message='请求的数据为 True'
        else:
            response.success=True
            response.message='请求的数据为 False'
        self.logger.info(response.message)
        return response

def main(args=None):
    rclpy.init(args=args)
    node=ServerNode()
    try:
        rclpy.spin(node)
    except Exception:
        rclpy.shutdown()
        exit(0)

if __name__ == '__main__':
    main()
```

在上述代码中,在节点 ServerNode 中创建了一个名为/testservice 的服务,其消息类型为 ROS 2 自带的标准服务消息功能包 std_srvs 下的 SetBool 类型,并且设置其回调函数用于处理客户端的请求。回调函数 response_callback()会接收 request 和 response 两个参数,分别表示传入的请求和响应的结果,在回调函数内根据服务的消息类型 SetBool 的数据设置了对于请求的不同处理。

消息类型 SetBool 在请求和响应时的详细结构可以通过 ros2 interface show 查询,命令如下:

```
ros2 interface show std_srvs/srv/SetBool
```

以上命令的执行结果如下:

```
bool data #e.g. for hardware enabling / disabling
---
```

```
bool success #indicate successful run of triggered service
string message #informational, e.g. for error messages
```

结果显示：在 SetBool 消息类型中请求包含一个 bool 类型的 data 字段,响应包含一个 bool 类型的 success 字段和一个 string 类型的 message 字段。根据查询结果就可以在实际的代码中正确地使用该消息类型。

自定义服务的编译、安装和启动,如图 3-18 所示。在启动服务节点后,可在新的终端里发送服务请求命令进行测试,命令如下:

```
ros2 service call /testservice std_srvs/srv/SetBool "{data : True}"
```

上述命令的运行效果如图 3-18 所示,在发起请求后,服务器端接收处理通过日志信息显示了请求的消息,并向客户端发送了响应,客户端显示了服务器发送的响应。

图 3-18　测试自定义服务器

同样,也可以使用 rqt 的 Service Caller 功能对自定义服务器进行测试,如图 3-19 所示。

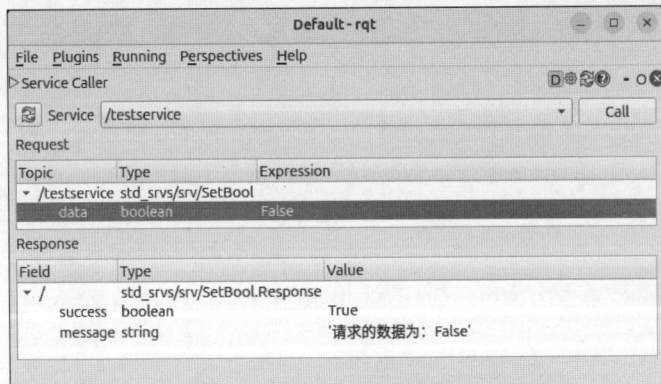

图 3-19　rqt 测试自定义服务器

3.2.10　案例:创建客户端

在 3.2.9 节的案例中创建了一个服务器,下面将创建一个客户端,以便向服务器发送请

求并显示服务器的响应。在上述的功能包 serviceclient_test 内与 server.py 文件同目录内
创建一个名为 client.py 的文件,编写的代码如下:

```
#ros2_ws3/src/serviceclient_test/serviceclient_test/client.py
import rclpy
from rclpy.node import Node
from std_srvs.srv import SetBool

class ClientNode(Node):
    def __init__(self,node_name='clientnode'):
        super().__init__(node_name=node_name)
        self.req=SetBool.Request()
        self.req.data=False
        self.client=self.create_client(SetBool, '/testservice')
        while not self.client.wait_for_service(timeout_sec=1.0):
            print('服务器不可用,正在等待......')

        self.create_timer(1,self.request)

    def request(self):
        self.req.data= not self.req.data
        req= self.client.call_async(self.req)
        req.add_done_callback(self.response_callback)

    def response_callback(self,future):
        response = future.result()
        if response is not None:
            self.get_logger().info(f'服务运行结果{response.success},{response.
message}')
        else:
            self.get_logger().info('请求失败')
def main(args=None):
    rclpy.init(args=args)
    node=ClientNode()
    try:
        rclpy.spin(node)
    except Exception:
        node.destroy_node()
        rclpy.shutdown()
        exit(0)

if __name__ == '__main__':
    main()
```

在上述代码中,创建了一个客户端节点 ClientNode,在该节点内创建了一个消息类型为
SetBool 且名称为/testservice 的客户端。客户端的 wait_for_service()方法用于阻塞和等待
服务可用,在服务可用后,创建了一个定时器,用于周期性地向服务器发送请求。在 request()
方法内实现了请求消息的构造,向服务器发起异步请求,并且对异步请求设置了处理服务器

响应的回调函数 response_callback()。response_callback()回调函数用于处理接收的服务器响应,并在终端里显示。

注意:在上述客户端中使用了异步编程方法,异步编程是一种重要的编程技术,可以通过查看 Python 的标准库 asyncio 以了解异步编程的相关概念。

此外,还需要修改 serviceclient_test 功能包中的 setup.py 文件中 entry_points 变量的值,代码如下:

```
entry_points={
    'console_scripts': [
        'server = serviceclient_test.server:main',
        'client = serviceclient_test.client:main',
    ],
},
```

在上述代码中,将创建的客户端可执行程序命名为 client。

经过编译、安装后,即可运行该节点,命令如下:

```
ros2 run serviceclient_test client
```

当服务器在运行时,上述客户端节点在运行后就会在终端显示服务器的响应,在服务器显示客户端的请求,如图 3-20 所示。

图 3-20   测试自定义客户端

3.2.11   案例:创建动作服务器

在该案例中,将创建一个动作服务器,用于计算 Fibonacci 数列中的前 n 个元素,n 的值由客户端给出。Fibonacci 数列使用递归的方式计算各项的值,计算公式如下:

$$f(n)=\begin{cases} 0, & n=0 \\ 1, & n=1 \\ f(n-1)+f(n-2), & n>1 \end{cases} \tag{3-1}$$

在式(3-1)中 n 为 Fibonacci 数列的项数,将上述 Fibonacci 数列计算的任务看作一个需要长时间完成的工作,使用动作服务器在计算的过程中不断地向客户端反馈任务完成情况,在完成计算后将前 n 个元素发送给客户端。

　　首先,在工作空间内创建一个名为 action_test 的功能包,命令如下:

```
ros2 pkg create --build-type ament_python --node-name server --dependencies
rclpy test_msgs --license MIT action_test
```

　　以上命令中--dependencies 参数用于将 rclpy 和 test_msgs 库添加为当前创建包的依赖,在编写的 ROS 2 节点代码中需要使用这两个库。

　　然后打开 action_test 功能包中的 server.py 文件,编写的代码如下:

```python
#ros2_ws3/src/action_test/action_test/server.py
import rclpy
from rclpy.node import Node
from test_msgs.action import Fibonacci
from rclpy.action import ActionServer
import time
#ros2 interface package test_msgs

class ActionserverNode(Node):
    def __init__(self,node_name='actionservernode'):
        super().__init__(node_name=node_name)
        self.logger=self.get_logger()
        self.actionserver = ActionServer (self, Fibonacci, '/fibonacci ', self.
execute_callback)
        self.logger.info('action server started ...')

    def execute_callback(self, goal_handle):
        self.logger.info('Executing goal...')

        feedback_msg = Fibonacci.Feedback()
        partial_sequence = [0, 1]

        for i in range(1, goal_handle.request.order):
            partial_sequence.append(
                partial_sequence[i] + partial_sequence[i-1])
            progress=[i+1,goal_handle.request.order]
            self.logger.info(f'Feedback: {progress}')
            feedback_msg.sequence=progress
            goal_handle.publish_feedback(feedback_msg)
            time.sleep(1)

        goal_handle.succeed()
        result = Fibonacci.Result()
        result.sequence = partial_sequence
        self.logger.info('Reach goal...')
        return result
```

```
def main(args=None):
    rclpy.init(args=args)
    node=ActionserverNode()
    try:
        rclpy.spin(node)
    except Exception:
        rclpy.shutdown()
        exit(0)

if __name__ == '__main__':
    main()
```

在上述代码中定义了一个动作服务器的节点类,在类的初始化中为节点添加了一个消息类型为Fibonacci且名称为/fibonacc的动作服务器,该动作服务器在接收到动作客户端的请求后会执行节点的回调函数 execute_callback()。回调函数 execute_callback()接收一个包含客户端请求的参数 goal_handle,从 goal_handle. request. order 中获得客户端请求计算的元素的个数,按照数列递推公式循环计算各个元素,并且将当前计算的元素序号与总元素个数保存到 progress 变量中,随后使用动作的反馈话题 goal_handle. publish_feedback 将反映计算进度的 progress 变量发送给动作客户端,为了体现任务执行的长期性使用了time. sleep()函数进行延时(模拟一个耗时的计算过程)。当数列中的所有元素计算完成后,将目标请求置为成功,将结果保存到 result 变量中并返回,动作服务器发送 result 变量的值并结束整个动作。

在上述动作服务器的代码中,使用了 test_msgs. action 包中的 Fibonacci 消息。查询该消息的详细结构,命令如下:

```
ros2 interface show test_msgs/action/Fibonacci
```

上述命令执行后的输出结果如下:

```
#goal definition
int32 order
---
#result definition
int32[] sequence
---
#feedback
int32[] sequence
```

最后,对功能包 action_test 进行编译和安装后,启动动作服务器节点,命令如下:

```
ros2 run action_test server
```

使用 ROS 2 的命令行工具测试动作服务器,命令如下:

```
ros2 action send_goal /fibonacci test_msgs/action/Fibonacci "{order : 10}"
--feedback
```

在上述命令中添加了参数--feedback,用于显示动作服务器的反馈信息,命令的执行效果如图 3-21 所示,动作服务器在接收到客户端的请求后会在执行请求的同时向客户端反馈执行的进度,在执行完成后将结果发送回动作客户端。

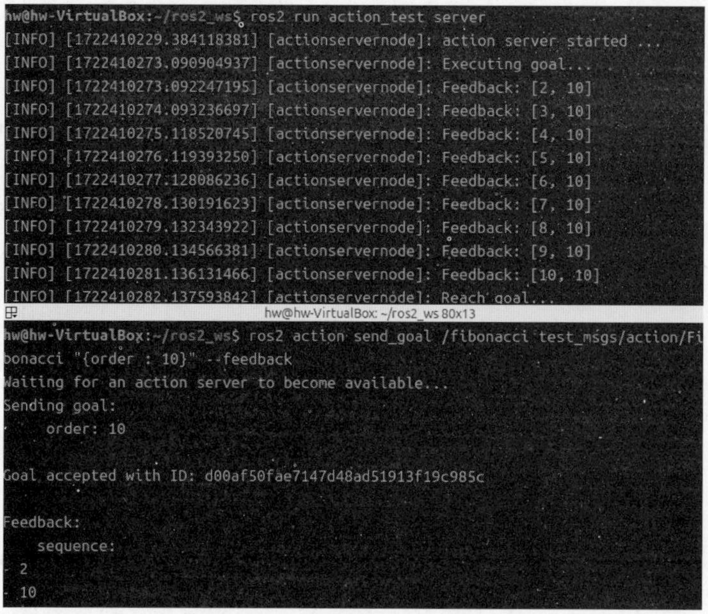

图 3-21　测试动作服务器

3.2.12　案例:创建动作客户端

在 3.2.11 节的案例中创建了一个计算 Fibonacci 数列的动作服务器,以下将创建一个动作客户端向服务器发送请求并显示动作服务器的反馈和最终结果。在上述功能包 action_test 内与 server.py 文件同目录内创建一个名为 client.py 的文件,编写的代码如下:

```
#ros2_ws3/src/action_test/action_test/client.py
import rclpy
from rclpy.node import Node
from test_msgs.action import Fibonacci
from rclpy.action import ActionClient
#ros2 interface package test_msgs

class ActionclientNode(Node):
    def __init__(self,node_name='actionclientnode'):
        super().__init__(node_name=node_name)
        self.logger=self.get_logger()
        self.actionclient=ActionClient(self,Fibonacci,'/fibonacci')
        while not self.actionclient.wait_for_server(timeout_sec=10.0):
            print('服务器不可用,正在等待......')
```

```
            self.send_goal(10)

    def send_goal(self, order=10):
        goal_msg = Fibonacci.Goal()
        goal_msg.order = order

        self.send_goal_future = self.actionclient.send_goal_async(goal_msg,
feedback_callback=self.feedback_callback)

        self.send_goal_future.add_done_callback(self.goal_response_callback)

    def feedback_callback(self, feedback_msg):
        feedback = feedback_msg.feedback
        self.logger.info(f'Received feedback: {feedback.sequence}')

    def goal_response_callback(self,future):
        goal_handle = future.result()
        if not goal_handle.accepted:
            self.logger.info('Goal rejected :(')
            return

        self.logger.info('Goal accepted :)')
        get_result_future = goal_handle.get_result_async()
        get_result_future.add_done_callback(self.get_result_callback)

    def get_result_callback(self,future):
        result = future.result().result
        self.logger.info('Result: {0}'.format(result.sequence))
        rclpy.shutdown()

def main(args=None):
    rclpy.init(args=args)
    node=ActionclientNode()
    try:
        rclpy.spin(node)
    except Exception:
        rclpy.shutdown()
        exit(0)

if __name__ == '__main__':
main()
```

在上述代码中创建了一个动作客户端的节点,在节点的初始化函数中创建了一个动作客户端对象,在动作服务器可用后执行方法 send_goal(10)向服务器发送计算前 10 个元素的请求。在 send_goal()方法中构造了一个请求目标变量 goal_msg,在使用动作客户端的 send_goal_async()方法向动作服务器发起目标请求的同时添加了处理服务器反馈的回调函数 feedback_callback(),最后添加了动作执行结束后的回调函数 add_done_callback()。

在 feedback_callback()函数中对接收的反馈消息进行了显示。在动作结束后的回调函数 add_done_callback()中将显示服务器发送来的结果。

此外,还需要修改 action_test 功能包中的 setup.py 文件中 entry_points 的值,代码如下:

```
entry_points={
        'console_scripts': [
            'server = action_test.server:main',
            'client = action_test.client:main'
        ],
    },
```

在上述代码中,将创建的动作客户端可执行程序命名为 client。

经过编译、安装后,即可运行该节点,命令如下:

```
ros2 run serviceclient_test client
```

当动作服务器保持运行时,上述动作客户端节点在运行后就会在终端显示服务器的反馈消息和最终的动作执行结果,动作服务器在终端显示客户端的请求和执行进度,如图 3-22 所示。

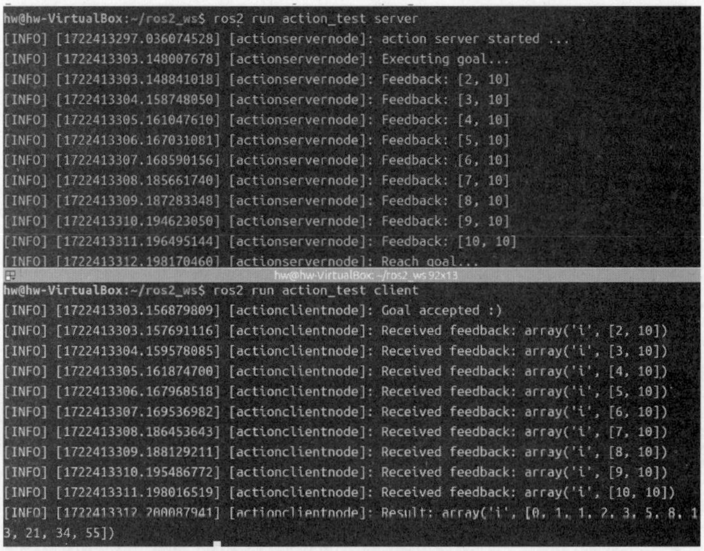

图 3-22　测试动作客户端

3.2.13　案例:创建参数服务

在 ROS 2 中参数属于节点,节点提供了参数的创建和修改等管理功能。以下通过例子说明参数在节点中的使用方法。

首先,创建一个功能包 parameter_test,命令如下:

```
ros2 pkg create --build-type ament_python --node-name parameter --dependencies
rclpy --license MIT parameter_test
```

其次,修改功能包中的 parameter.py 文件中的代码,修改后的代码如下:

```python
#ros2_ws3/src/parameter_test/parameter_test/parameter.py
import rclpy
from rclpy.node import Node
import rclpy.parameter

class ParamNode(Node):
    def __init__(self):
        super().__init__('param_node')
        self.logger=self.get_logger()
        #1.创建参数
        self.declare_parameter('number', 10)
        self.declare_parameter('string','hello world!')
        #2.测试是否有参数
        if self.has_parameter('string'):
            self.logger.info(f'has param string')
        #3.创建并获取参数最新的值,可以被命令行中传入的参数修改
        self.length = self.declare_parameter(
            'length', 3).get_parameter_value().integer_value
        self.logger.info(f"parameter length is {self.length}")

        #4.参数修改回调函数
        self.add_post_set_parameters_callback(self.show)

        self.updateparam()

    def updateparam(self):
        #取得参数
        num_param = self.get_parameter('number').get_parameter_value().integer_value
        self.get_logger().info(f'param number = {num_param}')
        #创建参数
        my_new_param = rclpy.parameter.Parameter('number', rclpy.Parameter.
Type.INTEGER,1)
        all_new_parameters = [my_new_param]
        self.logger.info('change param number')
        #修改参数
        self.set_parameters(all_new_parameters)

    def show(self,params):
        for i in params:
            if i.type_==rclpy.Parameter.Type.INTEGER:
                value=i.get_parameter_value().integer_value
            else:
                value=i.get_parameter_value().string_value
```

```
            self.logger.info(f'param {i.name} = {value}')

def main(args=None):
    rclpy.init(args=args)
    node = ParamNode()
    try:
        rclpy.spin(node)
    except Exception:
        rclpy.shutdown()
        exit(0)

if __name__ == '__main__':
    main()
```

在上述代码中创建了一个展示节点中参数的用法,declare_parameter()方法用于声明和创建参数,get_parameter_value()方法用于获取参数,has_parameter()方法用于判断节点是否包含指定名称的参数,set_parameters()方法用于一次性设置多个由 Parameter 类创建的参数。

编译、安装功能包后,运行功能包,命令如下:

```
ros2 run parameter_test parameter
```

上述命令的效果如图 3-23 所示,通过节点提供的参数功能对参数的存在进行了判断,显示了参数的值,显示了参数的值在修前后的变化,以及参数发生变化后执行的回调函数。

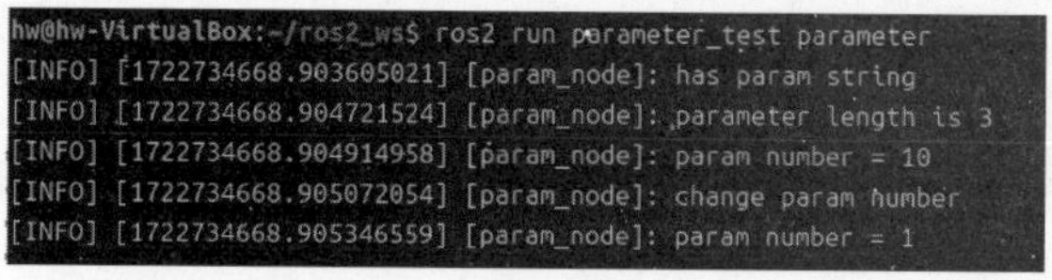

图 3-23　执行参数节点

在节点启动时,可通过 ROS 2 的命令行参数功能在参数初始化时通过命令行传入参数的值,可替代节点中声明参数的默认值,例如,在上述代码中声明的 length 参数的默认值为3,将其值修改为 33 的命令如下:

```
ros2 run parameter_test parameter --ros-args -p length:=33
```

在上述命令中--ros-args 参数用于提供后续的命令行参数,-p 用于标识设置节点参数,length:=33 用于将参数 length 设置为 33。当一次性设置多个参数的值时,使用--ros-args -p p1:=value1 -p p2:=value2 -p p3:=value3 ... 的格式。

3.2.14　案例:创建自定义消息类型

在本案例中,将会创建一个用于生成自定义消息类型的功能包 json_interface。在 json_

interface 功能包中包含了一个话题消息类型、一个服务消息类型和一个动作消息类型,每种消息类型都是用字符串来传输的经过序列化后的 JSON 数据。json_interface 包的目的是简化自定消息类型的创建过程。

创建自定义消息类型目前不支持 Python 语言的功能包,需要使用 C++ 语言的功能包,使用 C++ 对 IDL 定义的消息进行编译。自定义的消息在编译完成后就能够像其他的消息类型一样被 Python 或 C++ 编写的节点使用。

首先,创建功能包 json_interface,将编译选项设置为 ament_cmake,命令如下:

```
ros2 pkg create --build-type ament_cmake --dependencies rosidl_default_
generators --license MIT json_interface
```

其次,在创建的功能包 json_interface 中创建 3 个子文件夹 msg、srv 和 action,并在各个目录中使用 IDL 定义消息的详细结构。

(1) 定义话题消息类型。在 msg 文件中创建一个 Jsonmsg.msg 文件,内容如下:

```
#a string represent JSON
string jsonstr
```

(2) 定义服务消息类型。在 srv 文件夹中创建一个 Jsonsrv.srv 文件,内容如下:

```
#client request is a string represent JSON
string reqjsonstr
---
#server response is a string represent JSON
string rspjsonstr
```

(3) 定义动作消息类型。在 acton 文件夹中创建一个 Jsonaction.action 文件,内容如下:

```
#action client request is a string represent JSON
string reqjsonstr
---
#server response is a string represent JSON
string rspjsonstr
---
#action server's feed back is a string represent JSON
string fbjsonstr
```

使用 ROS 2 的 IDL 语言创建好上述自义的话题、服务和动作消息类型后,整个 json_interface 功能包的结构如图 3-24 所示。

再次,修改功能包的 CMakeLists.txt 文件,将上述创建的 IDL 文件加入功能包编译过程中,向 CMakeLists.txt 文件添加以下内容:

图 3-24　json_interface 功能包的结构

```
rosidl_generate_interfaces(${PROJECT_NAME}
  "msg/Jsonmsg.msg"
  "srv/Jsonsrv.srv"
  "action/Jsonaction.action"
)
```

最后,修改 package. xml 文件,在< package >元素内添加以下内容:

```
<member_of_group>rosidl_interface_packages</member_of_group>
```

完成上述操作后,就可以编译和安装功能包了,命令如下:

```
colcon build --packages-select json_interface
source install/setup.bash
```

上述命令运行后,就会将自定义功能包中的消息类型添加到 ROS 2 中,通过 ros2 interface package 命令即可查看功能包中的消息已经被 ROS 2 正确识别,如图 3-25 所示。

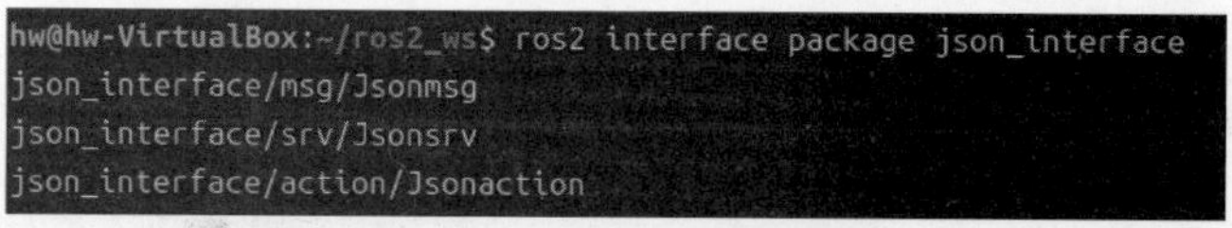

```
hw@hw-VirtualBox:~/ros2_ws$ ros2 interface package json_interface
json_interface/msg/Jsonmsg
json_interface/srv/Jsonsrv
json_interface/action/Jsonaction
```

图 3-25　编译消息功能包

在 Python 的功能包中使用自定义的消息时,与其他消息的使用方法相同。只需从功能包中导入所需的消息,代码如下:

```
from json_interface import msg, srv, action
strmsg=msg.Jsonmsg()                             # 构造自定义话题消息
reqsrv=srv.Jsonsrv_Request()                     # 构造自定义服务请求消息
goalreq=action.Jsonaction_SendGoal_Request()     # 构造自定义动作目标请求消息
```

以上对 rclpy 库中重要的类及其使用方法进行了介绍,并通过以上多个案例对 ROS 2 中的通信机制进行了示范,这些案例可以作为模板,用于机器人实际节点的编写。

3.3 坐标系管理

52min

运动是机器人最显著的特征,具体体现为位置的变化和自身姿态的变化。机器人的位置和姿态信息对于机器人具有重要的作用。在导航中,机器人知道自身的准确位置和方向是正确导航的前提;在机械臂抓取物品时各个关节处于准确的角度是抓取物品的前提;在四足机器人运动中,机器人各关节处于正确的角度是机器人保持稳定的前提。能够快速、精确地进行位置和姿态求解在机器人中就变得十分重要了。ROS 2提供了一个功能包tf2,用于管理整个系统中的坐标系,按照坐标系间的相对关系,将所有的坐标系构建为一棵tf树。通过tf树可以高效地查询到ROS 2中任意两个坐标系间的变换关系,实现高效的坐标变换。图3-26展示了一个机器人上的多个坐标系。

图 3-26 机器人上的多个坐标系

由旋转关系得到,如图3-27所示。

3.3.1 坐标变换原理

为了描述对象在空间中的位置和姿态,通常需要借助坐标系定位。在三维空间中,一般使用3个轴互相垂直的直角坐标系,3个轴的关系要符合右手定则。直角坐标系中的3个轴的交点称为坐标系原点,简称原点。

右手定则的含义是将右手四指握拳,大拇指向上,大拇指指尖向上的方向为z轴正方向,四指从指根到指尖的旋转方向就是x轴到y轴的旋转方向,只需确定x轴和y轴中的一个,另一个就可以

在符合右手定则的条件下,空间中直角坐标系的建立是任意的,也就是说坐标系原点的位置随意,3个轴的朝向也随意。在空间中建立了两个坐标系A和B,这两个坐标系没有优劣,如图3-28所示。通常在一个真实机器人世界中存在许多个坐标系。

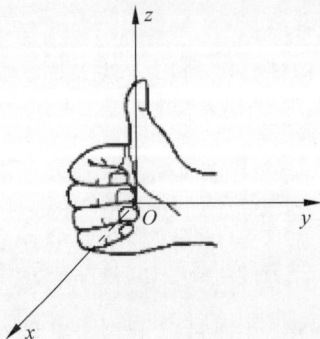

图 3-27 右手定则

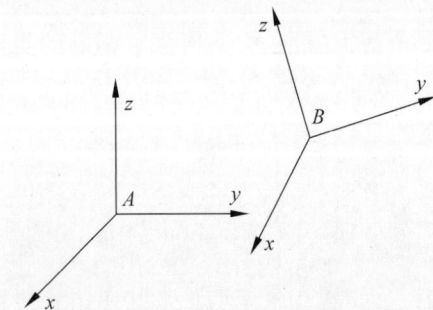

图 3-28 坐标系示例

当空间中有许多坐标系时就存在一个严肃的问题：如何描述同一个物体在不同坐标系下的坐标和姿态，也就是如何建立同一个点在不同坐标系下坐标间的变换关系，例如，两人相约到某处，A 说需要乘 3 站公交，B 说我需要乘 5 站公交，那么这个地点在 A 的坐标看来就是 3，而在 B 的坐标看来就是 5。与上述问题等价的两个问题：

（1）不同坐标系间的关系。

（2）一个物体在指定坐标系中经过旋转和平移运动后新的位置和姿态。

坐标变换原理给出了上述问题的解答。下面以不同坐标系间的关系为切入点，介绍坐标变换原理。

空间中坐标系间的关系可以分解为旋转和平移。首先介绍坐标系间的旋转变换关系，如图 3-29 所示，当坐标系 A 和坐标系 B 的原点重合时，两个坐标系只具有旋转关系，也就是坐标系 A 绕空间中某条直线旋转一定角度后会与坐标系 B 重合。坐标系 B 由其 3 个轴上的单位向量（$\mathbf{x}_B, \mathbf{y}_B, \mathbf{z}_B$）所确定，将这 3 个单位向量分别投影到坐标系 A 的 3 个轴上（或者说这 3 个单位向量的坐标可以用 A 坐标系表示），即

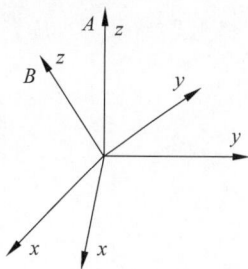

图 3-29　坐标系间的旋转

$$^A\mathbf{x}_B = [\mathbf{x}_B \cdot \mathbf{x}_A, \mathbf{x}_B \cdot \mathbf{y}_A, \mathbf{x}_B \cdot \mathbf{z}_A]^T$$
$$^A\mathbf{y}_B = [\mathbf{y}_B \cdot \mathbf{x}_A, \mathbf{y}_B \cdot \mathbf{y}_A, \mathbf{y}_B \cdot \mathbf{z}_A]^T \quad (3\text{-}2)$$
$$^A\mathbf{z}_B = [\mathbf{z}_B \cdot \mathbf{x}_A, \mathbf{z}_B \cdot \mathbf{y}_A, \mathbf{z}_B \cdot \mathbf{z}_A]^T$$

其中，$^A\mathbf{x}_B$ 为坐标系 B 的 x 轴上的单位向量在坐标系 A 下的坐标，$^A\mathbf{y}_B$ 为坐标系 B 的 y 轴上的单位向量在坐标系 A 下的坐标，$^A\mathbf{z}_B$ 为坐标系 B 的 z 轴上的单位向量在坐标系 A 的坐标，$\mathbf{x}_B \cdot \mathbf{x}_A$ 表示 B 坐标系 x 轴单位向量与 A 坐标系 x 轴单向量的内积，是单位向量投影后的坐标值，其余类似。

以上计算得到了坐标系 B 中的 3 个单位向量在坐标系 A 下的坐标。通过这些坐标就能够描述坐标系 B 与 A 的关系。一般将上述表示写为一个 3×3 的矩阵：

$$^A_B\mathbf{R} = \begin{bmatrix} ^A\mathbf{x}_B & ^A\mathbf{y}_B & ^A\mathbf{z}_B \end{bmatrix} = \begin{bmatrix} \mathbf{x}_B \cdot \mathbf{x}_A & \mathbf{y}_B \cdot \mathbf{x}_A & \mathbf{z}_B \cdot \mathbf{x}_A \\ \mathbf{x}_B \cdot \mathbf{y}_A & \mathbf{y}_B \cdot \mathbf{y}_A & \mathbf{z}_B \cdot \mathbf{y}_A \\ \mathbf{x}_B \cdot \mathbf{z}_A & \mathbf{y}_B \cdot \mathbf{z}_A & \mathbf{z}_B \cdot \mathbf{z}_A \end{bmatrix} \quad (3\text{-}3)$$

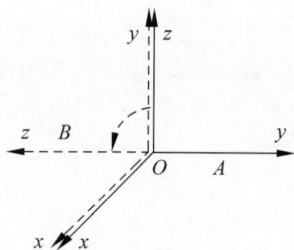

图 3-30　旋转矩阵练习

矩阵 $^A_B\mathbf{R}$ 通常称为坐标系 B 到坐标系 A 下的旋转矩阵，这个旋转矩阵的三列分别是坐标系 B 下 x、y 和 z 轴单位向量在坐标系 A 下的坐标值。使用该方法通常可用于求两个坐标系间的旋转矩阵。

例：写出图 3-30 中坐标系 B 到坐标系 A 的旋转矩阵 $^A_B\mathbf{R}$。

解：按照旋转矩阵的定义，求出坐标系 B 中各单位向量在 A 坐标系下的坐标：

由于坐标轴 x_B 与 x_A 重合,所以其在坐标系 A 下的坐标为

$$^A\boldsymbol{x}_B = [1,0,0]^T$$

由于坐标轴 y_B 与 z_A 重合,所以其在坐标系 A 下的坐标为

$$^A\boldsymbol{y}_B = [0,0,1]^T$$

由于坐标轴 z_B 在 y_A 的负方向,所以其在坐标系 A 下的坐标为

$$^A\boldsymbol{z}_B = [0,-1,0]^T$$

将上述结果写入旋转矩阵中,得

$$_B^A\boldsymbol{R} = \begin{bmatrix} ^A\boldsymbol{x}_B & ^A\boldsymbol{y}_B & ^A\boldsymbol{z}_B \end{bmatrix} = \begin{bmatrix} 1 & 0 & 0 \\ 0 & 0 & -1 \\ 0 & 1 & 0 \end{bmatrix}$$

实际对于坐标系 B 到坐标系的旋转矩阵 $_B^A\boldsymbol{R}$,还有以下两条性质:

(1) $_B^A\boldsymbol{R}$ 是正交矩阵。

(2) 坐标系 A 到 B 的旋转矩阵 $_A^B\boldsymbol{R} = {_B^A\boldsymbol{R}}^{-1} = {_B^A\boldsymbol{R}}^T$。

对于空间中旋转的表示方式,除了使用旋转矩阵 $_B^A\boldsymbol{R}$ 外,常见还有四元数表示方法,以及欧拉转角 roll-pitch-yaw 表示方法。

其次,介绍坐标系间的平移关系。当两个坐标系间只存在平移时,如图 3-31 所示。坐标系 B 与坐标系 A 的关系可以用 B 坐标系原点在 A 坐标系下的坐标进行描述。B 坐标系的原点 $^A\boldsymbol{P}_{\text{Borg}}$ 在 A 坐标系下的坐标为

$$^A\boldsymbol{P}_{\text{Borg}} = [x,y,z] \tag{3-4}$$

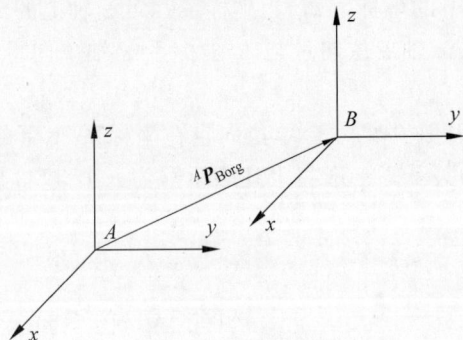

图 3-31 坐标系平移

最后,空间两个坐标系间的任意变换都可由旋转和平移组合而来,按照线性代数的写法,将平移和旋转可以写为一个 4×4 的变换矩阵 $_B^A\boldsymbol{T}$:

$$_B^A\boldsymbol{T} = \begin{bmatrix} _B^A\boldsymbol{R} & ^A\boldsymbol{P}_{\text{Borg}} \\ 0 \quad 0 \quad 0 & 1 \end{bmatrix} \tag{3-5}$$

变换矩阵 $_B^A\boldsymbol{T}$ 的前 3 行 3 列元素的值为坐标系间的旋转矩阵 $_B^A\boldsymbol{R}$ 的元素值,第 4 列的前 3 个元素的值为坐标系 B 原点在坐标系 A 下的坐标值。

下面给出变换矩阵的 3 个用途：

（1）坐标系间的变换关系，例如，$_B^A\boldsymbol{T}$ 描述了坐标系 B 和坐标系 A 之间的变换关系。

（2）同一个点的坐标在不同坐标系下的变换，例如，将坐标系 B 下的点 $\boldsymbol{P}_B$ 的坐标转换为 A 坐标系下的坐标 $\boldsymbol{P}_A$，即 $\boldsymbol{P}_A=\,_B^A\boldsymbol{T}\,\boldsymbol{P}_B$。

（3）在同一个坐标系中描述点在运动前后坐标值的关系。点根据变换矩阵$_B^A\boldsymbol{T}$ 从坐标 $\boldsymbol{P}_A$ 运动到新坐标 $\boldsymbol{P}_A'$，则 $\boldsymbol{P}_A'=\,_B^A\boldsymbol{T}\,\boldsymbol{P}_A$。

一般来讲使用情况 1 来求出变换矩阵，而情况 2 和情况 3 则根据需求用来计算具体的变换。

在实际机器人情况中，坐标系的数量非常多。可以通过链式法则来求解任意两个坐标系间的变换，如图 3-32 所示。

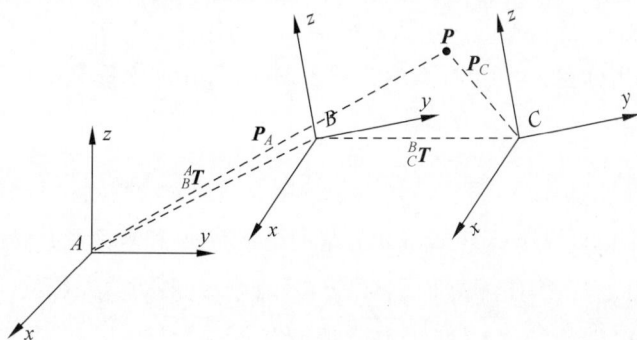

图 3-32　坐标系间的变换

在图 3-32 中有 3 个坐标系 A、B、C，其中坐标系 B 到坐标系 A 的变换为$_B^A\boldsymbol{T}$，坐标系 C 到坐标系 B 的变换为$_C^B\boldsymbol{T}$，则可求得坐标系 C 到坐标系 A 的变换为$_C^A\boldsymbol{T}=\,_B^A\boldsymbol{T}\,_C^B\boldsymbol{T}$，从而可根据变换矩阵$_C^A\boldsymbol{T}$ 直接计算在坐标系 C 下的点 $\boldsymbol{P}_C$ 在坐标系 A 下的坐标 $\boldsymbol{P}_A$ 为 $\boldsymbol{P}_A=\,_C^A\boldsymbol{T}\boldsymbol{P}_C$。

按照上述坐标系间变换的链式法则，就可以将整个空间中的所有坐标系关联起来，从而可以求得任意两个坐标系间的变换关系，完成坐标间的变换。鉴于坐标系在机器人中的重要性，ROS 2 的 TF2 功能包就专门用于管理和维护整个程序中的坐标系。

3.3.2　TF2 简介

ROS 2 中的 TF2 功能包基于坐标系变换的链式法则对多个坐标系进行管理和维护。为了保证一致性和实用性，TF2 使用树结构来管理坐标系而非图结构，具体来讲，通过选择一个根坐标系（世界坐标系）作为基准，按照坐标系间的变换关系逐渐扩展成一棵由坐标系构成的树，树中任意两个节点（坐标系间）都存在唯一路径，根据链式法则从而可方便地完成坐标系间的变换。

TF2 对原 TF 进行了改进和优化，为了与之前版本区分被称为 TF2。TF2 主要包含两个发布坐标系的功能和接收存储坐标系的功能。为应对随时间变换的坐标系，TF2 能够接收和处理异步的坐标系信息，并对延时和坐标系丢失具有很强的稳健性。

TF2 在广播坐标系时使用话题通信机制,以话题名/tf 进行广播 tf 树。

在 ROS 2 功能包 tf2_ros 和 tf2_tool 提供了有关坐标系的变换功能。两个功能包一般会在 ROS 2 安装时进行安装,也可以以功能包的方式安装,命令如下:

```
sudo apt install ros-jazzy-tf2-ros
sudo apt install ros-jazzy-tf2-tools
```

下面对这两个功能包的功能和使用方法进行介绍。

(1) tf2_ros 功能包提供了 4 个可执行的节点 buffer_server、tf2_echo、tf2_monitor 和 static_transform_publisher。buffer_server 用于启动一个缓存 TF 坐标系的服务器。tf2_echo 用于进行查询坐标系间的变换。static_tranform_publisher 向 TF2 注册一个静态坐标系,静态坐标系就是不随时间变化的坐标系,例如表示环境中的固定障碍物的位置。tf2_monitor 用于监听和显示 TF2 中活动的坐标系。

下面通过查询坐标系 A 和坐标系的关系来说明 tf2_ros 中各节点的使用方法。

首先,启动 buffer_server,命令如下:

```
ros2 run tf2_ros buffer_server
```

其次,发布两个以世界坐标系 World 为基的坐标系 A 和坐标系 B,命令如下:

```
ros2 run tf2_ros static_transform_publisher --frame-id World --child-frame-id A
ros2 run tf2_ros static_transform_publisher --frame-id World --child-frame-id
B --x 3 --y 4 --z 5
```

以上两个命令发布了坐标系 A 与坐标系 B,坐标系 A 与世界坐标系 World 重合,坐标系 B 位于世界坐标系 World 的 $(3,4,5)$ 处,坐标轴与世界坐标系 World 相同。此外还可以通过--qx、--qy、--qz、--qw 参数以四元数的格式添加坐标系的旋转,或通过--roll、--pitch、--yaw 参数以欧拉转角的格式添加坐标系的旋转。

再次,查看发布的坐标系 A 和坐标系 B,命令如下:

```
ros2 run tf2_ros tf2_monitor
```

上述命令的运行效果如图 3-33 所示,经过 10s 的坐标系收集后,正确地显示了以上发布的坐标系 A 和坐标系 B。

最后,查询坐标系 B 到坐标系 A 的变换,命令如下:

```
ros2 run tf2_ros tf2_echo A B
```

在上述命令中,在 TF2 中将参数值为 A 所在的坐标系称为 source frame,而将参数值为 B 所在的坐标系称为 target frame。上述命令的运行效果如图 3-34 所示,虽然在发布坐标系时只发布了坐标系 A 和 B 与 World 的关系,在查询坐标系 B 到 A 的变换时,TF2 会自动根据 tf 树计算并得到变换关系,tf2_echo 显示了平移、四元数格式的旋转、欧拉转角

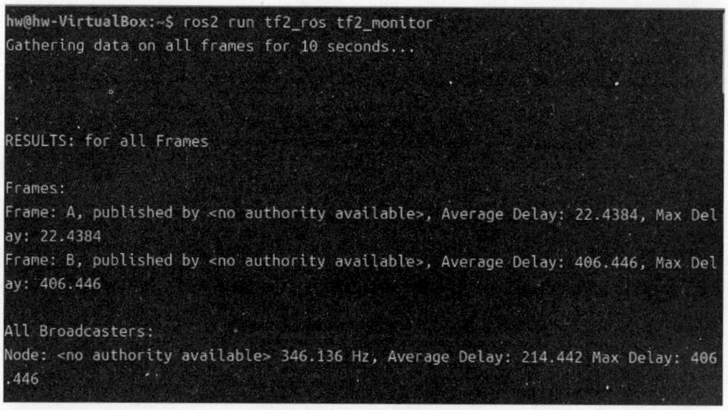

```
hw@hw-VirtualBox:~$ ros2 run tf2_ros tf2_monitor
Gathering data on all frames for 10 seconds...


RESULTS: for all Frames

Frames:
Frame: A, published by <no authority available>, Average Delay: 22.4384, Max Del
ay: 22.4384
Frame: B, published by <no authority available>, Average Delay: 406.446, Max Del
ay: 406.446

All Broadcasters:
Node: <no authority available> 346.136 Hz, Average Delay: 214.442 Max Delay: 406
.446
```

图 3-33　坐标系监测

RPY 格式的旋转,以及变换矩阵等格式的变换信息。

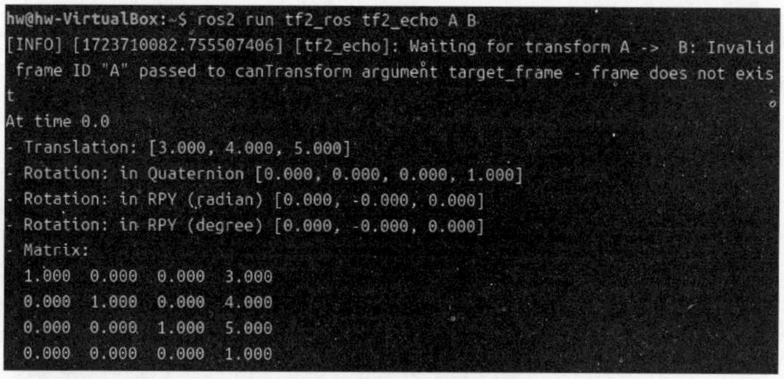

```
hw@hw-VirtualBox:~$ ros2 run tf2_ros tf2_echo A B
[INFO] [1723710082.755507406] [tf2_echo]: Waiting for transform A ->  B: Invalid
 frame ID "A" passed to canTransform argument target_frame - frame does not exis
t
At time 0.0
- Translation: [3.000, 4.000, 5.000]
- Rotation: in Quaternion [0.000, 0.000, 0.000, 1.000]
- Rotation: in RPY (radian) [0.000, -0.000, 0.000]
- Rotation: in RPY (degree) [0.000, -0.000, 0.000]
- Matrix:
 1.000  0.000  0.000  3.000
 0.000  1.000  0.000  4.000
 0.000  0.000  1.000  5.000
 0.000  0.000  0.000  1.000
```

图 3-34　查询坐标系间的变换关系

(2) tf2_tools 功能包提供了一个绘制当前系统 tf 树的程序 view_frames。该程序先监听系统的 tf 树 5s,然后根据监听结构将 tf 树绘制到一个 PDF 文件中并保存到当前目录。

绘制 tf 树,命令如下:

```
ros2 run tf2_tools view_frames
```

上述命令执行完成后会在当前目录下生成一个以 frames 开头的 PDF 文件。打开该 PDF 文件后会显示命令运行时系统中的 tf 树,如图 3-35 所示。

此外,也可以使用 RViz 来直观地对系统中的坐标系进行可视化,显示坐标系在三维空间中的关系。具体步骤如下。

首先,启动 RViz,命令如下:

```
rviz2
```

其次,将全局设置(Global Options)下的固定坐标系(Fixed Frame)设置为 World,添加 TF 可视化功能后,在三维可视化场景中即可可视化系统中的 3 个坐标系 World、*A* 和 *B*,如图 3-36 所示。

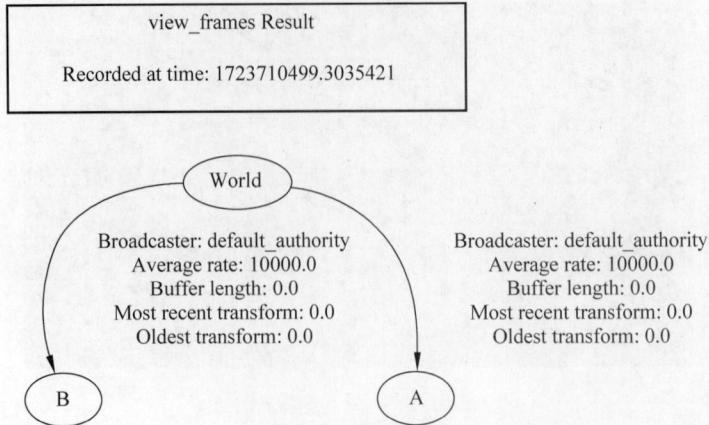

图 3-35　tf 树可视化

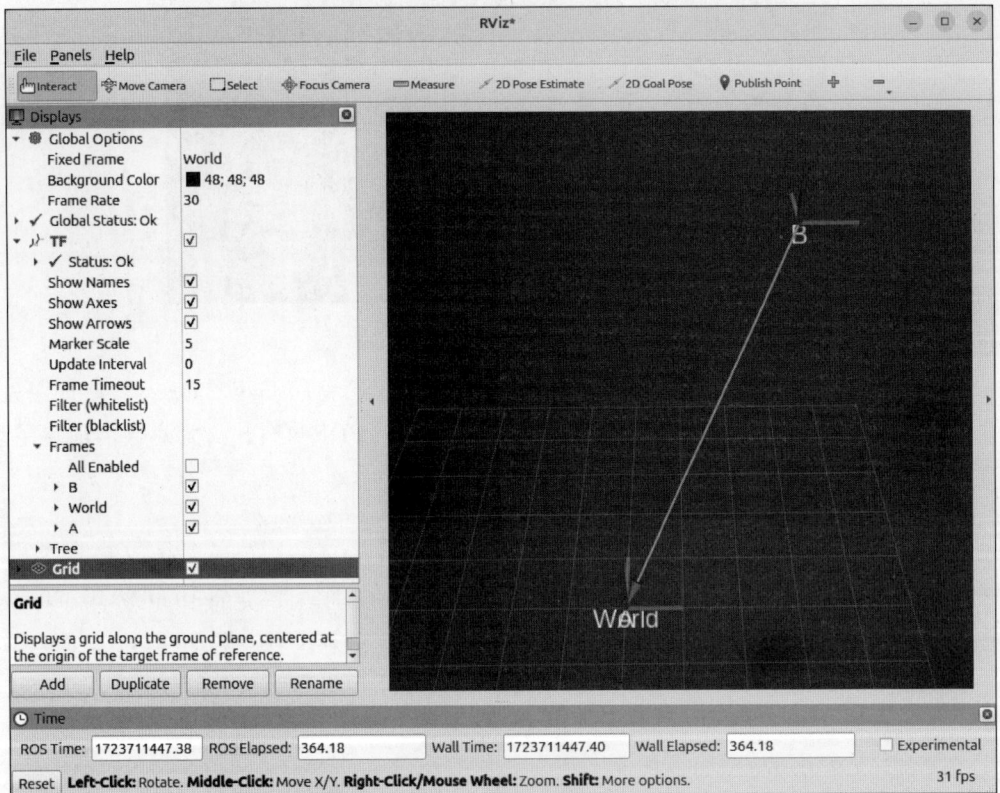

图 3-36　坐标系可视化

除了以上 TF2 命令行工具外,tf2_ros 功能包也提供了 Python 语言的编程接口,提供了发布静态坐标系、动态坐标系和查询坐标变换功能,从而以更灵活的方式在自定义的节点中处理坐标系。下面通过 3 个案例详细说明 tf2_ros 功能包的编程接口的使用方法。

3.3.3　案例：发布静态坐标系

机器人运行时的固定的障碍物、建筑物等坐标都是不随时间发生变化的,只需发布一次坐标信息向 TF2 注册坐标。tf2_ros 功能包中的 static_transform_broadcaster. StaticTransformBroadcaster 类提供了静态坐标发布功能。功能包 geometry_msgs 中的 msg. TransormStamped 提供了坐标系的消息类型。

首先,在工作空间中创建一个名为 tf_test 的功能包,用于存放案例的代码,命令如下:

```
ros2 pkg create --build-type ament_python --node-name staticframepub
--dependencies geometry_msgs tf2_ros --license MIT tf_test
```

其次,在功能包中的 staticframepub. py 文件中编写一个发布静态坐标系节点,代码如下:

```
#ros2_ws3/src/tf_test/tf_test/staticframepub.py
import rclpy
import math
from geometry_msgs.msg import TransformStamped
from rclpy.node import Node
from tf2_ros.static_transform_broadcaster import StaticTransformBroadcaster

def quaternion_from_euler(ai, aj, ak):
    #将欧拉角转换为四元数表示
    ai /= 2.0
    aj /= 2.0
    ak /= 2.0
    ci = math.cos(ai)
    si = math.sin(ai)
    cj = math.cos(aj)
    sj = math.sin(aj)
    ck = math.cos(ak)
    sk = math.sin(ak)
    cc = ci * ck
    cs = ci * sk
    sc = si * ck
    ss = si * sk

    q = [0] * 4
    q[0] = cj * sc - sj * cs
    q[1] = cj * ss + sj * cc
    q[2] = cj * cs - sj * sc
    q[3] = cj * cc + sj * ss
    return q

class StaticFramePublisher(Node):
    """
    静态坐标系发布器
```

```python
    """
    def __init__(self):
        super().__init__('static_frame_tf2_broadcaster')
        self.x=self.declare_parameter('x', 3.0).get_parameter_value().double_value
        self.y=self.declare_parameter('y', 4.0).get_parameter_value().double_value
        self.z=self.declare_parameter('z', 5.0).get_parameter_value().double_value
        self.roll=self.declare_parameter('roll', 0.0).get_parameter_value().
double_value
        self.pitch=self.declare_parameter('pitch', 0.0).get_parameter_value().
double_value
        self.yaw=self.declare_parameter('yaw', 0.0).get_parameter_value().
double_value
        self.child_frame=self.declare_parameter('child_frame',
                    'frame_A').get_parameter_value().string_value
        self.parent_frame=self.declare_parameter('parent_frame',
                    'World').get_parameter_value().string_value
        self.tf_static_broadcaster = StaticTransformBroadcaster(self)
        self.logger=self.get_logger()
        self.pub_transforms()

    def pub_transforms(self):
        t = TransformStamped()
        t.header.stamp = self.get_clock().now().to_msg()
        t.header.frame_id = self.parent_frame
        t.child_frame_id = self.child_frame
        t.transform.translation.x = self.x
        t.transform.translation.y = self.y
        t.transform.translation.z = self.z
        quat = quaternion_from_euler( self.roll/180*math.pi,
                                      self.pitch/180*math.pi,
                                      self.yaw/180*math.pi)
        t.transform.rotation.x = quat[0]
        t.transform.rotation.y = quat[1]
        t.transform.rotation.z = quat[2]
        t.transform.rotation.w = quat[3]
        self.logger.info(f'publish static tf: {t}')
        self.tf_static_broadcaster.sendTransform(t)

def main(args=None):
    rclpy.init(args=args)
    node = StaticFramePublisher()
    try:
        rclpy.spin(node)
    except Exception:
        rclpy.shutdown()
        exit(0)

if __name__=='__main__':
    main()
```

在上述代码中,创建了一个发布静态坐标系的节点 StaticFramePublisher,在节点的初始化方法 __init__()中定义了发布坐标系的一些参数,并且创建了一个静态坐标系发布者 StaticTransformBroadcaster 类的实例,最后调用了 pub_transforms()方法进行坐标的发布。

在 pub_transforms()方法中,创建了一个坐标系消息 TransformStamped 的实例,根据节点设置的参数设置坐标系,其中 quaternion_from_euler()函数实现了将欧拉转角变换为四元数的功能,最后通过静态坐标系发布者的 sendTransform()方法发布静态坐标系。

注意:坐标系消息 TransformStamped 的详细结构可以通过 ros2 interface 命令行工具查询,命令为 ros2 interface show geometry_msgs/msg/TransformStamped。

经过编译、安装后,即可运行上述编写的静态坐标系发布节点。下面打开两个终端,分别发布坐标系 frame_A 和坐标系 frame_B,命令如下:

```
ros2 run tf_test staticframepub --ros-args -p x:=1.0 -p y:=0.0 -p z:=0.0 -p yaw:=
90.0 -p child_frame:=frame_A
ros2 run tf_test staticframepub --ros-args -p x:=1.0 -p y:=0.0 -p z:=0.0 -p yaw:=
90.0 -p child_frame:=frame_B -p parent_frame:=frame_A
```

上述第 1 条命令发布了一个从坐标系 frame_A 到默认坐标系 World 的变换,第 2 条命令发布了一个从坐标系 frame_B 到坐标系 frame_A 的变换。上述命令的执行效果如图 3-37 所示。

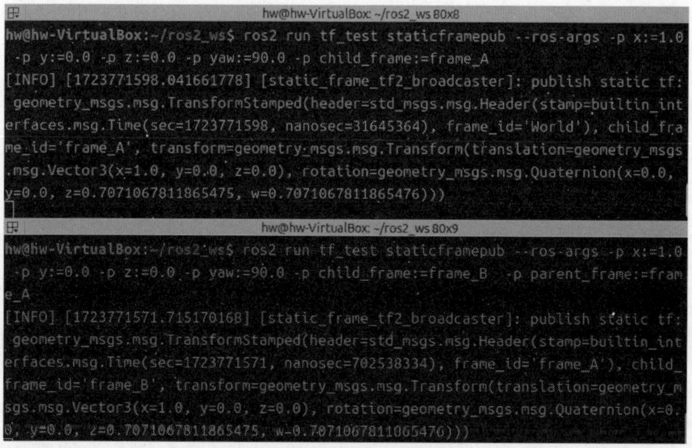

图 3-37　发布静态坐标系

使用 RViz 可直观地显示上述静态坐标系的发布结果,可视化坐标系间的关系,如图 3-38 所示。

3.3.4　案例:发布动态坐标系

机器人的关节是活动的,位置和角度会随时间的变化而变化,设置在其上的坐标系会不

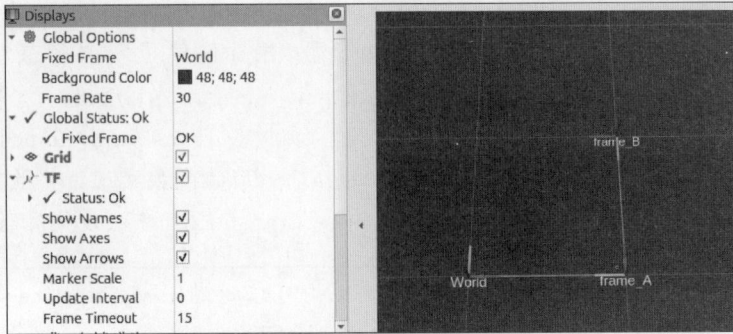

图 3-38　静态坐标系可视化

断地发生变化。tf2_ros 功能包中的 TransformBroadcaster 类提供了动态坐标的发布功能。消息类型同样使用功能包 geometry_msgs 中的 msg. TransormStamped。

首先,在功能包 tf_test 内创建一个名为 framepub. py 的文件,用于存放动态坐标系发布节点的代码。

其次,在 framepub. py 文件中编写一个发布动态坐标系节点,代码如下:

```python
#ros2_ws3/src/tf_test/tf_test/framepub.py
import rclpy
import math
from geometry_msgs.msg import TransformStamped
from rclpy.node import Node
from tf2_ros import TransformBroadcaster

def quaternion_from_euler(ai, aj, ak):
    #将欧拉角转换为四元数表示
    ai /= 2.0
    aj /= 2.0
    ak /= 2.0
    ci = math.cos(ai)
    si = math.sin(ai)
    cj = math.cos(aj)
    sj = math.sin(aj)
    ck = math.cos(ak)
    sk = math.sin(ak)
    cc = ci * ck
    cs = ci * sk
    sc = si * ck
    ss = si * sk

    q = [0] * 4
    q[0] = cj * sc - sj * cs
    q[1] = cj * ss + sj * cc
    q[2] = cj * cs - sj * sc
    q[3] = cj * cc + sj * ss
```

```
        return q

class FramePublisher(Node):
    """
    动态坐标系发布器
    """
    def __init__(self):
        super().__init__('frame_tf2_publisher')
        self.tf_broadcaster = TransformBroadcaster(self)
        self.num=0
        self.create_timer(0.03,self.pub_transforms)

    def pub_transforms(self):
        t = TransformStamped()
        t.header.stamp = self.get_clock().now().to_msg()
        t.header.frame_id = 'frame_A'
        t.child_frame_id = 'frame_B'

        theta=self.num/180*math.pi
        t.transform.translation.x = math.cos(theta)*2
        t.transform.translation.y = math.sin(theta)*2
        t.transform.translation.z = 0.0

        quat = quaternion_from_euler( 0, 0, theta+math.pi/2)
        t.transform.rotation.x = quat[0]
        t.transform.rotation.y = quat[1]
        t.transform.rotation.z = quat[2]
        t.transform.rotation.w = quat[3]
        self.num+=1
        if self.num>=360:
            self.num=0
        self.tf_broadcaster.sendTransform(t)

def main(args=None):
    rclpy.init(args=args)
    node = FramePublisher()
    try:
        rclpy.spin(node)
    except Exception:
        rclpy.shutdown()
        exit(0)

if __name__=='__main__':
    main()
```

在上述代码中创建了一个发布动态坐标系的类 FramePublisher。在类初始化方法__
init__()中创建了一个坐标系发布者 TransformBroadcaster 类的实例,并创建了一个定时器
用于周期性地发布坐标系。定时器回调函数 pub_transforms()用于发布从坐标系 frame_B

到 frame_A 的坐标系变换,frame_B 的坐标系的 x 和 y 会随时间作余弦和正弦运动。

再次,在功能包的 setup.py 文件中将该节点添加为 framepub,代码如下:

```
'framepub = tf_test.framepub:main',
```

最后,经过编译、安装后,即可运行上述编写的动态坐标系发布节点。在终端运行节点,命令如下:

```
ros2 run tf_test framepub
```

在 RViz 中可视化坐标系,可以看到坐标系 frame_B 围绕坐标系 frame_A 作圆周运动,如图 3-39 所示。

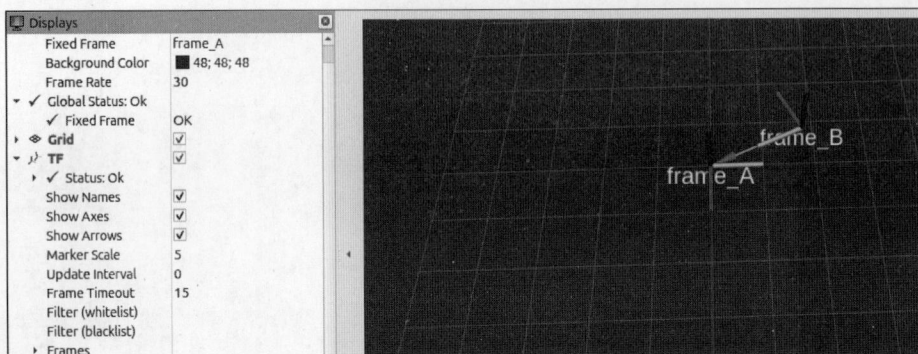

图 3-39　动态坐标系可视化

3.3.5　案例:查询坐标系变换

TF2 将系统中的所有坐标系构建为一棵树,只要查询这棵树就能获得树上任意两个坐标系的变换。tf2_ros 功能包的 transform_listener.TransformListener 类提供了监听坐标系功能。

首先,在功能包 tf_test 内创建一个名为 framesub.py 的文件,用于存放接收坐标系节点的代码。

其次,在 framesub.py 文件中编写一个接收坐标系并且显示的节点,代码如下:

```
#ros2_ws3/src/tf_test/tf_test/framesub.py
import rclpy
from rclpy.node import Node
from tf2_ros.buffer import Buffer
from tf2_ros.transform_listener import TransformListener

class FrameListener(Node):
    def __init__(self):
        super().__init__('tf2_frame_listener')
        self.logger=self.get_logger()
```

```
        self.target_frame = self.declare_parameter(
            'target_frame', 'frame_B').get_parameter_value().string_value
        self.source_frame = self.declare_parameter(
            'source_frame', 'frame_A').get_parameter_value().string_value

        self.tf_buffer = Buffer()
        self.tf_listener = TransformListener(self.tf_buffer, self)
        self.logger=self.get_logger()
        self.timer = self.create_timer(1.0, self.show_tf)

    def show_tf(self):
        try:
            t = self.tf_buffer.lookup_transform(
                self.source_frame,
                self.target_frame,
                rclpy.time.Time()
            )
            self.logger.info(f"parent frame:{t.header.frame_id}, child frame:
{t.child_frame_id}, transform is {t.transform}")
        except Exception as e:
            print(e)
            return


def main(args=None):
    rclpy.init(args=args)
    node = FrameListener()
    try:
        rclpy.spin(node)
    except Exception:
        rclpy.shutdown()
        exit(0)


if __name__=='__main__':
    main()
```

在上述代码中创建了一个查询坐标系的类 FrameListener。在类初始化方法 __init__()
中创建了两个查询坐标系变换的参数 source_frame 和 target_frame,创建了一个存放坐标
系缓存的 Buffer()容器,创建了一个坐标系接收者 TransformListener,以及一个用于定期
查询坐标系的定时器。定时器回调函数 show_tf()使用节点内缓存的 tf 树的 lookup_
transform()方法查询给定坐标系间的变换关系,查询成功后在终端显示查询结果。

再次,在功能包的 setup.py 文件中添加的该节点为 framepub,代码如下:

```
'framesub = tf_test.framesub:main',
```

最后,经过编译、安装后,即可运行上述编写的查询坐标系节点。在终端运行节点,命令
如下:

```
ros2 run tf_test framesub
```

上述命令的运行效果如图 3-40 所示,每隔 1s,就会查询一次坐标系 frame_B 到坐标系 frame_A 的变换关系。需要注意的是运行此命令前,应当运行上个案例中的 famepub 节点以发布坐标系的变换。

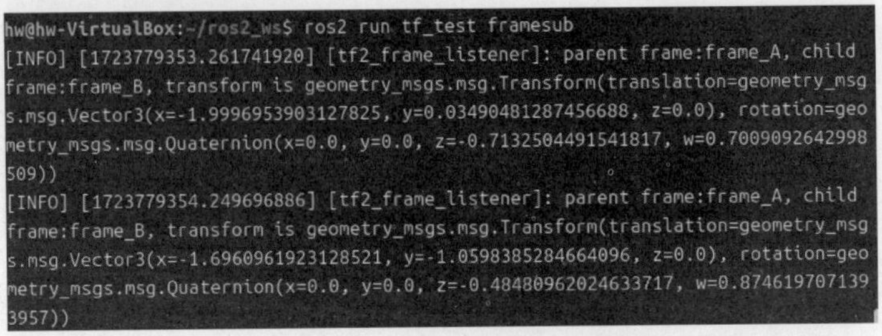

图 3-40　坐标系变换查询结果

坐标系变换是机器人中常用的功能,ROS 2 的 TF2 提供了坐标系的管理功能,TF2 的命令行工具提供了对 tf 树的便捷操作,此外编程接口为自定义节点提供坐标系的发布和为查询提供了相关方法,最后,以 3 个代码案例介绍了 TF2 编程接口的使用方法,可作为实际机器人坐标系使用和管理时的参考模板。

3.4　Launch 文件

一个完整机器人程序通常需要多个节点同时运行以便相互配合及完成复杂任务。在命令行中逐个节点启动效率低且烦琐,ROS 2 中的 Launch 文件的一个最主要功能就是提供了一次性启动多个节点的方法,解决了上述多节点的启动问题。

3.4.1　Launch 文件简介

Launch 文件用于描述系统启动时的配置,用于控制和管理整个 ROS 2 程序的启动。在 Launch 文件里可以设置运行哪些节点、在哪里运行、向节点传递哪些参数,以及一些 ROS 2 特有的配置。此外,Launch 文件在运行后还负责监控启动进程的状态,并对这些进程状态的变化做出反应。

一个 Launch 文件主要包含节点和参数两部分。节点定义了要启动的 ROS 2 节点,包括节点的名称、包名、执行文件路径等信息。参数用于设置节点的参数,可以是命令行参数、ROS 2 参数服务器的参数,或者私有命名空间内的参数。

具体来讲,Launch 文件主要有以下几个功能:

(1) 设置命令行参数及默认值。

(2) 包含另一个 Launch 文件。

(3) 在另一个命名空间中包含另一个启动文件。

（4）启动一个节点，设置其命名空间，以及设置该节点参数。

（5）创建一个节点，将消息从一个主题重映射到另一个主题。

在 ROS 2 中使用 Launch 文件主要有以下几个优点。

（1）简化启动过程：Launch 文件可以将复杂的启动过程编排为一个文件。这样，用户只需运行一个 Launch 文件，就可以启动整个 ROS 2 系统中的多个节点，而无须逐个手动启动每个节点。

（2）统一配置管理：Launch 文件可以集中管理所有节点的配置和参数，使系统的配置更加清晰和可维护。通过修改 Launch 文件中的参数，可以轻松地改变节点的行为，而无须修改每个节点的启动命令。

（3）便于复用和分享：Launch 文件可以被复制、修改和分享，使其他开发人员可以轻松地部署同样的 ROS 2 系统，或者将自己的系统部署到不同的环境中。

（4）支持条件和组合启动：Launch 文件支持条件判断、组合启动和命名空间配置，能够根据需要动态地加载节点，并且可以为每个节点设置不同的参数和运行环境。

（5）提高效率和可靠性：通过 Launch 文件，可以快速地启动整个 ROS 2 系统，减少手动操作的错误和复杂度，提高了系统的启动效率和可靠性。

（6）集中管理和调试：Launch 文件使系统的配置和调试更加集中和直观，开发人员可以快速地定位问题并进行调整。

（7）自动化部署：在自动化测试和部署中，Launch 文件能够以编程方式定义系统的启动流程，实现持续集成和持续部署。

相较于 ROS 1 中的 Launch 文件，ROS 2 对 Launch 文件进行了增强和改进，提供了 Python、XML 和 YAML 共 3 种格式的 Launch 文件规范。XML 格式的 Launch 文件保持与 ROS 1 中的 Launch 文件相同，以保持兼容性。Python 和 YAML 格式为 ROS 2 中新增的 Launch 文件格式。

下面展示了使用 Python、XML 和 YAML 这 3 种不同格式编写的具有相同功能的 Launch 文件。

Python 格式的 Launch 文件，代码如下：

```python
#ros2_ws3/test_launch.py
from launch import LaunchDescription
from launch_ros.actions import Node

def generate_launch_description():
    return LaunchDescription([
        Node(
            package='turtlesim',
            namespace='turtlesim1',
            executable='turtlesim_node',
            name='sim'
        ),
```

```
        Node(
            package='turtlesim',
            namespace='turtlesim2',
            executable='turtlesim_node',
            name='sim'
        ),
        Node(
            package='turtlesim',
            executable='mimic',
            name='mimic',
            remappings=[
                ('/input/pose', '/turtlesim1/turtle1/pose'),
                ('/output/cmd_vel', '/turtlesim2/turtle1/cmd_vel'),
            ]
        )
    ])
```

XML 格式的 Launch 文件,代码如下:

```
#ros2_ws3/test_launch.xml
<launch>
  < node pkg =" turtlesim" exec =" turtlesim _ node" name =" sim" namespace =
"turtlesim1"/>
  < node pkg =" turtlesim" exec =" turtlesim _ node" name =" sim" namespace =
"turtlesim2"/>
  <node pkg="turtlesim" exec="mimic" name="mimic">
    <remap from="/input/pose" to="/turtlesim1/turtle1/pose"/>
    <remap from="/output/cmd_vel" to="/turtlesim2/turtle1/cmd_vel"/>
  </node>
</launch>
```

YAML 格式的 Launch 文件,代码如下:

```
#ros2_ws3/test_launch.yaml
launch:

- node:
    pkg: "turtlesim"
    exec: "turtlesim_node"
    name: "sim"
    namespace: "turtlesim1"

- node:
    pkg: "turtlesim"
    exec: "turtlesim_node"
    name: "sim"
    namespace: "turtlesim2"

- node:
```

```
pkg: "turtlesim"
exec: "mimic"
name: "mimic"
remap:
    -
    from: "/input/pose"
    to: "/turtlesim1/turtle1/pose"

    -
    from: "/output/cmd_vel"
    to: "/turtlesim2/turtle1/cmd_vel"
```

将上述 3 个 Launch 文件分别保存为 test_launch. py、test_launch. xml、test_launch. yaml。

Launch 文件有两种启动方式,一种是将 Launch 文件作为功能包的一部分,命令格式如下:

```
ros2 launch <package_name> <launch_file_name>
```

其中,<package_name>为功能包名,<launch_file_name>为 Launch 文件名。

另一种是将 Launch 文件作为独立的启动文件,与任何功能包无关,命令格式如下:

```
ros2 launch <path_to_launch_file>
```

其中,<path_to_launch_file>为 Launch 文件的路径,例如,运行上述 3 种格式示例 Launch 文件的命令如下:

```
ros2 launch test_launch.py
ros2 launch test_launch.xml
ros2 launch test_launch.yaml
```

上述 3 个命令具有相同的功能,在运行后都会启动两个小海龟仿真窗口。

由于 Python 格式的 Launch 文件以 Python 语言编写,可以借助 Python 语言来完成许多其他两种 Launch 文件无法完成的“魔法”操作,具有很强的适应性和灵活性,因此使用 Python 格式的 Launch 文件成为编写 Launch 文件的首选项,以下介绍使用 Python 语言编写 Launch 文件的方法。

3.4.2　常用类介绍

Python 的第三方库 launch_ros 提供了配置 Launch 文件的相关 API。以下介绍 launch_ros 库中编写 Launch 文件常用的 API。

1. LaunchDescription 类

LaunchDescription 是一个 Python 类,用于组织和描述 Launch 文件中的各个启动操作。它可以包含参数、其他 Launch 文件和 ROS 2 节点。LaunchDescription 对象允许将多个启动操作组合在一起,定义它们之间的依赖关系和顺序。以下是LaunchDescription的一些重要特性和用法。

(1) 组织和组合启动操作:可以使用LaunchDescription来组织和描述Launch文件中的各个启动操作,例如启动节点、加载参数文件、设置环境变量等。通过添加不同类型的启动操作,可以构建出完整的启动配置。

(2) 设置启动操作的依赖关系:使用add_action()方法将启动操作添加到LaunchDescription对象中,并设置它们之间的依赖关系。这样可以确保在启动时按照正确的顺序执行各个操作。

(3) 设置全局选项:LaunchDescription对象还可以设置全局选项,例如设置Launch文件的名称、描述、命名空间等。这些选项可以影响所有的启动操作。

(4) 启动操作的执行方式:可以通过LaunchDescription设置启动操作的执行方式,例如设置启动操作是否在新的命名空间中执行,以及是否在新的Shell中执行等。

(5) 启动文件的编程接口:可以通过编写Python脚本来创建和配置LaunchDescription对象,以编程方式生成Launch文件。这样可以更灵活地处理各种复杂的启动配置需求。

2. Node 类

在ROS 2中使用Python编写Launch启动文件时,经常会用到launch_ros.actions.Node类。该类允许通过Launch文件启动ROS 2功能包中的一个节点,它提供了一种简单的方式来配置和启动节点,可以指定节点的名称、命名空间、输出方式、参数等,例如,创建一个节点实例,指定该节点的各种属性和配置选项,代码如下:

```
node = Node(
    package='my_package',
    executable='my_node_executable',
    name='my_node_name',
    namespace='my_namespace',
    output='screen',
    parameters=[{'my_param': 'value'}],
    remappings=[('/original_topic', '/new_topic')],
    arguments=['--my_argument', 'value']
)
```

上述构造方法的参数的前两项为必填项,后面各项均为可选项,各参数的含义如下。

(1) package:一个字符串,表示节点所在的ROS 2包的名称。

(2) executable:一个字符串,表示在给定包中的可执行文件的名称。

(3) name:可选字符串,用于指定节点的名称。如果未指定,则将使用可执行文件的名称。

(4) namespace:可选字符串,用于指定节点的命名空间。命名空间是一种组织节点的方式,可以帮助避免节点名称发生冲突。

（5）output：可选字符串，用于指定节点的输出应如何处理，例如，可以将其设置为"screen"，以便将节点的输出打印到屏幕上。

（6）parameters：可选列表，用于指定节点的参数。每个参数都是一个字典，包含参数的名称和值。

（7）remappings：可选列表，用于指定话题的重新映射。每个重新映射是一个元组，包含原始话题的名称和新话题的名称。

（8）arguments：可选列表，用于指定传递给可执行文件的命令行参数。

在上述变量中，parameters 指的是节点参数，即在节点上定义的参数，而 argument 指的是实际参数，即在调用函数时传递的具体数值。

3.4.3　案例：Launch 文件编写

以下将使用 Python 语言介绍向功能包添加 Launch 文件的方法，并说明参数设置、节点启动配置等功能的用法。

（1）创建 Launch 文件。Launch 文件按照约定应当放置在功能包的 launch 目录下。首先进入功能包 test_package_python 中，创建一个名为 launch 的文件夹，在文件夹内创建一个名为 test_launch.py 的文件。在 launch 文件夹内打开终端，创建 launch 文件夹，如图 3-41 所示，命令如下：

```
mkdir -p launch
cd launch
touch test_launch.py
cd ..
code .
```

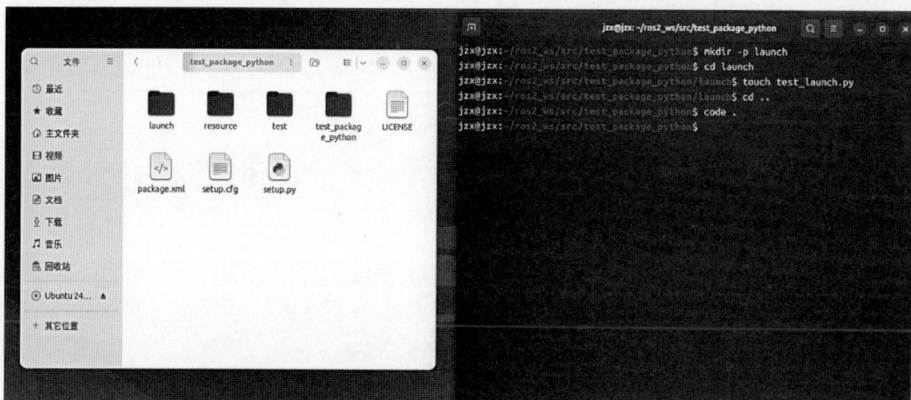

图 3-41　创建 Launch 文件

（2）编写 Launch 文件。此处先以启动一个 turtlesim 节点为例介绍 Launch 文件的基本结构，后续再逐渐添加节点和参数以完善 Launch 文件。在 launch 文件夹的 test_launch.py 文件中编写代码如下：

```
#ros2_ws3/src/test_package_python/launch/test_launch.py
from launch import LaunchDescription
from launch_ros.actions import Node

def generate_launch_description():
    ld = LaunchDescription()

    node = Node(package='turtlesim', executable='turtlesim_node')

    ld.add_action(node)

    return ld
```

在上述代码中函数 generate_launch_description() 为 Launch 文件所必需的函数,需要返回一个 LaunchDescription 类的实例。在函数 generate_launch_description() 内首先创建了一个 LaunchDescription 类的实例 ld,然后创建了一个启动 turtlesim 包中 turtlesim_node 程序的节点 node,最后将创建的节点 node 添加到 LaunchDescription 类的实例 ld 中并返回。图 3-42 显示了在 VS Code 中编写 Launch 文件的结果。

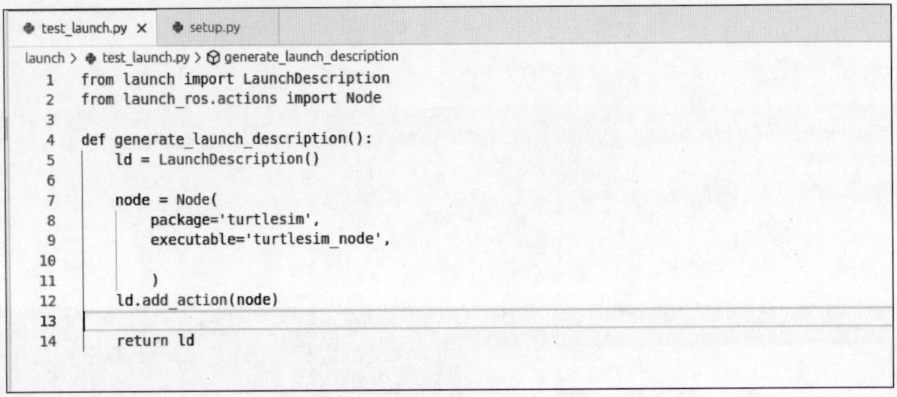

图 3-42　编写 Launch 文件

此外,也可以将创建 LaunchDescription 类的实例和添加节点两个步骤在 LaunchDescription 类初始化时一次性完成,代码如下:

```
from launch import LaunchDescription
from launch_ros.actions import Node

def generate_launch_description():
    node = Node(
        package='turtlesim',
        executable='turtlesim_node',
        )

    return LaunchDescription([node ])          #在列表中添加需要启动的节点
```

以上两种编写 Launch 文件的方法是等价的,按照习惯和场景选择任意方法即可。

(3)配置 Launch 文件。修改功能包中的 setup.py 文件,在 setup.py 文件的头部添加导入 glob 库,代码如下:

```
from glob import glob
```

然后修改 setup()函数内的 data_files 变量,向 data_files 中添加一条语句,代码如下:

```
('share/'+package_name+'/launch', glob('launch/*launch.py')),
```

上述代码使用 glob()函数匹配 launch 文件夹中的所有以 launch.py 结尾的文件。使用通配符的好处是如果以后再编写新的 Launch 文件,则无须每次都修改 setup.py 文件中的 data_files 变量。setup.py 文件中的关键部分修改完成后的结果如图 3-43 所示。

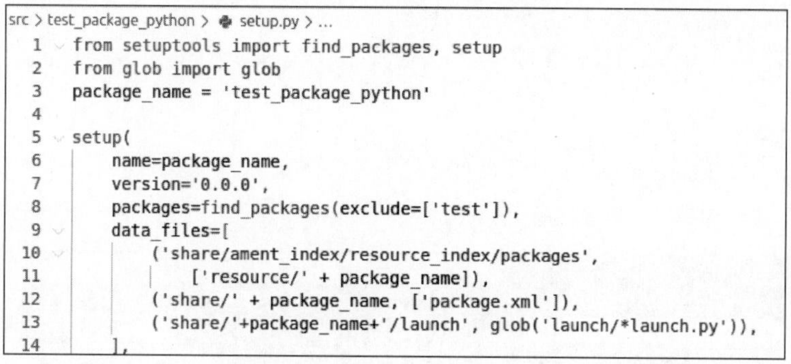

```
src > test_package_python > ⚙ setup.py > ...
 1  from setuptools import find_packages, setup
 2  from glob import glob
 3  package_name = 'test_package_python'
 4
 5  setup(
 6      name=package_name,
 7      version='0.0.0',
 8      packages=find_packages(exclude=['test']),
 9      data_files=[
10          ('share/ament_index/resource_index/packages',
11              ['resource/' + package_name]),
12          ('share/' + package_name, ['package.xml']),
13          ('share/'+package_name+'/launch', glob('launch/*launch.py')),
14      ],
```

图 3-43　修改 setup.py 文件

(4)运行 Launch 文件。打开终端,进入工作空间 ros2_ws,编译该功能包,使用 ros2launch 命令运行 Launch 文件,命令如下:

```
cd ~/ros2_ws
colcon build --packages-select test_package_python --symlink-install
ros2 launch test_package_python test_launch.py
```

运行后即可看到小海龟仿真环境的窗口,说明 Launch 文件编写成功,如图 3-44 所示。

3.4.4　案例:命名空间与节点名称设置

在 Launch 文件中,如果需要使一个节点程序运行多个副本,则只需重复创建多个节点程序的启动节点实例,例如启动两个小海龟仿真窗口,只需创建两个相同的节点。为了加以区分这些同名的节点,可以在创建节点添加一个 namespace 参数作为命令名空间,为节点加上一个前缀。修改 test_launch.py 文件中的代码,修改后的代码如下:

```
#ros2_ws3/src/test_package_python/launch/test1_launch.py
from launch import LaunchDescription
```

```python
from launch_ros.actions import Node

def generate_launch_description():
    ld = LaunchDescription()

    node1 = Node(
        package='turtlesim',
        executable='turtlesim_node',
        namespace='turtle1',
        )
    ld.add_action(node1)

    node2 = Node(
        package='turtlesim',
        executable='turtlesim_node',
        namespace='turtle2',
        )
    ld.add_action(node2)

    return ld
```

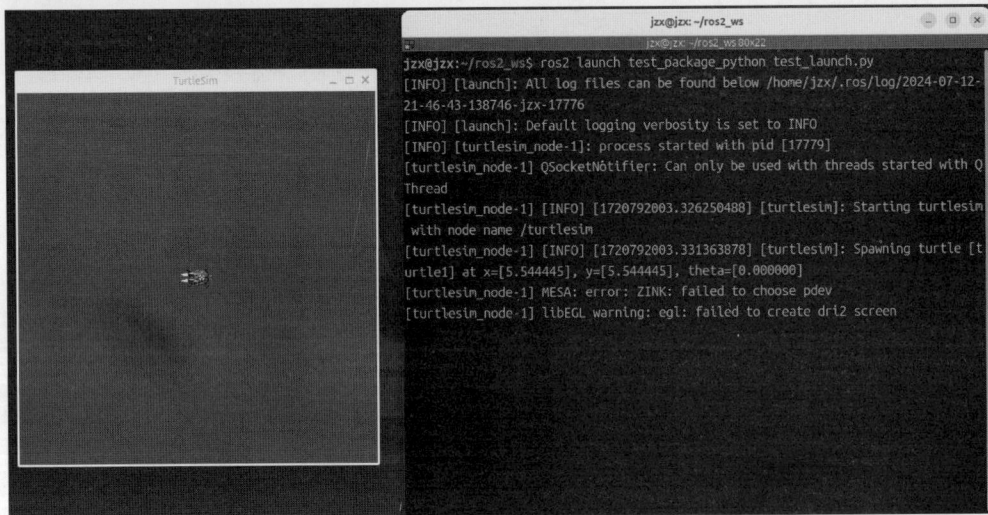

图 3-44　运行 Launch 文件

　　重新编译,运行 Launch 文件后就会打开两个小海龟窗口,使用 ros2 node list 命令查看节点信息会发现每个节点前面都会多一个前缀,也就是 Launch 文件中对节点设置的 namespace,如图 3-45 所示。

　　如果想要修改节点的启动名称,则可以在节点对象实始化时添加 name 参数,以 node1 为例,将其名称修改为 sim,代码如下:

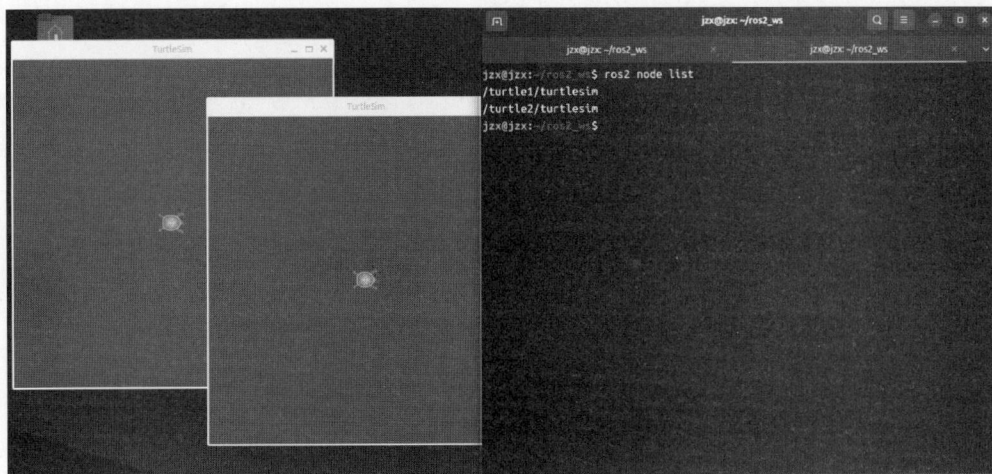

图 3-45　添加命名空间

```
node1 = Node( package='turtlesim', executable='turtlesim_node',
        namespace='turtle1', name='sim' )
ld.add_action(node1)
```

　　重新编译后运行,再次使用 ros2 node list 命令查询节点信息,便可发现节点名称发生了改变,如图 3-46 所示。

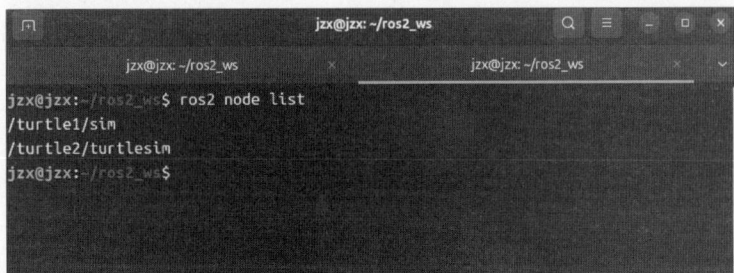

图 3-46　修改节点名称

3.4.5　案例：参数设置

　　使用 parameters 参数可以为节点配置参数。配置参数又分为不同的方式,以下介绍两种,一种是在 Launch 文件内设置参数,另一种是通过 YAML 文件导入参数进行配置。下面以小海龟仿真环境为例说明 Launch 文件中设置参数的方法。

　　(1) 在 Launch 文件内设置参数。DeclareLaunchArgument 类用于在 Launch 文件中创建参数。创建一个名为 test3_launch.py 的 Launch 文件,内容如下：

```
#ros2_ws3/src/test_package_python/launch/test3_launch.py
from launch import LaunchDescription
```

```
from launch_ros.actions import Node
from launch.actions import DeclareLaunchArgument
from launch.substitutions import LaunchConfiguration, TextSubstitution

def generate_launch_description():
    ld = LaunchDescription()
    r = DeclareLaunchArgument(
      'background_r', default_value=TextSubstitution(text='0')
  )
    g = DeclareLaunchArgument(
      'background_g', default_value=TextSubstitution(text='15')
  )
    b = DeclareLaunchArgument(
      'background_b', default_value=TextSubstitution(text='125')
  )
    ld.add_action(r)
    ld.add_action(g)
    ld.add_action(b)

    node1 = Node(
        package='turtlesim',
        executable='turtlesim_node',
        parameters=[{
            'background_r': LaunchConfiguration('background_r'),
            'background_g': LaunchConfiguration('background_g'),
            'background_b': LaunchConfiguration('background_b'),
        }]
        )
    ld.add_action(node1)

return ld
```

在上述代码中,通过 DeclareLaunchArgument 分别声明 3 个参数:background_r、background_g 和 background_b。每个参数都有一个默认值,使用了 TextSubstitution 来指定默认值为固定的文本字符串。TextSubstitution 是用来提供参数默认值的一种方法,允许将一个静态的文本字符串作为参数的默认值。最后在启动节点时要读取所设置的 3 个参数,LaunchConfiguration 是一个用于从 Launch 文件中读取参数值的机制。它允许将参数的值作为配置传递给节点或其他操作。

编译运行上述 Launch 文件后,打开的小海龟仿真窗口的背景色发生了变化,背景色被设置为 Launch 文件中给定参数的值,如图 3-47 所示。

此外,对于使用 DeclareLaunchArgument 创建的参数可通过 ros2 launch 命令的命令行参数在 Launch 文件运行时动态地进行设置。例如将小海龟仿真窗口的背景色修改为白色,命令如下:

```
ros2 launch test_launch.py background_r:=255 background_g:=255 background_b:=255
```

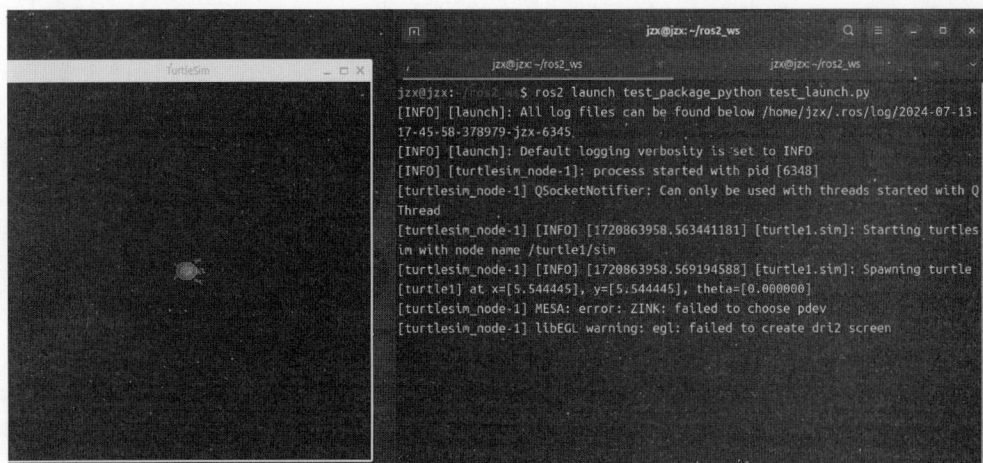

图 3-47　参数设置

（2）使用 YAML 文件配置参数。可按照创建 launch 文件夹的方法，在功能包中创建一个 config 文件夹，在 config 文件夹内创建一个以 YAML 格式存放参数的 turtlesim.yaml 文件，命令如下：

```
cd ~/ros2_ws/src/test_package_python
mkdir config
cd config
touch turtlesim.yaml
```

其次，修改 turtlesim.yaml 文件，向 turtlesim.yaml 文件中添加参数信息，内容如下：

```
/**:
    ros__parameters:
        background_r: 0
        background_g: 255
        background_b: 255
```

以上用通配符的方式向所有节点定义了 background_r、background_g 和 background_B 这 3 个参数，并且将这些参数文件配置到多个节点。使用通配符避免了重复创建参数文件的复杂工作，简化了参数文件的使用。

注意：YAML 格式的参数配置文件可通过 ros2 param dump ＜node_name＞命令生成一个参数模板配置文件后进行修改。

再次，修改功能包中的 setup.py 文件，向 setup.py 文件的变量 data_files 中添加以下元素，代码如下：

```
('share/' + package_name + '/config', glob('config/*')),
```

变量 data_files 被修改后的结果如图 3-48 所示。

```
data_files=[
    ('share/ament_index/resource_index/packages',
        ['resource/' + package_name]),
    ('share/' + package_name, ['package.xml']),
    ('share' + package_name + 'launch', glob('launch/*.py')),
    ('share/' + package_name + '/config', glob('config/*.yaml'))
],
```

图 3-48   setup.py 文件被修改后的结果

最后,修改 Launch 文件,代码如下:

```
#ros2_ws3/src/test_package_python/launch/test4_launch.py
import os
from launch import LaunchDescription
from launch_ros.actions import Node
from ament_index_python.packages import get_package_share_directory


def generate_launch_description():
    ld = LaunchDescription()

    config = os.path.join(
    get_package_share_directory('test_package_python'),
    'config',
    'turtlesim.yaml'
    )

    node1 = Node(
        package='turtlesim',
        executable='turtlesim_node',
        parameters=[config]
        )
    ld.add_action(node1)

    return ld
```

在以上的 Launch 文件代码中,首先使用 get_package_share_directory()函数获取了功能包的安装路径,根据功能包的安装路径生成了配置文件的路径 config,然后将配置文件的路径设置为节点的参数。

对功能包进行编译和安装后,运行 Launch 文件,如图 3-49 所示,小海龟窗口的背景颜色发生了改变。

3.4.6   案例:话题重映射

重映射允许在启动节点时动态地更改其订阅和发布的话题名称,使节点之间即使最初设计时使用了不同的话题名称也能够相互匹配,从而协同工作。

下面以重映射小海龟的位置话题为例,介绍话题重映射的实现方法,代码如下:

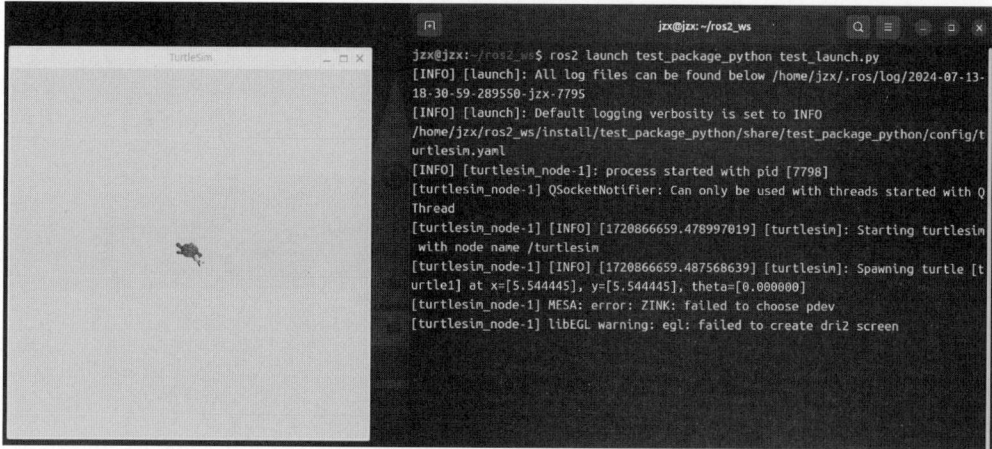

图 3-49　加载参数配置文件

```python
#ros2_ws3/src/test_package_python/launch/test5_launch.py
from launch import LaunchDescription
from launch_ros.actions import Node

def generate_launch_description():
    ld = LaunchDescription()

    node1 = Node(
        package='turtlesim',
        executable='turtlesim_node',
        remappings=[('/turtle1/pose','/sim1/pose')]
        )
    ld.add_action(node1)

    return ld
```

在上述代码中通过设置节点的 remapping 参数来将小海龟在仿真环境中原来的
/turtle1/pose 话题重映射为/sim1/pose 话题。

对功能包进行编译和安装后,首先运行 Launch 文件,然后打开一个新的终端,使用命
令 ros2 topic list 查询话题列表,可以看到原来的/turtle1/pose 话题已经被重映射为/sim1/
pose,如图 3-50 所示。

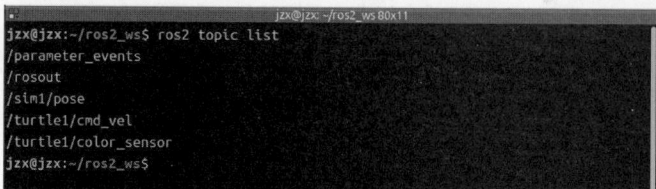

图 3-50　话题重映射

以上几个案例介绍了编写 Launch 文件的常用功能,此外,也可以在一个 Launch 文件中包含另一个 Launch 文件,组合多个 Launch 文件,在后续的机器人仿真中另行介绍。

3.5 URDF 简介

URDF(Unified Robot Description Format)是一种在 ROS 2 中描述机器人模型的 XML 文件格式。URDF 可描述机器人的连杆、关节、传感器、碰撞、转动惯量等信息。机器人的 URDF 文件能够被 RViz 可视化,直观地显示机器人的几何形态。机器人模型的 URDF 文件以 .urdf 结尾。

XACRO(XML Macros)是一种带有宏定义的 URDF 文件格式,能够简化 URDF 文件。具体来讲,XACRO 格式允许用户在 URDF 中通过定义宏和参数来创建更简洁、可重用和易于管理的机器人模型描述。机器人模型 XACRO 文件以 .xacro 结尾。ROS 2 中的 xacro 功能包中的 xacro 程序能够将 XACRO 格式的机器人模型文件转换为 URDF 格式。

3.5.1 机器人状态发布器

在 ROS 2 中使用 URDF 文件主要包括加载机器人模型和发布机器人关节状态两个过程。机器人模型的发布需要使用机器人状态发布器(Robot State Publisher)。机器人状态发布器的作用是将机器人的状态发布到 tf 树,使 ROS 2 能够获取机器人内部各连杆和关节的坐标系,从而确定机器人的状态。

机器人状态发布器是一个 ROS 2 的功能包,安装命令如下:

```
sudo apt install ros-jazzy-robot-state-publisher
```

机器人状态发布器提供了一个与功能包同名的节点程序 robot_state_pulisher。在启动该节点时,需要提供一个名为 robot_description 的字符串参数,参数的值为机器人 URDF 文件内的字符串。robot_state_publisher 节点启动后会订阅名为 joint_states 的话题(类型为 sensor_msgs/msg/JointState),以获取机器人各关节的状态。首先根据机器人的关节状态更新机器人模型的姿态,然后将生成的机器人 3D 姿态发布到 tf 树。机器人状态发布器节点的完整接口如表 3-1 所示。

表 3-1　机器人状态发布器节点的完整接口

接口类型	名　称	说　明
参数	robot_description	字符串类型,这是 URDF 文件的内容,必须在节点启动时设置该参数。在节点运行时改变该参数会使节点发布的 robot_description 同步改变
	publish_frequency	浮点数类型,/tf 话题发布非静态坐标系的最大发布频率。默认值为 20.0Hz

续表

接 口 类 型	名　　称	说　　明
参数	ignore_timestamp	布尔类型,当为 true 时会忽略话题 joint_states 中的时间戳,当为 false 时会检查话题 joint_states 中的时间戳只发布时间戳较新的关节状态
	frame_prefix	字符串类型,向发布的坐标系添加前缀,默认为空,表示不添加
订阅的话题	joint_states	消息类型为 sensor_msgs/msg/JointState,这是机器人的关节状态(例如关节的角度或关节的位移等),机器人状态发布器根据该信息计算机器人各关节的坐标系变换
发布的话题	robot_description	消息类型为 std_msgs/msg/String,对机器人状态发布器节点中的 robot_description 参数进行发布,方便 ROS 2 中的其他节点使用机器人模型
	tf	发布经计算得到的机器人的动态坐标系变换
	tf_static	发布经计算得到的机器人中静态坐标系变换

3.5.2　案例:URDF 可视化

URDF 可视化的主要流程如图 3-51 所示,先将机器人关节状态发布到/joint_states 话题,然后机器人状态发布器在接收到上述话题后利用机器人模型 URDF 计算机器人的坐标系,并将机器人的坐标系发布到/tf 和/tf_static 话题,以及将机器人的 URDF 发布到/robot_description 话题,最后 RViz 接收上述话题对机器人进行可视化。

图 3-51　URDF 可视化的主要流程

以下通过一个 URDF 在 RViz 中的可视化的案例介绍机器人模型在 ROS 2 中的使用方法。

(1) 在工作空间中创建一个功能包 urdf_test,命令如下:

```
ros2 pkg create --build-type ament_python --license MIT urdf_test
```

(2) 在功能包 urdf_test 中创建一个名为 urdf 的文件夹,并在该文件夹内创建一个名为 robot.urdf 的文件,内容如下:

```
#ros2_ws3/src/urdf_test/urdf/robot.urdf
<?xml version="1.0"?>
<robot name="simple_robot">

    <!-- 机械部分 -->
```

```
<link name="base_link">
  <visual>
    <geometry>
      <box size="0.1 0.1 0.1"/>
    </geometry>
    <origin xyz="0 0 0.05" rpy="0 0 0"/>
    <material name="blue">
      <color rgba="0.0 0.0 1.0 1.0"/> <!-- 蓝色 -->
    </material>
  </visual>
</link>
<link name="link1">
  <visual>
    <geometry>
      <box size="0.1 0.1 0.1"/> <!-- 上面连杆 -->
    </geometry>
    <origin xyz="0 0 0.15" rpy="0 0 0"/>
    <material name="yellow">
      <color rgba="1.0 1.0 0.0 1.0"/> <!-- 黄色 -->
    </material>
  </visual>
</link>

<!-- 关节部分 -->
<joint name="joint1" type="revolute">
  <parent link="base_link"/>
  <child link="link1"/>
  <origin xyz="0 0 0" rpy="0 0 0"/>
  <axis xyz="0 0 1"/>
  <limit lower="-1.57" upper="1.57" effort="10" velocity="1.0"/> <!-- 限制关节
的旋转角度 -->
</joint>
</robot>
```

以上内容定义了一个由两个连杆和一个关节构成的简单机器人模型的 URDF,其中,
< robot >是描述机器人的根元素,将名称设置为 simple_robot;< link >用于定义机器人的
连杆元素,总共有两个,名称分别为 base_link 和 link1;< visual >定义了连杆的视觉表示,
主要包括< geometry >表示几何状态为边长为 0.1m 的立方体,< origin >用于设置连杆的位
置,< material >用于设置连杆的颜色;< joint >元素中的 type 属性将关节类型设置为
revolute(转动关节)类型,并通过< parent >和< child >子元素设置了连杆间的关系,< axis >
子元素设置了关节的旋转轴,< limit >设置了关节的转动范围,以及关节上的力和转动速度
的限制。

(3) 在功能包 urdf_test 中创建一个 launch 文件夹,并在该文件夹内创建了一个名为
show_urdf_launch. py 的文件,代码如下:

```
#ros2_ws3/src/urdf_test/launch/show_urdf_launch.py
from ament_index_python.packages import get_package_share_directory
from launch import LaunchDescription
from launch_ros.actions import Node

#获取当前包的安装地址
packagepath = get_package_share_directory('urdf_test')
print(packagepath)

#读取 urdf 文件
urdfpath=packagepath+'/urdf/robot.urdf'
robot_desc=open(urdfpath).read()

def generate_launch_description():
    robot_desc_node=Node(
        package='robot_state_publisher',
        executable='robot_state_publisher',
        name='robot_state_publisher',
        output='both',
        parameters=[
            {'use_sim_time': True},
            {'robot_description': robot_desc},
        ])

    joint_state_pub_node=Node(
        package='joint_state_publisher_gui',
        executable='joint_state_publisher_gui',
    )

    rviz_node=Node(
        package='rviz2',
        executable='rviz2',
        name='rviz',
        arguments=[ '-d', packagepath+'/urdf/rviz.rviz', ]
    )

    return LaunchDescription([
        robot_desc_node,
        joint_state_pub_node,
        rviz_node,
    ])
```

在上述 Launch 文件中,首先将 Python 读取的机器人 URDF 文件内容保存到变量 robot_desc 中,随后添加了一个机器人状态发布器节点 robot_state_publisher,并将参数 robot_descripttion 设置为读取的 URDF 字符串,再次添加了一个关节状态发布的 GUI 工具 joint_state_publisher_gui,用于发布人为设置伪造的 joint_states 话题,最后添加了一个可视化机器人模型的 RViz 节点。

注意：joint_state_publisher_gui 是一个 ROS 2 的功能包，安装命令是 sudo apt install ros-jazzy-joint-state-publisher-gui。

（4）配置功能包 urdf_test 的 setup.py 文件，修改变量 data_files 的值，代码如下：

```
data_files=[
        ('share/ament_index/resource_index/packages',
          ['resource/' + package_name]),
        ('share/' + package_name, ['package.xml']),
        ('share/'+package_name+'/urdf',glob('urdf/*.urdf')),
        ('share/'+package_name+'/urdf',glob('urdf/*.rviz')),
        ('share/'+package_name+'/launch',glob('launch/*launch.py')),
    ],
```

（5）经过编译和安装后，使用 Launch 文件进行启动，命令如下：

```
colcon build --symlink-install --packages-select urdf_test
source install/setup.bash
ros2 launch urdf_test show_urdf_launch.py
```

启动后的效果如图 3-52 所示，在 RViz 左侧列表中将 Global Options 中的 Fixed Frame 选项设置为 base_link，添加和设置 RobotModel 数据，使其订阅/robot_description 话题，在 RViz 显示区域显示机器人模型，此外，在打开的 Joint State Pulisher 窗口内手动设置关节的角度时，RViz 中的机器人关节会发生相应的转动。

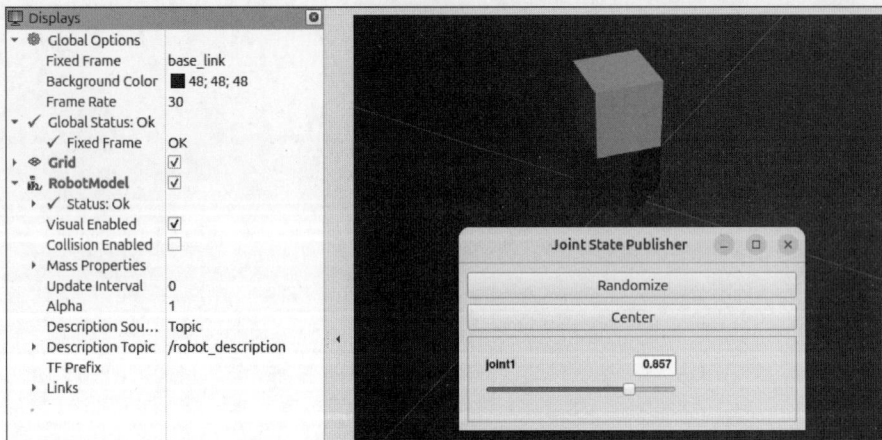

图 3-52　URDF 的加载与显示

上述案例介绍了在 ROS 2 中进行机器人可视化的方法。需要说明的是机器人的可视化与物理仿真有较大的差异。ROS 2 不具备对机器人进行物理仿真的能力，物理仿真需要借助物理仿真工具，例如 Gazebo。

在机器人仿真中 Gazebo 能够加载 URDF 文件，并通过在 URDF 文件中使用< gazebo >

元素对 URDF 文件进行了扩展,使用户能够为其机器人模型提供额外的仿真细节,例如物理特性、传感器模型和环境交互等,从而在 Gazebo 中对机器人进行仿真。

　　相较于 URDF,Gazebo 提供的 SDF 格式具备更强大的功能,能够方便地进行环境和机器人仿真,越来越成为机器人仿真领域的首选格式,有取代 URDF 的趋势。目前 ROS 2 也以插件的形式支持加载和使用 SDF 格式的机器人模型。在后续章节会详细介绍使用 SDF 格式编写仿真环境与机器人模型的方法。

3.6　本章小结

　　本章系统全面地介绍了 ROS 2 的编程方法。colcon 是 ROS 2 自定义功能包默认的构建工具,支持构建 C++ 和 Python 功能包,能够处理包的依赖关系,提高开发效率。rclpy 库是 Python 语言的 ROS 2 客户端库,提供了 ROS 2 中话题、服务、动作等通信机制,此外还支持管理节点参数、定义消息类型等功能。TF2 为 ROS 2 提供了坐标系管理功能,支持发布静态坐标系和动态坐标系,以及支持查询坐标系间的变换关系。Launch 文件提供了 ROS 2 系统中的多个节点的启动方法,方便了 ROS 2 程序的启动。URDF 是 ROS 2 默认的机器人模型格式,使用 RViz 可对 URDF 进行可视化。本章是 ROS 2 的核心内容,熟练掌握和灵活应用本章内容是后续开发 ROS 2 应用的基础。

第 4 章

ROS 2 仿真基础

第 2 章和第 3 章详细地介绍了 ROS 2 的各个模块和功能,对于机器人仿真和实际机器人开发,需要有效地组合并灵活地应用这些模块和功能。本章将以 ROS 2 自身携带的 TurtleSim 仿真环境为例,通过几个循序渐进的案例展示 ROS 2 中各个模块和功能的综合应用,介绍使用 ROS 2 开发和仿真机器人的方法和步骤。

4.1 TurtleSim 仿真环境简介

20min

TurtleSim 仿真环境是一个 ROS 2 自带的简单机器人仿真工具,旨在帮助用户学习和测试 ROS 2 的各种功能。该仿真环境模拟了一个二维空间,其中包含小海龟机器人,用户可以通过控制小海龟的行为来探索 ROS 2 的基本特性,例如消息发布与订阅、服务调用等。TurtleSim 仿真环境在最基本的层面上展示了 ROS 2 的工作原理,为用户后续处理高级的机器人仿真和真实机器人提供了基础。

TurtleSim 仿真环境的主要特点和组成部分如下。

(1) 小海龟机器人。在 TurtleSim 仿真环境中,可以添加一个或多个小海龟机器人。用户可以通过 ROS 2 的消息机制来控制小海龟的移动、颜色和位置等。在默认情况下,仿真环境在启动时会自动生成一个名为 turtle1 的小海龟机器人。

(2) 仿真环境。在 ROS 2 中运行 TurtleSim 仿真环境的主要节点名称为 turtlesim_node,负责提供二维平面仿真环境并管理小海龟的状态。

(3) 仿真环境提供的话题。

< name >/cmd_vel:用于发布小海龟的速度控制命令的话题,其中< name >需替换为小海龟的名称。通过向这个话题发布 geometry_msgs/Twist 类型的消息来控制小海龟的线速度和角速度。在默认情况下,环境中的小海龟的速度控制话题名为 turtle1/cmd_vel。

< name >/pose:发布小海龟的位置和姿态信息的话题,其中< name >为小海龟的名称。小海龟周期性地发布自己的当前位置信息,消息类型是 TurtleSim/msg/Pose。

(4) 仿真环境提供的服务。

/reset:重置 TurtleSim 仿真环境的服务。调用此服务会重置整个仿真环境。

/spawn：生成新小海龟的服务。通过调用这个服务可以在仿真环境中生成新的小海龟，在生成时可设置生成小海龟的初始位置、朝向和名称。

/kill：移除小海龟的服务。调用该服务可以移除在仿真环境中指定名称的小海龟。

作为 ROS 2 自带的一个默认工具，TurtleSim 仿真环境主要包含以下功能和用途。

（1）学习 ROS 2 基础：TurtleSim 提供了一个简单的仿真环境，帮助新手学习 ROS 2 的基本概念，包括节点、话题、服务和消息等。

（2）算法验证和调试：可以用于实验和验证机器人基本控制算法的效果和正确性。

（3）教学和演示：用来展示 ROS 2 的工作原理，并进行实时演示。

以下就以 TurtleSim 仿真环境为例，通过多个 ROS 2 通信机制控制和监控小海龟运动的案例，介绍 ROS 2 进行机器人仿真的基本方法。

首先创建一个工作空间 ros2_ws4，并创建一个名为 turtle_exercise 的 Python 功能包，命令如下：

```
mkdir -p ~/ros2_ws4/src
cd ~/ros2_ws4/src
ros2 pkg create --build-type ament_python --license MIT turtle_exercise
```

4.2　基础仿真

TurtleSim 仿真环境在启动后会生成一个名为 turtle1 的小海龟机器人。以下通过 3 个案例分别使用 ROS 2 中的话题、服务和动作等通信机制对小海龟的相关功能进行仿真。

4.2.1　案例：话题控制

话题是一种基于发布者-订阅者模型的通信机制，允许节点之间通过发布和订阅消息来实现数据交换。通过话题，可以实时地控制小海龟的运动，例如移动到特定位置或者实时监控其坐标信息。通过这种方式，可以实现实时控制和监控小乌龟在仿真环境中的运动状态。话题是各类仿真中最常用、最重要的通信方式之一。

本案例利用小海龟的速度控制话题，驱动 TurtleSim 仿真环境中的小海龟沿螺旋线进行运动，效果如图 4-1 所示。实现原理是小海龟在保持角速度一定的情况下，使线速度匀速增加即可。具体的实现步骤如下。

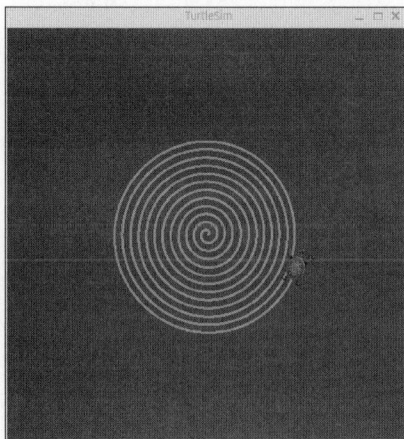

图 4-1　螺旋线运动

1. 编写控制节点

在 turtle_exercise 功能包中创建代码 draw_spiral.py,代码如下:

```
#ros2_ws4/src/turtle_exercise/turtle_exercise/draw_spiral.py
from rclpy.node import Node
from geometry_msgs.msg import Twist

class SpeedPublisher(Node):
    def __init__(self):
        super().__init__('draw_spiral')
        self.turtlename = self.declare_parameter(
          'turtlename', 'turtle1').get_parameter_value().string_value
        self.publisher = self.create_publisher(Twist, f'{self.turtlename}/cmd_
vel', 1)
        self.timer = self.create_timer(0.1, self.on_timer)
        self.cmd=Twist()
        self.cmd.linear.x=0
        self.cmd.angular.z=3.0

    def on_timer(self):
        self.cmd.linear.x +=0.03
        self.publisher.publish(self.cmd)

def main(args=None):
    rclpy.init(args=args)
    speed_publisher= SpeedPublisher()
    try:
        rclpy.spin(speed_publisher)
    except Exception:
        speed_publisher.destroy_node()
        rclpy.shutdown()

if __name__ == '__main__':
    main()
```

上述代码的主要功能如下:

(1) 创建了一个继承自 Node 类的 SpeedPublisher 类,因此 SpeedPublisher 类是一个 ROS 2 节点类。

(2) 在 SpeedPublisher 类初始化方法中,调用 Node 类的构造函数,将节点的名称设置为 draw_spiral。

(3) 使用 declare_parameter 方法声明一个名为 turtlename 的参数,将默认值设置为 'turtle1',通过 get_parameter_value().string_value 获取参数的最新值,并将参数的最新值赋给 self.turtlename 变量。

(4) 创建了一个发布者,将类型为 Twist 的消息发布到 f'{self.turtlename}/cmd_vel' 话题。这里使用了格式化的字符串,将小海龟的名称和命令速度话题名字连接起来。

（5）创建了一个定时器，每隔 0.1s 触发一次 self.on_timer()方法。

（6）创建了一个 Twist 类型的消息实例 self.cmd，并初始化线速度和角速度。这里将小海龟的初始线速度设置为 0，角速度设置为 3.0。

（7）定时器回调函数 on_timer()，每次调用时（每隔 0.1s）将 self.cmd 的线速度 linear.x 增加 0.03，并将更新后的消息发布到 self.publisher 对应的话题上，以控制小海龟的运动速度。

2. 编写 Launch 文件

由于上述节点的运行依赖于 TurtleSim 仿真环境，所以需要使用 Launch 文件来管理 TurtleSim 仿真环境和小海龟螺旋运动两个节点的启动。在功能包的 launch 文件夹内创建一个名为 spiral_launch.py 的 Launch 文件，代码如下：

```
#ros2_ws4/src/turtle_exercise/launch/spiral_launch.py
from launch import LaunchDescription
from launch_ros.actions import Node

def generate_launch_description():
    return LaunchDescription([
        Node(
            package='turtlesim',
            executable='turtlesim_node',
            name='sim'
        ),

        Node(
            package='turtle_exercise',
            executable='draw_spiral',
            name='drawspiral',
            parameters=[
                {'turtlename': 'turtle1'}
            ]
        ),
    ])
```

3. 添加程序入口

保存上述内容后，还需修改功能包中的 setup.py 文件，在文件头部导入 glob 模块，代码如下：

```
from glob import glob
```

然后将 Launch 文件路径添加到 data_files 变量中，代码如下：

```
('share/'+package_name+'/launch', glob('launch/*launch.py')),
```

最后，将以上螺旋运动节点添加到 entry_points 变量的键 console_scripts 中，代码如下：

```
'draw_spiral = turtle_exercise.draw_spiral:main',
```

注意：如果对上述 setup.py 的修改有疑问，则可参考随书附赠代码中的完整代码。同时，以下的所有案例都需要完成此步骤，以便将相关的节点代码导入功能包中，但在案例介绍时会省略该步骤。

---

4. 运行仿真

经过编译和安装功能包后，通过 Launch 文件运行仿真，命令如下：

```
ros2 launch turtle_exercise spiral_launch.py
```

以上命令在运行后，在打开的 TurtleSim 仿真环境中即可看到小海龟进行螺旋运动，如图 4-1 所示。

4.2.2 案例：服务调用

服务是一种基于请求-响应模型的通信机制，在 ROS 2 中使用服务可以调用预定义的功能来实现可靠的特定任务。在 TurtleSim 仿真环境中，提供了多个不同的服务，例如生成小海龟、重置环境和移除小海龟等。

本案中将通过 Trutlesim 仿真环境的/spawm 服务向仿真环境中添加指定数量的小海龟，每只添加的小海龟可设置名称、位置和朝向。案例的运行结果如图 4-2 所示，实现步骤如下。

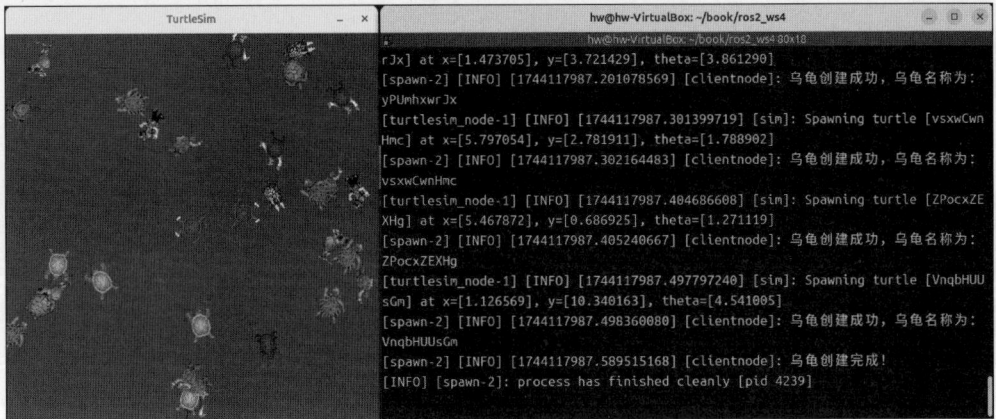

图 4-2　生成多只小海龟

1. 编写控制节点

在 turtle_exercise 功能包中创建代码文件 spawn.py，代码如下：

```
#ros2_ws4/src/turtle_exercise/turtle_exercise/spawn.py
import rclpy
from rclpy.node import Node
from turtlesim.srv import Spawn
```

```python
import string
import random

class SpwanNode(Node):
    def __init__(self,node_name='clientnode'):
        super().__init__(node_name=node_name)
        self.num = self.declare_parameter(
            'num', int('10')).get_parameter_value().integer_value
        self.client=self.create_client(Spawn,'/spawn')
        while not self.client.wait_for_service(timeout_sec=1.0):
            print('服务器不可用,正在等待......')
        self.t=self.create_timer(0.1,self.request)

    def request(self):
        if self.num==0:
            self.get_logger().info(f'乌龟创建完成!')
            self.destroy_timer(self.t)
            self.destroy_node()
            raise Exception('done!')
        req=Spawn.Request()
        req.x=random.random()*11
        req.y=random.random()*11
        req.theta=random.random()*6.28
        req.name=''.join(random.choices(string.ascii_letters,k=10))
        self.req=self.client.call_async(req)
        self.req.add_done_callback(self.response_callback)

    def response_callback(self,future):
        response=future.result()
        if response and response.name:
            self.get_logger().info(f'乌龟创建成功,乌龟名称为{response.name}')
            self.num-=1

def main(args=None):
    rclpy.init(args=args)
    node=SpwanNode()
    try:
        rclpy.spin(node)
    except Exception:
        rclpy.shutdown()
        exit(0)

if __name__ == '__main__':
    main()
```

上述代码的含义如下:

(1) 创建了一个继承自 Node 类的 SpwanNode 类。

(2) 在 SpwanNode 类初始化方法 __init__()中,使用 declare_parameter 声明一个名为

num 的参数,如果未指定,则默认为整数 10,并将其值赋给 self. num,可以通过 ROS 2 命令行或者 Launch 文件中的 parameters 参数来传递该参数,然后创建一个服务客户端 self. client,用于调用/spawn 服务,即创建新的小海龟。使用 create_timer 创建一个定时器 self. t,每隔 0.1s 调用一次 self. request()方法。

（3）self. request()方法:首先检查小海龟是否完成创建,如果变量 self. num 为 0,则输出日志并关闭定时器和节点,否则创建一个 Spawn. Request()实例 req,生成随机的小海龟初始位置和角度,并使用随机生成的 10 个字母作为小海龟的名称。随后使用 self. client. call_async(req)发起异步调用,即调用/spawn 服务创建小海龟,该方法会返回一个 Future 对象 self. req。通过向 self. req 添加回调函数 self. response_callback()来进行服务调用响应的异步处理。

（4）response_callback()方法:处理 self. req 异步服务调用的响应。如果成功接收到响应,并且响应中包含乌龟的名称,则输出日志表示乌龟创建成功,并将 self. num 减 1,表示还需要创建的乌龟数量减少了一个。

2. 编写 Launch 文件

整个案例需要启动两个节点,使用 Launch 文件管理节点启动。创建一个 Launch 文件 spawn_launch. py,代码如下:

```python
#ros2_ws4/src/turtle_exercise/launch/spawn_launch.py
from launch import LaunchDescription
from launch_ros.actions import Node
from launch.actions import DeclareLaunchArgument
from launch.substitutions import LaunchConfiguration

def generate_launch_description():
    num_param=DeclareLaunchArgument('num',default_value='10')

    return LaunchDescription([
        num_param,
        Node(
            package='turtlesim',
            executable='turtlesim_node',
            name='sim'
        ),

        Node(
            package='turtle_exercise',
            executable='spawn',
            parameters=[
                {'num': LaunchConfiguration('num')},
            ]
        ),
    ])
```

在上述 Launch 文件中,创建了一个参数 num_param,用于设置生成的小海龟数量,默认值为10,可通过 Launch 文件启动时设置参数动态地确定小海龟的生成数量,以及创建了小海龟仿真环境和生成小海龟两个节点。

3. 添加程序入口

保存上述内容后,还需修改功能包中的 setup.py 文件,将生成小海龟的节点添加到 entry_points 变量的键 console_scripts 中,代码如下:

```
'spawn = turtle_exercise.spawn:main',
```

4. 运行仿真

经过编译和安装功能包后,即可运行 Launch 文件,命令如下:

```
ros2 launch turtle_exercise spawn_launch.py
```

上述命令的运行效果如图 4-3 所示,在小海龟的仿真环境中生成了 10 只小海龟。

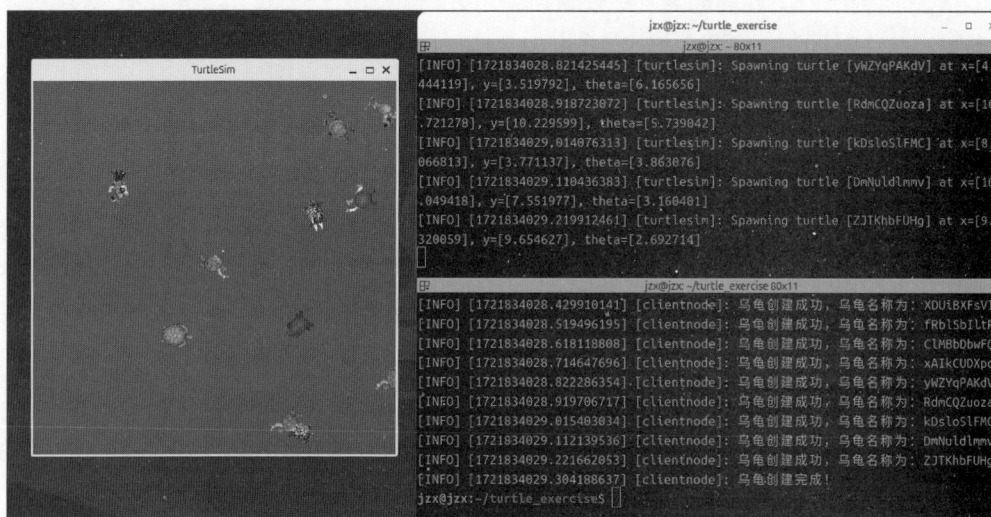

图 4-3 生成 10 只小海龟

由于在 Launch 文件中声明了参数 num,在启动 Launch 文件时设置参数 num 的值可生成指定数量的小海龟。例如生成 30 只小海龟,命令如下:

```
ros2 launch turtle_exercise spawn_launch.py num:=30
```

上述命令的运行效果如图 4-2(本案例的第 1 张图)所示。

4.2.3 案例:动作反馈

动作是一种高级的通信机制,用于执行长时间运行的任务或者需要反馈的任务,例如移动小乌龟形成多边形或者执行一系列复杂的动作序列。

在本案例中,将通过定义和使用自定义的动作消息类型及 TurtleSim 自带的

TeleportAbsolute 服务来完成一个小海龟的长期移动任务。本案例的效果是让小海龟移动,以便绘制一个正多边形,效果如图 4-4 所示。小海龟按正多边形移动是一个长期的任务,可分解为多个逐边绘制的子过程,适合借助 ROS 2 中的动作来实现。

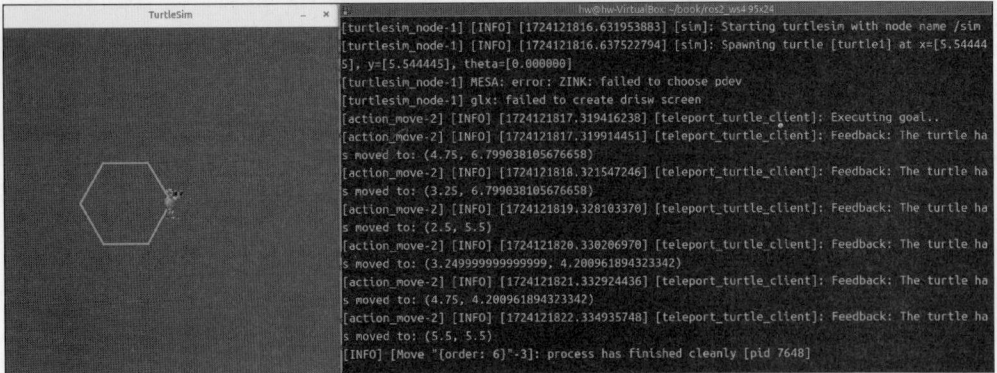

图 4-4　绘制正多边形

1. 创建自定义消息功能包

为了实现上述效果,首先需要创建一个新的 ROS 2 功能包来组织和存放自定义的动作消息,步骤如下。

(1) 在工作空间下的 src 目录中创建一个名为 interface_exercise 的功能包,命令如下:

```
ros2 pkg create --build-type ament_cmake --license MIT interfaces_exercise
```

(2) 在功能包中创建一个 action 文件夹,并创建一个动作消息类型文件 Move. action,命令如下:

```
cd interfaces_exercise
mkdir action
touch Move.action
```

(3) 编辑 Move. action 文件,设置完成小海龟按正多边形移动所需要的请求、响应和反馈信息。请求消息只需包含绘制多边的边数,响应结果返回多边形各顶点的坐标,反馈是当前已经绘制的多边形顶点坐标。根据以上分析,定义动作消息类型的详细结构,内容如下:

```
int32 order #Goal
---
float32[] sequence #Result
---
float32[] partial_sequence #Feedback
```

(4) 修改功能包中的 CMakeLists. txt 和 package. xml 文件。在 CMakeLists. txt 文件中加入 Move. action 信息,修改文件的内容如下:

```
#ros2_ws4/src/interfaces_exercise/CMakeLists.txt
cmake_minimum_required(VERSION 3.8)
project(interfaces_exercise)

if(CMAKE_COMPILER_IS_GNUCXX OR CMAKE_CXX_COMPILER_ID MATCHES "Clang")
  add_compile_options(-Wall -Wextra -Wpedantic)
endif()


#find dependencies
find_package(ament_cmake REQUIRED)
find_package(rosidl_default_generators REQUIRED)
#uncomment the following section in order to fill in
#further dependencies manually.
#find_package(<dependency> REQUIRED)
#以下三行为添加的内容
rosidl_generate_interfaces(${PROJECT_NAME}
  "action/Move.action"
)

if(BUILD_TESTING)
  find_package(ament_lint_auto REQUIRED)
  #the following line skips the linter which checks for copyrights
  #comment the line when a copyright and license is added to all source files
  set(ament_cmake_copyright_FOUND TRUE)
  #the following line skips cpplint (only works in a git repo)
  #comment the line when this package is in a git repo and when
  #a copyright and license is added to all source files
  set(ament_cmake_cpplint_FOUND TRUE)
  ament_lint_auto_find_test_dependencies()
endif()

ament_package()
```

修改 package.xml 文件中的内容，修改后的内容如下：

```
#ros2_ws4/src/interfaces_exercise/package.xml
<?xml version="1.0"?>
<?xml-model href="http://download.ros.org/schema/package_format3.xsd"
schematypens="http://www.w3.org/2001/XMLSchema"?>
<package format="3">
  <name>interfaces_exercise</name>
  <version>0.0.0</version>
  <description>TODO: Package description</description>
  <maintainer email="jzx@todo.todo">jzx</maintainer>
  <license>MIT</license>

  <buildtool_depend>ament_cmake</buildtool_depend>
  <buildtool_depend>rosidl_default_generators</buildtool_depend>
```

```
<depend>action_msgs</depend>

<test_depend>ament_lint_auto</test_depend>
<test_depend>ament_lint_common</test_depend>

<build_depend>rosidl_default_generators</build_depend>
<exec_depend>rosidl_default_runtime</exec_depend>
<member_of_group>rosidl_interface_packages</member_of_group>

<export>
  <build_type>ament_cmake</build_type>
</export>
</package>
```

（5）编译和安装 interfaces_exercise 功能包，并检验自定义动作消息类型的正确性，命令如下：

```
colcon build --packages-select interfaces_exercise
source install/setup.bash
ros2 interface show interfaces_exercise/action/Move
```

上述命令的运行效果如图 4-5 所示，表明功能包 interfaces_exercise 中的自定义动作消息成功定义，并可以被 ROS 2 正确识别。

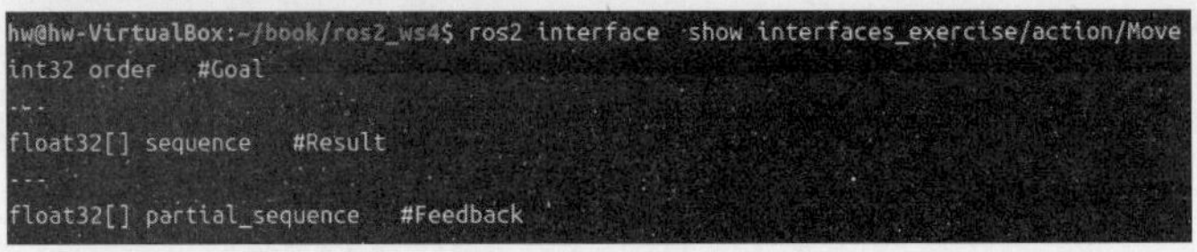

图 4-5　检验自定义动作消息类型

2. 小海龟绘制多边形仿真

完成上述自定义消息的定义后，接下来实现小海龟绘制多边形的功能，步骤如下。

1）编写控制节点

在 turtle_exercise 文件夹中创建一个完成小海龟绘制多边形任务的程序 action_move.py，代码如下：

```
#ros2_ws4/src/turtle_exercise/turtle_exercise/action_move.py
import rclpy
from rclpy.node import Node
from turtlesim.srv import TeleportAbsolute
import math
import time
from rclpy.action import ActionServer
from interfaces_exercise.action import Move

class TeleportTurtleClient(Node):
```

```python
    def __init__(self):
        super().__init__('teleport_turtle_client')
        self._action_server = ActionServer(self, Move, 'turtle_move', self.
execute_callback)

        self.service_client = self.create_client(TeleportAbsolute, 'turtle1/
teleport_absolute')
        while not self.service_client.wait_for_service(timeout_sec=1.0):
            self.get_logger().info('service not available, waiting again...')
        self.req = TeleportAbsolute.Request()

    def calculate_polygon_vertices(self, base_length, num_sides, fix_x, fix_y):
        angle_increment = 360 / num_sides
        angle_radians = math.radians(angle_increment / 2)
        sin_half_theta = math.sin(angle_radians)
        radius = base_length / (2 * sin_half_theta)
        self.vertices = []

        for i in range(num_sides-1):
            angle_deg = (i+1) * angle_increment
            angle_rad = math.radians(angle_deg)
            x = fix_x - radius + radius * math.cos(angle_rad)
            y = fix_y + radius * math.sin(angle_rad)
            self.vertices.append((x, y))
        self.vertices.append((fix_x, fix_y))

    def send_request(self, x, y, theta):
        self.req.x = x
        self.req.y = y
        self.req.theta = theta

        future = self.service_client.call_async(self.req)
        future.add_done_callback(self.callback)

    def callback(self, future):
        try:
            response = future.result()
        except Exception as e:
            self.get_logger().info('Service call failed %r' % (e,))

    def execute_callback(self, goal_handle):
        self.get_logger().info('Executing goal..')

        feedback_msg = Move.Feedback()
        feedback_msg.partial_sequence = []
        self.calculate_polygon_vertices(1.5, goal_handle.request.order, 5.5, 5.5)

        for i in range(goal_handle.request.order):
            feedback_msg.partial_sequence.append(self.vertices[i][0])
```

```
                feedback_msg.partial_sequence.append(self.vertices[i][1])
                self.send_request(self.vertices[i][0], self.vertices[i][1], 1.57)
                self.get_logger().info('Feedback: The turtle has moved to: {}'.
format(self.vertices[i]))
                goal_handle.publish_feedback(feedback_msg)
                time.sleep(1)

        goal_handle.succeed()
        result = Move.Result()
        result.sequence = feedback_msg.partial_sequence
        return result

def main(args=None):
    rclpy.init(args=args)
    node=TeleportTurtleClient()
    try:
        rclpy.spin(node)
    except Exception:
        rclpy.shutdown()
        exit(0)

if __name__ == '__main__':
    main()
```

以上代码的主要功能如下：

(1) 在代码头部引入所需要的库 Node 和 ActionServer 等，引入消息类型 TeleportAbsolute 和自定义的 Move 消息。

(2) 定义了控制小海龟移动的节点 TeleportTurtleClient 类。TeleportTurtleClient 类继承自 Node 类，在类初始化__init__()函数中，首先创建了一个名称为 turtle_move 的动作服务器(ActionServer)，使用自定义的 Move 消息类型，设置当客户端请求消息 goal 被接收时调用 execute_callback 方法处理，然后还创建了一个服务客户端 self.service_client，用来调用 turtle1/teleport_absolute 服务，并且等待上述服务就绪。

(3) 定义了一个根据边长、边数和起点坐标计算多边形顶点坐标的方法 calculate_polygon_vertices(base_length, num_sides, fix_x, fix_y)，其中参数 base_length 为多边形的边长，num_sides 为边数，(fix_x, fix_y)为多边形起点的坐标。该函数首先会计算出每个顶点相对于中心点的角度，然后使用三角函数计算出顶点的具体位置，并将计算出的顶点坐标存储在列表 self.vertices 中。

(4) 使用服务客户端向 TurtleSim 仿真环境发送 turtle1/teleport_absolute 服务请求的函数 send_request(x, y, theta)。该函数根据给定的坐标(x, y)并朝向 theta 弧度，设置 TeleportAbsolute.Request 类的对象 self.req 的属性，通过客户端异步调用方法 call_async(self.req)向服务器发送将小海龟移动到目标点的请求，并给客户端指定了一个处理服务器响应的回调函数 callback()。由于服务器的响应在本案例不使用，所以回调函数 callback()

对服务器响应只进行了简单处理。

（5）动作服务器的目标请求回调函数 execute_callback(goal_handle)，用于处理客户端发起的小海龟绘制多边形的请求。动作服务器每收到一个客户端请求都会执行该回调函数。在回调函数内初始化了一个 Move. Feedback()消息对象 feedback_msg，用来发布反馈信息；根据客户端请求消息中的多边形边数，调用 calculate_polygon_vertices()计算多边形的顶点坐标；使用一个循环来依次将小海龟移动到每个顶点，并在小海龟每次移动完成后，通过 goal_handle. publish_feedback(feedback_msg)向客户端反馈移动进度信息；最后在完成多边形的绘制后构造 Move. Result()对象 result，将所有顶点返回客户端，完成本次动作。

2）编写 Launch 文件

编写小海龟绘制多边形的 Launch 文件，用于启动 TurtleSim 仿真环境、上述编写的小海龟多边形绘制节点和一个调用动作服务的客户端。创建 action_move_launch. py 文件，代码如下：

```
#ros2_ws4/src/turtle_exercise/launch/action_move_launch.py
from launch import LaunchDescription
from launch_ros.actions import Node
from launch.actions import DeclareLaunchArgument,ExecuteProcess
from launch.substitutions import LaunchConfiguration

def generate_launch_description():
    return LaunchDescription([
        DeclareLaunchArgument('order',default_value='6'),

        Node(
            package='turtlesim',
            executable='turtlesim_node',
            name='sim'
        ),

        Node(
            package='turtle_exercise',
            executable='action_move',
        ),

        ExecuteProcess(cmd=[[
            'ros2 action send_goal --feedback ',
            '/turtle_move ',
            'interfaces_exercise/action/Move ',
            '"{order: ',
            LaunchConfiguration('order'),
            '}"',
        ]],
        shell=True)
    ])
```

在以上代码中,先创建了一个用于设置多边形边数的变量,默认值为 6,其次创建了 TurtleSim 仿真环境节点,再次创建了小海龟绘制多边形的动作服务器,最后通过命令行程序创建一个动作客户端向动作服务器发起绘制多边形的动作。

3) 运行仿真

编译和安装功能包后,运行 Launch 文件,命令如下:

```
ros2 launch turtle_exercise action_move_launch.py
```

上述命令的运行效果如图 4-4 所示,动作客户端向动作服务器发起请求,动作服务器接收到请求后逐边完成多边形的绘制。

注意:在编译和安装功能包前,还需要编辑功能包的 setup.py 文件,将编写的节点程序添加到 entry_points 变量中。

此外,也可以通过在运行 Lanuch 文件时添加参数来设置绘制多边形的边数,例如绘制 8 边形,命令如下:

```
ros2 launch turtle_exercise action_move_launch.py order:=8
```

4.3 群机器人仿真

在 ROS 2 系统中,驱动多台机器人涉及多个关键组件和概念,这些组件协同工作以实现多机器人系统的有效控制和协调。多机器人系统通常涉及协同工作和任务分配。ROS 2 通过服务、参数服务器和自定义消息等功能,实现对任务分配和协同工作进行有效管理,例如,一个中心节点可以将任务分配给多台机器人,并收集和汇总任务执行的结果。以下通过两个群机器人的控制案例,介绍利用 ROS 2 实现多机器人控制的方法。

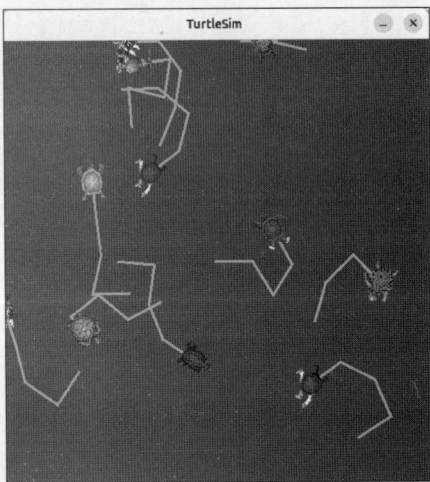

图 4-6 随机游走

4.3.1 案例:随机游走

利用 ROS 2 的通信机制,在 TurtleSim 仿真环境中创建多只小海龟,并使这些小海龟在仿真环境中随机游走,效果如图 4-6 所示。

实现多只小海龟的随机游走,需要先创建多只小海龟,然后需要向创建的各只小海龟发布控制速度的话题。创建小海龟可通过在 Launch 文件里调用/spwan 服务实现,根据命名空间创建控制各只小海龟运动的节点。具体的实现步骤如下。

1. 编写控制节点

创建控制一只小海龟随机游走的 random_walk.py 节点，代码如下：

```
#ros2_ws4/src/turtle_exercise/turtle_exercise/random_walk.py
import rclpy
from rclpy.node import Node
from geometry_msgs.msg import Twist
import random

class RandomWalk(Node):
    def __init__(self):
        super().__init__('random_walk')
        self.turn = False if random.random() < 0.5 else True
        self.current_msg = Twist()
        self.walk = self.create_timer(3, self.random_speed)
        self.cmd_publisher = self.create_publisher(Twist, 'cmd_vel', 10)

    def random_speed(self):
        msg = Twist()
        if self.turn:
            sign = 1 if random.random() < 0.5 else -1
            msg.angular.z = random.uniform(1.0 , 2 *1.0 ) *sign
            msg.linear.x = 0.0
            self.walk.cancel()
            self.walk = self.create_timer(random.uniform(0, 2.0), self.random_speed)
        else:
            msg.angular.z = 0.0
            msg.linear.x = 1.0
            self.walk.cancel()
            bu = random.uniform(2.5, 4.5)
            self.walk = self.create_timer(bu, self.random_speed)
        self.turn = not self.turn
        self.cmd_publisher.publish(msg)


def main(args=None):
    rclpy.init(args=args)
    node = RandomWalk()
    try:
        rclpy.spin(node)
    except Exception:
        rclpy.shutdown()
        exit(0)
    rclpy.shutdown()

if __name__ == '__main__':
    main()
```

以上代码定义了一个继承自 Node 的 RandomWalk 类,主要功能如下:

(1) 在类初始化方法__init__()。定义变量 self.turn,表示机器人是否转向,并初始化为随机的布尔值。定义变量 self.current_msg,并初始化为一个空的 Twist 消息对象,用于存储当前的运动指令。创建一个定时器 self.walk,每隔 3s 触发一次 self.random_speed() 回调函数,实现机器人的随机移动。创建一个话题发布者 self.cmd_publisher,将 Twist 消息发布到'cmd_vel'话题,控制小海龟的运动。

(2) 定时器回调函数 random_speed()。如果变量 self.turn 为 True,则表示当前要转向,随机选择一个方向(正向或反向),将线速度设置为 0,生成一个随机的角速度;如果 self.turn 为 False,则表示当前直行,将角速度设置为 0,线速度设置为 1。self.walk.cancel() 用于取消当前的定时器,根据不同情况重新创建一个定时器,以实现不同的定时运动间隔。最后,使用 self.cmd_publisher.publish(msg)发布生成的 Twist 消息,控制机器人的运动。

2. 编写 Launch 文件

编写 Launch 文件启动所需的节点,生成多只小海龟并使其随机游走。创建 random_walk_launch.py 文件,代码如下:

```
#ros2_ws4/src/turtle_exercise/launch/random_walk_launch.py
from launch import LaunchDescription
from launch_ros.actions import Node
from launch.actions import ExecuteProcess
import random

def generate_launch_description():
    turtle_num = 10
    ld = LaunchDescription()

    sim = Node(
        package='turtlesim',
            executable='turtlesim_node',
            name='sim'
            )
    ld.add_action(sim)

    for i in range (turtle_num):
        name = 'turtle' + str(i+1)
        turtle = Node(
            package='turtle_exercise',
            executable='random_walk',
            namespace=name
        )
        ld.add_action(turtle)

        x=random.random()*11
        y=random.random()*11
        cmd=f'x: {x}, y: {y}, name: {name}'
```

```
        ep=ExecuteProcess(cmd=[[
            'ros2 service call ',
            '/spawn ',
            'turtlesim/srv/Spawn ',
            '"{' + cmd + '}"',
            ]], shell=True)
        ld.add_action(ep)

    return ld
```

在以上代码中，利用 Python 语言中的循环创建了控制小海龟的节点和生成小海龟的服务调用，并通过对控制节点命名空间的设置使控制节点与特定的小海龟建立联系，对小海龟实现控制。

3. 运行仿真

编译和安装功能包后，运行 Launch 文件，命令如下：

```
ros2 launch turtle_exercise random_walk_launch.py
```

上述命令的运行效果如图 4-6 所示，在仿真环境中生成多只小海龟，并使小海龟进行随机游走。

4.3.2　案例：绘制奥运五环

参考在 2.4.3 节中使用 rqt 绘制的奥运五环图案，本案例将通过编程的方式来实现奥运五环的绘制，效果如图 4-7 所示。绘制奥运五环的步骤如下。

1. 创建移除小海龟节点

移除 TurtleSim 仿真环境内启动时默认添加的小海龟 turtle1，为自定义的小海龟腾出空间。创建 clear_turtle.py 文件，内容如下：

图 4-7　奥运五环

```
#ros2_ws4/src/turtle_exercise/turtle_exercise/clear_turtle.py
import rclpy
from rclpy.node import Node
from turtlesim.srv import Kill

class CallKillService(Node):

    def __init__(self):
        super().__init__('kill')
        self.client = self.create_client(Kill, 'kill')
```

```
            while not self.client.wait_for_service(timeout_sec=1.0):
                self.get_logger().info('Service not available, waiting again...')

            self.call_service()

    def call_service(self):
        self.req = Kill.Request()
        self.req.name = 'turtle1'
        req= self.client.call_async(self.req)
        req.add_done_callback(self.response_callback)

    def response_callback(self,future):
        response = future.result()
        if response is not None:
            self.get_logger().info('Kill service call successful')
        else:
            self.get_logger().warning('Kill service call failed')

def main(args=None):
    rclpy.init(args=args)
    node=CallKillService()
    try:
        rclpy.spin(node)
    except Exception:
        node.destroy_node()
        rclpy.shutdown()
        exit(0)

if __name__ == '__main__':
    main()
```

上述代码的主要功能如下：

（1）实现了一个继承自 Node 的 CallKillService 类，在类的初始方法 __init__()中，创建了一个调用 kill 服务的客户端，并使用客户端的 wait_for_service()方法等待服务可用。服务可用后调用 call_service()方法。

（2）在类的 call_service()方法中，创建 Kill. Request 对象 self. req，并将其中的 name 属性设置为'turtle1'，以指定要移除的海龟名字，随后使用客户端的 call_async()方法异步调用服务，向服务器发送请求消息 self. req，并将处理服务器响应的回调函数设置为 response_callback()。

2. 创建小海龟控制节点

在指定位置创建一只小海龟并赋予其初始的角速度与线速度，使其做圆周运动。创建 spawn_cmd. py 文件，内容如下：

```
#ros2_ws4/src/turtle_exercise/turtle_exercise/spawn_cmd.py
import rclpy
```

```python
from rclpy.node import Node
from turtlesim.srv import Spawn
from geometry_msgs.msg import Twist

class SpawnNode(Node):
    def __init__(self):
        super().__init__('spawn_cmd')

        x = self.declare_parameter(
            'x', float('5.5')).get_parameter_value().double_value
        y = self.declare_parameter(
            'y', float('5.5')).get_parameter_value().double_value
        name = self.declare_parameter(
            'name', str('turtle')).get_parameter_value().string_value

        self.spawn=self.create_client(Spawn,'/spawn')
        while not self.spawn.wait_for_service(timeout_sec=1.0):
            print('服务器不可用,正在等待......')

        self.call_spawn_service(x,y,name)
        self.cmd_publisher = self.create_publisher(Twist, name + '/cmd_vel', 10)
        self.create_timer(0.1, self.pub_vel)

    def pub_vel(self):
        cmd = Twist()
        cmd.linear.x = 1.0
        cmd.angular.z = 0.75
        self.cmd_publisher.publish(cmd)

    def call_spawn_service(self,x,y,name):
        req=Spawn.Request()
        req.name=name
        req.x=x
        req.y=y
        req.theta=0.0
        self.spawn.call_async(req)

def main(args=None):
    rclpy.init(args=args)
    node=SpawnNode()
    try:
        rclpy.spin(node)
    except Exception:
        rclpy.shutdown()
        exit(0)

if __name__ == '__main__':
    main()
```

上述代码的主要功能如下:

(1) 实现了一个继承自 Node 的 SpawnNode 类,在类的初始化方法__init__()中声明了 3 个节点参数 x、y、name,用于控制生成小海龟的名称和位置,使用 create_client()方法创建/spawn 服务的客户端,并使用客户端的 wait_for_service()方法等待/spawn 服务可用。在服务可用后调用 call_spawn_service()方法生成小海龟。最后使用 create_publisher()方法创建了一个发布小海龟控制命令的话题发布者,并通过定时器周期性地发布小海龟的速度。

(2) call_spawn_service()方法用于调用/spawn 服务,在指定位置以指定名称生成小海龟。在方法内,创建 Spawn.Request 对象 req,并设置小海龟的名称(name)、初始位置的坐标(x,y),以及小海龟的初始朝向角度 theta,然后使用客户端的 call_async()方法异步调用/spawn 服务,向服务器请求生成小海龟。

(3) pub_vel()方法用于向创建的小海龟发布速度控制指令。在方法内,创建了一个 Twist 消息实例 cmd,并将其线速度和角速度设置为恒定值,最后使用发布者发布速度消息。该方法由定时器周期性地调用。

3. 创建小海龟轨迹控制节点

设置小海龟的轨迹宽度和颜色,使小海龟以指定颜色和宽度绘制圆形。创建 set_pen. py 文件,内容如下:

```
#ros2_ws4/src/turtle_exercise/turtle_exercise/set_pen.py
import rclpy
from rclpy.node import Node
from turtlesim.srv import SetPen

class PenNode(Node):
    def __init__(self):
        super().__init__('set_pen')

        r = self.declare_parameter(
          'r', int('0')).get_parameter_value().integer_value
        g = self.declare_parameter(
          'g', int('0')).get_parameter_value().integer_value
        b = self.declare_parameter(
          'b', int('0')).get_parameter_value().integer_value
        width = self.declare_parameter(
          'width', int('5')).get_parameter_value().integer_value
        name = self.declare_parameter(
          'name', str('turtle')).get_parameter_value().string_value

        self.setpen = self.create_client(SetPen, name + '/set_pen')
        while not self.setpen.wait_for_service(timeout_sec=1.0):
            print('服务器不可用,正在等待... ...')

        self.call_set_pen_service(r,g,b,width,0)
```

```python
    def call_set_pen_service(self, r, g, b, width, off):
        req = SetPen.Request()
        req.r = r
        req.g = g
        req.b = b
        req.width = width
        req.off = off
        self.setpen.call_async(req)

def main(args=None):
    rclpy.init(args=args)
    node=PenNode()
    try:
        rclpy.spin(node)
    except Exception:
        rclpy.shutdown()
        exit(0)

if __name__ == '__main__':
    main()
```

上述代码的主要功能如下：

（1）实现了一个继承自 Node 的 PenNode 类，在类的初始化方法__init__()中声明了5个节点参数 r、g、b、width、name，用于设置指定名称小海龟轨迹的颜色和宽度。使用 create_client()方法创建/set_pen 服务的客户端，并使用 wait_for_service()方法等待/set_pen 服务可用。在服务可用后，调用 call_set_pen_service()方法设置小海龟画笔的颜色和宽度。

（2）call_set_pen_service()方法用于调用/set_pen 服务，设置小海龟轨迹的属性。在该方法内创建了一个 SetPen. Request 对象 req，并设置小海龟轨迹的颜色（r，g，b）和宽度（width），以及是否显示轨迹 off，当 off 值为 0 时显示，当 off 值大于 0 时不显示，最后使用 call_async()方法异步调用/set_pen 服务，向服务器发起设置小海龟轨迹的命令。

4．编写 Launch 文件

编写 Launch 文件管理各个节点的启动，完成奥运五环图的绘制。在 launch 文件夹下创建一个名为 five_rings_launch. py 的文件，代码如下：

```python
#ros2_ws4/src/turtle_exercise/launch/five_rings_launch.py
import os
from launch import LaunchDescription
from launch_ros.actions import Node
from ament_index_python.packages import get_package_share_directory

def generate_launch_description():
    ld = LaunchDescription()

    turtle_pose = [(4,4),(7,4),(2.5,5.5),(5.5,5.5),(8.5,5.5)]
```

```python
ring_color = [(255,255,0),(0,255,0),(0,0,255),(0,0,0),(255,0,0)]

config = os.path.join(
get_package_share_directory('turtle_exercise'),
'config',
'turtlesim.yaml'
)

sim = Node(
    package='turtlesim',
    executable='turtlesim_node',
    parameters=[config]
    )
ld.add_action(sim)

clear_sim = Node(
    package='turtle_exercise',
    executable='clear_turtle',
)
ld.add_action(clear_sim)

for i in range(5):
    name ='my_turtle' + str(i+1)
    spawn = Node(
        package='turtle_exercise',
        executable='spawn_cmd',
        parameters=[{
            'x':float(turtle_pose[i][0]),
            'y':float(turtle_pose[i][1]),
            'name':name
            }
        ]
    )
    ld.add_action(spawn)

for i in range(5):
    name ='my_turtle' + str(i+1)
    setpen = Node(
        package='turtle_exercise',
        executable='set_pen',
        parameters=[{
            'r':int(ring_color[i][0]),
            'g':int(ring_color[i][1]),
            'b':int(ring_color[i][2]),
            'width':5,
            'name':name
            }
        ]
    )
```

```
        ld.add_action(setpen)

    return ld
```

在以上代码中,首先定义了生成小海龟的位置和颜色的变量,其次在启动 TurtleSim 仿真环境时,使用了参数配置文件 turtlesim. yaml 将仿真环境的背景设置为白色,然后启动 clear_turtle 节点消除 TurtleSim 仿真环境中的默认海龟,最后使用两个循环分别在不同位置共创建 5 只进行圆周运动的小海龟,并设置不同的轨迹颜色。

注意:在上述 Launch 文件中通过循环的方式创建了多个节点,这是 Python 格式 Launch 文件相较于 XML 和 YAML 两种格式启动文件的最大优点,即 Python 格式的 Launch 文件具有极大的灵活性。

---

5. 运行仿真

编译和安装功能包后,运行 Launch 文件,绘制奥运五环,命令如下:

```
ros2 launch turtle_exercise five_rings_launch.py
```

上述命令的运行效果如图 4-7 所示,在 TurtleSim 仿真环境中生成 5 只小海龟,每只小海龟的轨迹显示为一个奥运五环图形。

4.4　机器人移动与 TF2

13min

在机器人应用程序中,坐标系的管理和变换非常关键,特别是当存在多个机器人和传感器时。TF2 的主要功能之一是确保不同坐标系下的传感器数据和运动控制指令能够正确地管理和执行。

在一个典型的机器人系统中,可能涉及多个坐标系。每个机器人通常会有自己的本地坐标系,用于描述其位置、姿态和运动。为了便于计算和管理,通常会选择一个全局或参考坐标系,例如通常称为 World 的全局坐标系,其他机器人和传感器的位置和姿态信息可以相对于这个全局坐标系进行描述和变换。

在仿真环境中同样如此,当存在多个虚拟机器人时,每个机器人都会有其自己的局部坐标系。这些坐标系需要通过坐标变换来进行管理和同步,确保各个机器人的位置和运动在全局坐标系下的一致性和正确性。下面的 3 个案例就以坐标系的应用为主介绍 TF2 在机器人坐标系管理上的应用方法。

4.4.1　案例:坐标广播

本案例将演示使用 TF2 广播小海龟的局部坐标系,并通过 RViz 可视化小海龟的局部坐标系,效果如图 4-8 所示。广播小海龟坐标系的步骤如下。

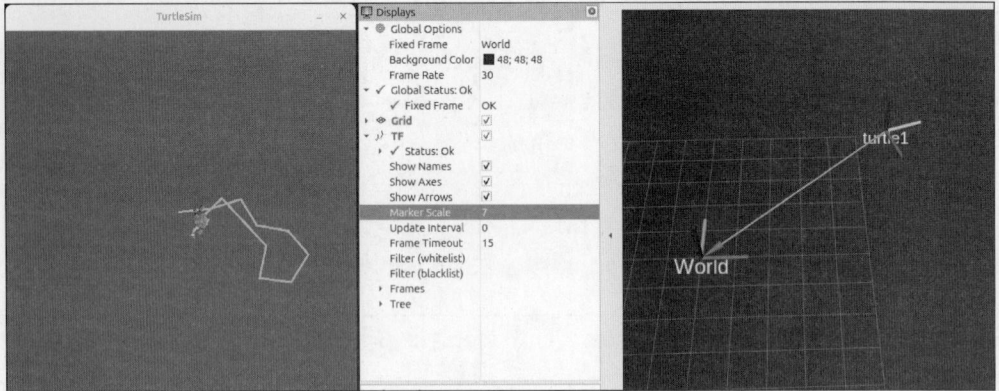

图 4-8　坐标广播

1. 安装第三方库

安装坐标变换的 Python 库 transforms3d 和 ROS 2 功能包 tf-transformations，命令如下：

```
sudo apt install python3-transforms3d
sudo apt install ros-jazzy-tf-transformations
```

2. 广播坐标系节点

使用 TF2 广播小海龟的坐标系。创建 tf_broadcast. py 文件，代码如下：

```python
#ros2_ws4/src/turtle_exercise/turtle_exercise/tf_broadcast.py
import rclpy
from rclpy.node import Node
from geometry_msgs.msg import TransformStamped
import tf_transformations
from tf2_ros import TransformBroadcaster
from turtlesim.msg import Pose

class TFBroadcaster(Node):

    def __init__(self):
        super().__init__('tf_broadcast')
        self.name = self.declare_parameter(
            'name', str('turtle1')).get_parameter_value().string_value

        self.tf_broadcaster = TransformBroadcaster(self)

        self.pose_sub = self.create_subscription(Pose, self.name + '/pose',
self.pose_callback, 1)

    def pose_callback(self, msg):
        transform = TransformStamped()
        transform.header.stamp = self.get_clock().now().to_msg()
```

```
        transform.header.frame_id = 'World'
        transform.child_frame_id = self.name
        transform.transform.translation.x = msg.x
        transform.transform.translation.y = msg.y
        transform.transform.translation.z = 0.0
        q = tf_transformations.quaternion_from_euler(0, 0, msg.theta)
        transform.transform.rotation.x = q[0]
        transform.transform.rotation.y = q[1]
        transform.transform.rotation.z = q[2]
        transform.transform.rotation.w = q[3]

        self.tf_broadcaster.sendTransform(transform)
def main(args=None):
    rclpy.init(args=args)
    node=TFBroadcaster()
    try:
        rclpy.spin(node)
    except Exception:
        rclpy.shutdown()
        exit(0)
```

上述代码的主要功能如下:

(1) 实现了一个继承自 Node 的 TFBroadcaster 类,在类的初始方法__init__()中,将节点名称指定为'tf_broadcast'。使用 declare_parameter()方法声明参数'name',默认值为'turtle',并获取其字符串值。创建 TransformBroadcaster 实例 self.tf_broadcaster,用于广播坐标变换。创建一个订阅器 self.pose_sub,订阅来自指定小海龟名称(通过参数'name')的姿态信息,并指定 pose_callback()方法处理接收的姿态信息。

(2) pose_callback()方法将接收的小海龟姿态经处理后发布到 TF2 中。在方法内,创建了一个 TransformStamped 实例 transform,用于存储坐标变换信息,并设置 transform 的时间戳、父坐标系和子坐标系的名称(分别为'World'和 self.name)。将 msg 中的位置信息 msg.x 和 msg.y 分别赋给坐标系变换 transform 的平移部分。使用 quaternion_from_euler()函数将姿态信息从欧拉转角形式变换为四元数形式,并赋给 transform 的旋转部分。最后,使用 self.tf_broadcaster.sendTransform()方法将这个坐标变换 transform 信息发布到 ROS 2 的 TF2 系统中,使其他节点可以获取和使用坐标系信息。

3. 编写 Launch 文件

编写 Launch 文件管理各个节点的启动,完成小海龟坐标系的广播。在 launch 文件夹下创建一个名为 tf_broadcast_launch.py 的文件,代码如下:

```
#ros2_ws4/src/turtle_exercise/launch/tf_broadcast_launch.py
from launch import LaunchDescription
from launch_ros.actions import Node
from ament_index_python.packages import get_package_share_directory
```

```python
def generate_launch_description():
    packagepath = get_package_share_directory('turtle_exercise')
    return LaunchDescription([
        Node(
            package='turtlesim',
            executable='turtlesim_node',
            name='sim'
        ),

        Node(
            package='turtle_exercise',
            executable='tf_broadcast',
            parameters=[{
                'name':'turtle1'}
            ]
        ),

        Node(
            package='rviz2',
            executable='rviz2',
            name='rviz',
            arguments=[ '-d', packagepath + '/rviz/tf_broadcast.rviz', ]
        ),

        Node(
            package='turtle_exercise',
            executable='random_walk',
            namespace='turtle1'
        )
    ])
```

在上述代码中,启动了仿真环境,广播小海龟坐标系的节点,带有配置的 RViz,以及在 4.3.1 节的案例中的小海龟随机游走程序。

4. 运行仿真

编译和安装功能包,运行 Launch 文件,命令如下:

```
ros2 launch turtle_exercise tf_broadcast_launch.py
```

上述命令的运行效果如图 4-8 所示,小海龟在移动的同时,RViz 中的小海龟的局部坐标系也随之移动。

5. 多机器人坐标广播

与发布一个小海龟的局部坐标系类似,只需扩展上述 tf_broadcast_launch. py 文件就可以同时发布多个小海龟的坐标系,从而方便地对群机器人进行控制。图 4-9 展示了对多机器人坐标系的发布,可以在 RViz 中清晰地显示各机器人间的位置关系。

如果要实现图 4-9 中的效果,则只需基于随机游走案例多次复用以上小海龟坐标广播

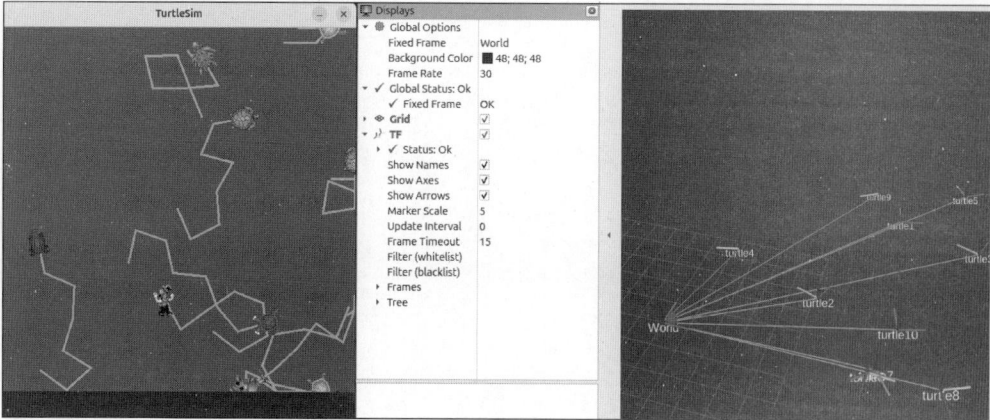

图 4-9 多机器人坐标系

案例中的节点。创建一个 multi_tf_broadcast_launch.py 的 Launch 文件,代码如下:

```
#ros2_ws4/src/turtle_exercise/launch/multi_tf_broadcast_launch.py
from launch import LaunchDescription
from launch_ros.actions import Node
from launch.actions import ExecuteProcess
from ament_index_python.packages import get_package_share_directory
import random
def generate_launch_description():
    packagepath = get_package_share_directory('turtle_exercise')
    turtle_num = 10
    nodes=[]
    for i in range (turtle_num):
        name = 'turtle' + str(i+1)
        turtle = Node(
            package='turtle_exercise',
            executable='random_walk',
            namespace=name
        )
        nodes.append(turtle)

        x=random.random()*11
        y=random.random()*11
        cmd=f'x: {x}, y: {y}, name: {name}'
        spnode=ExecuteProcess(cmd=[[
            'ros2 service call ',
            '/spawn ',
            'turtlesim/srv/Spawn ',
            '"{' + cmd + '}"',
            ]], shell=True)
```

```
        nodes.append(spnode)

        tfnode=Node(
            package='turtle_exercise',
            executable='tf_broadcast',
            parameters=[{
                'name':name}
            ]
        )
        nodes.append(tfnode)

    simnode=Node(
            package='turtlesim',
            executable='turtlesim_node',
            name='sim'
        )
    nodes.append(simnode)

    rviznode=Node(
            package='rviz2',
            executable='rviz2',
            name='rviz',
            arguments=[ '-d', packagepath + '/rviz/tf_broadcast.rviz', ]
        )
    nodes.append(rviznode)

    return LaunchDescription(nodes)
```

以上代码通过在循环中多次调用生成小海龟、小海龟随机行走和发布小海龟坐标系的3个节点,使 TurtleSim 仿真环境中多只小海龟在游走的同时发布自身的局部坐标系。

4.4.2 案例:移动至目标点

本案例将利用 TF2 使小海龟运动到仿真环境中的目标位置点(2,2)。TF2 将整个 ROS 2 系统中的坐标系构建为一棵树,从而可查询 TF 树中任意两个坐标系的变换,获得相对位置。在本案例中小海龟实时地从 TF2 获取目标点到自身的相对位置,并根据相对关系进行转动和移动,从而到达目标点。图 4-10 展示了本案例的运行效果,图 4-10(a)为初始化时在 TF 树中创建了 3 个坐标系,图 4-10(b)是小海龟根据与目标的相对位置关系移动到目标点。

利用 TF2 将小海龟移动至目标点的步骤如下。

1. 编写控制节点

编写控制小海龟移动的节点 move_to_point.py 文件,代码如下:

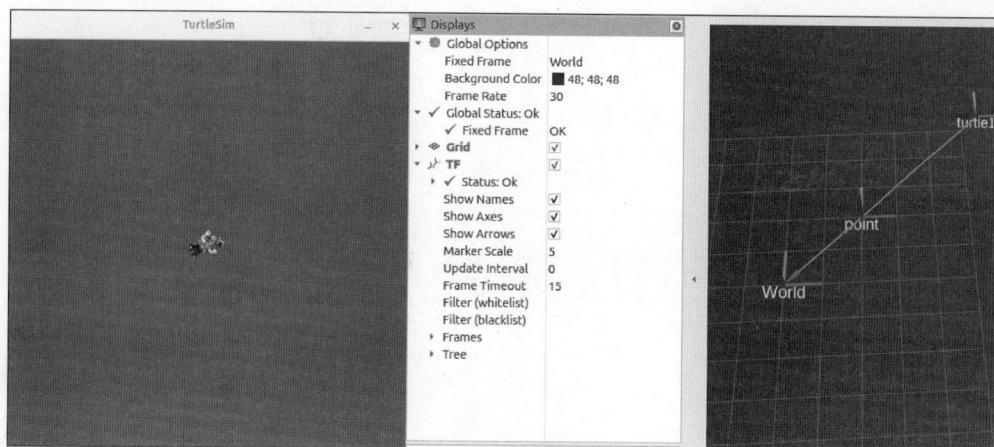

(a) 移动前

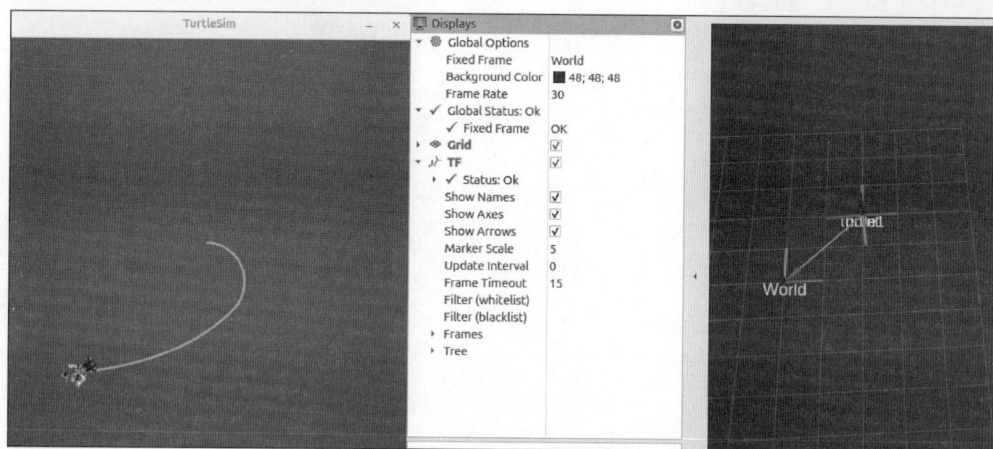

(b) 移动后

图 4-10 移动至目标点

```python
#ros2_ws4/src/turtle_exercise/turtle_exercise/move_to_point.py
import math
import rclpy
from rclpy.node import Node
from tf2_ros.buffer import Buffer
from tf2_ros.transform_listener import TransformListener
from geometry_msgs.msg import Twist
from geometry_msgs.msg import TransformStamped
import tf_transformations
from tf2_ros import TransformBroadcaster
from tf2_ros.static_transform_broadcaster import StaticTransformBroadcaster
from turtlesim.msg import Pose
```

```python
class MoveToPoint(Node):

    def __init__(self):
        super().__init__('move_to_point')
        x=self.declare_parameter('x',2.0).get_parameter_value().double_value
        y=self.declare_parameter('y',2.0).get_parameter_value().double_value

        self.tf_buffer = Buffer()
        self.tf_listener = TransformListener(self.tf_buffer, self)

        self.publisher = self.create_publisher(Twist, 'turtle1/cmd_vel', 1)
        self.pose_sub = self.create_subscription(Pose, 'turtle1/pose', self.
pose_callback, 1)

        self.turtle_frame = False
        self.point_frame = False

        self.timer1 = self.create_timer(1.0, self.on_timer1)

        self.tf_static_broadcaster = StaticTransformBroadcaster(self)
        self.tf_broadcaster = TransformBroadcaster(self)
        self.pubtarget(x,y)

    def on_timer1(self):
        from_frame_rel = 'point'
        to_frame_rel = 'turtle1'

        if self.turtle_frame and self.point_frame:
            now = rclpy.time.Time()
            trans = self.tf_buffer.lookup_transform(
                    to_frame_rel,
                    from_frame_rel,
                    now)

            msg = Twist()
            scale_rotation_rate = 1.0
            msg.angular.z = scale_rotation_rate *math.atan2(
                    trans.transform.translation.y,
                    trans.transform.translation.x)

            scale_forward_speed = 0.5
            msg.linear.x = scale_forward_speed *math.sqrt(
                    trans.transform.translation.x **2 +
                    trans.transform.translation.y **2)

            self.publisher.publish(msg)

    def pose_callback(self, msg):
        transform = TransformStamped()
```

```
                transform.header.stamp = self.get_clock().now().to_msg()
                transform.header.frame_id = 'World'
                transform.child_frame_id = 'turtle1'
                transform.transform.translation.x = msg.x
                transform.transform.translation.y = msg.y
                transform.transform.translation.z = 0.0
                q = tf_transformations.quaternion_from_euler(0, 0, msg.theta)
                transform.transform.rotation.x = q[0]
                transform.transform.rotation.y = q[1]
                transform.transform.rotation.z = q[2]
                transform.transform.rotation.w = q[3]

                self.tf_broadcaster.sendTransform(transform)
                self.turtle_frame = True


        def pubtarget(self, x=2.0, y=2.0):
            transform = TransformStamped()

            transform.header.stamp = self.get_clock().now().to_msg()
            transform.header.frame_id = 'World'
            transform.child_frame_id = 'point'
            transform.transform.translation.x = float(x)
            transform.transform.translation.y = float(y)
            transform.transform.translation.z = 0.0
            q = tf_transformations.quaternion_from_euler(0, 0, 0)
            transform.transform.rotation.x = q[0]
            transform.transform.rotation.y = q[1]
            transform.transform.rotation.z = q[2]
            transform.transform.rotation.w = q[3]

            self.tf_static_broadcaster.sendTransform(transform)
            self.point_frame = True

def main(args=None):
    rclpy.init(args=args)
    node=MoveToPoint()
    try:
        rclpy.spin(node)
    except Exception:
        rclpy.shutdown()
        exit(0)
```

上述代码的主要功能如下:

(1) 实现了一个继承自 Node 的 MoveToPoint 类,在类的初始化方法__init__()中,创建了表示目标点的坐标 x、y 两个变量,创建了一个 TF 树的接收者,订阅了小海龟的位置话题,创建了一个小海龟的速度话题发布者,创建了一个发布小海龟移动速度的定时器,创建了一个动态 TF 发布器和一个静态 TF 发布器,并且调用了 pubtarget()方法。

（2）pubtarget()方法将目标点以静态坐标系发布。

（3）pose_callback()方法是小海龟的位置话题的回调函数,其功能是将小海龟的实时位置动态地发布到 TF 树中。

（4）on_timer1()方法是定时器的回调函数。通过 TF 树查询当前时间下目标点到小海龟局部坐标系的变换信息。这个变换以小海龟自身的坐标系为基准,得到目标点相对于小海龟的局部坐标系在 x、y 上偏移的距离和方向,根据到目标点的距离和方向按照比例计算出小海龟机器人需要的线速度和角速度,控制小海龟向目标位置移动。

2. 编写 Launch 文件

编写 Launch 文件管理各个节点的启动,使小海龟移动至目标点。创建一个名为 move_to_point_launch.py 的文件,代码如下:

```python
#ros2_ws4/src/turtle_exercise/launch/move_to_point_launch.py
from launch import LaunchDescription
from launch_ros.actions import Node
from ament_index_python.packages import get_package_share_directory

def generate_launch_description():
    packagepath = get_package_share_directory('turtle_exercise')
    return LaunchDescription([
        Node(
            package='turtlesim',
            executable='turtlesim_node',
            name='sim'
        ),

        Node(
            package='turtle_exercise',
            executable='move_to_point',
            parameters=[{'x':2.0,'y': 2.0}]
        ),

        Node(
            package='rviz2',
            executable='rviz2',
            name='rviz',
            arguments=[ '-d', packagepath + '/rviz/tf_broadcast.rviz', ]
        )
    ])
```

在以上代码中启动了 3 个节点,分别是小海龟仿真环境、RViz 可视化工具和控制小海龟移动到目标点的节点。

3. 运行仿真

编译和安装功能包后,运行 Launch 文件,命令如下:

```
ros2 launch turtle_exercise move_to_point_launch.py
```

上述命令的运行效果如图 4-10 所示,在 TurtleSim 仿真环境启动后,小海龟会逐渐移动到目标位置。

4.4.3　案例:小海龟跟随

本案例将使用 ROS 2 中的 TF2 来实现一只小海龟跟随另一只小海龟运动的效果,并在 RViz 中显示它们之间的坐标系关系。本案例将基于 4.4.1 节案例中介绍的坐标广播代码 tf_broadcast.py 与 4.4.2 节中介绍的移动至目标点代码 move_to_point.py,编写新的 following.py 代码,实现一只小海龟(turtle2)能够根据另一只小海龟(turtle1)的运动轨迹进行跟随,效果如图 4-11 所示。利用 TF2 实现小海龟跟随的步骤如下。

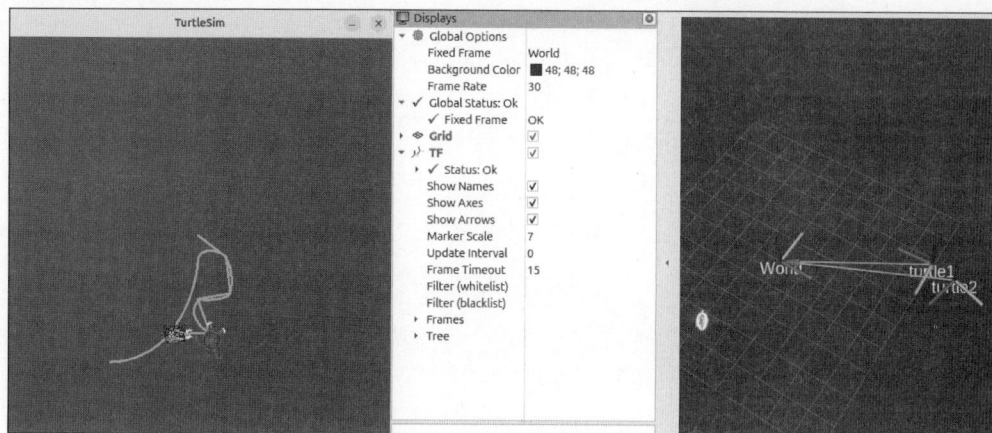

图 4-11　小海龟跟随

1. 编写控制节点

编写控制小海龟移动的节点 tf_following.py 文件,代码如下:

```python
#ros2_ws4/src/turtle_exercise/turtle_exercise/tf_following.py
import math
import rclpy
from rclpy.node import Node
from tf2_ros.buffer import Buffer
from tf2_ros.transform_listener import TransformListener
from geometry_msgs.msg import Twist
from turtlesim.srv import Spawn
class TurtleFollowing(Node):

    def __init__(self):
        super().__init__('turtle_following')
        self.source_frame = self.declare_parameter(
          'source_frame', str('turtle1')).get_parameter_value().string_value

        self.tf_buffer = Buffer()
```

```
            self.tf_listener = TransformListener(self.tf_buffer, self)

            self.turtle_spawned = False
            self.spawn = self.create_client(Spawn, '/spawn')
            self.call_spawn_service()

            self.publisher = self.create_publisher(Twist, 'turtle2/cmd_vel', 1)
            self.timer = self.create_timer(1.0, self.on_timer)

    def call_spawn_service(self):
        req=Spawn.Request()
        req.name='turtle2'
        req.x=3.0
        req.y=2.0
        req.theta=0.0
        req=self.spawn.call_async(req)
        req.add_done_callback(self.spwan_callback)

    def spwan_callback(self,future):
        response = future.result()
        if response is not None and response.name=='turtle2':
            self.turtle_spawned = True
        else:
            self.call_spawn_service()

    def on_timer(self):
        from_frame_rel = self.source_frame
        to_frame_rel = 'turtle2'

        if self.turtle_spawned:
            now = rclpy.time.Time()
            trans = self.tf_buffer.lookup_transform(
                    to_frame_rel,
                    from_frame_rel,
                    now)

            msg = Twist()
            scale_rotation_rate = 1.0
            msg.angular.z = scale_rotation_rate *math.atan2(
                    trans.transform.translation.y,
                    trans.transform.translation.x)

            scale_forward_speed = 0.5
            msg.linear.x = scale_forward_speed *math.sqrt(
                    trans.transform.translation.x **2 +
                    trans.transform.translation.y **2)

            self.publisher.publish(msg)
```

```
        else:
            self.get_logger().info('Spawn is not finished')
def main(args=None):
    rclpy.init(args=args)
    node=TurtleFollowing()
    try:
        rclpy.spin(node)
    except Exception:
        rclpy.shutdown()
        exit(0)
```

在以上代码中定义了一个继承自 Node 的 TurtleFollowing 类,该类各方法的主要功能如下:

(1) 类初始化方法 __init__()。创建了一个参数 self.source_frame,用于设置被跟随的小海龟的坐标系名称,创建了一个 TF 树的接收者 self.tf_listener,创建了一个变量 self.turtle_spawnd,用于标记跟随的小海龟是否创建成功,创建了一个生成小海龟/spawn 服务的客户端,并调用 call_spwan_service()方法创建跟随的小海龟,最后,创建了一个控制跟随小海龟速度的发布者 self.publisher,并用一个定时器定时发布小海龟的速度。

(2) call_spawn_service()方法用于创建跟随的小海龟 turtle2。

(3) spwn_callback()方法用于处理创建小海龟中服务器的响应。当服务器创建小海龟成功时,将标志位变量 self.turtle_spawned 设置为真,否则调用 call_spawn_service()方法重新创建小海龟。

(4) on_timer()定时器回调方法。先根据标志位变量 self.turtle_spawned 判断小海龟 turtle2 是否创建成功。如果创建成功,则根据缓存的 TF 树计算从小海龟 turtle1 到小海龟 turtle2 的坐标变换信息,并根据坐标变换信息计算小海龟 turtle2 的线速度和角速度,最后使用发布者向小海龟 turtle2 发出速度控制指令。如果创建不成功,则输出小海龟 turtle2 未创建成功的消息。

2. 编写 Launch 文件

编写 Launch 文件管理各个节点的启动,实现小海龟的跟随。创建一个名为 tf_following_launch.py 的文件,代码如下:

```
#ros2_ws4/src/turtle_exercise/launch/tf_following_launch.py
from launch import LaunchDescription
from launch_ros.actions import Node
from ament_index_python.packages import get_package_share_directory

def generate_launch_description():
    packagepath = get_package_share_directory('turtle_exercise')
    ld = LaunchDescription()

    sim = Node(
```

```
        package='turtlesim',
        executable='turtlesim_node',
        )
    ld.add_action(sim)

    tf1 = Node(
        package='turtle_exercise',
        executable='tf_broadcast',
        parameters=[
            {'name': 'turtle1'}
            ]
    )
    ld.add_action(tf1)

    tf2 = Node(
        package='turtle_exercise',
        executable='tf_broadcast',
        parameters=[ {'name': 'turtle2'} ]
    )
    ld.add_action(tf2)

    rviz = Node(
            package='rviz2',
            executable='rviz2',
            name='rviz',
            arguments=[ '-d', packagepath + '/rviz/tf_following.rviz', ]
        )
    ld.add_action(rviz)

    follow = Node(
        package='turtle_exercise',
        executable='tf_following',
        parameters=[ {'source_frame': 'turtle1'} ]
    )
    ld.add_action(follow)

    randomwalk = Node(
        package='turtle_exercise',
        executable='random_walk',
        namespace='turtle1'
    )
    ld.add_action(randomwalk)

    return ld
```

在上述代码中,启动了 TurtleSim 仿真环境,启动了发布 turtle1 和 turtle2 坐标系的节点,启动了 RViz 可视化工具,启动了编写的跟随节点,最后启动了使 turtle1 随机运动的节点。

3. 运行仿真

编译和安装功能包后运行 Launch 文件,命令如下:

```
ros2 launch turtle_exercise tf_following_launch.py
```

上述命令运行后,打开 TurtleSim 仿真环境和 RViz 可视化工具,在 TurtleSim 仿真环境中一只小海龟 turtle1 随机移动而另一只小海龟 turtle2 紧紧跟随,在 RViz 中可以看到表示两只小海龟的坐标系间的相对运动关系。通过这些可视化信息,用户可以更好地理解小海龟在仿真环境中的运动规律,并能够根据需要调整它们的行为和配置,从而实现复杂的仿真目标。

通过本案例,不仅可以了解使用 TF2 库来管理和同步不同坐标系之间的位置和方向信息,还可以掌握利用 TF2 实现复杂的机器人协同移动任务的方法。这种基于 TF2 的坐标系的机器人控制方法在 ROS 2 中被广泛地应用,是实现多机器人协同工作和路径规划等功能的重要工具。

4.5 本章小结

本章介绍了 ROS 2 中进行机器人仿真的基础,通过在 TurtleSim 仿真环境中的不同案例展示了 ROS 2 在机器人控制上的应用方法。在介绍了 TurtleSim 仿真环境的基础上,首先介绍了基于话题、服务和动作等通信机制驱动单个机器人,然后以多只小海龟的随机游走及复杂图形绘制为例介绍了群机器人控制方法。最后以小海龟坐标广播、移动至目标点和小海龟跟随 3 个案例,介绍了 TF2 在机器人移动上的使用方法和优势。

第 5 章

Gazebo 基础

不论是 ROS 1 还是 ROS 2 都没有提供三维物理仿真功能,而物理仿真作为对真实世界的模拟对于机器人的开发具有重要的作用。Gazebo 作为一款成熟的物理仿真工具已经被广泛地应用于机器人仿真中,并成为 ROS 默认的仿真工具。经过多年的发展 Gazebo 的仿真功能越来越完善,并且与 ROS 的联系也越来越紧密。特别是 ROS 2 与新一代的 Gazebo 可以做到密切协同。本章将简要地介绍 Gazebo 的基本信息、安装方法、图形用户界面和命令行工具的使用等内容。

5.1 Gazebo 简介

24min

Simulate before you build(实践之前先仿真)是 Gazebo 的理念,也是其开发团队对 Gazebo 开发的愿景。中国的古代名言"三思而后行"的观点与 Gazebo 的理念有相似之处,它们都是在强调通过思考、规划或模拟来提高实际决策的有效性,降低风险。相较于用大脑的思考对机器人进行仿真,Gazebo 通过结合计算机技术、图形图像技术、计算机视觉技术和物理原理等知识,在计算机中构建了一个模拟世界物理规律的仿真工具,可以代替人脑快速、直观地完成机器人的仿真。

Gazebo 的发展经历了两个阶段,即早期的 Gazebo Classic(常见的版本有 Gazebo 9 和 Gazebo 11)和新一代的 Gazebo。随着 Gazebo Classic 在 2025 年的全面退出,基于 QML 技术的新一代 Gazebo 成为唯一可用工具,学习和掌握新一代 Gazebo 将成为必然。

新一代的 Gazebo 在开发中使用了目前流行的迭代策略,每年都会定期发布一个版本,有些年份的版本会是长期版,具有 5 年的维护时间。表 5-1 显示了新一代 Gazebo 各版本的情况,当前仍在维护的有 Ionic、Harmonic 和 Fortress 这 3 个版本,其中 Harmonic 为最新的长期支持版本,开发社区将会持续维护至 2028 年 9 月。鉴于 Gazebo Harmonic 同时也是与 ROS 2 Jazzy 所适配的版本,因此在机器人仿真中选择 Gazebo Harmonic 版本。

表 5-1　Gazebo 版本

版　本　名	发　布　日　期	生命周期结束	备　　注
Jetty	2025 年 9 月	2030 年 9 月	长期版

续表

版　本　名	发　布　日　期	生命周期结束	备　　注
Ionic	2024 年 9 月	2026 年 9 月	最新版
Harmonic	2023 年 9 月	2028 年 9 月	长期版
Garden	2022 年 9 月	2024 年 11 月	已结束支持
Fortress	2021 年 9 月	2026 年 9 月	长期版
Edifice	2021 年 3 月	2022 年 3 月	已结束支持
Dome	2020 年 9 月	2021 年 12 月	已结束支持
Citadel	2019 年 12 月	2024 年 12 月	长期版 已结束支持
Blueprint	2019 年 5 月	2020 年 12 月	已结束支持
Acropolis	2019 年 2 月	2019 年 9 月	已结束支持

针对早期的 Gazebo Classic 版本中存在的问题,新一代的 Gazebo 在开发中进行了优化和改进,并注重遵循以下原则。

(1)通用性:Gazebo 旨在提供一个功能强大的模拟真实世界的仿真工具,不仅限于机器人或某类机器人的仿真,是一种多用途、通用的物理仿真工具。

(2)稳定性:长期的稳定版本会定期向社区发布。对稳定版本的后续改进努力保持API、ABI 和行为的向后兼容性。破坏性更改会在短期发布版本中进行实验和验证。

(3)更新:尽可能地在稳定版本中添加新的向后兼容特性。用户可以在不升级到新版本的情况下享受新特性,并可以推迟升级工作,直到需要发生破坏性更新时再进行版本的彻底升级。

(4)易用性:默认配置下对初学者友好,方便快速地掌握 Gazebo 的基本使用,例如,Gazebo 启动时会创建一个图形界面,方便初学者入门,而高级用户可以在无界面模式下运行,以提升仿真效率。

(5)模块化:Gazebo 的各个模块在设计时尽可能做到独立,这样各个模块可以在除了Gazebo 之外的各种项目中使用,例如,使用 Gazebo 渲染功能的用户无须安装、编译或了解Gazebo 的物理引擎。

(6)可扩展性:用户不需要分支核心库或从源代码编译向 Gazebo 添加新的功能,以插件的形式向 Gazebo 提供了扩展性,并且在支持 C++插件的同时新增了对 Python 插件的支持,例如,向 Gazebo 添加一种新型传感器,可使用插件实现。

(7)灵活性:用户在合理的情况下可以选择组合使用某些功能,例如,物理引擎以插件形式集成到 Gazebo 中,因此用户可以选择加载没有物理引擎的仿真,或选择使用其他物理引擎。

(8)可维护性:在开发过程中考虑到代码的长期可维护性。为此,Gazebo 遵循了严格的测试、文档、代码检查和风格标准。

(9)可移植性:Gazebo 支持 Linux、macOS 和 Windows 这 3 种主要操作系统。目前在Linux 系统下 Gazebo 最稳定,相关的学习资源也最丰富。

5.1.1　相关术语

为了更好地理解和使用 Gazebo,以下介绍 Gazebo 中常用的术语及其含义。

(1) 世界(World):表示整个仿真环境,是对模拟世界的完整描述。世界由可移动和静态的实体、插件、大气、光照、地面等要素构成。在 SDF 文件中使用<world>标签定义世界,在一次 Gazebo 仿真中,只能创建和加载一个世界。

(2) 实体(Entity):表示世界中的每个"对象",例如,光源、模型、演员(Actor)、连杆(Link)、碰撞体积(Collision)、关节(Joint)等。每个实体都有一个名称(Name),可以包含多个组件。在仿真时,Gazebo 会为每个实体分配一个数值作为 ID,实体的 ID 在仿真运行时由 Gazebo 服务器分配。

(3) 组件(Component):表示实体的某种功能或特征,例如姿态(Pose)、名称(Name)、材料(Material)、转动惯量(Inertial)等。Gazebo 自身提供多种现成的组件,通过继承 BaseComponent 类或实例化 Component 模板来创建自己的组件。

(4) 系统(System):指定了对所有具有特定组件集的实体进行操作的逻辑,具体来讲系统就是可以在 Gazebo 运行时加载的插件。Gazebo 定义了许多不同的系统,例如控制车辆运动的差速运动控制插件,此外,Gazebo 也支持用户创建自己的系统为实体添加功能。

(5) 实体组件管理器(Entity-Component Manager,ECM):实体组件管理器是管理 Gazebo 仿真场景中的所有实体和组件,提供了查询、创建、删除和更新实体和组件的功能。实体组件管理器是新一代 Gazebo 中核心的功能之一。

(6) 层级(Level):表示世界中的一部分,由一个立方体和位于该立方体内的静态实体构成。一个实体可以出现在多个层级中,或不出现在任何层级中。不同层级的立方体可能会相交重叠,也可能不相交且相距较远。层级对于场景的渲染和仿真具有加速作用。

(7) 缓冲区:每个层级都有一个缓冲区,这是层级的立方体在其边界外的膨胀,用于检测实体何时即将进入层级,或何时已经离开并远到足以将该实体排除在层级之外。

(8) 模型:在仿真过程中可能会更改层级(能够移动)的所有模拟实体,例如机器人、演员和其他的动态模型。

(9) 全局实体(Global Entities):在世界中所有层级上都具有的实体,直接属于世界,例如光源、地面平面、高程图等。这些实体将在所有层级的仿真中被模拟和运行。

(10) 仿真执行器(Simulation Runner):运行整个世界或包含多个层级的世界,但一个仿真执行器一次只能仿真一个世界。仿真执行器拥有一个唯一的 ECM,这个 ECM 包含了仿真世界中的所有实体和组件。仿真执行器通过迭代进行仿真。

(11) 服务器(Server):负责加载 SDF 文件并为每个世界创建一个仿真执行器,是 Gazebo Sim 的入口点。

5.1.2　Gazebo 架构

Gazebo 采用了模块化开发的方式,本身由 Cmake、Common、Fuel_tools、Gui、Launch、

Math、Msgs、Physics、Plugin、Rendering、Sensors、Sim、Tools、Transport、Utils 和 SDFormat 等模块(库)构成。按照 Gazebo 的开发原则上述各模块间应尽可能独立,减少依赖。以下介绍上述各个模块的功能:

(1) Sim 仿真模块是 Gazebo 应用程序的入口,直接或间接使用了上述所有其他 Gazebo 模块。Sim 模块提供了一个可执行文件 Gazebo Sim,在终端启动的命令为 gz sim,Gazebo Sim 启动时默认创建一个执行仿真的后端服务器进程和一个图形用户界面的客户端进程,两个进程同时来运行仿真。

(2) Fuel_tools 模块提供了访问和下载在 Gazebo Fuel 服务器上存放的模型等资源的功能,并且也提供了从终端使用 Gazebo Fuel 服务器上资源的命令行工具 gz fuel。

(3) Msgs 模块用于描述和定义 Gazebo 中的消息类型的格式,与 ROS 2 中消息类型的定义方法不同,Gazebo 使用 Protobuf 3.0 标准来定义 Gazebo 中消息的格式。Protobuf 是由谷歌开发的一种用于数据序列化和反序列化的标准。

(4) GUI 模块提供了 Gazebo 的图形用户界面功能,支持开发自定义带有图形用户界面的插件。

(5) Launch 模块提供了一个组织和管理 Gazebo 启动的便利工具,功能类似于 ROS 2 中的 Launch 文件。通过 XML 格式可以编写配置 Gazebo 启动的 Launch 文件。

(6) Transport 模块提供了 Gazebo 的通信机制,包含话题和服务两种类型的通信手段,用于进程间的通信。Transport 提供的这两种通信机制与 ROS 2 中的话题和服务具有相同的原理,为二者的互操作提供了可能性。

(7) Math 模块提供了多维向量、旋转、位置等数据类型,提供了立方体、球、圆柱等几何对象的生成方法,以及提供了一些常见算法,例如 PID、K 均值聚类、Dijkstra 路径规划等。

(8) Sensors 模块提供了传感器功能,可以在仿真时模拟各种各样的传感器,以及向传感器添加噪声。传感器主要用于采集数据,在仿真过程中生成大量数据,从而为开发智能算法提供数据源支持。

(9) SDFormat 模块提供了解析和生成 SDF 文件功能。SDF 文件是 Gazebo 描述仿真环境的一种文件格式。

(10) Physics 模块提供了 Gazebo 的物理仿真功能,支持碰撞检测、正逆运动学,以及力的模拟等功能。Physics 模块通过插件的方式让 Gazebo 可以从多种不同的物理仿真引擎中选择。

(11) Plugin 模块为 Gazebo 提供了插件的安装与加载接口,为 Gazebo 中插件的使用提供了便利。Gazebo 的大多数据模块以插件的形式向外提供接口,例如 Physcis 模块提供了一个物理仿真的插件以供 Gazebo Sim 使用。由于插件是在运行时加载的,因此 Gazebo 不需要重新编译就可以添加或移除插件。

上述各个模块由 Gazebo Sim 模块整合,并由 Gazebo Sim 模块中的入口程序启动整个 Gazebo,运行仿真。Gazebo Sim 的仿真架构,以及各个模块在仿真时的功能如图 5-1 所示。

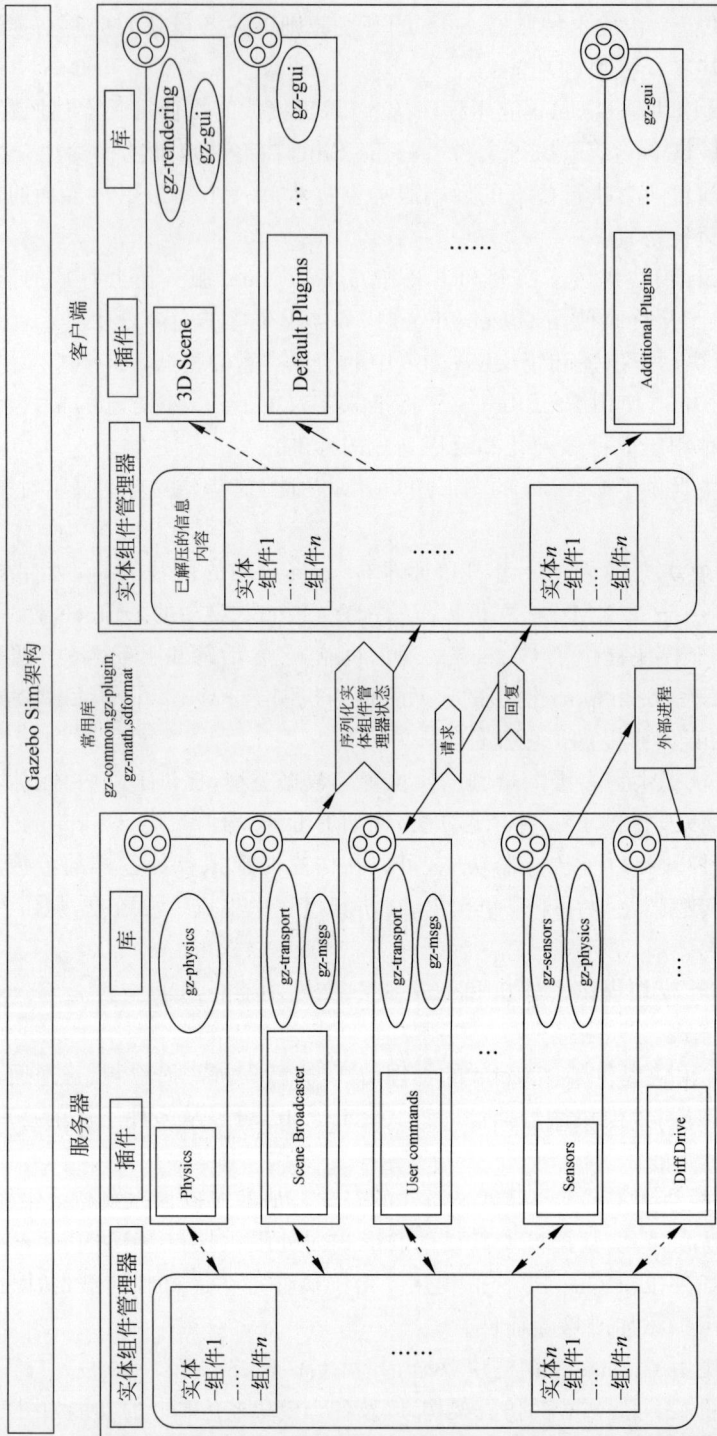

图 5-1　Gazebo Sim 仿真架构

在 Gazebo 仿真运行后会产生服务器和客户端两个进程，以及建立服务器与客户端间的通信。服务器进行整个场景的物理仿真，客户端主要用于显示仿真效果和提供用户交互。

Gazebo 运行仿真时的服务器主要由实体组件管理器（ECM）和插件两部分构成。在仿真开始后，服务器会采用迭代的方式沿着时间一步步计算每时刻的状态。ECM 主要负责维护场景中的所有实体，记录和保存当前仿真场景中所有实体的状态。Gazebo 各个模块中的插件可以访问所有实体及其组件，根据当前场景中实体和组件的状态计算下一时刻场景的状态并保存到 ECM 中，完成一轮的迭代。如此往复推动仿真不断地向前运行。此外，服务器上的有些插件向外界发布信息和接收指令，与外界进行交互。

仿真时客户端会创建一个图形用户界面，从服务器获取仿真场景的信息，在本地创建服务器 ECM 的一个副本作为客户端显示的数据源。客户端同样包含了多个插件以本地的 ECM 副本为数据源进行显示和渲染，展示三维场景和相关的数据。

在默认情况下，Gazebo Sim 启动后，在客户端和服务器端都会加载一些默认的插件，例如 Physics、Scene Broadcaster 和 User Command 这 3 个插件，以向用户提供一些基础的仿真功能，而非默认的许多其他插件是可选的，例如传感器插件，根据具体的仿真需要进行配置和加载。这些默认的和可选的插件都可随时添加或移除，不影响 Gazebo Sim 的运行，但相关插件的功能则会启用或停用。

Gazebo 在仿真时明确地分为服务器进程和客户端进程两部分。这两个进程间的通信（无论是从后端到前端的场景广播器，还是从前端到后端的用户命令）必须依赖 Gazebo Transport 和 Gazebo Msgs 两个模块将消息在服务器和客户端间传递。消息定义的方式由 Gazebo Msgs 提供，而进行消息交换的发布者和订阅者的框架则由 Gazebo Transport 提供，例如，场景广播器系统负责从后端不断变化的仿真循环中获取世界状态和所有实体及其组件的状态，将该信息打包成一个非常紧凑的消息格式，定期地将其发送到客户端进程。除了从场景广播器发送到客户端的状态消息外，客户端利用 Gazebo Transport 和 Gazebo Msgs 还可以使用用户命令系统向服务器发出请求（另一个后端插件）。用户命令系统提供服务，可以由前端 GUI 或命令行工具发起请求，从而向仿真环境中的模型、光源和其他实体执行插入、删除、移动等操作，并返回操作结果。

需要注意的是 Gazebo Sim 的服务器和客户端是独立的，在有些情况下可以不启动客户端，从而可省略场景广播器，但这将意味着无法在前端可视化数据，这对于节省计算资源是很有用的，可以提升仿真效率。

5.1.3　与 ROS、RViz 和 rqt 间的区别与联系

在使用 ROS 和 Gazebo 进行机器人仿真的过程中，要注重区分 Gazebo、ROS、RViz 和 rqt 之间关系，从而在恰当的场景选用适宜的工具，顺利完成机器人仿真。Gazebo、ROS、RViz 和 rqt 之间的关系和功能之间的差异可以从以下几方面理解：

（1）ROS 更像是一种通信和编程的接口，提供了话题、服务和动作等通信手段，以及

C++和 Python 的编程接口。

(2) rqt 是一个调试 ROS 的可视化界面,实现了 ROS 命令行工具的大部分功能,并且提供了简单的数据可视化工具。

(3) RViz 是专门用于 ROS 中数据的可视化高级工具,也提供了一些与 ROS 交互的工具。

(4) Gazebo 是进行物理仿真的工具,能够较好地模拟真实机器人的特性,用于替代真实机器人。Gazebo 的服务器提供了物理仿真的主要功能,而 Gazebo 的客户端主要提供了显示功能,在这一点上与 RViz 有一定的相似性。

以下通过一个火星探测机器人的例子来说明上述 4 个工具在机器人开发中的功能和作用。

假设发射的一辆火星车降落到了火星,由于目前人类是无法到达火星的,因此也没有办法真实地接触到火星车和火星车面临的环境。火星环境和火星车就可以认为是由 Gazebo 提供的,Gazebo 能够模拟火星车和环境。

火星车利用自身携带的相机、激光雷达、车轮的里程计、加速度传感器和温度传感器等采集和分析数据,并且根据分析结果自动地在火星上导航。火星车完成这些功能可以认为是在 ROS 操作系统的统筹下完成的。

在地球上的人类想要了解火星车的状态及其面临的火星环境,只能查看和分析由火星车上的传感器采集并从火星上传输来的数据。直接观察这些数据很不直观,而利用可视化技术能够将数据展示为图形、图像,这样就非常直观了。此外,人类也需要将指令发送到火星车,控制火星车。火星车把数据从火星传输到地球,以及将指令发送到火星车,可以简单地认为由 ROS 的话题完成通信,而在地球上可视化数据则正是 RViz 的功能,从而人类可以在地球上直观地观察和分析火星车的状态和火星上的环境。

当然火星车在送往火星前要完成制作和测试,保证其内部各节点通信正常,在部署到火星后能够正常工作。rqt 就是火星车在制作和测试时使用的工具。

5.2　安装与运行

Gazebo 经过多年的发展,其安装与运行方法都已经十分成熟。以下介绍 Gazebo 的安装和运行流程。

5.2.1　Gazebo 安装

Gazebo 作为开放源代码的软件,在安装上既可以从源代码直接编译,也可以安装编译好的二进制程序。一般在使用中直接安装官方编译好的二进制程序既快捷又方便。Gazebo 一方面作为物理仿真工具其是一个独立的应用,另一方面其向 ROS 2 提供了机器人仿真功能,可以看作 ROS 2 的一个组件。针对上述两种情况 Gazebo 分别提供了相应的安装方法。以下对这两种安装方法进行介绍。

1. 以独立应用安装

首先,下载并将 Gazebo 的 GPG 公钥保存到系统,命令如下:

```
sudo wget https://packages.osrfoundation.org/gazebo.gpg -O
/usr/share/keyrings/pkgs-osrf-archive-keyring.gpg
```

其次,将 Gazebo 软件包源的信息添加到系统的 APT 源列表中,并使用上述安装 Gazebo 的 GPG 公钥进行签名验证,以便通过包管理器安装 Gazebo,命令如下:

```
echo "deb [arch=$(dpkg --print-architecture)
signed-by=/usr/share/keyrings/pkgs-osrf-archive-keyring.gpg]
http://packages.osrfoundation.org/gazebo/ubuntu-stable $(lsb_release -cs)
main" | sudo tee /etc/apt/sources.list.d/gazebo-stable.list > /dev/null
```

最后,更新软件源列表和安装 Gazebo Harmonic,命令如下:

```
sudo apt-get update
sudo apt-get install gz-harmonic -y
```

此外,还可以删除 Gazebo,命令如下:

```
sudo apt remove gz-harmonic && sudo apt autoremove
```

2. 作为 ROS 2 的功能包进行安装

在安装好 ROS 2 的条件下,将 Gazebo 作为第三方功能包安装,命令如下:

```
sudo apt install ros-jazzy-ros-gz -y
```

以上两种安装对于 Gazebo 的使用都没有影响,安装完成后验证安装结果,命令如下:

```
gz
```

注意:在已经有安装好的 ROS 2 和进行 Gazebo 和 ROS 2 的联合仿真时,推荐使用第 2 种安装 Gazebo 的方法。

上述命令是 Gazebo 所有工具的入口命令(类似于 ROS 2 中的 ros2 命令),本身不提供具体的功能,具体功能通过二级命令提供,运行后会显示 Gazebo 所包含的所有命令行工具,命令的运行效果如图 5-2 所示。

Gazebo 中的各工具的名称和功能简介如表 5-2 所示,其中启动 Gazebo 仿真程序的 sim 命令最常用。

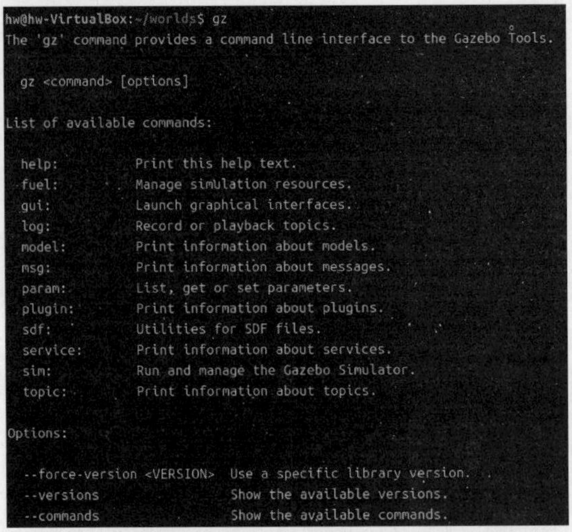

图 5-2　Gazebo 安装验证

表 5-2　Gazebo 中各工具的名称和功能

名　称	功　能	名　称	功　能
model	显示模型相关信息	sim	启动 Gazebo 仿真程序
sdf	SDF 文件的便利程序	gui	启动图形用户界面
msg	显示消息的相关信息	fuel	管理仿真资源
plugin	显示插件的相关信息	param	查询、显示和设置参数信息
topic	显示话题相关信息	service	显示服务相关信息
log	记录和回放话题	help	显示帮助信息

5.2.2　Gazebo 运行

启动 Gazebo 仿真环境,命令如下:

```
gz sim
```

上述命令在第 1 次运行时会启动一个导航窗口,如图 5-3 所示。导航窗口的头部显示了程序名称和版本,左侧显示了一个包含 6 个示例的机器人仿真环境,右侧列表为 Gazebo 中的一些自带的默认仿真环境,当选中一个仿真文件(例如 shapes.sdf)后,导航窗口的右下角按钮 RUN 会被激活,单击该按钮启动仿真。

在仿真启动后,Gazebo Sim 会解析 SDF 文件以生成仿真的场景,并在启动的 GUI 中显示仿真场景,如图 5-4 所示。

注意:如果是首次运行图 5-3 中左侧的 5 个示例仿真环境,则 Gazebo 需要连网下载相关资源后才会进入正常仿真,在下载时 Gazebo 的 GUI 会出现不响应(假死)状态。

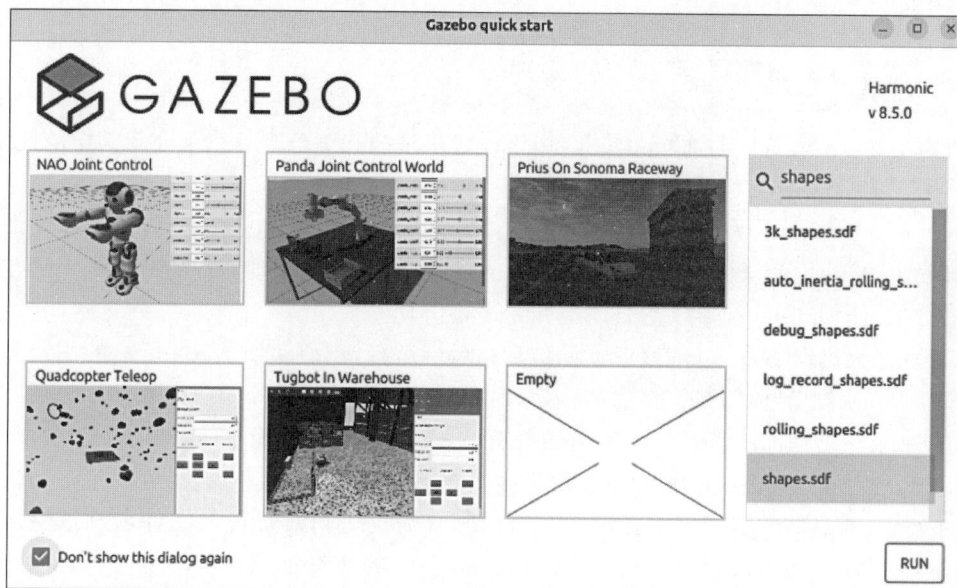

图 5-3　Gazebo 导航窗口

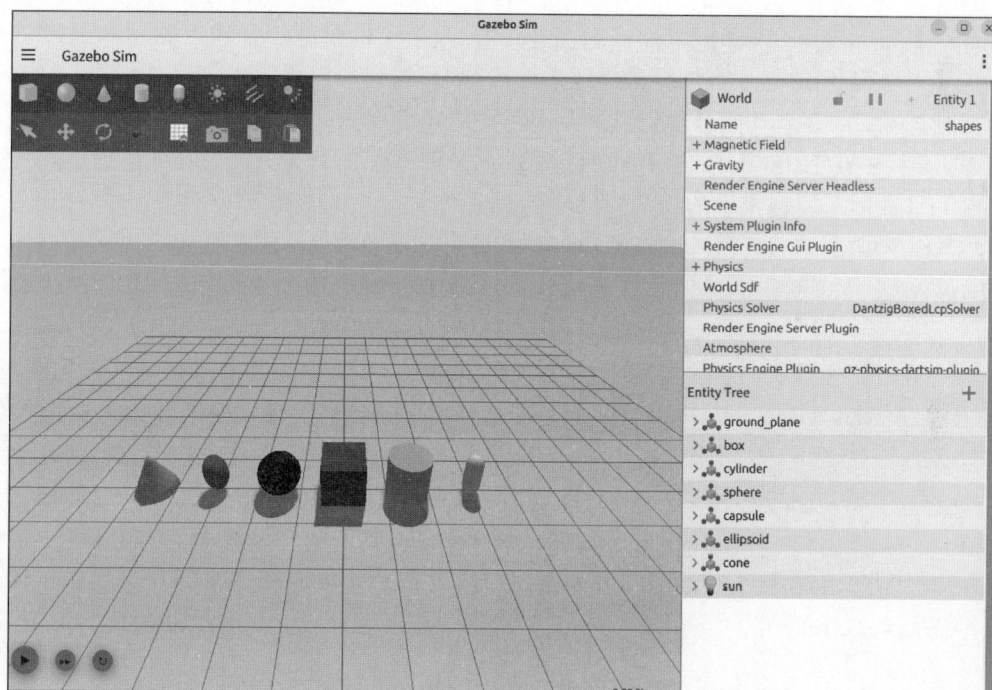

图 5-4　启动仿真

　　gz sim < SDF file >命令用于 Gazebo 直接打开 SDF 仿真文件,其中< SDF file >参数为
SDF 文件的路径或 Gazebo 自带仿真示例的名称,例如打开上述 Gazebo 自带仿真示例的

shapes.sdf 文件,命令如下:

```
gz sim shapes.sdf
```

此外,gz sim 还支持添加相关参数,用于设置仿真的相关信息。以下介绍其中的几个常用的参数。

(1) -v num: num 为 0~4 的整数,用于设置终端里输出的信息级别,值越大越详细(可用于调试 Gazebo),默认值为 1,如果不带 num 参数,则只使用-v 时,默认值为 3。

(2) -r: 使 Gazebo 在启动后自动地开始运行仿真。

(3) -s: 只启动 Gazebo 的服务器使仿真在后台运行,不启动如图 5-4 所示的用户界面。由于省去了向用户界面的数据传输和渲染,因此能够提升仿真效率。

(4) -g: 只启动 Gazebo 的客户端,需要有 Gazebo 的服务器端才可以显示仿真环境。

此外,通过 gz sim -help 命令可查看更多 Gazebo 参数的功能和设置。

对于 Gazebo 自带的示例仿真环境在启动时只需提供仿真环境的文件名,而这些仿真文件的实际路径则由 Gazebo 自身提供。Gazebo 自带的所有示例仿真环境(例如上述加载的 shapes.sdf)根据安装的方式不同,实际路径会有所不同。

如果以 ROS 2 功能包的形式安装了 Gazebo,则所有 122 个示例仿真环境位于/opt/ros/jazzy/opt/gz_sim_vendor/share/gz/gz-sim8/worlds 目录下。合理地利用和参考这些 Gazebo 自带的示例仿真环境能够快速地掌握 Gazebo 仿真的使用方法。

此外,Gazebo 在启动时会使用以下几个重要的环境变量。

(1) GZ_SIM_RESOURCE_PATH: 设置本地模型库的目录,Gazebo 可根据该环境变量识别和加载本地模型库中的模型。该环境变量可添加多个路径,路径间用冒号分隔。

(2) GZ_SIM_SYSTEM_PLUGIN_PATH: 设置 Gazebo Sim 自定义插件的目录,Gazebo 可根据该环境变量识别和加载插件。该环境变量可添加多个路径,路径间用冒号分隔。

(3) GZ_SIM_SERVER_CONFIG_PATH: 设置 Gazebo Sim 服务器配置文件的路径。

(4) GZ_GUI_PLUGIN_PATH: 设置 GUI 插件的路径。该环境变量可添加多个路径,路径间用冒号分隔。

(5) GZ_GUI_RESOURCE_PATH: 设置 GUI 资源(例如 GUI 配置文件)的地址。

在.bashrc 文件中可以根据需要设置上述 Gazebo 使用的环境变量,当在终端中启动 Gazebo 时能够识别和获取相应的环境变量,例如,将用户主文件夹下子目录 gz_models 中的模型添加到 Gazebo 中只需在.bashrc 文件中添加和设置环境变量 GZ_SIM_RESOURCE_PATH,代码如下:

```
export GZ_SIM_RESOURCE_PATH=~/gz_models
```

如果还需要添加一个新的文件夹 gz_robots 作为模型库,则只需修改上述代码,修改后的代码如下:

```
export GZ_SIM_RESOURCE_PATH=~/gz_models:~/gz_robots
```

上述添加环境变量 GZ_SIM_RESOURCE_PATH 后,每次在终端里启动 Gazebo 后,
Gazebo 都会识别环境变量 GZ_SIM_RESOURCE_PATH 所指向文件夹内的模型,并在
Gazebo 中使用。

其他 4 个环境变量的设置方法与 GZ_SIM_RESOURCE_PATH 环境变量的设置方法
相似。这些环境变量的具体作用和效果将在后续进行介绍。

5.3　GUI 功能简介

GUI 是 Gazebo 的客户端程序,是仿真中最常使用和接触最多的工具。Gazebo GUI 提
供了显示仿真环境、管理配置仿真环境和调试仿真环境等功能。一般通过 gz sim 命令同时
启动服务器与 GUI,也可以使用 gz gui 命令单独启动 GUI。

5.3.1　GUI

以下通过 Gazebo 中自带的一个示例仿真文件介绍 Gazebo GUI 常用功能的用法。

首先启动一个差速小车的仿真环境,命令如下:

```
gz sim diff_drive.sdf
```

上述命令会启动服务器,并根据默认的配置显示 GUI。GUI 启动后的效果如图 5-5 所
示,Gazebo 的 GUI 可以分为工具栏、场景、右边栏 3 部分。

(1) 工具栏:位于标题 Gazebo Sim 的下方,提供了两个工具,分别位于工具栏的最左
侧和最右侧。左侧工具的图标是 ≡,提供了文件菜单,单击后会调出如图 5-6 所示的选项,
提供了保存仿真世界、加载和保存 GUI 配置、设置 GUI 样式、查看 Gazebo 信息及退出
Gazebo 等功能。右侧工具的图标是 ⋮,提供了向仿真环境中添加 Gazebo 插件的功能,单击
后会弹出可用的插件,如图 5-7 所示,选择要使用的插件单击后即可在右边栏加入该插件。
该工具是仿真中使用频率最高的功能,在后续的仿真中将介绍该工具所属部分相关插件的
使用方法。

(2) 场景:占据 GUI 最大的区域,主要用于显示仿真环境,使仿真更形象直观。在场景中
提供了鼠标的交互功能,当鼠标左键按下并移动时可移动视角,当鼠标中键按下并移动时可旋
转视角,当鼠标右键按下并移动时可缩放视野。此外,在场景的左上角提供了两行管理和操作
场景的便利工具,在左下角提供了控制仿真的工具,在右下角提供了显示仿真进度的信息。

在图 5-8 显示的工具中,每个图标提供了一种功能,第 1 行的功能是向仿真环境中添加
立方体、球体、圆锥、圆柱和胶囊体 5 种基本几何体,以及添加点光源、方向光源和聚光光源
3 种不同类型的光源;第 2 行的功能分别是选择实体、移动实体、旋转实体、设置对齐的数
值、将当前场景保存到图像、复制实体和粘贴实体等功能。

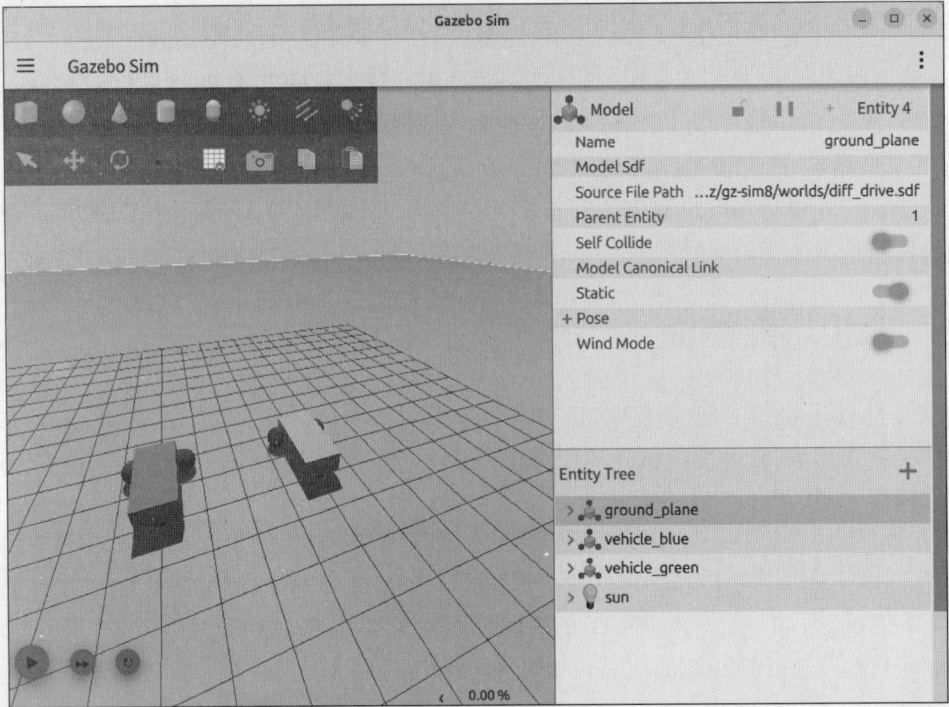

图 5-5　Gazebo GUI

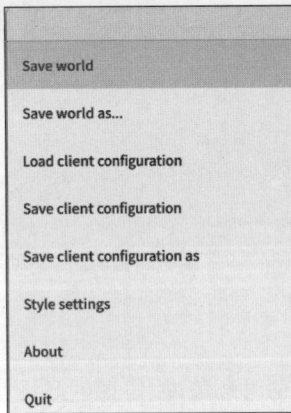

图 5-6　文件菜单

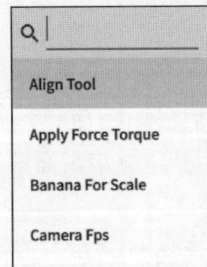

图 5-7　插件选择工具

图 5-8　场景工具栏

场景中的仿真控制工具如图 5-9 所示。该工具位于仿真场景的左下角并提供了 3 个功能，分别是启动仿真、仿真指定步数和重置仿置功能。

注意：只有单击了启动仿真按钮后，Gazebo 才会运行仿真。初学时往往会忘记该步骤，从而观察不到仿真。此外，可以在打开仿真时向 gz sim 命令添加-r 参数以自动运行仿真。

场景中仿真进度的信息提示工具如图 5-10 所示。该工具位于仿真场景的右下角，可单击"<"按钮进行展开和折叠，显示了仿真时间、真实时间和仿真的步数等信息。

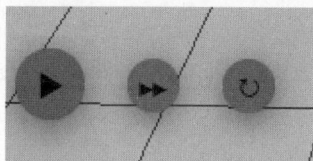

图 5-9　仿真控制工具

图 5-10　仿真进度

（3）右边栏：位于仿真场景的右侧，用于显示加载的插件。在图 5-11 所示的右边栏中有两个插件，功能分别是显示实体信息和管理仿真环境中的实体。在 Entity Tree 插件中列出了场景中的所有实体，在鼠标选中后会在显示实体信息的插件中显示实体信息，并可通过鼠标右键打开实体的上下文件菜单。实体的上下文件菜单提供了对指定实体的一些方便的功能，例如移动、跟随、移除、复制、粘贴和改变实体显示方式等，如图 5-12 所示。改变实体显示方式可对构建和检查机器人模型提供便利。

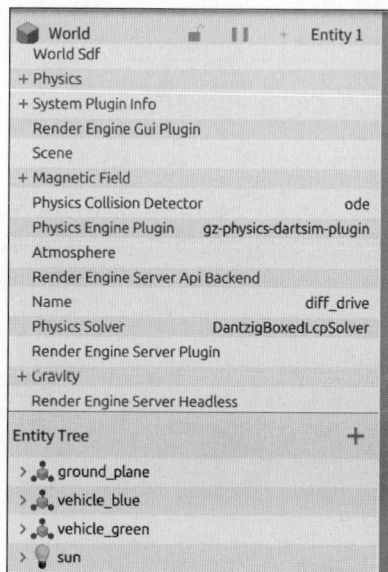

图 5-11　右边栏

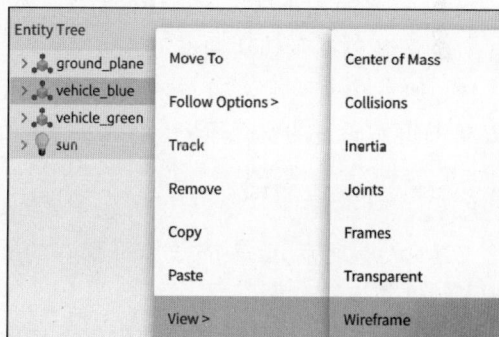

图 5-12　实体上下文菜单

5.3.2　案例：利用 GUI 控制小车

在本案例中将向上述仿真场景中添加和移动一个圆锥几何体,保存编辑后的仿真场景,在开始仿真后利用差速控制插件 Teleop 控制车辆移动,并通过改变车辆的显示方法观察车在移动时关节的转动,具体步骤如下。

(1) 编辑场景：在上述打开的仿真环境中使用场景左上的工具栏中的工具先向场景添加一个圆锥,然后使用平移和旋转工具将圆锥移动到地面以上,并旋转一定角度,如图 5-13 所示。

(2) 保存场景：使用工具栏左侧的文件菜单中的 Save world as 功能,将保存的路径设置为用户主目录且将文件命名为 myworld. sdf,并勾选 Expand include tags 选项,完成后单击“确定”按钮,如图 5-14 所示。

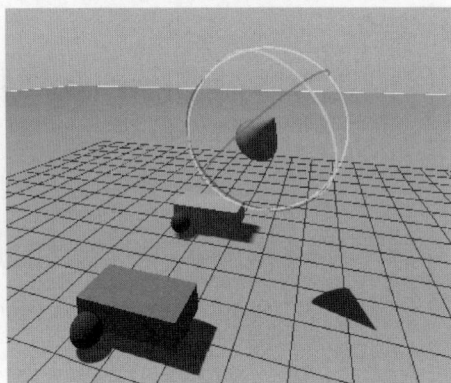

图 5-13　添加和移动几何体

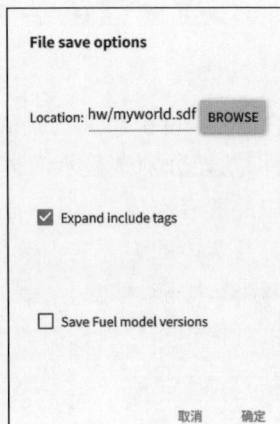

图 5-14　保存场景

保存完成后,在用户主目录下会出现一个名为 myworld. sdf 的文件。该文件记录了 Gazebo 中全部完整的仿真场景,其本质上是一种定义了特殊标签的 XML 格式文件。这种由 Gazebo 定义的用于描述仿真场景的文件格式称为 SDFormat,简称为 SDF。在第 6 章将会详细地介绍 SDF 的语法和编写方法。

(3) 加载仿真环境：首先在终端按快捷键 Ctrl＋C 关闭上述仿真环境,然后使用 Gazebo 打开编辑过的仿真环境。使用的命令如下:

```
gz sim myworld.sdf
```

上述命令运行后,Gazebo 会打开保存的 myworld. sdf 仿真场景,此仿真场景与保存前添加了圆锥的场景一致。

(4) 启动仿真：单击仿真场景中左下角的运行按钮启动仿真。在仿真开启后,Gazebo 服务器使用物理引擎对场景中的各实体进行模拟仿真,位于空中的圆锥受重力影响下落到地面。

（5）加载差速控制插件：单击工具栏右侧的插件按钮，在搜索框输入 Teleop，在结果中单击相应的插件。Teleop 插件会出现在右侧边栏，如图 5-15 所示。

（6）利用 Teleop 插件控制小车移动：将 Teleop 插件中的 Topic 参数设置为/model/vehicle_blue/cmd_vel。鼠标单击 Teleop 插件下方的上、下、左和右等几个方向键即可发布控制小车运动的话题，仿真场景中的一辆小车就开始了运动。

注意：Teleop 插件还提供了设置速度，以及提供了键盘和滑动条控制等方法的功能。

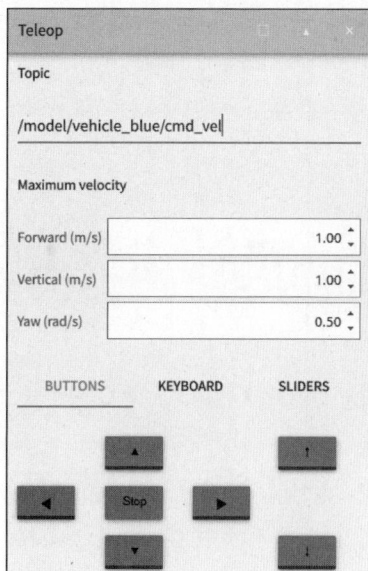

图 5-15　Teleop 插件界面

5.4　Gazebo 命令行工具

为了能够与 ROS 2 进行联合仿真，Gazebo 也参考和借鉴了 ROS 2 中的通信机制，提供了话题和服务两种通信机制，以及参数和消息类型等相关的概念。同时 Gazebo 在命令行工具中也提供了对话题、服务、参数和消息类型的查询、管理和使用等功能。

下面仍然以 5.3 节中使用的 diff_drive.sdf 仿真环境为例介绍 Gazebo 中几个常用命令行工具的使用方法。首先用 Gazebo 打开 diff_drive.sdf 并运行仿真，命令如下：

```
gz sim diff_drive.sdf -r
```

5.4.1　话题

gz topic 命令提供了有关话题的一些功能，常用的命令功能如下。

（1）查询所有话题，命令如下：

```
gz topic -l
```

上述命令运行后会查询当前仿真环境中发布和接收的所有话题，显示的内容如下：

```
/clock
/gazebo/resource_paths
/gui/camera/pose
/gui/currently_tracked
/gui/track
/model/vehicle_blue/odometry
/model/vehicle_blue/tf
```

```
/model/vehicle_green/odometry
/model/vehicle_green/tf
/stats
/world/diff_drive/clock
/world/diff_drive/dynamic_pose/info
/world/diff_drive/pose/info
/world/diff_drive/scene/deletion
/world/diff_drive/scene/info
/world/diff_drive/state
/world/diff_drive/stats
/model/vehicle_blue/cmd_vel
/model/vehicle_blue/enable
/model/vehicle_green/cmd_vel
/model/vehicle_green/enable
/world/diff_drive/light_config
/world/diff_drive/material_color
```

在上述话题中,有些是 Gazebo 场景中发布环境信息的话题,有些是场景中实体发布或接收的话题。

(2) 查询指定话题的详细信息,例如查询控制蓝色小车的话题/model/vehicle_blue/cmd_vel,命令如下:

```
gz topic -i -t /model/vehicle_blue/cmd_vel
```

上述命令的运行结果如下所示,在输出结果中显示了在话题/model/vehicle_blue/cmd_vel上没有发布者,只有一个接收者,在该话题上传输的消息类型是 gz.msgs.Twist。

```
No publishers on topic [/model/vehicle_blue/cmd_vel]
Subscribers [Address, Message Type]:
  tcp://192.168.43.113:35633, gz.msgs.Twist
```

(3) 发布话题,例如向话题/model/vehicle_blue/cmd_vel 发布控制小车速度的话题,驱动小车在仿真环境中移动,命令如下:

```
gz topic -t /model/vehicle_blue/cmd_vel -m gz.msgs.Twist -p "linear: {x: 1.0},
angular: {z: 0.5}"
```

上述命令运行后会创建一个话题发布者,通过-t 参数设置话题名称,通过-m 参数设置发送的消息类型,通过-p 参数设置消息的具体数据,将线速度设置为 1.0m/s,角速度设置为 0.5rad/s。在接收到话题后,Gazebo 就会控制小车转圈,与 GUI 中使用 Teleop 插件控制小车的效果相同。

同理,使另一辆小车移动,只需向控制另一辆小车的话题发布速度控制话题,命令如下:

```
gtopic -t /model/vehicle_green/cmd_vel -m gz.msgs.Twist -p "linear: {x: 1.0},
angular: {z: 0.5}"
```

上述命令运行后就会看到两辆小车在仿真环境中都开始进行转圈移动了。

（4）接收话题，用于查看在指定话题上传输的数据，例如在仿真运行时，在仿真环境中的小车会发布一种叫作里程计（Odometry）的话题，类似于汽车中的码表，给出小车的位置和速度等信息。在仿真环境中，查询其中一辆小车的里程计话题，命令如下：

```
gz topic -e -t /model/vehicle_blue/odometry
```

上述命令运行后会创建一个话题订阅者并会将接收到小车里程计信息显示在终端，命令如下：

```
header {
  stamp {
    sec: 923
  }
  data {
    key: "frame_id"
    value: "vehicle_blue/odom"
  }
  data {
    key: "child_frame_id"
    value: "vehicle_blue/chassis"
  }
}
pose {
  position {
    x: -1.3950742001690866
    y: 0.19881787719710337
  }
  orientation {
    z: -0.7085906685745913
    w: 0.70561977325540826
  }
}
twist {
  linear {
    x: 0.50000000001659828
  }
  angular {
    z: 0.50000000002000888
  }
}
...(省略输出)
```

在上述输出的一组小车的里程计信息中包含了时间戳、坐标系、位置、朝向、线速度和角速度等信息。

5.4.2 服务

gz service命令提供了有关服务的一些功能,常用的功能如下。

(1) 列出所有服务,命令如下:

```
gz service -l
```

上述命令在运行后会在终端显示当前 Gazebo 中的所有服务:

```
/gazebo/resource_paths/add
/gazebo/resource_paths/get
/gazebo/resource_paths/resolve
/gazebo/worlds
/gui/camera/view_control
/gui/screenshot
...(省略输出)
/server_control
/world/diff_drive/control
/world/diff_drive/control/state
/world/diff_drive/create
/world/diff_drive/remove
/world/diff_drive/scene/graph
...(省略输出)
```

(2) 查询指定服务的详细信息。命令格式是 gz service -i -s <服务名称>,例如查看移除仿真场景中实体的服务/world/diff_drive/remove 的详细信息,命令如下:

```
gz service -i -s /world/diff_drive/remove
```

以上命令的运行结果如下所示,显示了客户端请求的消息类型为 gz. msgs. Entity,服务器响应的消息类型为 gz.msgs. Boolean 类型,以及服务器的地址。

```
Service providers [Address, Request Message Type, Response Message Type]:
  tcp://192.168.43.113:40057, gz.msgs.Entity, gz.msgs.Boolean
```

(3) 调用服务。根据服务名称和服务的详细信息可以构造一个客户端向服务器发起请求,完成特定的服务,例如,删除仿真场景中的一辆小车,命令如下:

```
gz service -s /world/diff_drive/remove --reqtype gz.msgs.Entity --reptype gz.
msgs.Boolean --timeout 3000 --req 'name: "vehicle_blue", type: 2'
```

在上述命令中,通过-s 参数设置了调用服务的名称,通过--reqtype 参数设置了请求消息的类型,通过--reptype 参数设置了服务器响应消息的类型,通过--req 参数设置了服务请求的消息类型 gz. msgs. Entity 的数据,其中 name 为删除的实体名称,type 为实体的类型。Gazebo 对实体总共定义了 10 种类型,分别是 NONE=0、LIGHT=1、MODEL=2、LINK=3、VISUAL=4、COLLISION=5、SENSOR=6、JOINT=7、ACTOR=8、WORLD=9。查看服务调用前后的效果,在服务调用后,仿真场景中的一辆小车被删除,如图 5-16 所示。

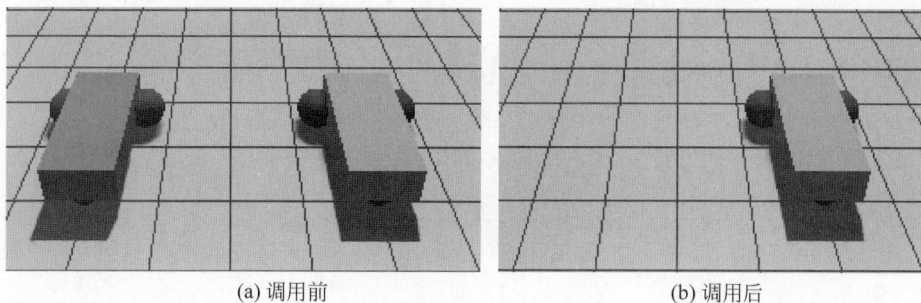

(a) 调用前　　　　　　　　　　　　(b) 调用后

图 5-16　服务调用前后的效果

5.4.3　消息类型

发布话题和调用服务都需要根据消息类型的详细结构构造出符合要求的消息结构。gz msg 命令提供了查询消息类型的一些功能,可以获得指定消息类型的详细结构,从而为构造指定消息类型的数据提供参考。gz msg 命令常用以下两个功能。

(1) 列出所有的消息类型,命令如下:

```
gz msg -l
```

上述命令会列出 Gazebo 中现有的所有(共 100 余种)消息类型,输出的结果如下:

```
gz.msgs.Actor
gz.msgs.Actuators
...(省略输出)
gz.msgs.Image
gz.msgs.ImageGeom
gz.msgs.Inertial
...(省略输出)
gz.msgs.WorldReset
gz.msgs.WorldStatistics
gz.msgs.Wrench
```

(2) 查看指定消息类型的详细结构。使用命令 gz msg -i <消息类型>的格式可查看指定消息类型的详细结构。例如查看表示控制小车速度的消息 gz.msgs.Twist 的消息结构,命令如下:

```
gz msg -i gz.msgs.Twist
```

上述命令的输出结果如下:

```
Name: gz.msgs.Twist
File: gz/msgs/twist.proto
```

```
message Twist {
  .gz.msgs.Header header = 1;
  .gz.msgs.Vector3d linear = 2;
  .gz.msgs.Vector3d angular = 3;
}
```

在上述输出结果中包含了消息类型的名称 gz. msgs. Twist,定义消息类型的文件 gz/msgs/twist. proto,以及由 Protocol Buffers 定义的消息详细结构,整个 Twist 消息类型包含两个 gz. msgs. Vector3d 的消息类型。对于 gz. msgs. Vector3d 消息的详细结构,同样可用上述方法查询,命令如下:

```
gz msg -i gz.msgs.Vector3d
```

输出的结果如下:

```
Name: gz.msgs.Vector3d
File: gz/msgs/vector3d.proto

message Vector3d {
  .gz.msgs.Header header = 1;
  double x = 2;
  double y = 3;
  double z = 4;
}
```

这样上述信息的输出结果就与话题发布中发布小车速度时设置的消息结构相呼应了。

注意: Protocol Buffers 是谷歌开发的一种高效的序列化结构数据的方法,它用于定义数据结构和序列化/反序列化数据,能够生成高效的二进制序列化格式,以便在网络传输或存储数据时使用。

5.5 在线模型与本地模型库

⏺ 7min

在使用 Gazebo 仿真时,利用现有模型可以方便地加快仿真的进度,节省大量的仿真建模成本。Gazebo APP 就是 Gazebo 官方提供的模型资源共享平台。图 5-17 显示了 Gazebo APP 页面,在网站内提供了模型、世界和集合 3 种类型的资源。模型可以看作一个单一物体,既可以是不能活动的静态物体,例如桌子、房子、装饰用的汽车等,也可以是能够活动的机器人,例如飞机、车、机械臂等。

下面介绍一种先下载模型再在仿真中使用模型的方法。该方法的好处是在本地计算机上建立一个自己的模型库,从而可以避免因为网络的原因造成仿真场景不可用的情况。以下通过一个椅子模型的下载、保存和加载的步骤介绍 Gazebo APP 中模型的下载和本地模

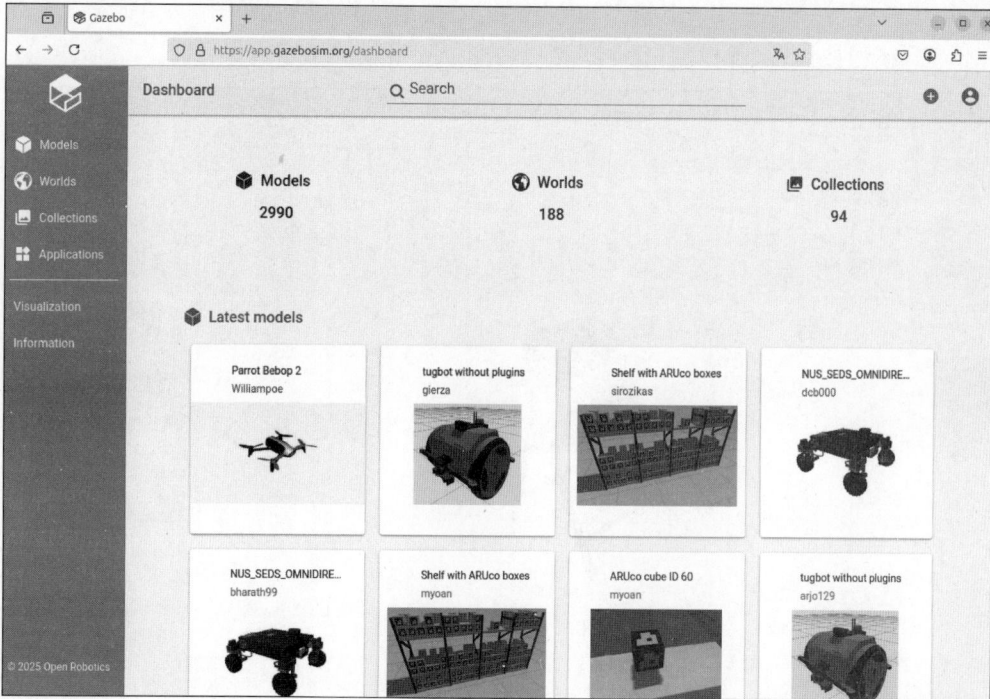

图 5-17　Gazebo APP 页面

型库的创建和使用方法,具体步骤如下:

（1）搜索模型。在 Gazebo APP 中以关键词 chair(椅子)进行搜索,结果如图 5-18
所示。

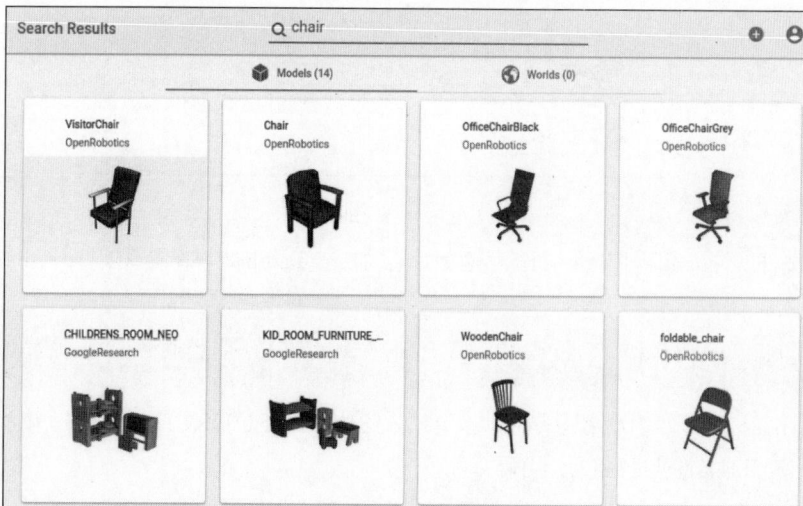

图 5-18　搜索模型

（2）下载模型。先选择一个模型，单击后进入模型的详情页，如图 5-19 所示。在详情页单击下载模型按钮，下载模型，整个模型以一个 .zip 格式的压缩包保存。

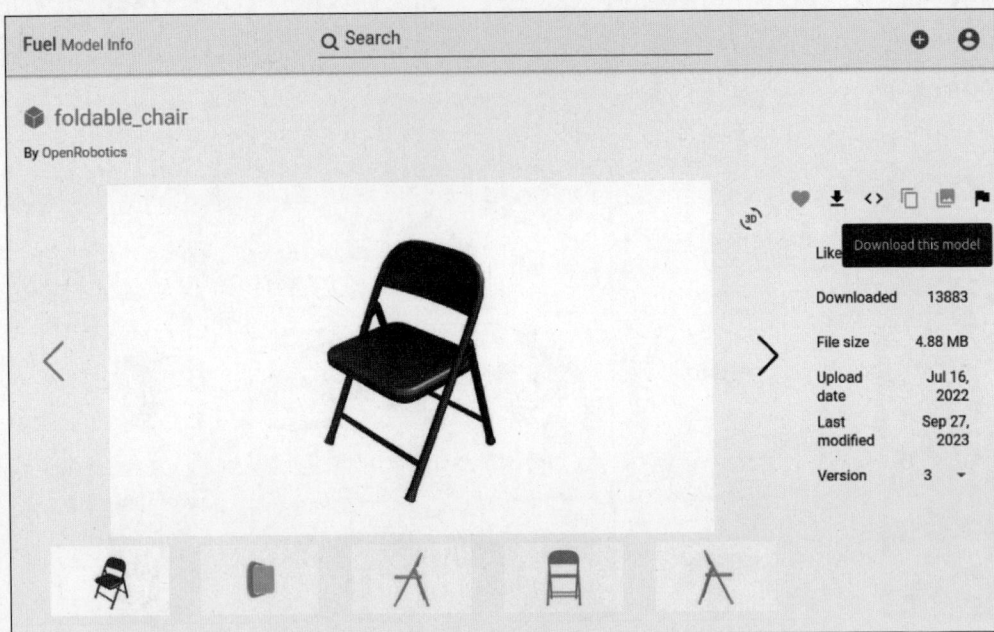

图 5-19　模型详情页

（3）准备模型库。Gazebo 的模型库本质上是一个文件夹。在用户的主目录中创建一个文件夹 gazebo_models，将下载的模型解压到上述文件夹内，如图 5-20 所示。

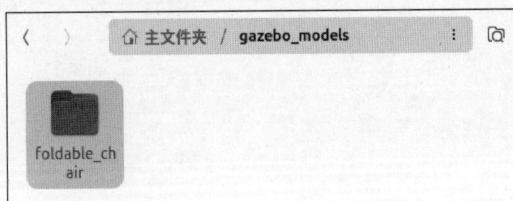

图 5-20　模型文件夹

（4）将文件夹 gazebo_models 作为模型库添加到 Gazebo 中。首先，打开 .bashrc 文件，命令如下：

```
code ~/.bashrc
```

然后向 .bashrc 文件内部添加环境变量 GZ_SIM_RESOURCE_PATH，并将其值设置为 gazebo_models 文件夹的路径，代码如下：

```
export GZ_SIM_RESOURCE_PATH=~/gazebo_models
```

保存后退出，在终端重新加载 .bashrc 文件，命令如下：

```
source ~/.bashrc
```

（5）加载模型。命令如下：

```
gz sim diff_drive.sdf
```

利用 GUI 中的插件管理工具，搜索并打开 Resource Spawner 插件。在插件的面板中选择 Local resources 下的本地模型库，首先在模型选择区域单击椅子模型，然后将其拖曳到仿真场景中即可，效果如图 5-21 所示。

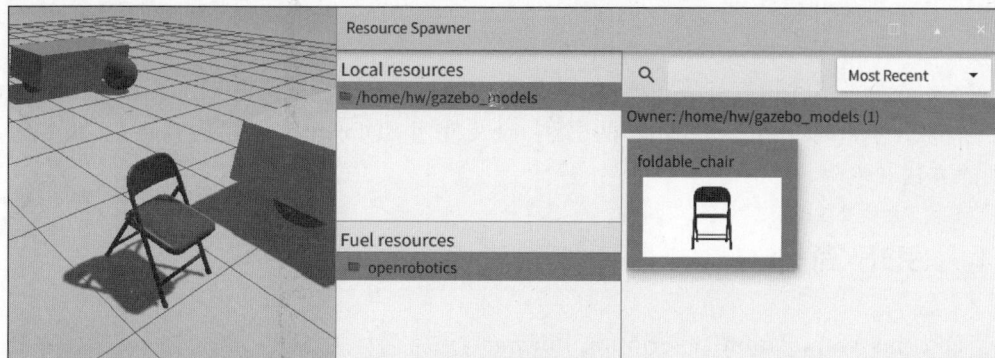

图 5-21　加载模型

反复使用上述步骤及模型的移动和旋转等工具就可以构建出自定义的仿真环境，编辑完成后的仿真环境可通过保存工具将世界导出为 SDF 文件，以供持久化地保存和分享。对于更精细的模型和场景编辑就需要深入地学习和理解 SDF 标准，第 6 章将详细介绍 SDF 的相关知识。

5.6　本章小结

本章介绍了 Gazebo 目前的发展情况，以及 Gazebo 的术语和运行架构，并详述了 ROS、RViz、rqt 和 Gazebo 间的区别与联系。Gazebo 既可以作为独立软件进行安装，也可以作为 ROS 的功能包进行安装。在使用上，Gazebo 在运行时分为服务器和客户端两部分，通过 Transport 模块提供的话题和服务进行通信。Gazebo 的客户端提供了一个 GUI，通过 GUI 可以完成仿真场景的编辑，以及添加插件等任务。除了 GUI，Gazebo 还提供了命令行工具，特别是有关话题、服务和消息类型的工具对于调试仿真具有重要作用。最后，介绍了在线模拟的检索与下载方法，以及本地模型库构建、添加模型到模型库和使用模型库的方法。

第 6 章

SDF 基础

Gazebo 为了描述仿真环境和模型,定义了一种以 XML 格式为基础的标准和规范——SDFormat。本章将介绍 SDFormat 的语法,以及使用 SDFormat 创建仿真环境、模型和机器人的方法和步骤。

6.1 SDF 简介

14min

SDFormat(Simulation Description Format),通常简称为 SDF,是一种用于机器人仿真过程中描述环境和机器人的可视化和控制的 XML 格式,同时也是一种标准。最初 SDF 作为 Gazebo 仿真工具的一部分,全方位地描述和定义了物理仿真的所有要素,并特别考虑了在机器人各方面中的应用。经过多年的发展,SDF 已经成为一种稳定、强大且可扩展的文件格式,能够描述机器人、静态和动态物体、照明、地形,甚至物理世界中的各种场景。

在 SDF 的官网上提供了所有 SDF 的资源,包括 SDF 标准、SDF 格式的详细文档,以及读写 SDF 的库。SDF 格式随着仿真需求的改变而进行相关功能的增加和删除,逐渐修订和完善,目前 SDF 格式标准的最新版本是 SDFormat Version 1.11。SDF 库由 C++语言完成,目前最新的版本为 libsdformat 14.0.0,实现了 SDFormat Version 1.11 标准,主要提供了对 SDF 格式的存取、解析和验证等功能,并且提供了 Python 语言的编程接口,同时对早期的 SDF 格式尽可能地后向兼容。

注意:Gazebo 仿真时与 SDF 格式标准密切相关,早期主要以 SDFormat Version 1.9 及更早的标准为主,有些功能在新的 Gazebo 仿真中会失效,需要根据 SDF 的最新标准转换为最新版本。本书所有的描述和代码均基于 SDFormat Version 1.11 标准,建议读者使用最新的标准,以体验最新的特性。

6.1.1 SDF、URDF 与 XACRO

SDF、URDF(Unified Robot Description Format)与 XACRO(XML Macros)是在 ROS 中进行机器人仿真的 3 种不同格式。在早期发展阶段 Gazebo 和 ROS 是两个独立的工程,

二者都定义了自己的机器人仿真的描述规范和格式。

ROS 为描述机器人模型定义了 URDF 和 XACRO 格式。URDF 和 XACRO 格式使用 XML 语法,定义了一系列用于描述机器人中各种部件的标签,例如< robot >、< link >、< visual >、< collision >和< material >等。XACRO 格式对 URDF 进行了拓展,支持使用宏定义的方式,向 URDF 中引入了参数、函数等概念,方便对 URDF 中重复的部件进行复用,以便减少 URDF 的存储空间,使 URDF 的结构更清晰。ROS 不能直接使用 XACRO,需要先将其编译为 URDF,再由 ROS 加载。XACRO 格式虽然功能强大,但是也存在语法过于复杂,较难掌握的缺点。

由于 ROS 本身不包含物理仿真引擎,所以在仿真时需要使用外部物理仿真引擎,例如 Gazebo,就需要将 ROS 描述机器人模型的 URDF 格式转换为 Gazebo 的 SDF 格式后在 Gazebo 中进行显示和仿真。此外,在机器人仿真中 SDF 格式包含许多 URDF 格式中未定义的信息,URDF 为了更好地在 Gazebo 中进行机器人仿真,专门添加了< gazebo >标签,用于设置 Gazebo 仿真时所需要的物理特性,而< gazebo >标签中所包含的内容就是 SDF 中的元素。这样就造成了使用 URDF 在 Gazebo 仿真时,不仅需要学习和掌握 URDF,而且还需要掌握 SDF,增加了学习成本。

随着 Gazebo 和 ROS 的发展,目前 ROS 2 Jazzy 中也通过功能包 sdformat_urdf 提供了由 SDF 格式的模型转换为 URDF 格式的功能。由于功能包 sdformat_urdf 的出现,使在机器人仿真时,只需 SDF 便可用于描述机器人模型,而无须再使用 URDF 和 XACRO 格式。同时,SDF 作为一种通用的场景仿真格式,不仅可用于机器人的仿真,还能够描述仿真环境,具有更丰富的仿真功能,因此学习和掌握 SDF 对于使用 ROS 和 Gazebo 进行机器人仿真具有更重要的意义。随着 Gazebo 和 ROS 的进一步发展,相信 SDF 会成为统一的仿真描述语言。表 6-1 总结了 SDF、URDF 和 XACRO 这 3 种格式优缺点。

表 6-1　SDF、URDF 和 XACRO 格式优缺点

格　　式	优　　点	缺　　点
SDF	支持环境的仿真,也支持机器人仿真,支持多机器人的仿真,可通过功能包 sdformat_urdf 将 SDF 转换为 URDF 以供 ROS 使用和可视化	较复杂
URDF	只支持单机器人的仿真	需要转换为 SDF 后在 Gazebo 中仿真,并且需要额外学习< gazebo >标签中的 SDF 元素的用法
XACRO	支持定义变量和函数,增加了 URDF 的灵活性,可有效地减少 URDF 的代码长度	复杂,需要额外的处理步骤生成 URDF,学习成本增加

6.1.2　SDF 的结构

Gazebo 的 SDF 文件格式实际上是一种定义了特定元素标签的 XML 格式。SDF 中每个元素的标签都必须成对,有开始标签和结束标签,并将所有元素构成树状结构。

SDF 中根节点使用标签< sdf >作为元素的标记,< sdf >元素必须有一个表示 SDF 标准版本的 version 属性,在 Gazebo Harmonic 中设置为 1.11。< sdf >根元素可包含的子元素如下。

(1)< world >元素:用于描述整个仿真场景,包括环境和环境中的机器人。一般在一个 SDF 文件中只包含一个< world >元素,在 Gazebo 启动时会根据该元素加载和创建仿真场景。< world >元素包含一个名为 name 的属性,用于设置名称,创建< world >元素的格式如下:

```
<?xml version='1.0'?>
<sdf version='1.11'>
  <world name='default'>
    ...(此处省略)
  </world>
</sdf>
```

(2)< model >元素:用于描述一个模型,这个模型既可以是静态的,例如地面、建筑物、桌子等,也可以是动态的,例如车、飞机、船、潜艇等不同种类的机器人。此外,< model >元素可作为< world >元素的子元素,即成为仿真场景中的一个实体。< model >元素包含一个名为 name 的属性,用于设置名称,创建< model >元素的格式如下:

```
<?xml version='1.0'?>
<sdf version='1.11'>
  <model name='my_model'>
    ...(此处省略)
  </model>
</sdf>
```

(3)< actor >元素:用于描述一种具有动画效果的特殊模型。通过脚本可以设置模型在仿真时的移动动画效果和骨架运动动画效果。此外,< actor >元素可作为< world >元素的子元素,成为仿真场景中的一个具有动画效果的模型。< actor >元素包含一个名为 name 的属性,用于设置名称,创建< actor >元素的格式如下:

```
<?xml version='1.0'?>
<sdf version='1.11'>
  <actor name='my_actor'>
    ...(此处省略)
  </actor>
</sdf>
```

(4)< light >元素:用于描述光源,在仿真场景中添加光照。此外,< light >元素可作为< world >元素的子元素,为仿真场景添加光源。< light >元素包含一个名为 name 的属性,用于设置名称,创建< light >元素的格式如下:

```
<?xml version='1.0'?>
<sdf version='1.11'>
```

```
    <light name='my_light'>
      ...(此处省略)
    </light>
</sdf>
```

一般对于一个 SDF 文件,其根节点< sdf >只包含上述 4 种元素中的一种,其中< world >元素用于描述整个仿真场景,而其他 3 个元素用于定义仿真场景中的实体,也就是< model >、< actor >和< light >元素可以作为< world >元素的子元素。

6.2　环境仿真

在 Gazebo 仿真时,SDF 文件中的< world >元素完整地描述了整个仿真场景。通过设置< world >元素的内容即可创造出各种不同的仿真环境。< world >元素可设置的子元素有< audio >、< wind >、< gravity >、< magnetic_field >、< atmosphere >、< gui >、< physics >、< scene >、< light >、< frame >、< joint >、< model >、< actor >、< plugin >、< road >、< state >、< population >、< spherical_coordinates >和< include >等。以下按照上述元素的功能分别进行介绍。

6.2.1　基础插件

插件为 Gazebo 仿真提供了具体的功能,通过插件可以按需灵活地在仿真时开启某一项功能,例如传感器仿真、物理环境仿真等。对于一次仿真来讲在默认情况下包含了 Physics、UserCommands 和 SceneBroadcaster 共 3 个基础插件。插件都使用< plugin >标签设置,通过设置 filename 和 name 属性来确定插件的类型和功能。

(1) Physics 插件是 Gazebo 仿真的基础插件。Physics 插件的添加方法如下:

```
<plugin
    filename="gz-sim-physics-system"
    name="gz::sim::systems::Physics">
</plugin>
```

(2) UserCommands 插件提供了在仿真时以 Transport 库为通信方式的用户交互接口,使用户可通过话题和服务等方式与 Gazebo 交互。UserCommands 插件的添加方法如下:

```
<plugin
    filename="gz-sim-user-commands-system"
    name="gz::sim::systems::UserCommands">
</plugin>
```

UserCommands 插件提供了添加实体的服务/world/< world_name >/create,添加多个实体的服务/world/< world_name >/create_multiple,改变实体位置和姿态的服务/world/

<world_name>/set_pose,改变多个实体位置和姿态的服务/world/<world_name>/set_pose_vector 等几个功能。

（3）SceneBroadcaster 插件提供了用 Trasport 库广播仿真消息的功能。Gazebo 的 GUI 需要接收该插件广播的信息以显示仿真场景。SceneBroadcaster 插件的添加方法如下：

```
<plugin
    filename="gz-sim-scene-broadcaster-system"
    name="gz::sim::systems::SceneBroadcaster">
</plugin>
```

除了以上 3 个基础插件外，Gazebo 还拥有实现各种仿真功能的插件。这些插件都位于 gz::sim::systems 命名空间下。在以下的仿真中，根据需要会介绍相关的插件及其使用方法。需要注意的是不仅<world>可以拥有插件，而且<model>也可以有插件，例如关节位置控制器(JointPositionController)，即插件作用的对象和插件的用途有关。

6.2.2　物理要素仿真

（1）<wind>元素：用于设置风速，表示为 x、y 和 z 这 3 个分量，单位是 m/s，默认值为 0 0 0，表示无风。该元素对于飞行机器人的仿真十分重要，例如，将风速设置为东南风 $15\sqrt{2}$ m/s 的代码如下：

```
<wind>
    <linear_velocity>15 15 0</linear_velocity>
</wind>
```

除了需要设置<wind>元素外，还需要为受风影响的模型和模型的连杆添加<enable_wind>true</enable_wind>的内容，并且向<world>元素添加 WindEffects 插件。Gazebo 的示例仿真场景 wind.sdf 给出了风速的仿真效果，命令如下：

```
gz sim wind.sdf
```

在打开仿真环境后，启动仿真即可看到在风的作用下一串小球随风发生了摆动，如图 6-1 所示。

（2）<gravity>元素：用于设置重力加速度，表示为 x、y 和 z 方向的向量，单位是 m/s^2，默认值为 0,0,−9.8，表示地球的重力加速度。改变该元素的值会改变仿真环境中的重力加速度。该元素的设置格式如下：

```
<gravity>0.0 2.0 0.0</gravity>
```

在上述代码中将重力加速度设置为 y 方向，值为 $2m/s^2$。在随书附赠的电子资源中，运行仿真环境 gravity.sdf 文件，命令如下：

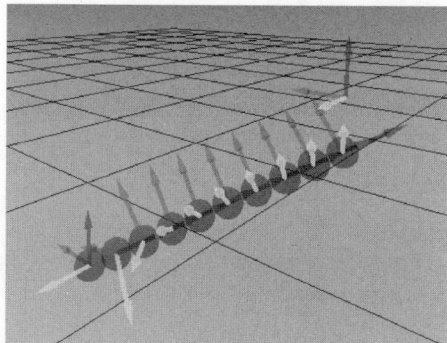

图 6-1　风仿真

```
gz sim gravity.sdf
```

在打开仿真环境后,启动仿真即可看到一个小球不下落,而是向左(y轴正方向)加速运动而去。

(3) < magnetic_field >元素:用于设置磁场强度,表示为 x、y 和 z 方向的向量,单位是特斯拉。该元素的设置格式如下:

```
<magnetic_field>0.01 0.01 0.01</magnetic_field>
```

在上述代码中将 3 个方向的磁场强度均设置为 0.01 特斯拉。

(4) < atmosphere >元素:用于设置大气温度、压强和温度梯度等大气要素。通过 < temperature >< pressure >等子元素设置大气的各种要素。该元素的设置格式如下:

```
<atmosphere type="adiabatic">
    <temperature>300</temperature>
    <pressure>101325</pressure>
    <temperature_gradient>-0.006</temperature_gradient>
</atmosphere>
```

在上述代码中温度< temperature >的单位是开尔文,300 开尔文大约为 27 摄氏度,气压 < pressure >的单位是帕斯卡,101325 帕斯卡是海平面的大气压,温度梯度用于设置气温随高度的减小速度,单位是开尔文/米(K/m),-0.006K/m 大约是地球对流层中气温随高度的减小的幅度。

下面的代码给出了上述 4 种物理要素的设置方法,以及基础插件和风速插件的设置方法,并通过一个简单的小球的运动仿真展示物理要素对实体的作用,SDF 代码如下:

```
#ws6/physicsele.sdf
<?xml version='1.0'?>
<sdf version='1.11'>
  <world name='gravity'>
```

```xml
<!--风-->
<wind>
  <linear_velocity>10 0 10</linear_velocity>
</wind>
<!--重力加速度-->
<gravity>0.0 3.0 0.0</gravity>
<!--磁场-->
<magnetic_field>0.01 0.01 0.01</magnetic_field>
<!--大气-->
<atmosphere type="adiabatic">
  <temperature>300</temperature>
  <pressure>101325</pressure>
  <temperature_gradient>-0.006</temperature_gradient>
</atmosphere>
<!--小球-->
<model name='ball'>
  <!--使小球受风的作用-->
  <enable_wind>true</enable_wind>
  <link name='b'>
    <enable_wind>true</enable_wind>
    <inertial auto="true">
      <density>0.1</density>
    </inertial>
    <visual name="v">
      <geometry>
        <sphere>
          <radius>0.3</radius>
        </sphere>
      </geometry>
    </visual>
    <collision name="c">
      <geometry>
        <sphere>
          <radius>0.3</radius>
        </sphere>
      </geometry>
    </collision>
  </link>
</model>
<!--启用风仿真的插件-->
<plugin
  filename="gz-sim-wind-effects-system"
  name="gz::sim::systems::WindEffects">
</plugin>
<!--启用 3 个基础插件-->
<plugin
  filename="gz-sim-physics-system"
  name="gz::sim::systems::Physics">
</plugin>
```

```
    <plugin
      filename="gz-sim-user-commands-system"
      name="gz::sim::systems::UserCommands">
    </plugin>
    <plugin
      filename="gz-sim-scene-broadcaster-system"
      name="gz::sim::systems::SceneBroadcaster">
    </plugin>
  </world>
</sdf>
```

上述代码保存在本章示例代码 physicsele. sdf 中,启动仿真的命令如下:

```
gz sim physicsele.sdf
```

在启动和运行仿真后,场景中唯一的实体小球在重力和风的共同作用下开始移动。

6.2.3　环境显示效果

<scene>元素用于设置仿真的显示效果,用于设置环境的光照、背景色、天空贴图、阴影、雾、格网和原点标记等显示效果。<scene>中各子元素的功能和含义如下。

(1)<ambient>元素:设置全局环境光照。为了能够在计算机中模拟更自然的物理光照效果就需要构建光照模型来简化和估计真实的物理光照。冯氏光照模型(Phong Lighting Model)就是一种常用的物理光照模型,将整个光照分为环境(Ambient)、漫反射(Diffuse)和镜面(Specular)三部分。环境光照用于反映即使在黑暗的情况下,世界上也仍然有一些光亮,物体永远不会是完全黑暗的。环境光照来模拟这种情况,也就是无论如何永远都给物体一些颜色。<ambient>元素的设置格式如下:

```
<ambient>0.8 0.5 0.5 0.3</ambient>
```

在上述代码中<ambient>元素内的 4 个值分别表示红(R)、绿(G)、蓝(B)和不透明度(A),每个值的范围都是 0~1。

(2)<background>元素:设置背景色。与<ambient>元素设置光照只影响物体颜色不同,背景色用于设置整个仿真窗体内的颜色,不影响物体的颜色。<background>元素的设置格式如下:

```
<background>1 0 1 0.2</background>
```

(3)<sky>元素:将背景贴图设置为天空,可以较好地仿真天空的效果,如图 6-2 所示。与<background>元素冲突,当二者同时存在时<sky>元素的设置优先。Gazebo 中使用 cubemap 技术来实现三维环境的显示。<sky>元素目前只需添加,目前其次级元素(例如<time>、<sunrise>、<sunset>和<clouds>等)还未生效。<sky>元素的设置格式如下:

```
<sky></sky>
```

此外，<sky>元素里还可以添加<cubemap_uri>子元素以加载自定义的环境贴图效果。

图 6-2　天空贴图

（4）<shadows>元素：设置是否开启阴影效果，默认为开启。<shadows>元素的设置格式如下：

```
<shadows>true</shadows>
```

在上述代码中当值为 true 时开启阴影，当值为 false 时关闭阴影。除此，还需要在光源<light>中同步地设置<cast_shows>元素的值。

（5）<grid>元素：设置是否开启指示格网。指示格网是一种用于用格网标记高度为 0 的平面，可作为仿真场景中的参照物，起到标识和辅助定义的作用。当无仿真背景时，其当作参照物，当仿真背景足够丰富时可关闭格网的显示，使仿真更真实。<grid>元素的设置格式如下：

```
<grid>true</grid>
```

在上述代码中当值为 true 时开启格网，如图 6-3 所示，当值为 false 时关闭格网，不显示。

通过设置<scene>可以改善仿真环境的显示效果，使仿真环境更真实。sceneele. sdf 展示了<scence>元素的设置实例，内容如下：

```
#ws6/sceneele.sdf
<?xml version='1.0'?>
<sdf version='1.11'>
  <world name='sceneele'>
```

```
    <scene>
      <!--环境光照-->
      <ambient>0.8 0.5 0.5 0.3</ambient>
      <!--背景颜色和天空纹理只能二选一-->
      <!--背景颜色-->
      <background>0 1 1 0.2</background>
      <!--天空纹理-->
      <sky>
        <time>12</time>
        <sunrise>6</sunrise>
        <sunset>18</sunset>
        <clouds>
          <speed>2</speed>
          <direction>1</direction>
          <humidity>0.7</humidity>
          <mean_size>0.3</mean_size>
          <ambient>0 1 0 1</ambient>
        </clouds>
      </sky>
      <!--是否开启阴影-->
      <shadows>true</shadows>
      <!--雾仿真-->
      <fog>
        <color>0 0 0 1</color>
        <type>constant</type>
        <start>1</start>
        <end>100</end>
        <density>90</density>
      </fog>
      <!--是否显示格网-->
      <grid>true</grid>
      <!--是否显示原点标记-->
      <origin_visual>true</origin_visual>
    </scene>
  </world>
</sdf>
```

图 6-3　格网

在仿真环境中存在最多的就是实体,Gazebo 将场景中的实体分为光源(Light)、模型(Model)和演员(Actor)三类。实体既可以直接作为子元素定义在< world >元素内,也可以按照 Gazebo 的模型结构作为单独的文件存储到模型库,然后通过< include >元素引入< world >元素内,由 Gazebo 在加载时根据< include >元素的子元素< uri >加载相应的实体。以上两种实体加载方法在效果上没有区别,下面对 3 种实体的创建方法进行介绍。

6.2.4 光源

光源使用< light >标签定义,Gazebo 目前支持点光源(Point)、平行光(Directional)、聚光(Spot)3 种类型。图 6-4 显示了 3 种不同类型光源的光照特性,点光源类似于太阳向四面八方均匀地发出光线,平行光源在指定方向上均匀地发出光线,聚光光源类似于手电筒,只在有限角度内发射光线。

点光源　　　聚光光源　　　平行光源

图 6-4　光源类型

这 3 种光源具有一些共同的元素,用于设置光源的属性,如表 6-2 所示。

表 6-2　光源配置项

名　称	含　义	值 的 设 置
< cast_shadows >	是否产生阴影	当值为 true 时,产生阴影;当值为 false 时,不产生阴影
< light_on >	是否发光	当值为 true 时,光源发光;当值为 false 时,光源不发光
< visualize >	是否在 GUI 中可见	当值为 true 时,在 GUI 中可见,用一个标记显示光源的位置,当值为 false 时,在 GUI 中不显示光源的标记
< intensity >	光强的比例因子	默认值为 1.0
< diffuse >	散射光颜色	默认值为 1 1 1 1,分别表示 R、G、B 和 A,各值的范围为 0~1
< specular >	镜面光颜色	默认值为 0.1 0.1 0.1 1,分别表示 R、G、B 和 A,各值的范围为 0~1
< pose >	光源的姿态	默认值为 0 0 0 0 0 0,前 3 个值表示光源的坐标 x、y、z,后 3 个值为欧拉角 r、p、y,表示光源的方向。通过属性 relative_to 可指定姿态的父参考坐标系,设置属性 degrees＝"true"可使用角度作为单位
< attenuation >	光衰减	通过设置子元素< range >、< linear >、< constant >和< quadratic >等调整光源随距离变化时强度的变化

以下通过 3 个例子分别介绍了 3 种光源的创建与设置方法。

(1)点光源:该光源向四面八方发射光线。以下为一个点光源的实例,内容如下:

```
#ws6/lighttest.sdf
<light type="point" name="pointlight">
    <cast_shadows>true</cast_shadows>
    <light_on>true</light_on>
    <visualize>true</visualize>
    <intensity>1.0</intensity>
    <diffuse>0.8 0.0 0.0 1</diffuse>
    <specular>0.9 0.0 0.0 1</specular>
    <pose>0 0 10 0 0 0</pose>
    <!--光衰减-->
    <attenuation>
        <range>1000</range>
        <constant>0.9</constant>
        <linear>0.01</linear>
        <quadratic>0.001</quadratic>
    </attenuation>
</light>
```

（2）平行光源：相较于点光源，平行光源需要设置光线的入射角，通过<direction>元素用欧拉角的方式设置光线入射的 3 个方向。以下为一个平行光源的实例，内容如下：

```
#ws6/lighttest.sdf
<light type="directional" name="directionallight">
    <cast_shadows>true</cast_shadows>
    <light_on>true</light_on>
    <visualize>true</visualize>
    <intensity>1.0</intensity>
    <diffuse>0.5 0.5 0.9 1</diffuse>
    <specular>0.3 0.3 0.9 1</specular>
    <pose>0 0 10 0 0 0</pose>

    <!--光衰减-->
    <attenuation>
        <range>1000</range>
        <constant>0.9</constant>
        <linear>0.01</linear>
        <quadratic>0.001</quadratic>
    </attenuation>
    <!--方向-->
    <direction>-0.5 0.1 -0.5</direction>
</light>
```

（3）聚光光源：相较于点光源和平行光源，聚光光源增加了一个<spot>元素，用于设置聚光光源的辐射角度范围。以下为一个聚光光源的实例，内容如下：

```
#ws6/lighttest.sdf
<light type="spot" name="spotlight">
    <cast_shadows>true</cast_shadows>
```

```
            <light_on>true</light_on>
            <visualize>true</visualize>
            <intensity>1.0</intensity>
            <diffuse>0.8 0.8 0.7 1</diffuse>
            <specular>0.7 0.7 0.7 1</specular>
            <pose>0 0 10 0 0 0</pose>
            <!--光衰减-->
            <attenuation>
                <range>1000</range>
                <constant>0.9</constant>
                <linear>0.01</linear>
                <quadratic>0.001</quadratic>
            </attenuation>
            <!--方向-->
            <direction>-0.5 0.1 -0.9</direction>
            <spot>
              <inner_angle>0.3</inner_angle>
              <outer_angle>1.5</outer_angle>
              <falloff>1</falloff>
            </spot>
    </light>
```

上述 3 种光源在世界 lighttest.sdf 中进行添加,运行效果如图 6-5 所示,从左至右分别为点光源、聚光光源和平行光源。

图 6-5　光源效果

注意:在世界 lighttest.sdf 中,通过<include>的方式引入了光源。也就是 3 种光源是以独立的形式保存在模型库中的。对于在模型库中添加光源的方法在 6.3 节中进行介绍。

6.2.5　演员

演员也称为动画模型,是一种特殊的实体,通过 SDF 脚本命令使其具备一定的动画功能,为仿真环境增加动态效果,类似于游戏中的 NPC。演员不会受 Gazebo 物理仿真的影响,遵循预定义的运动路径,不会因重力而掉落或与其他物体碰撞,但是能够被 RGB 摄像头和雷达感知到,用于增强场景动态性。演员使用标签< actor >进行定义。

演员具备骨架动画(Skeleton Animation)和轨迹动画(Trajectory Animation)两种动画类型。骨架动画是由演员自身关节的相对运动产生的,是在建模时由 COLLADA(.dae)或 BVH(.bvh)定义的。轨迹动画是让整个演员移动,通过< script >子元素在 SDF 中进行定义。

演员元素< actor >内包含的主要元素如下。

(1)< skin >元素:设置演员的模型,支持 COLLADA(.dae)或 BVH(.bvh)格式的模型。

(2)< animation >元素:设置演员骨架的动画,支持 COLLADA(.dae)或 BVH(.bvh)格式的模型。

(3)< script >元素:设置演员动画的循环方式、启动延时、启动控制及移动轨迹,支持设置动画的执行效果。

以下是一个定义演员的< actor >元素的实例,内容如下:

```
#ws5/gz_models/human/model.sdf
<actor name="my_actors">
  <pose>0 0 1.0 0 0 0</pose>
  <skin>
    <filename>model://human/meshes/walk.dae</filename>
    <scale>1.0</scale>
  </skin>
  <animation name="walk">
    <filename>model://human/meshes/walk.dae</filename>
    <scale>1.0</scale>
    <interpolate_x>true</interpolate_x>
  </animation>
  <script>
    <loop>true</loop>
    <delay_start>1.0</delay_start>
    <auto_start>true</auto_start>
    <trajectory id="0" type="walk" tension="0.6">
      <waypoint>
        <time>0</time>
        <pose>0 0 1.0 0 0 0</pose>
      </waypoint>
      <waypoint>
        <time>2</time>
        <pose>2.0 0 1.0 0 0 0</pose>
```

```
      </waypoint>
      <waypoint>
        <time>2.5</time>
        <pose>2 0 1.0 0 0 1.57</pose>
        </waypoint>
      <waypoint>
        <time>4</time>
        <pose>2 2 1.0 0 0 1.57</pose>
      </waypoint>
      <waypoint>
        <time>4.5</time>
        <pose>2 2 1.0 0 0 3.142</pose>
      </waypoint>
      <waypoint>
        <time>6</time>
        <pose>0 2 1 0 0 3.142</pose>
      </waypoint>
      <waypoint>
        <time>6.5</time>
        <pose>0 2 1 0 0 4.72</pose>
      </waypoint>
      <waypoint>
        <time>8</time>
        <pose>0 0 1.0 0 0 4.72</pose>
      </waypoint>
      <waypoint>
        <time>8.5</time>
        <pose>0 0 1.0 0 0 0</pose>
      </waypoint>
    </trajectory>
  </script>
</actor>
```

在世界 actortest.sdf 中加载了上述定义的演员,启动场景中的演员会按照定义的轨迹进行运动,效果如图 6-6 所示。

图 6-6　演员示例

注意：在世界 actortest.sdf 中，通过<include>的方式引入了演员。也就是演员是以独立的形式保存在模型库中的。对于在模型库中添加演员的方法在 6.3 节中进行介绍。

6.3　模型

模型是 Gazebo 仿真中最关键的实体，可以分为静态模型和动态模型(机器人)。本节主要介绍模型的结构，以及从多种数据源创建静态模型的方法。模型使用元素<model>定义。

模型作为场景中最重要的实体，既可以直接嵌入整个场景<world>元素内，也可以通过<include>元素把模型库中的模型引入场景中。将模型存储到模型库中，按需要引入场景中可以更好地进行模型复用。以下介绍模型的结构，模型的引入，以及模型的构造方法。

6.3.1　模型的结构

模型库本质上是一个目录，只需将目录的地址添加到环境变量 GZ_SIM_RESOURCE_PATH 中便可成为模型库。模型库中的模型需要具有正确的结构才能被 Gazebo 识别和使用。

在模型库中每个模型都是一个文件夹，必须有一个名为 model.config 的文件，用于配置模型的基本信息，是一个 XML 格式的文件，此外还必须有一个描述模型的 SDF 文件，模型的文件名由 model.config 中的字段进行设置，通常命名为 model.sdf。此外，为了在 Gazebo 的 Resource Spawner 插件中预览模型外观，需要在模型文件夹内创建一个名为 thumbnails 的子文件夹，在该文件夹内放置模型的效果图即可，效果图格式通常是 PNG。图 6-7 展示了一个模型的基本结构。

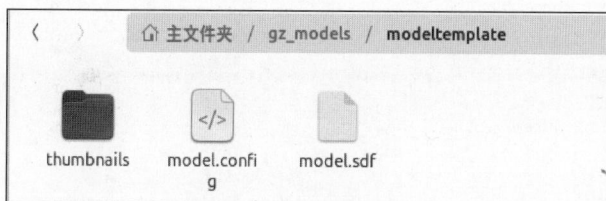

图 6-7　模型的基本结构

当需要在模型中引入格网(Mesh)和纹理贴图时只需在模型文件夹内创建相应的子文件夹，并放入相应的文件后在模型的 SDF 文件中正确地引用。

下面以图 6-7 中的模板模型 modeltemplate 为例，说明模型的结构和组织形式。

(1) 模型的 model.config 文件用于描述和配置模型的一些信息，采用的是标准的 XML 格式，内容如下：

```
#ws5/gz_models/modeltemplate/model.config
<?xml version="1.0" ?>
<model>
  <name>templatemodel</name>
  <sdf version="1.11">model.sdf</sdf>
  <version>2.0</version>
  <author>
    <name>Wei Hou</name>
    <email>yjphhw@qq.com</email>
  </author>
  <description>
    model template for sdf, you should copy and model this model.
  </description>
</model>
```

在上述配置文件中,包含一个顶级元素<model>,在<model>元素内包含了若干子元素,各子元素的含义如下。

<name>:设置模型的名称,当模型通过<include>方式引入世界时,此子元素表示模型在世界中的名称。

<sdf>:设置模型SDF文件的名称,一般设置为model.sdf即可,属性version用于设置模型的SDF标准,推荐将值设置为1.11,从而可使用最新的SDF的特性。

<version>:设置模型的版本,根据情况设置即可。

<author>:设置作者信息,可以设置名称和邮箱等信息。可以添加多个<author>元素以设置多名作者。

<description>:设置模型的描述和说明信息,根据情况设置即可。

(2) 模型的model.sdf文件用于按照SDF规范定义模型,模型的文件名称model.sdf需要与model.config中的<sdf>元素内的名称一致。model.sdf的内容如下:

```
#ws5/gz_models/modeltemplate/model.sdf
<?xml version="1.0"?>
<sdf version="1.11">
  <model name="box">
    <link name="body">
      <inertial auto="true">
        <density>1000</density>
      </inertial>
      <collision name="collision1">
        <geometry>
          <box>
            <size>1 1 1</size>
          </box>
        </geometry>
      </collision>
      <visual name="visual1">
        <geometry>
```

```
        <box>
          <size>1 1 1</size>
        </box>
      </geometry>
      <material>
        <ambient>1.0 0.0 0.3 1</ambient>
        <diffuse>1.0 0.0 0.3 1</diffuse>
        <specular>1.0 0.0 0.3 1</specular>
      </material>
    </visual>
  </link>
 </model>
</sdf>
```

在上述模型的定义中按照 SDF 的规范在<sdf>顶级元素下创建了一个<model>子元素，对于一个模型来讲，只能有一个<model>子元素。<model>元素用于定义整个模型，一个模型通常由反映模型外观的杆件(Link)、模型运动的关节(Joint)和模型功能的插件(Plugin)等构成。在上述模型中，模型具有一个用<link>元素定义的杆件，并设置了杆的转动惯量(Inertial)、碰撞体积(Collision)和外观(Visual)3 个特性，整个模型呈现为一个紫红色的立方体。

以上就是模型的基本结构，不论是添加从 Gazebo 官网上下载的模型还是创建自定义的模型都要符合上述规范才能使 Gazebo 正确识别和使用。此外，模型的文件夹还可能包含格网和纹理贴图等文件夹或文件。

6.3.2　模型的引入

对于模型库中的模型可以通过引入的方式方便地添加到仿真场景中。通过<include>元素将模型引入仿真环境，例如以下的 SDF 文件 importmodel. sdf 通过<include>元素引入上节中定义的 modeltemplate 模型，内容如下：

```
#ws6/importmodel.sdf
<?xml version='1.0'?>
<sdf version='1.11'>
  <world name='importmodel'>
    <include>
      <name>model</name>
      <pose>0 0 0.5 0 0 0</pose>
      <uri>model://modeltemplate</uri>
    </include>
  </world>
</sdf>
```

在上述代码中，在<world>元素定义的仿真场景中，<include>元素引入模型。对于光源和演员两个实体的引入与上述引入模型的方法相同。<include>元素在引入模型时可设置的主要参数如下。

（1）<name>：设置模型在仿真场景中的名称，一个模型可以在场景中添加多个副本，但必须设置为不同的名称。

（2）<uri>：设置模型所在的路径，有 3 种形式。当模型在本地模型库时，通过 model://<模型名>的形式引入，例如在上述代码中的引入方式；当模型在本地时，通过绝对路径引入，例如/home/hw/gz_models/modeltemplate；当模型在 Gazebosim APP 网站上时，可通过模型详情页面上的按钮 <> 获取模型地址。

（3）<static>：设置模型是否为静态，当设置为 true 时，表示模型是静态的，不受物理仿真引擎的影响，在仿真场景中永远保持静止。反之，当设置为 false 时，表示模型是动态的，并且会受到物理仿真引擎的影响。

（4）<pose>：设置模型在场景中的位置和姿态，需要包含 6 个用空格分隔开的值，前 3 个值表示三维空间中的位置(x,y,z)，后 3 个值表示三维空间中的欧拉角(r,p,y)。

使用 Gazebo 打开 importmodel.sdf 模型，命令如下：

```
gz sim importmodel.sdf
```

上述命令的执行效果如图 6-8 所示，Gazebo 会启动一个空的仿真环境，并将模型添加到仿真环境中，在右侧的 Entity Tree 中显示了模型的名称，这与在仿真场景文件中 <include>元素中的<name>子元素的设置一致。

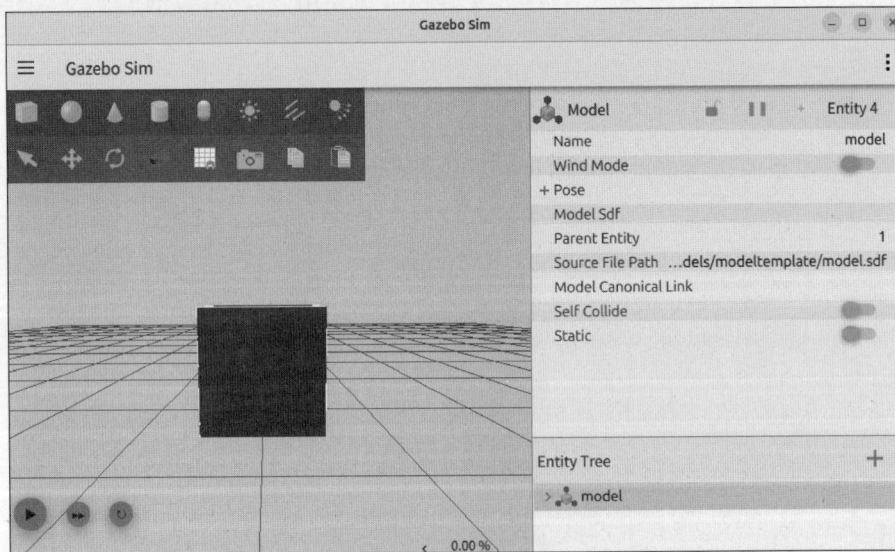

图 6-8　模型引入的效果

6.3.3　从三维模型创建

Gazebo 本身没有提供高级的三维建模功能，但是 Gazebo 支持从多种三维模型(例如

STL、DAE 和 GLB 等格式)创建模型,从而更好地建模仿真环境。多数情况下三维模型在 Gazebo 中主要以静态模型的方式存在,向仿真场景提供视觉效果和碰撞体积两个功能,因此只需设置连杆< link >内< viusal >和< collision >元素的子元素< geometry >。

< geometry >元素设置三维模型时通过子元素< mesh >进行设置,< mesh >可配置的主要选项如下。

(1) < uri >元素:设置表示格网的三维模型的路径,既可根据模型库设置相对路径,也可设置绝对路径,设置方法与 6.3.2 节中< include >元素中的< uri >元素设置方法相同。

(2) < scale >元素:设置三维模型的在 x、y 和 z 方向的缩放比例,格式为由空格分隔的 3 个数字,例如"1 2 3",表示在 x 方向为原尺寸,在 y 方向为原尺寸的两倍,在 z 方向为原尺寸的 3 倍。不设置时,默认值为"1 1 1"。

(3) optimization 属性:对三维模型的格网进行简化,可设置的值有 convex_hull 和 convex_decomposition 两个值。不设置该属性时不对三维模型的格网进行优化。一般来讲,当在< collision >元素内设置时,可配置该属性,以简化物理仿真时碰撞的检测。

以下通过 3 个模型的例子来说明从三维模型创建 Gazebo 模型的方法。

1. 带有贴图的 DAE 模型

DAE 模型如果自带有纹理,则只需在模型中设置连杆的< visual >和< collision >元素中的< geometry >子元素,内容如下:

```
#ws5/gz_models/gazebo/model.sdf
<?xml version="1.0" ?>
<sdf version="1.11">
  <model name="gazebo">
    <static>true</static>
    <link name="link">
      <collision name="collision">
        <geometry>
          <mesh>
            <scale>3 3 2.5</scale>
            <uri>model://gazebo/meshes/gazebo.dae</uri>
          </mesh>
        </geometry>
      </collision>
      <visual name="visual">
        <geometry>
          <mesh>
            <scale>3 3 2.5</scale>
            <uri>model://gazebo/meshes/gazebo.dae</uri>
          </mesh>
        </geometry>
      </visual>
    </link>
  </model>
</sdf>
```

在以上代码中通过<geoemtry>内的<uri>元素设置了模型的格网,<uri>中格网的路径使用了模型库相对路径的方式引入,将DAE的路径设置为当前模型下的mesh文件夹内的gazebo.dae文件。在保存模型后即可在Gazebo的仿真场景中使用,添加后的效果如图6-9所示。

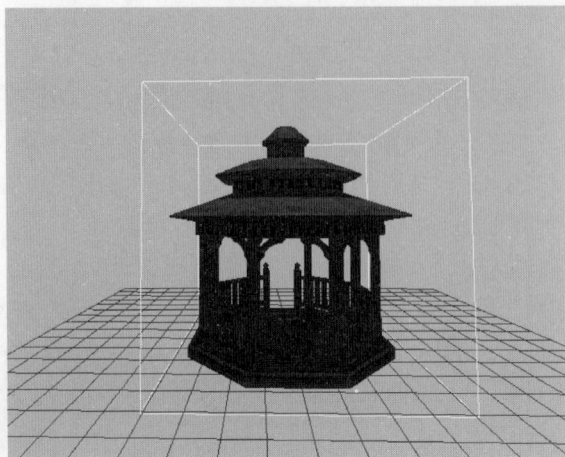

图6-9 凉亭

2. 指定模型的贴图

三维模型导出时在很多情况下格网和纹理是分开的,格网内部也没有指定纹理,需要在构建Gazebo模型时通过<visual>元素下的<material>元素设置模型的颜色或纹理,内容如下:

```
#ws5/gz_models/house_1/model.sdf
<?xml version="1.0" ?>
<sdf version="1.11">
  <model name="House 1">
    <static>true</static>
    <link name="link">
      <collision name="collision">
        <geometry>
          <mesh>
            <uri>model://house_1/meshes/house_1.dae</uri>
            <scale>1.5 1.5 1.5</scale>
          </mesh>
        </geometry>
      </collision>
      <visual name="visual">
        <geometry>
          <mesh>
            <uri>model://house_1/meshes/house_1.dae</uri>
            <scale>1.5 1.5 1.5</scale>
          </mesh>
```

```
        </geometry>
        <material>
          <pbr>
            <metal>
            <albedo_map>materials/textures/House_1_Diffuse.png</albedo_map>
            <emissive_map>materials/textures/House_1_Spec.png</emissive_map>
            <normal_map>materials/textures/House_1_Normal.png</normal_map>
            </metal>
          </pbr>
        </material>
      </visual>
    </link>
  </model>
</sdf>
```

在上述代码中,在< visual >和< collision >内的< geometry >元素中设置了模型的格网,通过< visual >元素的子元素< material >设置了模型的贴图。图 6-10 展示了模型在设置纹理和不设置纹理时的显示效果。

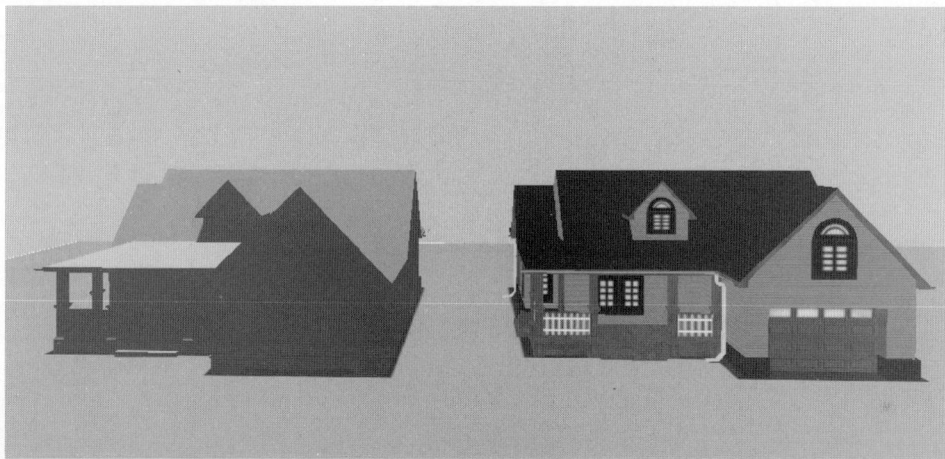

图 6-10　无纹理和有纹理的房屋

< material >元素用于设置连杆< link >的外观< visual >的颜色或纹理。以下介绍这两种设置方法:

(1) 设置颜色。可以设置环境光< ambient >、散射光< diffuse >和镜面光< specular > 3 个值,格式如下:

```
<material>
  <ambient>1.0 0.0 0.3 1</ambient>
  <diffuse>1.0 0.0 0.3 1</diffuse>
  <specular>1.0 0.0 0.3 1</specular>
</material>
```

(2) 设置纹理贴图。目前 Gazebo 支持 PBR(Physically Based Rendering)中的 metal 纹理贴图,通过<albedo_map>、<emissive_map>和<normal_map>等元素设置着色的纹理,元素内的值都指向相应的纹理图片。纹理图像推荐使用 PNG 格式。在简单情况下,可只设置<emissive_map>。设置纹理贴图的格式如下:

```
<material>
  <pbr>
    <metal>
      <albedo_map>materials/textures/House_1_Diffuse.png</albedo_map>
      <emissive_map>materials/textures/House_1_Spec.png</emissive_map>
      <normal_map>materials/textures/House_1_Normal.png</normal_map>
    </metal>
  </pbr>
</material>
```

3. 带有光照和纹理效果的 GLB 模型

相对于 DAE 和 STL 等三维模型格式,GLB 格式的文件不仅能包含三维模型,还能包含纹理和动画等信息,将三维模型的所有信息存储在一个文件中。使用 GLB 格式创建模型十分方便,内容如下:

```
#ws5/gz_models/statu_naruto/model.sdf
<?xml version="1.0"?>
<sdf version="1.11">
  <model name="naruto">
    <link name="body">
      <inertial auto="true">
        <density>1000</density>
      </inertial>
      <collision name="collision1">
        <geometry>
          <mesh>
            <uri>models://statu_naruto/mesh.glb</uri>
          </mesh>
        </geometry>
      </collision>
      <visual name="visual1">
        <geometry>
          <mesh>
            <uri>models://statu_naruto/mesh.glb</uri>
          </mesh>
        </geometry>
      </visual>
    </link>
  </model>
</sdf>
```

在上述代码中只需将< collision >和< visual >中的< geometry >元素内的< mesh >的< uri >设置为 GLB 文件的路径。从 GLB 格式创建模型的效果如图 6-11 所示。

从以上人物模型可以看出,通过三维建模软件制作的模型作为格网可以很方便地生成 Gazebo 的模型。在创建这种简单的模型时只需一个连杆,并将连杆的格网设置为三维模型。

图 6-11 人物模型

6.3.4 从简单几何体创建

除了从三维格网生成模型外,Gazebo 也支持几种简单的几何体。以下介绍几种 Gazebo 内置几何体的创建方法。

(1) 长方体< box >。通过< size >设置长方体的长、宽和高,格式如下:

```
<geometry>
  <box>
    <size>1 1 1</size>
  </box>
</geometry>
```

(2) 球体< sphere >。通过< radius >设置球体的半径,格式如下:

```
<geometry>
  <sphere>
    <radius>0.5</radius>
  </sphere>
</geometry>
```

(3) 圆柱< cylinder >。通过< radius >设置底面的半径,通过< length >设置圆柱高度,格式如下:

```
<geometry>
  <cylinder>
    <radius>0.5</radius>
    <length>1</length>
  </cylinder>
</geometry>
```

(4) 圆锥< cone >。通过< radius >设置底面的半径,通过< length >设置圆锥高度,格式如下:

```
<geometry>
  <cone>
    <radius>0.5</radius>
```

```
      <length>1</length>
    </cone>
</geometry>
```

（5）椭球< ellipsoid >。通过< radii >设置椭球体在 x、y 和 z 方向上的半径,格式如下：

```
<geometry>
  <ellipsoid>
    <radii>0.2 0.3 0.5</radii>
  </ellipsoid>
</geometry>
```

（6）胶囊< capsule >。通过< radius >设置其截面半径,通过< length >设置胶囊体中部圆柱体的长度,格式如下：

```
<geometry>
  <capsule>
    <radius>0.2</radius>
    <length>0.6</length>
  </capsule>
</geometry>
```

（7）平面< plane >。表示没有高度的二维平面,常用于表示地面,通过< normal >设置平面的法线方向,通过< size >设置平面的长和宽,格式如下：

```
<geometry>
  <plane>
    <normal>0 0 1</normal>
    <size>100 100</size>
  </plane>
</geometry>
```

（8）自定义多边形< polylines >。通过设置一系列相互连接的< point >构成多边形,通过< height >设置多边形向上拉伸的高度,格式如下：

```
<geometry>
  <polyline>
    <point>-0.3 0.5</point>
    <point>0.3 0.3</point>
    <point>0.3 -0.3</point>
    <point>-0.3 -0.5</point>
    <point>-0.5 0</point>
    <height>0.5</height>
  </polyline>
</geometry>
```

将以上几种 Gazebo 中内置的简单几何体作为连杆的< visual >和< collision >的部件创建模型,在 basicshapes.sdf 文件中上述几种基本几何体所对应的模型如图 6-12 所示。

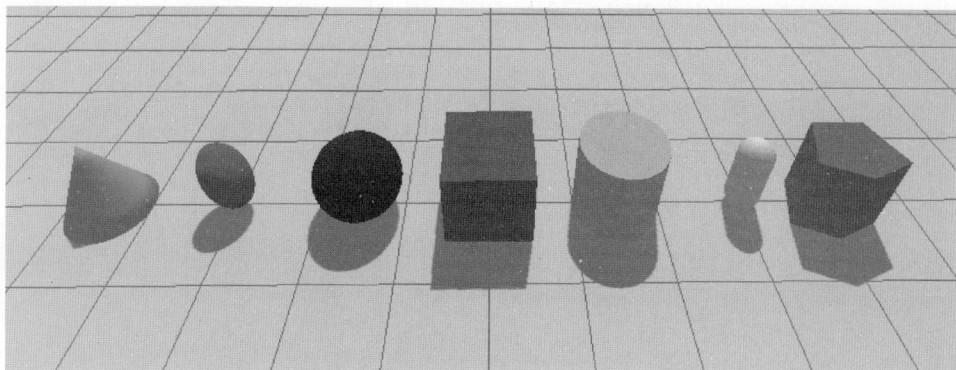

图 6-12　基本几何体

Gazebo 模型的一个连杆< link >元素能够支持多个< visual >和< collision >子元素,从而可以将多个几何体结合起来,从而形成一些外观复杂的模型,并且通过纹理贴图也可以从简单的几何体创建具有仿真意义的模型。以下通过从简单几体创建模型的 3 个例子进行介绍。

1. 建模简易桌子

一张简易桌子由桌面和 4 条桌腿构成,如图 6-13 所示,桌面和桌腿是固定在一起的,理论上不会发生相对运动,因此可以将桌面和 4 条桌腿看作一个连杆,而且都可以认为是长方体,只需将这些长方体放置到合适的位置并固定在一起。在实现上通过在< link >元素内添加 5 个为长方体的< visual >和< collision >元素,并通过< pose >设置各长方体的位置,从而完成桌子的构建,内容如下:

```
#ws5/gz_models/table/model.sdf
<?xml version="1.0"?>
<sdf version="1.11">
  <model name="simpletable">
    <static>true</static>
    <link name="body">
      <inertial auto="true">
        <density>1000</density>
      </inertial>
      <collision name="tabletopc">
        <pose>0 0 0.98 0 0 0</pose>
        <geometry>
          <box>
            <size>1 2 0.04</size>
          </box>
        </geometry>
      </collision>
      <visual name="tabletopv">
        <pose>0 0 0.98 0 0 0</pose>
        <geometry>
          <box>
```

```
      <size>1 2 0.04</size>
    </box>
  </geometry>
  <material>
    <ambient>0.6 0.6 1.0 1</ambient>
    <diffuse>0.6 0.6 1.0 1</diffuse>
    <specular>0.6 0.6 1.0 1</specular>
  </material>
</visual>
<!--legs-->
<collision name="leg1c">
    <pose>-0.45 -0.95 0.48 0 0 0</pose>
  <geometry>
    <box>
      <size>0.04 0.04 0.96</size>
    </box>
  </geometry>
</collision>
<visual name="leg1v">
    <pose>-0.45 -0.95 0.48 0 0 0</pose>
  <geometry>
    <box>
      <size>0.04 0.04 0.96</size>
    </box>
  </geometry>
  <material>
    <ambient>0.0 1.0 1.0 1</ambient>
    <diffuse>0.0 1.0 1.0 1</diffuse>
    <specular>0.0 1.0 1.0 1</specular>
  </material>
</visual>
(此处省略另外三条桌腿)
  </link>
  </model>
</sdf>
```

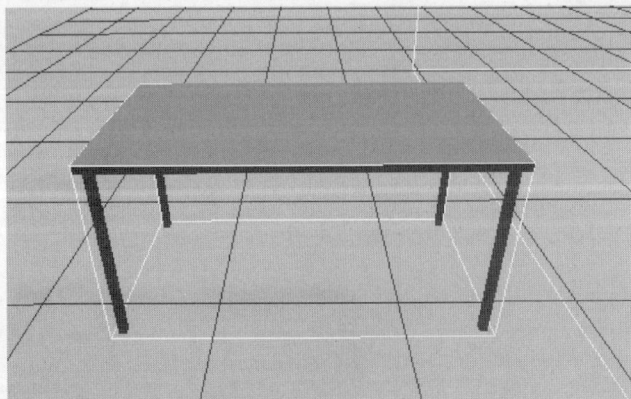

图 6-13 简易桌子模型

2. 建模饮料瓶

饮料瓶在形状上为一个圆柱体，而外观上只需进行贴图，如图 6-14 所示。建模饮料瓶只需在圆柱体上贴上纹理，内容如下：

```
#ws5/gz_models/beer/model.sdf
<?xml version="1.0" ?>
<sdf version="1.11">
  <model name="beer">
    <link name="link">
      <pose>0 0 0.115 0 0 0</pose>
      <inertial auto="true">
        <density>1000</density>
      </inertial>
      <collision name="collision">
        <geometry>
          <cylinder>
            <radius>0.055000</radius>
            <length>0.230000</length>
          </cylinder>
        </geometry>
      </collision>
      <visual name="visual">
        <geometry>
          <cylinder>
            <radius>0.055000</radius>
            <length>0.230000</length>
          </cylinder>
        </geometry>
        <material>
          <diffuse>1.0 1.0 1.0 1.0</diffuse>
          <specular>0.0 0.0 0.0 1.0</specular>
          <pbr>
            <metal>
              <albedo_map>model://beer/beer.png</albedo_map>
              <emissive_map>model://beer/beer.png</emissive_map>
            </metal>
          </pbr>
        </material>
      </visual>
    </link>
  </model>
</sdf>
```

3. 建模地面

地面通常是一个平面，为其他模型提供支撑。在许多场景中，可以通过对地面增加纹理来形成特定的环境，用于车辆的导航等。一个具有环形轨迹的平面如图 6-15 所示，后续可用于车辆的视觉导航，内容如下：

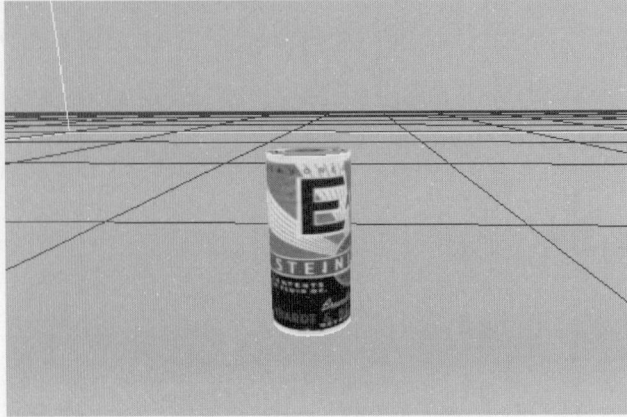

图 6-14　饮料瓶模型

```
#ws5/gz_models/raceroadplane/model.sdf
<?xml version="1.0"?>
<sdf version="1.11">
  <model name="roadplane">
  <static>true</static>
    <link name="link">
      <collision name="collision">
        <geometry>
          <plane>
            <normal>0 0 1</normal>
            <size>50 30</size>
          </plane>
        </geometry>
        <surface>
          <friction>
            <ode>
              <mu>100</mu>
              <mu2>50</mu2>
            </ode>
          </friction>
        </surface>
      </collision>
      <visual name="visual">
        <geometry>
          <plane>
            <normal>0 0 1</normal>
            <size>50 30</size>
          </plane>
        </geometry>
        <material>
          <diffuse>1.0 1.0 1.0 1.0</diffuse>
          <specular>0.0 0.0 0.0 1.0</specular>
```

```
            <pbr>
              <metal>
                <albedo_map>bg.png</albedo_map>
              </metal>
            </pbr>
          </material>
        </visual>
      </link>
    </model>
  </sdf>
```

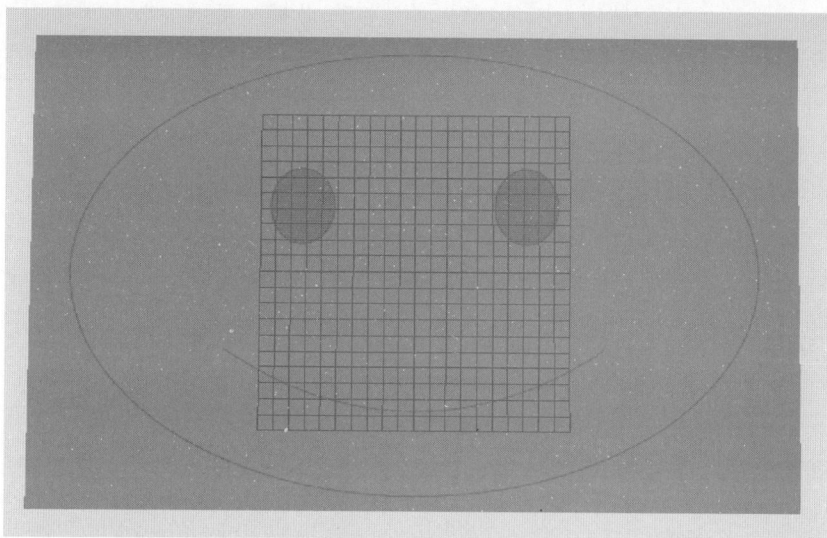

图 6-15 地面模型

以上创建的模型都是静态的,由于模型内部不会发生相对运动,因此一般只需一个连杆并向该连杆添加多个几何体。

6.4 机器人仿真

机器人是一种内部存在相对运动部件的模型。与前面介绍的静态模型只需一个连杆不同,机器人内部存在相对运动,因此一个机器人通常会拥有多个连杆<link>,并且要通过关节<joint>将多个连杆组合在一起。关节在机器人内部的作用是提供连杆间的相对运动,例如人体的各部分主要是依靠关节的转动来活动的。

在 Gazebo 中创建机器人时,<link>表示机器人的连杆,与前面的静态模型相同,主要包含<visual>、<collision>和<inertial>3 个元素,其中<inertial>表示转动惯量;<joint>表示机器人的关节,用于连接两个连杆,并设置相邻两个连杆间的运动学和动力学仿真参数。Gazebo 中关节相连接的两个连杆按照在机器人中的结构分别称为父连杆和子连杆,关节的坐标系默认在子连杆上。

6.4.1 关节简介

关节为机器人内部的运动提供了约束。机器人的<joint>元素支持将 type 属性设置为以下几种关节类型。

(1) continuous：在一个固定轴上可连续转动的关节，不提供当前关节的角度。

(2) revolute：在一个固定轴上具有转动范围的关节，能够提供当前关节的角度，是最常用的一种关节，是机器人中最常出现的关节类型。

(3) revolute2：在两个转轴上都能够转动的关节，此种类型的关节不常使用。

(4) prismatic：沿着一个轴能够在一定范围内移动的关节，是最常用的一种关节。

(5) fixed：固定关节，具有 0 自由度，将两个连杆刚性连接在一起，例如行车记录仪和车辆之间就是固定的，可以看作固定关节。

(6) ball：球窝关节，具有两个自由度。

例如将一个关节设置为转动关节 revolute，格式如下：

```
<joint name='motor' type='revolute'>
(此处省略)
</joint>
```

<joint>元素可以配置的子元素参数如下。

(1) <pose>：设置关节坐标的位置，默认以<child>元素的子连杆坐标系为基准。

(2) <parent>：关节父连杆的名称，支持设置为 world，将仿真场景作为父连杆。

(3) <child>：关节子连杆的名称，默认条件下关节的位姿以该连杆的坐标系为基础，不支持设置为 world。

(4) <axis>：对于转动关节来讲是转动的轴，对于移动关节来讲是移动的轴。通过子元素<xyz>设置轴的朝向，默认值为 0 0 1，即 z 轴。轴的朝向所参考的坐标系由<pose>元素所给定。

(5) <limit>：<axis>的子元素，设置关节的约束，其包括以下子元素。

<lower>：关节位置下限，当是转动关节时，单位为弧度；当是移动关节时，单位为米。对于连续转动的关节忽略该设置。

<upper>：关节位置上限，含义与<lower>元素相同。

<effort>：可施加在关节上的最大的力或力矩。

<velocity>：关节的最大移动速度，对于转动关节单位是 rad/s，对于移动关节单位是 m/s。

(6) <dynamics>：也是<axis>的子元素，设置关节的物理特性，对于机器人仿真效果具有重要影响，其包括以下子元素。

<damping>：设置阻尼系统，范围是 0~1。

<friction>：关节的静摩擦，默认值为 0。

< spring_reference >：关节弹性的参考位置。

< spring_stiffness >：关节弹性的强度。

例如，为一个转动关节添加相关参数，格式如下：

```
<joint name='motor' type='revolute'>
  <pose relative_to='roundpad' />
  <parent>base</parent>
  <child>roundpad</child>
  <axis>
    <xyz expressed_in='roundpad'>0 0 1</xyz>
    <limit>
      <effort>100.0</effort>
      <lower>-1.79769e+308</lower>
      <upper>1.79769e+308</upper>
      <velocity>3.0</velocity>
    </limit>
  </axis>
</joint>
```

以上是在机器人模型中设置关节的方法，然而在关节设置以后，关节并不能在仿真时真正活动，关节的运动需要由控制关节的系统来提供。这些驱动关节运动的系统又可分为通用的关节控制插件和专用的关节控制插件。通用的关节控制插件主要有 JointController、JointPositionController 和 JointTractoryController 共 3 种，而专用的控制插件主要用于特殊机器人的驱动，例如 DiffDrive、DetachableJoint、Thruster 和 JointStatePublisher 等二十多种。

6.4.2　JointController 控制器

JointController 是一种控制关节速度的控制器。一个 JointController 只能控制一个关节，并且只用于控制该关节上第 1 个轴的运动。当一个机器人需要控制多个关节的运动时，需要为每个关节添加一个该控制器。

JointController 支持两种模式，一种是速度模式，可以直接设置理想的关节运动速度，也就是使关节运动的速度恒定，不会出现关节运动开始时的加速和结束时的减速；另一种是力模式，通过 PID 控制器来调节力或力矩使关节达到设定的速度，更符合真实物理规律。速度模式可以看作力模式的简化，其是理想的，在实验和测试时具有优势，而力模式需要手动调节 PID 参数才能达到预期的效果，更符合物理实际，但难度也较大。

为模型添加 JointController 插件时需要作为模型的子元素，格式如下：

```
<model>
(此处省略<link>、<joint>等元素)
<plugin filename="gz-sim-joint-controller-system"
    name="gz::sim::systems::JointController">
    <joint_name>motor</joint_name>
    <initial_velocity>0.3</initial_velocity>
</plugin>
</model>
```

JointController 控制器可供设置的子元素和参数如下。

(1) <joint_name>：被控关节的名称，必需的参数。可以使用多个<joint_name>标签来一次性添加多个具有相同运动方式的关节。

(2) <use_force_commands>：当设置为 true 时将关节设置为力模式。如果该参数不设置或设置为 false，则将使用速度模式。

(3) <use_actuator_msg>：当设置为 true 时，将启用进行关节速度控制的执行器消息，从而可以使用一个话题一次性控制多个机器人关节，为同时控制多个关节提供便利。执行器消息是一个包含位置、速度和归一化命令的浮点数组。每个关节通过<actuator_number>设置其在执行器中的索引，当<topic>或<sub_topic>元素没有设置时，使用默认话题名/actuators。

(4) <actuator_number>：当启用<use_actuator_msg>时，用于设置该关节在执行器消息中的索引号。关节通过索引号来获取执行器消息中本关节的运动速度指令。每个关节的索引号不能相同。

(5) <topic>：设置接收关节速度控制的话题名称。当不设置时，采用默认话题名称/model/<model_name>/joint/<joint_name>/cmd_vel。

(6) <sub_topic>：设置接收关节速度控制的副话题名称。当不设置<topic>时将会产生一个名为/model/<model_name>/<sub_topic>的默认话题。

(7) <initial_velocity>：设置关节的初始速度，对于移动关节，其速度单位是 m/s，对于转动关节，其速度单位是 rad/s。

当 JointController 为速度模式时，只需设置上述参数，而当 JointController 为力模式时，需要设置以下额外的 PID 参数。

(1) <p_gain>：代表比例增益(Proportional Gain)，控制输出与当前误差成正比，默认值为 1。

(2) <i_gain>：代表积分增益(Integral Gain)，用于消除稳态误差，累积过去的误差，默认值为 0。

(3) <d_gain>：代表微分增益(Derivative Gain)，预测未来误差变化，提升系统稳定性，默认值为 0。

(4) <i_max>：代表积分的上限，当误差过大时，可以防止积分过饱和，默认值为 1。

(5) <i_min>：代表积分的下限，确保积分不会低于此值，默认值为 -1。

(6) <cmd_max>：PID 输出的最大值，限制了控制信号的上限，默认值为 1000。

(7) <cmd_min>：PID 输出的最小值，限制了控制信号的下限，默认值为 -1000。

(8) <cmd_offset>：PID 的命令偏差(前馈)，用于改善系统的响应，默认值为 0。

注意：PID(Proportion Integration Differentiation，比例-积分-微分)控制器是一种经典的控制算法，被广泛地应用于温度控制、无人机飞行姿态控制、速度控制和流量控制等领域。

以下通过一个转台例子来展示 JointController 控制器的用法。类似于餐厅中的圆形转盘,转台有一个底座,以及由底座支撑的能够旋转的台面。转台的底座和台面之间是一个能够旋转的关节,同时底座需要固定在地面,因此转台可以看作具有一个活动关节和一个固定关节的"机器人"。以下为转台的 SDF 文件,内容如下:

```
#ws5/gz_robots/roundpad/model.sdf
<?xml version="1.0"?>
<sdf version="1.11">
  <model name='roundtable'>
    <static>false</static>
    <pose>0.0 0.0 0.01 0 0 0</pose>
    <link name='base'>
      <inertial auto="true">
        <density>500</density>
      </inertial>
      <collision name='collision'>
        <geometry>
          <box>
            <size>0.02 0.02 0.02</size>
          </box>
        </geometry>
      </collision>
      <visual name='visual'>
        <geometry>
          <box>
            <size>0.02 0.02 0.02</size>
          </box>
        </geometry>
      </visual>
    </link>
    <link name='roundpad'>
      <pose>0.0 0.0 0.04 0 0 0</pose>
      <inertial auto="true">
        <density>1500</density>
      </inertial>
      <collision name='collision'>
        <geometry>
          <cylinder>
            <radius>0.5</radius>
            <lenqth>0.05</lenqth>
          </cylinder>
        </geometry>
      </collision>
      <visual name='visual'>
        <geometry>
          <cylinder>
            <radius>0.5</radius>
            <length>0.05</length>
```

```
              </cylinder>
            </geometry>
            <material>
              <pbr>
                <metal>
                  <emissive_map>bg.jpg</emissive_map>
                </metal>
              </pbr>
            </material>
          </visual>
        </link>
        <joint name='motor' type='revolute'>
          <pose relative_to='roundpad' />
          <parent>base</parent>
          <child>roundpad</child>
          <axis>
            <xyz expressed_in='roundpad'>0 0 1</xyz>
            <limit>
              <effort>100.0</effort>
              <lower>-1.79769e+308</lower>
              <upper>1.79769e+308</upper>
              <velocity>3.0</velocity>
            </limit>
          </axis>
        </joint>
        <joint name='wj' type='fixed'>
          <parent>world</parent>
          <child>base</child>
        </joint>
        <!-- Velocity mode -->
        <plugin
          filename="gz-sim-joint-controller-system"
          name="gz::sim::systems::JointController">
          <joint_name>motor</joint_name>
          <initial_velocity>0.3</initial_velocity>
          <topic>/speed</topic>
        </plugin>
      </model>
    </sdf>
```

在上述转台模型中创建了两个连杆,分别表示底座和台面,设置了两个关节,一个是连接两个连杆的关节,名字是 motor,类型是 revolute 转动关节,转动方向是 z 轴,设置了转动的上下限、速度的上限和最大力矩等特性;另一个关节是世界关节,类型是 fixed 固定关节,用于将模型的底座固定在世界中,防止转台发生移动和倾倒。在模型的最后,为转动关节 motor 添加了一个 JointController 控制器,以速度模式通过话题/speed 控制关节的转动速度,为关节设置了一个 0.3rad/s 的初始角速度。图 6-16 展示了转台的效果,在仿真启动后转台会以一个较小的速度转动。

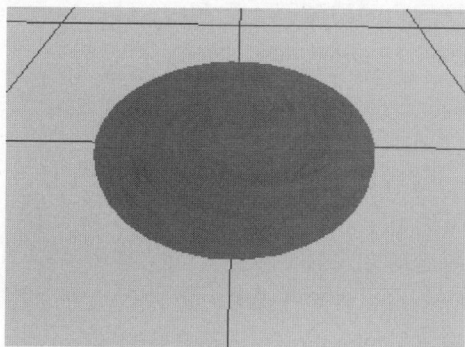

图 6-16 转台

注意：在机器人仿真时连杆<link>的转动惯量<inertial>十分重要，在 Gazebo Harmonic 中支持自动计算转动惯量功能，可以不需要人为指定，只需设置为以下格式：<inertial auto="true"><density>500</density></inertial>，其中<density>指连杆的密度，单位是 kg/m³，Gazebo 会自动计算体积并得到转动惯量。

JointController 中的话题/speed 可以用于控制关节改变，通过话题改变转台的速度。通过话题将转台的速度设置为 3rad/s，命令如下：

```
gz topic -t /speed -m gz.msgs.Double -p "data: 3"
```

在上述转台的例子中转台只包含一个运动的关节，对于包含多个运动关节的模型只需为每个运动的关节添加 JointController 控制器。JointController 控制器用于控制关节速度的场合。

6.4.3　JointPositionController 控制器

JointPositionController 是一种关节位置控制器，用于控制一个具有一个自由度的关节位置（既可以是角度，也可是距离）。JointPositionController 控制器支持两种模式，一种是能够以恒定的速度令关节精确地到达指定位置的理想模式，另一种是使用 PID 控制器的力模式，令关节到达指定位置，力模式更符合实际，相对也更复杂。

当为模型添加 JointPositionController 插件时需要将其作为模型的子元素，格式如下：

```
<model>
(此处省略<link>和<joint>等元素)
<plugin
    filename="gz-sim-joint-position-controller-system"
    name="gz::sim::systems::JointPositionController">
  <joint_name>motor</joint_name>
  <use_velocity_commands>true</use_velocity_commands>
```

```
    <initial_position>0.5</initial_position>
    <topic>setpose</topic>
  </plugin>
</model>
```

JointPositionController 控制器支持设置的子元素如下。

(1) <joint_name>: 被控关节的名称,必需的参数。可以使用多个<joint_name>标签来一次性添加多个具有相同运动方式的关节。

(2) <joint_index>: 所控制关节的轴编号。默认值为 0,表示控制关节的第 0 个轴,轴的编号是由<joint_name>所确定的<joint>元素内设置的。

(3) <use_actuator_msg>: 当设置为 true 时,将启用关节位置控制的执行器消息,含义与 JointController 控制器的同名参数相同。

(4) <actuator_number>: 当启用<use_actuator_msg>时,用于设置该关节在执行器消息中的索引号。

(5) <p_gain>: PID 的比例增益值,可选设置,默认值为 1。

(6) <i_gain>: PID 的积分增益值,可选设置,默认值为 0.1。

(7) <d_gain>: PID 的微分增益值,可选设置,默认值为 0.01。

(8) <i_max>: PID 的积分上限,可选设置,默认值为 1。

(9) <i_min>: PID 的积分下限,可选设置,默认值为 1。

(10) <cmd_max>: PID 输出的最大值,可选设置,默认值为 1000。

(11) <cmd_min>: PID 输出的最大值,可选设置,默认值为 -1000。

(12) <cmd_offset>: PID 输出命令的偏移量,可选设置,默认值为 0。

(13) <use_velocity_commands>: 绕过 PID 控制,创建一个理想的位置控制器。

(14) <topic>: 设置控制关节位置的话题名称。默认值为 /model/<model_name>/joint/<joint_name>/<joint_index>/cmd_pos。

(15) <sub_topic>: 设置接收关节位置控制的副话题名称。当不设置<topic>时将会产生一个格式为/model/<model_name>/<sub_topic>的话题。

(16) <initial_position>: 设置关节的初始位置,可选参数,默认值为 0。

以下通过一个滑台的例子来展示 JointPositionController 控制器的用法。滑台有一个底座,以及底座支撑的能够滑动的滑块。滑台的底座和滑块之间就是一个平移的关节,同时底座需要固定在地面,因此滑台可以看作具有一个活动关节和一个固定关节的"机器人"。以下为滑台的 SDF 文件,内容如下:

```
#ws5/gz_robots/slidepad/model.sdf
<?xml version="1.0"?>
<sdf version="1.11">
  <model name='sliderpad'>
    <static>false</static>
    <pose>0.0 0.0 0.025 0 0 0</pose>
```

```
<link name='base'>
  <inertial auto="true">
    <density>500</density>
  </inertial>
  <collision name='collision'>
    <geometry>
      <box>
        <size>1 0.1 0.05</size>
      </box>
    </geometry>
  </collision>
  <visual name='visual'>
    <geometry>
      <box>
        <size>1 0.1 0.05</size>
      </box>
    </geometry>
    <material>
      <ambient>0 0.5 0.5 1</ambient>
      <diffuse>0 0.5 0.5 1</diffuse>
      <specular>0 0.5 0.5 1</specular>
    </material>
  </visual>
</link>
<link name='slideblock'>
  <pose>-0.5 0.0 0.035 0 0 0</pose>
  <inertial auto="true">
    <density>1500</density>
  </inertial>
  <collision name='collision'>
    <geometry>
      <box>
        <size>0.1 0.1 0.02</size>
      </box>
    </geometry>
  </collision>
  <visual name='visual'>
    <geometry>
      <box>
        <size>0.1 0.1 0.02</size>
      </box>
    </geometry>
    <material>
      <diffuse>1.0 1.0 0.0 1.0</diffuse>
      <specular>1.0 1.0 0.0 1.0</specular>
      <ambient>1.0 1.0 0.0 1.0</ambient>
    </material>
  </visual>
</link>
```

```xml
    <joint name='motor' type='prismatic'>
      <pose relative_to='slideblock' />
      <parent>base</parent>
      <child>slideblock</child>
      <axis>
        <xyz expressed_in='base'>1 0 0</xyz>
        <limit>
          <effort>100.0</effort>
          <lower>0</lower>
          <upper>1</upper>
          <velocity>0.3</velocity>
        </limit>
      </axis>
    </joint>
    <joint name='wj' type='fixed'>
      <parent>world</parent>
      <child>base</child>
    </joint>
    <!-- Velocity mode -->
    <plugin
    filename="gz-sim-joint-position-controller-system"
    name="gz::sim::systems::JointPositionController">
      <joint_name>motor</joint_name>
      <use_velocity_commands>true</use_velocity_commands>
      <initial_position>0.5</initial_position>
      <topic>setpose</topic>
    </plugin>
  </model>
</sdf>
```

在上述滑台模型中创建了两个连杆,分别表示底座和滑块,设置了两个关节,一个是连接两个连杆的关节,名字是 motor,类型是 prismatic 移动关节,移动方向是 x 轴,设置了移动的上下限、速度的上限和最大力矩等特性;另一个关节是世界关节,类型是 fixed 固定关节,用于将滑台的底座固定在世界中,防止滑台发生移动。在模型的最后,为转动关节 motor 添加了一个 JointPositionController 控制器,以恒定速度的理想模式通过话题 /setpose 控制关节的位置,为关节设置了一个 0.5m 的初始位置。图 6-17 展示了滑台的效果,在仿真启动后滑台会以一个恒定的速度移动到 0.5m 的位置。

JointPositionController 中的话题 /setpose 可以用于控制关节改变滑块的位置。通过话题将滑块的位置设置为 0.1m,命令如下:

```
gz topic -t /setpose -m gz.msgs.Double -p "data: 0.1"
```

在上述例子中滑台只包含一个运动的关节,对于包含多个运动关节的模型只需为每个运动的关节添加 JointPositionController 控制器。JointPositionController 通常用于控制位置的场合,例如简单的机械臂。

图 6-17　滑台

6.4.4　JointTractoryController 控制器

JointTractoryController 是一种高级的关节运动控制器,主要功能是通过精确地控制关节的位置、速度和力,使机器人关节按照预定的轨迹运动。JointTractoryController 默认控制一个模型中的所有关节,也可以设置控制指定数量的关节,所有被控制的关节只能有一个自由度。

为模型添加 JointTractoryController 插件时需要作为模型的子元素,格式如下:

```
<model>
(此处省略<link>和<joint>等元素)
<plugin
filename="gz-sim-joint-trajectory-controller-system"
name="gz::sim::systems::JointTrajectoryController">
<joint_name>RR_position_control_joint1</joint_name>
<initial_position>0.7854</initial_position>
<position_p_gain>20</position_p_gain>
<position_i_gain>0.4</position_i_gain>
<position_d_gain>1.0</position_d_gain>
<position_i_min>-1</position_i_min>
<position_i_max>1</position_i_max>
<position_cmd_min>-20</position_cmd_min>
<position_cmd_max>20</position_cmd_max>

<joint_name>RR_position_control_joint2</joint_name>
<initial_position>-1.5708</initial_position>
<position_p_gain>10</position_p_gain>
<position_i_gain>0.2</position_i_gain>
<position_d_gain>0.5</position_d_gain>
<position_i_min>-1</position_i_min>
<position_i_max>1</position_i_max>
<position_cmd_min>-10</position_cmd_min>
<position_cmd_max>10</position_cmd_max>
</plugin>
</model>
```

JointTractoryController 控制器支持设置的子元素如下。

(1) < topic >：设置 JointTractoryController 控制器订阅的话题名称，默认值为/model/${MODEL_NAME}/joint_trajectory。

(2) < use_header_start_time >：设置是否按照接收的关节轨迹消息中的时间戳运行，默认值为 false。

(3) < joint_name >：被控关节的名称，该参数可以设置多次，例如对每个关节设置一次。当不设置该参数时，默认会按照顺序加入模型中的所有的关节。

(4) < initial_position >：关节的初始角度，该参数可以设置多次，需要跟随在指定的 < joint_name >元素后，默认值为 0。

(5) < s_p_gain >：设置 PID 的比例增益，其中 s 是一个占位符，需要替换为 position 或 velocity 来控制位置或速度的比例增益值。该参数可以设置多次，需要跟随在指定的< joint_name >元素后，默认值为 0，表示不启用。

(6) < s_i_gain >：设置 PID 的积分增益，其中 s 是一个占位符，需要替换为 position 或 velocity 来控制位置或速度的积分增益值。该参数可以设置多次，需要跟随在指定的< joint_name >元素后，默认值为 0，表示不启用。

(7) < s_d_gain >：设置 PID 的微分增益，其中 s 是一个占位符，需要替换为 position 或 velocity 来控制位置或速度的微分增益值。该参数可以设置多次，需要跟随在指定的< joint_name >元素后，默认值为 0，表示不启用。

(8) < s_i_min >：设置 PID 积分的下限，其中 s 是一个占位符，需要替换为 position 或 velocity 来控制位置或速度的积分增益的最小值。该参数可以设置多次，需要跟随在指定的< joint_name >元素后，默认值为 0，表示不限制。

(9) < s_i_max >：设置 PID 积分的上限，其中 s 是一个占位符，需要替换为 position 或 velocity 来控制位置或速度的积分增益的最大值。该参数可以设置多次，需要跟随在指定的< joint_name >元素后，默认值为 −1，表示不限制。

(10) < s_cmd_min >：设置 PID 输出的最小值，其中 s 是一个占位符，需要替换为 position 或 velocity 来控制位置或速度的 PID 输出的最小值。该参数可以设置多次，需要跟随在指定的< joint_name >元素后，默认值为 0，表示不限制。

(11) < s_cmd_max >：设置 PID 输出的最小值，其中 s 是一个占位符，需要替换为 position 或 velocity 来控制位置或速度的 PID 输出的最大值。该参数可以设置多次，需要跟随在指定的< joint_name >元素后，默认值为 −1，表示不限制。

(12) < s_cmd_offset >：设置 PID 输出的偏置值，其中 s 是一个占位符，需要替换为 position 或 velocity 来控制位置或速度的 PID 输出的偏置值。该参数可以设置多次，需要跟随在指定的< joint_name >元素后，默认值为 0。

以下通过一个具有两个关节的机械臂来说明 JointTractoryController 在机器人上的使用方法，内容如下：

```
#ws5/gz_robots/simplescara/model.sdf
<?xml version="1.0"?>
<sdf version="1.11">
  <model name="RR_trajectory_control">
    <pose>0 0 0 0 -3.14159 0</pose>
    <!-- Fix To World -->
    <joint name="RR_trajectory_control_world" type="fixed">
      <parent>world</parent>
      <child>RR_trajectory_control_link0</child>
    </joint>
    <!-- Links -->
    <link name="RR_trajectory_control_link0">
      <inertial auto="true">
        <density>500</density>
      </inertial>
      <collision name="RR_trajectory_control_link0_collision_0">
        <geometry>
          <sphere>
            <radius>0.025</radius>
          </sphere>
        </geometry>
      </collision>
      <visual name="RR_trajectory_control_link0_visual_0">
        <geometry>
          <sphere>
            <radius>0.025</radius>
          </sphere>
        </geometry>
        <material>
          <ambient>0 0.5 0.5 1</ambient>
          <diffuse>0 0.8 0.8 1</diffuse>
          <specular>0.8 0.8 0.8 1</specular>
        </material>
      </visual>
    </link>
    <link name="RR_trajectory_control_link1">
      <pose relative_to="RR_trajectory_control_joint1">0 0 0.1 0 0 0</pose>
      <inertial auto="true">
        <density>500</density>
      </inertial>
      <collision name="RR_trajectory_control_link1_collision_0">
        <geometry>
          <cylinder>
            <radius>0.01</radius>
            <length>0.2</length>
          </cylinder>
        </geometry>
      </collision>
      <collision name="RR_trajectory_control_link1_collision_1">
```

```
    <geometry>
      <sphere>
        <radius>0.0125</radius>
      </sphere>
    </geometry>
  </collision>
  <visual name="RR_trajectory_control_link1_visual_0">
    <geometry>
      <cylinder>
        <radius>0.01</radius>
        <length>0.2</length>
      </cylinder>
    </geometry>
    <material>
      <ambient>0.5 0 0 1</ambient>
      <diffuse>0.8 0 0 1</diffuse>
      <specular>0.8 0 0 1</specular>
    </material>
  </visual>
  <visual name="RR_trajectory_control_link1_visual_1">
    <pose relative_to="RR_trajectory_control_joint1">0 0 0.2 0 0 0</pose>
    <geometry>
      <sphere>
        <radius>0.0125</radius>
      </sphere>
    </geometry>
    <material>
      <ambient>0.5 0.5 0.5 1</ambient>
      <diffuse>0.8 0.8 0.8 1</diffuse>
      <specular>0.8 0.8 0.8 1</specular>
    </material>
  </visual>
</link>
<link name="RR_trajectory_control_link2">
  <pose relative_to="RR_trajectory_control_joint2">0 0 0.1 0 0 0</pose>
  <collision name="RR_trajectory_control_link2_collision">
    <geometry>
      <cylinder>
        <radius>0.01</radius>
        <length>0.2</length>
      </cylinder>
    </geometry>
  </collision>
  <visual name="RR_trajectory_control_link2_visual">
    <geometry>
      <cylinder>
        <radius>0.01</radius>
        <length>0.2</length>
      </cylinder>
```

```
          </geometry>
          <material>
            <ambient>0.5 0 0 1</ambient>
            <diffuse>0.8 0 0 1</diffuse>
            <specular>0.8 0 0 1</specular>
          </material>
        </visual>
        <inertial auto="true">
          <density>500</density>
        </inertial>
      </link>
      <!-- Joints -->
      <joint name="RR_trajectory_control_joint1" type="revolute">
        <pose relative_to="RR_trajectory_control_link0">0 0 0 0 0 0</pose>
        <parent>RR_trajectory_control_link0</parent>
        <child>RR_trajectory_control_link1</child>
        <axis>
          <xyz>1 0 0</xyz>
          <dynamics>
            <damping>0.5</damping>
          </dynamics>
          <limit>
            <upper>3</upper>
            <lower>-3</lower>
            <effort>100.0</effort>
          </limit>
        </axis>
      </joint>
      <joint name="RR_trajectory_control_joint2" type="revolute">
        <pose relative_to="RR_trajectory_control_link1">0 0 0.1 0 0 0</pose>
        <parent>RR_trajectory_control_link1</parent>
        <child>RR_trajectory_control_link2</child>
        <axis>
          <xyz>1 0 0</xyz>
          <dynamics>
            <damping>0.5</damping>
          </dynamics>
          <limit>
            <upper>3</upper>
            <lower>-3</lower>
            <effort>100.0</effort>
          </limit>
        </axis>
      </joint>
      <!-- Controller -->
      <plugin
      filename="gz-sim-joint-trajectory-controller-system"
      name="gz::sim::systems::JointTrajectoryController">
      <joint_name>RR_trajectory_control_joint1</joint_name>
```

```
            <initial_position>0.7854</initial_position>
            <position_p_gain>10</position_p_gain>
            <position_i_gain>0.4</position_i_gain>
            <position_d_gain>1.0</position_d_gain>
            <position_i_min>-1</position_i_min>
            <position_i_max>1</position_i_max>
            <position_cmd_min>-20</position_cmd_min>
            <position_cmd_max>20</position_cmd_max>

            <joint_name>RR_trajectory_control_joint2</joint_name>
            <initial_position>-1.5708</initial_position>
            <position_p_gain>10</position_p_gain>
            <position_i_gain>0.4</position_i_gain>
            <position_d_gain>0.5</position_d_gain>
            <position_i_min>-1</position_i_min>
            <position_i_max>1</position_i_max>
            <position_cmd_min>-20</position_cmd_min>
            <position_cmd_max>20</position_cmd_max>
        </plugin>
    </model>
</sdf>
```

在以上的模型中定义了一个具有两个活动关节的简单机械臂,在模型的最后部分添加了 JointTractoryController 控制器,在 JointTractoryController 控制器中分别为两个关节 RR_trajectory_control_joint1 和 RR_trajectory_control_joint2 的控制设置了初始位置和 PID 参数。

由于在机械臂控制器中没有设置话题名称,所以控制器会使用默认的话题/model/RR_trajectory_control/joint_trajectory 订阅关节的控制指令。在话题上传输的数据类型是 gz. msgs. JointTrajectory,例如设置机械臂连续的两个轨迹,命令如下:

```
gz topic -t /model/RR_trajectory_control/joint_trajectory -m gz.msgs.
JointTrajectory -p 'joint_names: "RR_trajectory_control_joint1"
joint_names: "RR_trajectory_control_joint2"
points {
 positions: -0.7854
 positions: 1.57
 time_from_start {
  sec: 1
  nsec: 0
 } }
points {
 positions: 0.0
 positions: 0.0
 time_from_start {
  sec: 2
  nsec: 20000
 } }'
```

上述命令在执行后,机械臂的关节会先运动到一个位置,经过一段时间后会运动到另一个位置,效果如图6-18所示。

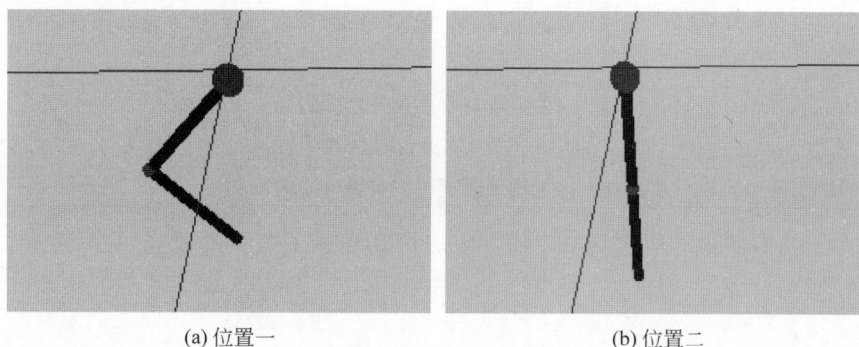

(a) 位置一　　　　　　　　　　(b) 位置二

图6-18　简单机械臂

关节作为提供运动的机构对于机器人十分重要,其中机械臂、多足机器人、人形机器人等多种机器人都可以借助上述Gazebo内置的3种通用关节控制器进行仿真,特别是在学习和仿真机器人步态,以及机械臂的正逆运动学仿真等中具有重要的作用。此外,Gazebo为了更好地支持其他类型的机器人仿真,开发了许多专用的控制器。

6.4.5　专用控制器

专用控制器对关节的控制进行了集成和综合,只需简单设置就能够用于特定的机器人仿真,从而更方便地在Gazebo中进行机器人仿真开发。Gazebo中的部分专用控制器见表6-3。

表6-3　专用控制器

控制器名称	功　　能
差速控制器(DiffDrive)	差速驱动是指机器人通常配置有两个独立的驱动轮,位于机器人底盘的左右两侧,通过对两个轮子的速度进行控制来实现机器人的移动和转向。差速控制器可以设置任意多个左驱动轮和右驱动轮
阿克曼控制器(AckermannSteering)	日常生活中常见的轿车等采用该种控制方式,主要应用于四轮或多轮车辆,特别是汽车和部分机器人系统。该控制器的设计基于阿克曼转向几何原理,其目的是在转弯时保持车辆的行驶稳定性和轮胎的有效接地
麦克纳姆轮控制器(MecanumDrive)	一种用于移动机器人的驱动控制系统,它利用麦克纳姆轮(Mecanum Wheel)来实现全向移动。麦克纳姆轮是一种特制的轮子,通常由多个小滚轮(通常呈45°角排列)组成,使机器人能够在任何方向上移动,而不需要改变其朝向
多旋翼速度控制器(MulticopterVelocityControl)	一种用于多旋翼无人机的高级控制器,提供前进、后退、升、降、旋转等控制方法
推力控制器(Thruster)	一种用于模拟船只和水下航行器推进的控制器

续表

控制器名称	功　　能
浮力控制器(Buoyancy)	提供水或大气等流体中的浮力,可以用于模拟潜艇或飞艇等类型机器人的模拟
升力阻力控制器(LiftDrag)	向航空飞行器提供升力或阻力
传送带控制器(TrackController)	提供一种实现传送带的控制器
履带控制器(TrackedVehicle)	提供对于履带行驶车辆仿真的控制器

以上专用的控制器对于实现特定机器人的仿真提供了极大的便利,在后续的内容中会介绍这些控制器的使用方法。

6.5　传感器仿真

🎥 16min

传感器是机器人所必不可少的部分,主要用于感知和获取环境和机器人的状态,从而为机器人的控制提供决策信息。Gazebo 提供了常见的许多传感器的仿真,表 6-4 列出了部分传感器的名称和功能。

表 6-4　Gazebo 中部分传感器的名称和功能

传感器名称	功　　能	传感器名称	功　　能
AirPressureSensor	大气压强传感器	AirSpeedSensor	风速传感器
AltimeterSensor	高度传感器	BoundingBoxCameraSensor	目标检测相机
CameraSensor	相机	DepthCameraSensor	深度相机
DopplerVelocityLog	多普勒测速计	ForceTorqueSensor	力/力矩传感器
GpuLidarSensor	激光雷达	ImuSensor	惯性测量单元
LogicalCameraSensor	逻辑相机	MagnetometerSensor	磁力计
NavSatSensor	GPS 传感器	RgbdCameraSensor	RGBD 相机
SegmentationCameraSensor	分割相机	ThermalCameraSensor	热红外相机
WideAngleCameraSensor	广角相机	Contact	接触传感器

在 Gazebo 仿真场景中大多数传感器的启用要先加载一个全局插件 Sensors,即在仿真场景的< world >元素内添加以下内容:

```
<plugin
  filename="gz-sim-sensors-system"
  name="gz::sim::systems::Sensors">
  <render_engine>ogre2</render_engine>
</plugin>
```

在 Gazebo 中传感器是仿真的,实际上不需要进行任何形状上的仿真,只需将相应的传感器添加到相应的连杆。以下介绍几种常用传感器的仿真方法。

6.5.1　激光雷达

激光雷达是一种用于测量障碍物距离的传感器,在自主车辆导航、SLAM 等场景上具有重要应用。Gazebo 提供了两种激光雷达的仿真,按照雷达数据的计算方式,一般使用由 GPU 计算的效率较高的雷达 gpu_lidar。在 gpu_lidar_sensor.sdf 文件中给出了激光雷达传感器的使用方法,设置激光雷达传感器的内容如下:

```
#ws6/sensors/gpu_lidar_sensor.sdf
<link>
(...省略<visual>、<collision>和<inertial>等元素)
<sensor name='gpu_lidar' type='gpu_lidar'>
        <topic>lidar</topic>
        <update_rate>10</update_rate>
        <lidar>
          <scan>
            <horizontal>
              <samples>120</samples>
              <resolution>1</resolution>
              <min_angle>0</min_angle>
              <max_angle>6.2831</max_angle>
            </horizontal>
            <vertical>
              <samples>16</samples>
              <resolution>1</resolution>
              <min_angle>-0.261799</min_angle>
              <max_angle>0.261799</max_angle>
            </vertical>
          </scan>
          <range>
            <min>0.08</min>
            <max>10.0</max>
            <resolution>0.01</resolution>
          </range>
        </lidar>
        <alwaysOn>1</alwaysOn>
        <visualize>true</visualize>
    </sensor>
</link>
```

在上述代码中,通过< sensor >的 type 属性将传感器类型设置为 gpu_lidar,表示激光雷达。在< sensor >元素内部设置了激光雷达的详细参数,以及工作方式等。激光雷达在仿真场景中运行时的效果,以及通过 Visualize lidar 插件设置雷达话题和显示方式等,如图 6-19 所示。

6.5.2　接触传感器

接触传感器用于判断两个模型之间是否存在接触(碰撞),以及双方在接触(碰撞)时的

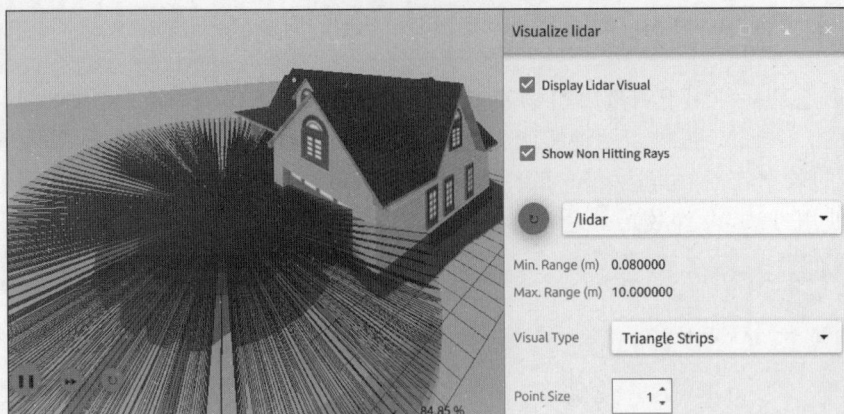

图 6-19　激光雷达

位置及力等信息。

在 contact_sensor.sdf 文件中提供了接触传感器的使用方法。

首先,为仿真场景的< world >元素添加 Contact 接触插件,格式如下:

```
<plugin filename="gz-sim-contact-system"
  name="gz::sim::systems::Contact">
</plugin>
```

其次,为检测接触的模型的连杆添加接触传感器,并设置参数,格式如下:

```
#ws6/sensors/contact_sensor.sdf
<link>
(...省略<visual>、<collision>和<inertial>等元素)
<sensor name='sensor_contact' type='contact'>
  <contact>
    <topic>contact_detail</topic>
    <collision>collision</collision>
  </contact>
</sensor>
</link>
```

再次,在终端监听发出接触信息的话题/contact_detail,命令如下:

```
gz topic -e -t /contact_detail
```

最后,启动和运行仿真,当物体从空中落下时,碰触到房顶和地面时会在上述话题上发布接触信息,如图 6-20 所示。

由于上述传感器的输出数据较为复杂,所以在很多情况下只需判断是否接触。Gazebo 提供了 TouchPlugin 插件,该插件可用于检测模型和指定目标间的接触,当发生接触时会在话题/< namespace >/contact 上发布一个值为 True 的布尔值。TouchPlugin 插件的添加方法是向模型的< model >元素内添加以下格式的内容:

图 6-20　显示接触数据

```
<plugin filename="gz-sim-touchplugin-system"
    name="gz::sim::systems::TouchPlugin">
  <target>house</target>
  <namespace>box</namespace>
  <time>0.001</time>
  <enabled>true</enabled>
</plugin>
```

保存后，在终端监听以下话题，命令如下：

```
gz topic -e -t /box/touched
```

重新运行仿真后，在方块与房子发生接触时，在终端监听的话题会输出以下信息：

```
data: true
```

当需要检测多个对象时，只需为每个对象添加一个 TouchPlugin 传感器。

6.5.3　IMU 传感器

惯性测量单元(Inertial Measurement Unit，IMU)用于测量 3 个轴的角速度和 3 个轴的加速度，被广泛地用于航空航天、船舶、无人机和汽车等导航系统中，帮助确定物体的位置、速度和方向。

在 imu_sensor.sdf 文件中提供了 IMU 传感器的使用方法。

首先，为仿真场景的< world >元素添加 IMU 插件，格式如下：

```
<plugin filename="gz-sim-imu-system"
        name="gz::sim::systems::Imu">
</plugin>
```

其次，在模型的连杆内添加 IMU 传感器，格式如下：

```
#ws6/sensors/imu_sensor.sdf
<link>
(...省略<visual>、<collision>和<inertial>等元素)
<sensor name="imu_sensor" type="imu">
```

```
    <always_on>1</always_on>
    <update_rate>10</update_rate>
    <visualize>true</visualize>
    <topic>imu</topic>
</sensor>
</link>
```

最后,在启动仿真后,在终端里查看IMU传感器在话题上发布的数据,命令如下:

```
gz topic -e -t /imu
```

上述命令的执行效果如图6-21所示,在仿真运行后IMU传感器会实时传送数据。

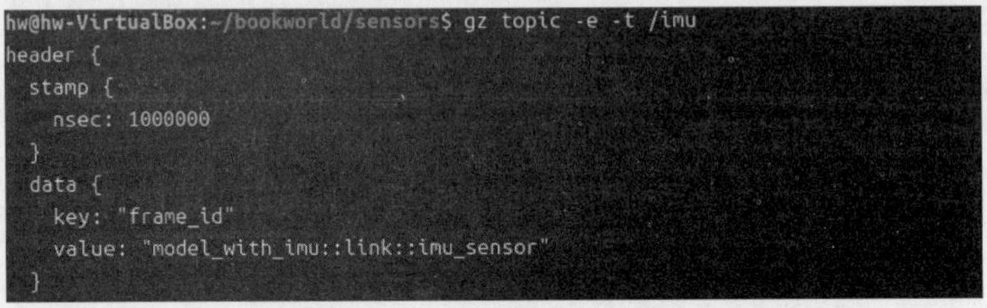

```
hw@hw-VirtualBox:~/bookworld/sensors$ gz topic -e -t /imu
header {
  stamp {
    nsec: 1000000
  }
  data {
    key: "frame_id"
    value: "model_with_imu::link::imu_sensor"
  }
```

图 6-21　显示 IMU 数据

6.5.4　相机

相机是一种常见的视觉传感器,用于提供图像数据。Gazebo提供了多种相机的仿真,包括普通相机、深度相机、红外相机、RGBD相机,以及专门用于数据生成的BoundingBox相机和Segmentation相机。以下介绍普通相机的添加方法。

在camera_sensor.sdf文件中提供了相机传感器的使用方法。在当作相机的连杆内添加相机传感器,并根据需要设置参数即可,格式如下:

```
#ws6/sensors/camera_sensor.sdf
<link>
(...省略<visual>、<collision>和<inertial>等元素)
<sensor name='camera' type='camera'>
    <pose>0 0 0 0 0 0</pose>
    <topic>/camera</topic>
    <update_rate>25</update_rate>
    <enable_metrics>false</enable_metrics>
    <camera name='head'>
        <pose>0 0 0 0 0 0</pose>
        <horizontal_fov>1.3</horizontal_fov>
        <image>
            <width>640</width>
            <height>480</height>
            <format>RGB_INT8</format>
            <anti_aliasing>4</anti_aliasing>
        </image>
```

```
    <camera_info_topic>__default__</camera_info_topic>
    <trigger_topic></trigger_topic>
    <triggered>false</triggered>
    <clip>
        <near>0.02</near>
        <far>30</far>
    </clip>
    <visibility_mask>4294967295</visibility_mask>
    <noise>
        <type>gaussian</type>
        <mean>0</mean>
        <stddev>0.0070000000000000001</stddev>
    </noise>
    </camera>
  </sensor>
</link>
```

启动和运行上述仿真后,在 Gazebo 内打开 Image display 插件,选择话题后即可看到图像传感器采集的图像数据,如图 6-22 所示。

图 6-22 采集图像

注意:Gazebo 中没有提供由两个相机构成的双目相机传感器,双目相机可以用两个相机进行模拟,只需将两个相机的采集频率< update_rate >设置为相同。

6.5.5 深度相机

相较于采集视觉信息的相机,深度相机是一种能够捕捉场景深度信息的传感器,可以看作面状的雷达,被广泛地应用于机器人导航、物品抓取、三维建模等应用。

在 depth_camera_sensor.sdf 文件中提供了深度相机传感器的使用方法。在当作深度相机的连杆内添加深度相机传感器,并根据需要设置参数即可,格式如下:

```
#ws6/sensors/depth_camera_sensor.sdf
<link>
```

```
(...省略<visual>、<collision>和<inertial>等元素)
<sensor name="depth_camera1" type="depth_camera">
  <update_rate>10</update_rate>
  <topic>depth_camera</topic>
  <camera>
    <horizontal_fov>1.05</horizontal_fov>
    <image>
      <width>256</width>
      <height>256</height>
      <format>R_FLOAT32</format>
    </image>
    <clip>
    <near>0.1</near>
    <far>10.0</far>
    </clip>
  </camera>
</sensor>
```

启动和运行上述仿真后,在 Gazebo 内打开 Image display 插件,选择话题后即可看到深度相机采集的深度图,如图 6-23 所示。

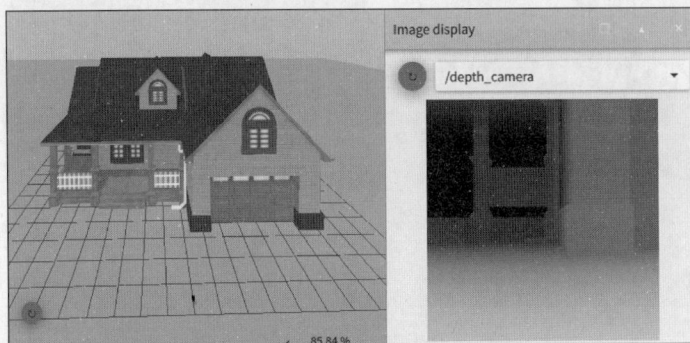

图 6-23　采集深度图

6.5.6　RGBD 相机

RGBD 相机是一种将普通相机和深度相机合二为一的传感器,即在获得 RGB 彩色图像的同时也得到深度图像。

在 rgbd_camera_sensor.sdf 文件中提供了 RGBD 相机传感器的使用方法。在当作RGDB 相机的连杆内添加 RGBD 相机传感器,并根据需要设置参数即可,格式如下:

```
#ws6/sensors/rgbd_camera_sensor.sdf
<sensor name="rgbd_camera" type="rgbd_camera">
    <camera>
        <horizontal_fov>1.047</horizontal_fov>
        <image>
```

```
                <width>320</width>
                <height>240</height>
            </image>
            <clip>
                <near>0.1</near>
                <far>100</far>
            </clip>
        </camera>
        <always_on>1</always_on>
        <update_rate>30</update_rate>
        <visualize>true</visualize>
        <topic>rgbd_camera</topic>
        <enable_metrics>true</enable_metrics>
    </sensor>
```

启动和运行上述仿真后,在 Gazebo 内添加两个 Image display 插件,分别选择 RGB 图像和深度图像的深度图,选择话题后即可看到深度相机采集的深度图,如图 6-24 所示。

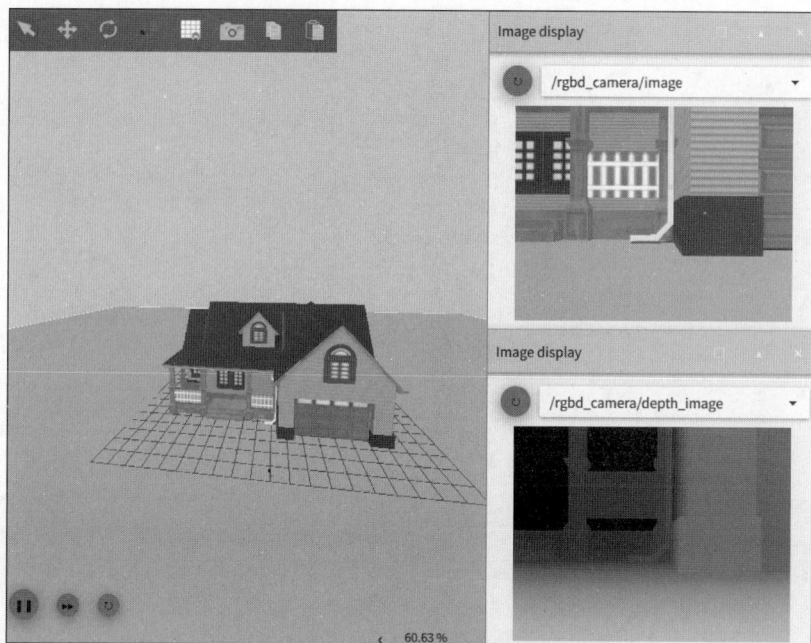

图 6-24　采集 RGBD 图像

6.5.7　BoundingBox 相机

由于 Gazebo 中的场景是由计算机仿真的,因此在采集图像的同时,实际上也能够获得图像中对象的位置、范围等详细信息,从而可用于视觉模型的训练或者用于数字孪生技术。BoundingBox 相机是一种用于采集数据的相机,用于在仿真场景中快速生成大量的目标检测数据集,从而为训练目标检测模型提供数据源,在一定程度上能够解决数据生成与标注问题。

BoundingBox 相机分为 visible_2d、boxes_full_2d 和 3d 共 3 种类型。visible_2d 类型只会生成物体在图像区域内可见的边框,而 boxes_full_2d 类型会加入遮挡的部分,即图像中不可见的部分也加入边框,3d 类型用于生成对象的三维边框。图 6-25 展示了 3 种不类型 BoundingBox 相机生成边框标注的差异。

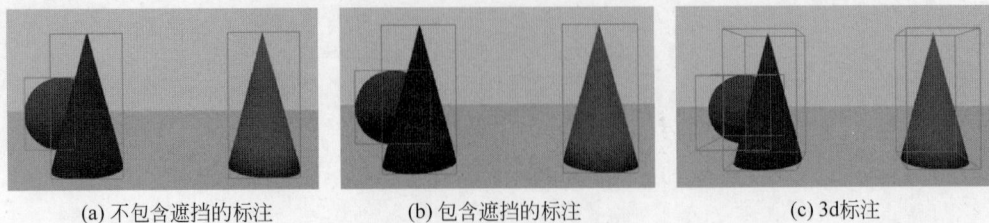

(a) 不包含遮挡的标注　　　　　　(b) 包含遮挡的标注　　　　　　(c) 3d标注

图 6-25　BoundingBox 相机的类型

在 boundingbox_camera_sensor.sdf 文件中提供了上述 3 种类型的 BoundingBox 相机,格式如下:

```
#ws6/sensors/boundingbox_camera_sensor.sdf
<link>
(...省略<visual>、<collision>和<inertial>等元素)
  <sensor name="visible_2d" type="boundingbox_camera">
    <topic>boxes_visible_2d</topic>
    <camera>
        <box_type>visible_2d</box_type>
        <horizontal_fov>1.047</horizontal_fov>
        <image>
            <width>640</width>
            <height>640</height>
        </image>
        <clip>
            <near>0.1</near>
            <far>10</far>
        </clip>
        <save enabled="true">
            <path>bounding_box_visible_2d_data</path>
        </save>
    </camera>
    <always_on>1</always_on>
    <update_rate>5</update_rate>
    <visualize>true</visualize>
  </sensor>

  <sensor name="full_2d" type="boundingbox_camera">
    <topic>boxes_full_2d</topic>
    <camera>
        <box_type>full_2d</box_type>
        <horizontal_fov>1.047</horizontal_fov>
        <image>
```

```
            <width>640</width>
            <height>640</height>
        </image>
        <clip>
            <near>0.1</near>
            <far>10</far>
        </clip>
        <save enabled="true">
            <path>bounding_box_full_2d_data</path>
        </save>
    </camera>
    <always_on>1</always_on>
    <update_rate>5</update_rate>
    <visualize>true</visualize>
</sensor>

<sensor name="3d" type="boundingbox_camera">
    <topic>boxes_3d</topic>
    <camera>
        <box_type>3d</box_type>
        <horizontal_fov>1.047</horizontal_fov>
        <image>
            <width>640</width>
            <height>640</height>
        </image>
        <clip>
            <near>0.1</near>
            <far>10</far>
        </clip>
        <save enabled="true">
            <path>bounding_box_3d_data</path>
        </save>
    </camera>
    <always_on>1</always_on>
    <update_rate>5</update_rate>
    <visualize>true</visualize>
</sensor>
</link>
```

除了添加相机外，还需要向标注的模型添加 Label 插件，格式如下：

```
<plugin filename="gz-sim-label-system" name="gz::sim::systems::Label">
        <label>200</label>
</plugin>
```

例如，向一个简单的模型添加标签，格式如下：

```
#ws6/sensors/boundingbox_camera_sensor.sdf
<model name="sphere">
```

```
            <static>true</static>
            <pose>-1 -2 0.5 0 0 0</pose>
            <link name="sphere_link">
                <collision name="sphere_collision">
                    <geometry>
                        <sphere>
                            <radius>0.5</radius>
                        </sphere>
                    </geometry>
                </collision>
                <visual name="sphere_visual">
                    <geometry>
                        <sphere>
                            <radius>0.5</radius>
                        </sphere>
                    </geometry>
                    <material>
                        <ambient>0 1 0 1</ambient>
                        <diffuse>0 1 0 1</diffuse>
                        <specular>0 1 0 1</specular>
                    </material>
                    <cast_shadows>false</cast_shadows>
                </visual>
            </link>
            <plugin filename="gz-sim-label-system" name="gz::sim::systems::Label">
                <label>200</label>
            </plugin>
        </model>
```

启动和运行上述仿真后,在 Gazebo 内打开 Image display 插件,选择话题后即可看到标注后的效果。此外,由于在 3 个 BoundingBox 相机设置了图像的输出路径,所以在显示不同类型数据的同时,Gazebo 会将图像和标注存储到文件夹内,从而作为训练目标检测模型的数据集,如图 6-26 所示,为每组样本生成图像和标签文件。

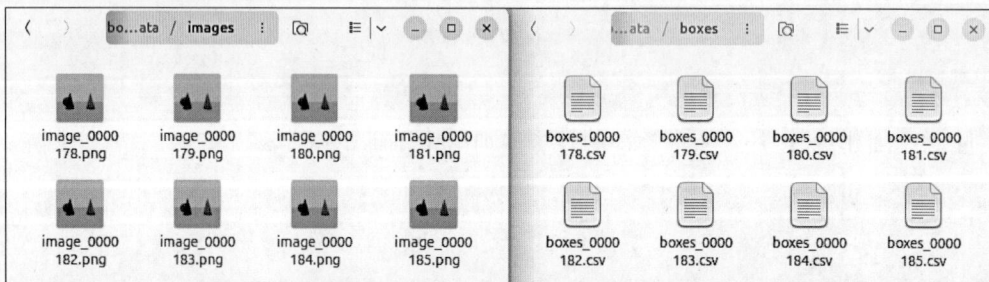

图 6-26　生成的目标检测数据集

一个标签文件内的记录格式如图 6-27 所示,首行为各列的属性,从第 2 行开始每行为一个目标边框,与 YOLO 的标注方式十分相似,经过简单的格式变换后就可以送入 YOLO

进行训练。

```
1  label,x_center,y_center,width,height
2  200,125.000000,382.000000,80.000000,112.000000
3  100,467.500000,370.000000,115.000000,226.000000
4  100,183.500000,370.500000,115.000000,225.000000
```

图 6-27 目标检测标签

6.5.8 Segmentation 相机

Segmentation 相机是另一种用于生成分割数据集的特殊相机,提供了语义分割和实例分割两种类型。Segmentation 相机的输出结果如图 6-28 所示,(a)为相机采集到的图像,(b)为语义分割的标签,即相同类别的对象在语义分割结果中具有相同的值,(c)为实例分割的标签,即每个对象具有不同的标签。

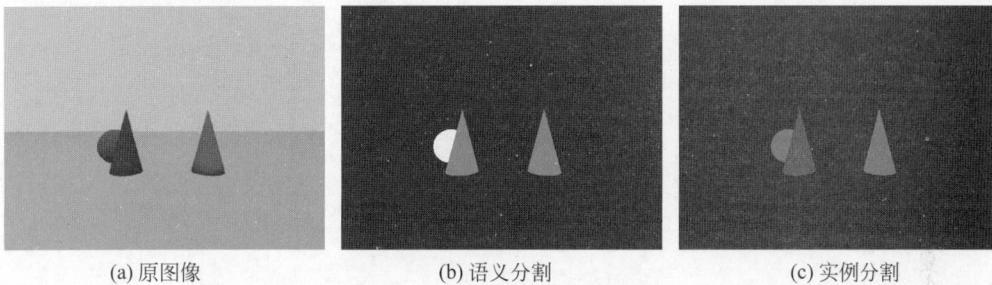

(a)原图像　　　　　　(b)语义分割　　　　　　(c)实例分割

图 6-28 Segmentation 相机的数据

在 segmentation_camera.sdf 文件中提供了上述语义分割和实例分割两种类型的 Segmentation 相机,格式如下:

```
#ws6/sensors/segmentation_camera.sdf
<link>
(...省略<visual>、<collision>和<inertial>等元素)
<sensor name="semantic_segmentation_camera" type="segmentation">
    <topic>semantic</topic>
    <camera>
        <segmentation_type>semantic</segmentation_type>
        <horizontal_fov>1.57</horizontal_fov>
        <image>
            <width>800</width>
            <height>600</height>
        </image>
        <clip>
            <near>0.1</near>
            <far>100</far>
        </clip>
        <save enabled="true">
            <path>segmentation_data/semantic_camera</path>
```

```
            </save>

        </camera>
        <always_on>1</always_on>
        <update_rate>5</update_rate>
        <visualize>true</visualize>
    </sensor>

    <sensor name="instance_segmentation_camera" type="segmentation">
        <topic>panoptic</topic>
        <camera>
            <segmentation_type>instance</segmentation_type>
            <horizontal_fov>1.57</horizontal_fov>
            <image>
                <width>800</width>
                <height>600</height>
            </image>
            <clip>
                <near>0.1</near>
                <far>100</far>
            </clip>
            <save enabled="true">
                <path>segmentation_data/instance_camera</path>
            </save>
        </camera>
        <always_on>1</always_on>
        <update_rate>5</update_rate>
        <visualize>true</visualize>
    </sensor>
</link>
```

运行上述仿真后,Segmentation 相机会将采集到的图像和图像分割标签配对存储在指定目录,如图 6-29 所示。Segmentation 相机产生的分割数据可以直接用于分割模型的训练。Segmentation 相机与 BoundingBox 相机为深度学习提供了数据源,从而满足深度学习数据缺乏的难题,可以看作未来数字孪生技术的一种重要的应用方式。

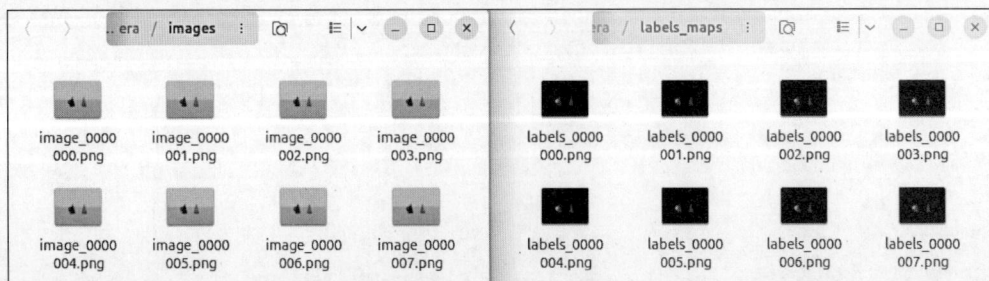

图 6-29　生成的分割数据集

6.6 案例：视觉轮式移动机器人建模

6min

轮式移动机器人是最常见的一种机器人类型，如图 6-30 所示，是当前自动驾驶的重要研究方向之一。

在本案例中将利用 SDF 构建一辆能够在 Gazebo 中运动的轮式机器人，并作为后续内容使用的机器人。具体来讲该轮式移动机器人主要具有以下特性：

（1）车辆由 3 个轮子驱动，后边的两轮负责驱动车辆，前方有一个被动轮，只负责支撑。

（2）后边的两轮驱动方式采用差速控制器，即通过左、右两个轮子的速度差实现车辆的转向，当左轮速度大于右轮速度时向右转，反之向左转。

图 6-30　轮式机器人

（3）车辆的头部具有一个斜向朝下的摄像头，用于采集车辆前方附近的视觉信息。

图 6-31 展示了创建的视觉轮式移动机器人，（a）为机器人效果图，由简单的几何体构成，（b）为仿真运行时机器人采集的图像。需要注意的是，尽管图 6-30 中的轮式机器人在视觉效果上优于图 6-31 中创建的机器人，但两者在功能和仿真方面并没有任何差异。实际上，使用简单几何体构建的机器人由于其几何结构简单，反而在仿真效率上更具优势。

注意：一方面在仿真中过度地追求逼真的仿真视觉效果固然好，但更重要的是实验、测试和实现功能和控制方法这一仿真的核心任务。要务必区分仿真中的本和末，先求功能和控制方法的本，再逐显示效果的末。

（a）显示效果

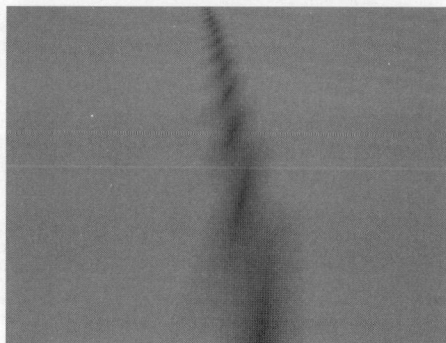

（b）采集的图像

图 6-31　视觉轮式移动机器人

以下是图 6-31(a)中视觉轮式移动机器人的 SDF 文件,内容如下:

```
#ws5/gz_robots/carwithcamera/model.sdf
<?xml version="1.0"?>
<sdf version="1.11">
  <model name='car'>
    <link name='body'>
      <inertial auto='true'>
        <density>1000</density>
      </inertial>
      <collision name='collision1'>
        <geometry>
          <box>
            <size>1 0.5 0.2</size>
          </box>
        </geometry>
      </collision>
      <visual name='visual1'>
        <geometry>
          <box>
            <size>1 0.5 0.2</size>
          </box>
        </geometry>
        <material>
          <ambient>0 0 1 1</ambient>
          <diffuse>0 0 1 1</diffuse>
          <specular>0 0 1 1</specular>
        </material>
      </visual>
    </link>
    <link name='rightwheel'>
      <pose degrees="true">-0.2 -0.3 0 90 0 0</pose>
      <inertial auto='true'>
        <density>1000</density>
      </inertial>
      <collision name='collision1'>
        <geometry>
          <cylinder>
            <length>0.1</length>
            <radius>0.2</radius>
          </cylinder>
        </geometry>
      </collision>
      <visual name='visual1'>
        <geometry>
          <cylinder>
            <length>0.1</length>
            <radius>0.2</radius>
          </cylinder>
```

```
        </geometry>
        <material>
          <ambient>0 1 0 1</ambient>
          <diffuse>0 1 0 1</diffuse>
          <specular>0 1 0 1</specular>
        </material>
      </visual>
    </link>
    <link name='leftwheel'>
      <pose degrees="true">-0.2 0.3 0 90 0 0</pose>
      <inertial auto='true'>
        <density>1000</density>
      </inertial>
      <collision name='collision1'>
        <geometry>
          <cylinder>
            <length>0.1</length>
            <radius>0.2</radius>
          </cylinder>
        </geometry>
      </collision>
      <visual name='visual1'>
        <geometry>
          <cylinder>
            <length>0.1</length>
            <radius>0.2</radius>
          </cylinder>
        </geometry>
        <material>
          <ambient>1 1 0 1</ambient>
          <diffuse>1 1 0 1</diffuse>
          <specular>1 1 0 1</specular>
        </material>
      </visual>
    </link>
    <link name='ballwheel'>
      <pose>0.35 0 -0.15 0 0 0</pose>
      <inertial auto='true'>
        <density>1000</density>
      </inertial>
      <collision name='collision1'>
        <geometry>
          <sphere>
            <radius>0.05</radius>
          </sphere>
        </geometry>
      </collision>
      <visual name='visual1'>
        <geometry>
```

```
          <sphere>
            <radius>0.05</radius>
          </sphere>
        </geometry>
        <material>
          <ambient>0 0 1 1</ambient>
          <diffuse>0 0 1 1</diffuse>
          <specular>0 0 1 1</specular>
        </material>
      </visual>
  </link>
  <joint name='leftjoint' type='revolute'>
    <parent>body</parent>
    <child>leftwheel</child>
    <axis>
      <xyz>0 0 -1</xyz>
      <limit>
        <lower>-1.7976900000000001e+308</lower>
        <upper>1.7976900000000001e+308</upper>
        <effort>inf</effort>
        <velocity>inf</velocity>
      </limit>
    </axis>
  </joint>
  <joint name='rightjoint' type='revolute'>
    <parent>body</parent>
    <child>rightwheel</child>
    <axis>
      <xyz>0 0 -1</xyz>
      <limit>
        <lower>-1.79769e+308</lower>
        <upper>1.79769e+308</upper>
      </limit>
    </axis>
  </joint>
  <joint name='ballwheeljoint' type='ball'>
    <parent>body</parent>
    <child>ballwheel</child>
  </joint>

  <plugin name='gz::sim::systems::DiffDrive' filename='gz-sim-diff-drive-system'>
    <left_joint>leftjoint</left_joint>
    <right_joint>rightjoint</right_joint>
    <wheel_separation>0.6</wheel_separation>
    <wheel_radius>0.2</wheel_radius>
    <odom_publish_frequency>1</odom_publish_frequency>
    <topic>cmd_vel</topic>
  </plugin>
```

```xml
<link name='camera'>
  <pose degrees="true">0.5 0 0.15 0 30 0</pose>
  <inertial auto='true'>
    <density>1000</density>
  </inertial>
  <collision name='collision1'>
    <geometry>
      <box>
        <size>0.1 0.1 0.1</size>
      </box>
    </geometry>
  </collision>
  <visual name='visual1'>
    <geometry>
      <box>
        <size>0.1 0.1 0.1</size>
      </box>
    </geometry>
    <material>
      <ambient>1 0 0 1</ambient>
      <diffuse>1 0 0 1</diffuse>
      <specular>1 0 0 1</specular>
    </material>
  </visual>
  <sensor name="camera" type="camera">
    <camera>
      <horizontal_fov>1.047</horizontal_fov>
      <image>
        <width>320</width>
        <height>240</height>
      </image>
      <clip>
        <near>0.01</near>
        <far>100</far>
      </clip>
    </camera>
    <always_on>1</always_on>
    <update_rate>15</update_rate>
    <visualize>true</visualize>
    <topic>camera</topic>
  </sensor>
</link>
<joint name='camerajoint' type='fixed'>
  <parent>body</parent>
  <child>camera</child>
</joint>
<plugin name='gz::sim::systems::Sensors' filename='gz-sim-sensors-system'>
  <render_engine>ogre2</render_engine>
</plugin>
```

```
    </model>
</sdf>
```

在上述视觉轮式机器人的代码中,在车辆的部件(连杆)上使用长方体创建了车体和摄像头,使用圆柱体创建了车辆的左轮和右轮,使用球体创建了车辆的前轮。在各部件的连接上,车辆的左轮和右轮使用转动关节与车体连接,摄像头与车体使用固定关节连接,前轮与车体通过球形关节连接。在驱动上,使用 DiffDrive 差速控制器,并通过 cmd_vel 话题接收车辆速度控制信息。在传感器上,添加了一个普通的 RGB 相机,用于采集图像。

通过 Gazebo 加载上述模型开始仿真后,可通过 Teleop 插件或者通过 gz topic 命令发布 cmd_vel 话题控制车辆移动,通过 Image Display 插件查看车辆摄像头中的图像。

在以上的案例中利用 SDF 构建了一个简单的视觉轮式移动机器人,实际上对于其他的轮式机器人只需参考上述实现就能够完成模型的构建,从而用于在 Gazebo 中仿真。

6.7 本章小结

本章详细介绍了 Gazebo 中的 SDF 文件格式与标准。SDF 用于描述和定义 Gazebo 的仿真场景,包含了非常丰富的特性。相较于仅用于描述机器人的 URDF 和 XACRO,SDF 能够描述仿真场景的一切,不仅只是机器人。基于 XML 格式 SDF 定义了一组与仿真有关的元素。在环境仿真方面,SDF 支持风、重力、磁场等物理要素的仿真,支持环境显示效果的定义,支持点光源、聚光光源和平行光源共 3 种光源,支持称为演员的动画实体。在模型仿真方面,支持丰富的模型构建方式,既包括从三维模型创建,也包括从简单几何体创建,支持创建静态模型,也支持创建动态模型——机器人。机器人仿真是 Gazebo 的核心功能,Gazebo 提供了 3 种通用的关节控制器,以及一系列机器人专用的控制器,从而使 Gazebo 能够对不同类型的机器人进行仿真。此外,Gazebo 还内置了丰富的传感器,这些传感器为机器人的智能控制提供了数据仿真。总之,SDF 作为 Gazebo 仿真场景描述规范对机器人的仿真具有重要意义,是进行 Gazebo 仿真所必须掌握的内容。

第 7 章

Gazebo 与 ROS 2 联合仿真

Gazebo 作为一款先进的物理仿真工具,提供了高度逼真的三维仿真环境,能够有效地替代 ROS 2 中自带的 TurtleSim 二维仿真环境,实现功能更强大的机器人仿真,从而在与真实环境高度相似的仿真环境中进行实验和研究,能够为部署到真实机器人提供重要参考,在不更改或稍许微调后就可将算法部署到真实的机器人。建立以 Gazebo 为仿真工具的 ROS 2 项目对于研究机器人是必要的,本章将详细介绍 Gazebo 和 ROS 2 进行机器人联合仿真的方法和流程。

7.1 简介

目前经过多年的发展 Gazebo 与 ROS 2 间已经形成了一套非常完整的仿真规范和流程。在联合仿真中,Gazebo 作为仿真环境的提供者,具有两个功能,既作为命令的执行器,接收和执行来自 ROS 2 的命令,又作为数据的生成器,向 ROS 2 提供仿真环境的各种状态信息。联合仿真的总体流程是先用 ROS 2 编写机器人程序从 Gazebo 中获得各种传感器数据,然后在分析和处理这些数据后又将执行命令发送回 Gazebo 完成机器人的控制。

Gazebo 与 ROS 2 间进行联合仿真的关键是两者间的通信。图 7-1 展示了 Gazebo 与 ROS 2 间进行联合仿真的原理,Gazebo 和 ROS 2 程序间的通信主要通过多个 ROS 2 的功能包提供,其中 ros_gz_sim 和 ros_gz_bridge 是两个最主要的功能包。ros_gz_sim 功能包主要提供了启动 Gazebo 仿真环境和在 Gazebo 中创建机器人两个功能,而 ros_gz_bridge 功能包主要提供了 Gazebo 和 ROS 2 间的通信机制,建立了以话题为主的 Gazebo 到 ROS 2 和 ROS 2 到 Gazebo 间的通信。

此外,还有 ros_gz_image 和 ros-jazzy-sdformat-urdf 等功能包用于 Gazebo 和 ROS 2 的联合仿真。通过以上的 ROS 2 功能包,就能够在 ROS 2 与 Gazebo 之间建立信息和命令的交互,从而能够实现 Gazebo 与 ROS 2 的联合仿真。

7min

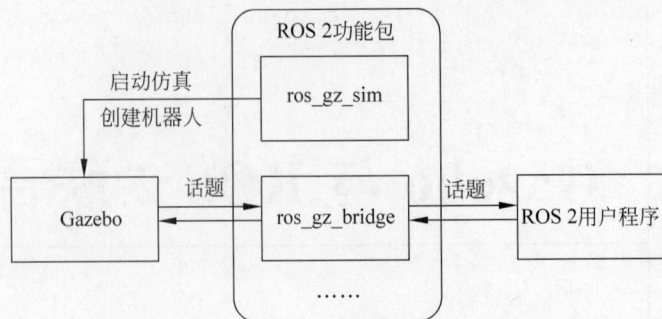

图 7-1　Gazebo 与 ROS 2 联合仿真原理

7.2　ros_gz_sim 功能包

[17min]

在 Gazebo 和 ROS 2 的联合仿真中，ROS 2 的功能包 ros_gz_sim 主要提供了启动 Gazebo 仿真环境和向仿真环境添加模型(机器人)两个功能。以上两个功能主要由 ros_gz_sim 功能包内相关的 Launch 文件和节点所提供。

功能包 ros_gz_sim 的 Launch 文件如下。

(1) gz_server. launch. py：对节点 gzserver 进行了封装，用于只启动 Gazebo 的仿真服务器，但不启动 Gazebo GUI，在提高仿真效率时十分有用。

(2) gz_sim. launch. py：启动 Gazebo 的仿真服务和 GUI，是 Gazebo 和 ROS 2 联合仿真时最常使用的 Launch 文件。

(3) gz_spawn_model. launch. py：向 Gazebo 仿真场景中添加模型，是对 create 节点的简单封装。

(4) ros_gz_sim. launch. py：将启动 Gazebo Server 的 gz_server. launch. py 和 ros_gz_bridge 功能包中的 Launch 文件 ros_gz_bridge. launch. py 进行了综合，可以同时启动 Gazebo 的仿真服务器和消息的传递，常用于 Gazebo 和 ROS 2 进行后台联合仿真。

(5) ros_gz_spawn_model. launch. py：将添加模型的 gz_spawn_model. launch. py 和 ros_gz_bridge 中的 Launch 文件 ros_gz_bridge. launch. py 进行了综合，将创建模型和建立模型话题的通信进行了整合。

功能包 ros_gz_sim 的节点如下。

(1) create：用于向 Gazebo 的仿真环境中添加模型。

(2) gzserver：用于启动 Gazebo 的仿真服务器。

7.2.1　启动仿真环境

ros_gz_sim 功能包中的 Launch 文件 gz_sim. launch. py 和 ros_gz_sim. launch. py 都提供了启动 Gazebo 仿真的功能，其中 gz_sim. launch. py 只有启动仿真环境一个功能，而 ros_gz_sim. launch. py 提供了同时启动 Gazebo 服务器和 ros_gz_bridge 进行话题中继两个功

能。在一般情况下,使用 gz_sim. launch. py 启动 Gazebo 仿真环境。

通过 gz_sim. launch. py 启动 Gazebo 仿真有两种用法,一种是通过命令行的方式,另一种是在另一个自定义的 Launch 文件中调用 gz_sim. launch. py 文件。下面介绍利用 ROS 2 启动 Gazebo 仿真的两种方法:

(1) 通过命令行启动。gz_sim. launch. py 本质上是一个 ros_gz_sim 功能包中的 Launch 文件,通过 gz_args 参数来设置要启动的 Gazebo 仿真文件 SDF,例如,启动 Gazebo 内置的仿真环境 diff_drive. sdf,命令如下:

```
ros2 launch ros_gz_sim gz_sim.launch.py gz_args:=diff_drive.sdf
```

上述 ROS 2 的 launch 在命令行执行后会启动 Gazebo 并加载仿真环境 diff_drive. sdf,从而完成在 ROS 2 中启动 Gazebo。

(2) 在自定义的 Launch 文件中调用 gz_sim. launch. py。通过在自定义的 Launch 文件将 gz_sim. launch. py 作为一个功能进行调用,从而构成一个更复杂的具有多个功能的新 Launch 文件。下面的代码展示了在自定义的 Launch 文件 open_world. launch. py 内调用 gz_sim. launch. py 启动 Gazebo 仿真的方法,代码如下:

```python
#ros2_ws7/open_world.launch.py
import os
from ament_index_python.packages import get_package_share_directory
from launch import LaunchDescription
from launch.actions import IncludeLaunchDescription
from launch.launch_description_sources import PythonLaunchDescriptionSource

def generate_launch_description():
    gazebo_node = IncludeLaunchDescription(
        PythonLaunchDescriptionSource(os.path.join(
            get_package_share_directory('ros_gz_sim'), 'launch',
            'gz_sim.launch.py')),
        launch_arguments=[('gz_args', 'diff_drive.sdf -r -v4 ')]
        )
    return LaunchDescription([
        gazebo_node,
    ])
```

在上述代码中,在 generate_launch_description()函数中通过 gazebo_node 变量启动仿真环境,该变量的含义如下。

IncludeLaunchDescription()用于创建一个 Launch 文件对象,第 1 个参数是经过封装后的一个 Launch 文件源,参数 launch_arguments 用于设置传入被引入的 Launch 文件的参数,是一个列表,列表中的元素是由参数名和参数值构成的元组,在上述代码中[('gz_args', 'diff_drive. sdf -r -v4 ')]表示只包含一个组参数,该参数的名称为 gz_args,值为'diff_drive. sdf -r -v4 '。从上述参数的形式可以看出,gz_args 参数的值就是 Gazebo 的命令 gz sim 后的参数构成的字符串。

PythonLaunchDescriptionSource()用于加载指定路径的使用 Python 编写的 Launch 文件,参数为被引入的 Launch 文件的路径。

get_package_share_directory()函数用于获得 ROS 2 功能包的安装路径,在上述代码中获得了 ros_gz_sim 功能包的安装路径,并且通过功能包的安装路径构造了 gz_sim. launch. py 文件的实际路径。

当需要只启动仿真服务器而不打开 GUI 时,可以通过 gzserver 节点完成,命令如下:

```
ros2 run ros_gz_sim gzserver --ros-args -p world_sdf_file:=diff_drive.sdf
```

上述命令在运行后,Gazebo 的服务器会启动,但不会打开 Gazebo 的 GUI,这可以降低 GUI 带来的额外负荷,从而提升仿真效率。此外,上述命令也可以添加到 Launch 文件中实现在后台运行 Gazebo 仿真。

7.2.2 添加模型

Gazebo 的仿真环境在启动和运行后,可以动态地向仿真场景中添加模型,其中机器人可以看作一种特殊的模型。ros_gz_sim 功能包提供了添加模型的 3 种方法,一是通过 create 节点,二是通过 Luanch 文件 gz_spwan_model. launch. py,三是通过 Launch 文件 ros_gz_spawn_model. launch. py,其中第 3 种方法通过引用第 2 种方法的 Launch 文件提供添加模型功能,而第 2 种方法的 Launch 文件中实际上使用了第 1 种方法,调用了 create 节点以实现添加模型。此外,第 3 种方法还包括了 ros_gz_bridge 功能包中的话题中继功能。以下介绍前两种向 Gazebo 仿真中添加模型的方法。

(1) 通过 create 节点添加模型。ros_gz_sim 功能包提供了向 Gazebo 的仿真环境中添加模型的 create 节点,并且 create 节点提供了丰富的配置参数。

查看 create 节点的使用方法,命令如下:

```
ros2 run ros_gz_sim create -help
输出:
create: Usage: create -world[arg][-file FILE][-param PARAM][-topic TOPIC]
                [-string STRING][-name NAME][-allow_renaming RENAMING]
                [-x X][-y Y][-z Z][-R ROLL][-P PITCH][-Y YAW]
```

其中,create 节点各参数的含义如下。

-world:世界名称,将模型添加到指定名称的世界,类型是字符串,默认值为空字符串。

-file:从指定模型文件中获得模型,类型是表示文件路径的字符串,默认值为空字符串,模型文件的格式既可以是 URDF,也可以是 SDF。

-param:从指定的 ROS 2 参数中获得模型的内容,类型是表示参数名的字符串,默认值为空字符串。

-topic:从指定的 ROS 2 话题获得模型并加载,类型是表示话题名称的字符串,默认值为空字符串。

-string：加载用字符串表示的模型，类型是字符串，支持 URDF 和 SDF 格式表示的模型，默认值为空字符串。

-name：重新设置模型的名称，默认值为空字符串，使用模型中设置的模型名称。

-x：设置模型在仿真场景中的 x 坐标，默认值为 0.0，单位是米。

-y：设置模型在仿真场景中的 y 坐标，默认值为 0.0，单位是米。

-z：设置模型在仿真场景中的 z 坐标，默认值为 0.0，单位是米。

-R：设置模型在仿真场景中旋转的欧拉角 Roll，默认值为 0.0，单位是弧度。

-P：设置模型在仿真场景中旋转的欧拉角 Pitch，默认值为 0.0，单位是弧度。

-Y：设置模型在仿真场景中旋转的欧拉角 Yaw，默认值为 0.0，单位是弧度。

以下通示例介绍使用 create 节点向仿真场景中添加模型的方法。

首先，进入工作空间 ros2_ws7，启动一个空的仿真环境，命令如下：

```
ros2 launch ros_gz_sim gz_sim.launch.py gz_args:=empty.sdf
```

其次，通过 create 向仿真场景中分别添加 SDF 和 URDF 模型，命令如下：

```
ros2 run ros_gz_sim create -file model.sdf -name car -z 0.3
ros2 run ros_gz_sim create -file robot.urdf -name arm -x 0.7
```

在上述命令中，首先使用 create 节点向仿真场景中添加了一个 SDF 格式文件的模型 model.sdf，然后将其重命名为 car 并将其放置到 z=0.3m 处，最后使用 create 节点向仿真场景中添加了一个 URDF 格式文件的模型 robot.urdf，在将其重新命名为 arm 后将其放置到 x=0.7m 处，运行后的效果如图 7-2 所示。

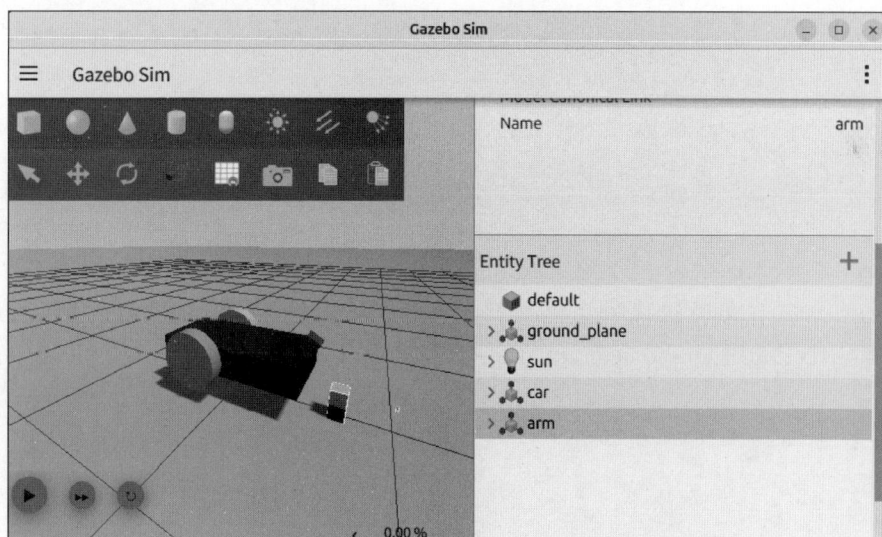

图 7-2 添加模型

对于上述操作,可通过 Launch 文件对上述启动仿真环境和加载模型的 create 节点命令进行整合,生成一个新的 Launch 文件 add_model. launch. py,代码如下:

```python
#ros2_ws7/add_model.launch.py
import os
from ament_index_python.packages import get_package_share_directory
from launch import LaunchDescription
from launch.actions import IncludeLaunchDescription
from launch.launch_description_sources import PythonLaunchDescriptionSource
from launch_ros.actions import Node

def generate_launch_description():
    gazebo_node = IncludeLaunchDescription(
        PythonLaunchDescriptionSource(os.path.join(
            get_package_share_directory('ros_gz_sim'), 'launch',
            'gz_sim.launch.py')),
        launch_arguments=[('gz_args', 'empty.sdf -v4 ')]
        )

    robot_to_gazebo = Node(
            package='ros_gz_sim',
            executable='create',
            arguments=[ '-file', 'model.sdf',
                        '-z','0.3' ,'-name', 'car']
        )

    robot_to_gazebo2 = Node(
            package='ros_gz_sim',
            executable='create',
            arguments=[ '-file', 'robot.urdf',
                        '-x','0.7' ,'-name', 'arm']
        )
    return LaunchDescription([
        gazebo_node,
        robot_to_gazebo,
        robot_to_gazebo2
    ])
```

在上述 Launch 文件的代码中,先创建了一个启动仿真环境的节点,然后通过两个 Node 对象创建了调用 create 节点分别向仿真场景中添加 SDF 格式和 URDF 格式的模型 (机器人)。

运行上述 Launch 文件,命令如下:

```
ros2 launch add_model.launch.py
```

以上命令的运行效果与依次执行上述 3 条命令的效果相同,如图 7-2 所示。

(2) 通过 Launch 文件 gz_spawn_model. launch. py 添加模型。gz_spawn_model.

launch.py 文件实际上是对 create 节点的一个简单封装,提供了一组与 create 节点相同的参数,但是在参数命名上稍有不同。gz_spawn_model.launch.py 与 create 节点参数的映射关系如表 7-1 所示。

表 7-1 参数映射关系

create 参数	gz_spawn_model.launch.py 参数	create 参数	gz_spawn_model.launch.py 参数
world	world	x	x
file	file	y	y
string	model_string	z	z
topic	topic	R	R
name	entity_name	P	P
		Y	Y

在命令行中通过 gz_spawn_model.launch.py 向仿真场景中添加模型,命令如下:

```
ros2 launch ros_gz_sim gz_sim.launch.py gz_args:=empty.sdf
ros2 launch ros_gz_sim gz_spawn_model.launch.py entity_name:=car file:=model.
sdf z:=0.3
ros2 launch ros_gz_sim gz_spawn_model.launch.py entity_name:=arm file:=robot.
urdf x:=0.7
```

在上述 3 条命令中,首先启动了一个空的仿真环境,随后使用 gz_spawn_model.launch.py 分别向仿真场景中加载了 SDF 格式和 URDF 格式的模型。

此外,还可以将 gz_spawn_model.launch.py 引入另一个 Launch 文件中,从而与其他节点配合完成更复杂的启动。下面的代码 add2_model.launch.py 展示了将上述 3 条命令整合为一个 Launch 文件的效果,代码如下:

```
#ros2_ws7/add2_model.launch.py
import os
from ament_index_python.packages import get_package_share_directory
from launch import LaunchDescription
from launch.actions import IncludeLaunchDescription
from launch.launch_description_sources import PythonLaunchDescriptionSource
from launch_ros.actions import Node

def generate_launch_description():
    gazebo_node = IncludeLaunchDescription(
        PythonLaunchDescriptionSource(os.path.join(
            get_package_share_directory('ros_gz_sim'), 'launch',
            'gz_sim.launch.py')),
        launch_arguments=[('gz_args', 'empty.sdf -v4 ')]
        )

    robot_to_gazebo = IncludeLaunchDescription(
        PythonLaunchDescriptionSource(os.path.join(
            get_package_share_directory('ros_gz_sim'), 'launch',
```

```
                'gz_spawn_model.launch.py')),
        launch_arguments=[('world', 'empty'),
                        ('file','model.sdf'),
                        ('name','car'),
                        ('z','0.3') ]
    )

    robot_to_gazebo2 = IncludeLaunchDescription(
        PythonLaunchDescriptionSource(os.path.join(
            get_package_share_directory('ros_gz_sim'), 'launch',
            'gz_spawn_model.launch.py')),
        launch_arguments=[('world', 'empty'),
                        ('file','robot.urdf'),
                        ('name','arm'),
                        ('x','0.7') ]
    )

    return LaunchDescription([
        gazebo_node,
        robot_to_gazebo,
        robot_to_gazebo2
    ])
```

在上述代码中,创建了 3 个 IncludeLaunchDescription()对象,分别用于启动 Gazebo 仿真环境,加载 SDF 模型和加载 URDF 模型。

执行上述 Launch 文件的命令如下:

```
ros2 launch add2_model.launch.py
```

上述命令在运行后会启动 Gazebo 仿真,并将两个模型加载到仿真场景中,效果与单独执行 3 条命令相同。

***

注意:在上述 Launch 文件的编写中并没有将其放置在一个 ROS 2 的功能包内,然而并不会影响功能的执行,但在一个项目中 Launch 文件一般要放入 ROS 2 功能包内,在本章的案例中会详细地介绍完整的流程。

***

7.3 ros_gz_bridge 功能包

由于 ROS 2 和 Gazebo 分别定义了自己的通信标准,所以二者不能直接进行通信,需要一个工具对二者的信息进行转换。ros_gz_bridge 功能包就是这样的工具,提供了 Gazebo 与 ROS 2 间的通信转换功能,用于进行二者间信息和命令的传输。简单来讲,ros_gz_bridge 功能包主要提供了 Gazebo 和 ROS 2 间的话题通信的"桥接",如图 7-3 所示。

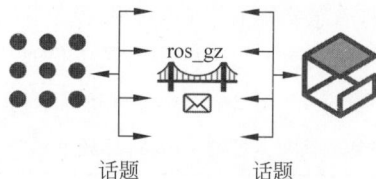

图 7-3　ros_gz_bridge 功能示意

7.3.1　bridge_parameter 节点

Gazebo 和 ROS 2 的话题间的通信的桥接主要通过 ros_gz_bridge 功能包中的 parameter_bridge 节点完成。查看 parameter_bridge 节点的使用方法，命令如下：

```
ros2 run ros_gz_bridge parameter_bridge -h
```

上述命令的运行效果如图 7-4 所示，在终端会显示 parameter_bridge 的使用方法。

图 7-4　parameter_bridge 的使用方法

parameter_bridge 节点在进行话题桥接时需要提供一个参数，该参数包含 3 部分，用于设置桥接的话题及该话题在 ROS 2 和 Gazebo 里的消息类型。该参数的格式如下：

```
topic@ROS2_type@gz_type
```

上述参数的各部分含义如下：

（1）topic 为进行桥接的话题名称，如果设置为话题发布者定义的名称，则会在接收者创建一个同名的话题。

（2）第 1 个@符号为分隔符，用于分割话题名称和 ROS 2 消息类型。

（3）ROS2_type 为进行桥接的话题对应的 ROS 2 消息类型。

（4）第 2 个@占位符，该位置处可以是"@"、"["或"]"符号之一，其中"@"符号表示对话题进行双向桥接；"["符号表示将话题由发布者 Gazebo 桥接到 ROS 2，例如仿真中的图像和里程计等传感器数据由 Gazebo 生成并发送给 ROS 2；"]"符号表示将话题由发布者 ROS 2 桥接到 Gazebo，例如仿真中 ROS 2 将控制车辆速度指令发送到 Gazebo。

（5）gz_type 为进行桥接话题对应的 Gazebo 消息类型。

在上述参数中,桥接话题的消息类型在 ROS 2 和 Gazebo 间的映射关系十分重要,只有正确地进行设置才能实现话题的桥接。表 7-2 列出了 ROS 2 和 Gazebo 间的映射关系,在进行话题桥接时查询该表即可获得 ROS 2 和 Gazebo 话题在消息类型上的映射关系。

表 7-2　ROS 话题消息类型与 Gazebo 话题消息类型映射关系

ROS 话题消息类型	Gazebo 话题消息类型
actuator_msgs/msg/Actuators	gz. msgs. Actuators
builtin_interfaces/msg/Time	gz. msgs. Time
geometry_msgs/msg/Point	gz. msgs. Vector3d
geometry_msgs/msg/Pose	gz. msgs. Pose
geometry_msgs/msg/PoseArray	gz. msgs. Pose_V
geometry_msgs/msg/PoseStamped	gz. msgs. Pose
geometry_msgs/msg/PoseWithCovariance	gz. msgs. PoseWithCovariance
geometry_msgs/msg/PoseWithCovarianceStamped	gz. msgs. PoseWithCovariance
geometry_msgs/msg/Quaternion	gz. msgs. Quaternion
geometry_msgs/msg/Transform	gz. msgs. Pose
geometry_msgs/msg/TransformStamped	gz. msgs. Pose
geometry_msgs/msg/Twist	gz. msgs. Twist
geometry_msgs/msg/TwistStamped	gz. msgs. Twist
geometry_msgs/msg/TwistWithCovariance	gz. msgs. TwistWithCovariance
geometry_msgs/msg/TwistWithCovarianceStamped	gz. msgs. TwistWithCovariance
geometry_msgs/msg/Vector3	gz. msgs. Vector3d
geometry_msgs/msg/Wrench	gz. msgs. Wrench
geometry_msgs/msg/WrenchStamped	gz. msgs. Wrench
gps_msgs/msg/GPSFix	gz. msgs. NavSat
nav_msgs/msg/Odometry	gz. msgs. Odometry
nav_msgs/msg/Odometry	gz. msgs. OdometryWithCovariance
rcl_interfaces/msg/ParameterValue	gz. msgs. Any
ros_gz_interfaces/msg/Altimeter	gz. msgs. Altimeter
ros_gz_interfaces/msg/Contact	gz. msgs. Contact
ros_gz_interfaces/msg/Contacts	gz. msgs. Contacts
ros_gz_interfaces/msg/Dataframe	gz. msgs. Dataframe
ros_gz_interfaces/msg/Entity	gz. msgs. Entity
ros_gz_interfaces/msg/EntityWrench	gz. msgs. EntityWrench
ros_gz_interfaces/msg/Float32Array	gz. msgs. Float_V
ros_gz_interfaces/msg/GuiCamera	gz. msgs. GUICamera
ros_gz_interfaces/msg/JointWrench	gz. msgs. JointWrench
ros_gz_interfaces/msg/Light	gz. msgs. Light
ros_gz_interfaces/msg/ParamVec	gz. msgs. Param
ros_gz_interfaces/msg/ParamVec	gz. msgs. Param_V
ros_gz_interfaces/msg/SensorNoise	gz. msgs. SensorNoise

续表

ROS 话题消息类型	Gazebo 话题消息类型
ros_gz_interfaces/msg/StringVec	gz. msgs. StringMsg_V
ros_gz_interfaces/msg/TrackVisual	gz. msgs. TrackVisual
ros_gz_interfaces/msg/VideoRecord	gz. msgs. VideoRecord
rosgraph_msgs/msg/Clock	gz. msgs. Clock
sensor_msgs/msg/BatteryState	gz. msgs. BatteryState
sensor_msgs/msg/CameraInfo	gz. msgs. CameraInfo
sensor_msgs/msg/FluidPressure	gz. msgs. FluidPressure
sensor_msgs/msg/Image	gz. msgs. Image
sensor_msgs/msg/Imu	gz. msgs. IMU
sensor_msgs/msg/JointState	gz. msgs. Model
sensor_msgs/msg/Joy	gz. msgs. Joy
sensor_msgs/msg/LaserScan	gz. msgs. LaserScan
sensor_msgs/msg/MagneticField	gz. msgs. Magnetometer
sensor_msgs/msg/NavSatFix	gz. msgs. NavSat
sensor_msgs/msg/PointCloud2	gz. msgs. PointCloudPacked
std_msgs/msg/Bool	gz. msgs. Boolean
std_msgs/msg/ColorRGBA	gz. msgs. Color
std_msgs/msg/Empty	gz. msgs. Empty
std_msgs/msg/Float32	gz. msgs. Float
std_msgs/msg/Float64	gz. msgs. Double
std_msgs/msg/Header	gz. msgs. Header
std_msgs/msg/Int32	gz. msgs. Int32
std_msgs/msg/String	gz. msgs. StringMsg
std_msgs/msg/UInt32	gz. msgs. UInt32
tf2_msgs/msg/TFMessage	gz. msgs. Pose_V
trajectory_msgs/msg/JointTrajectory	gz. msgs. JointTrajectory
vision_msgs/msg/Detection2D	gz. msgs. AnnotatedAxisAligned2DBox
vision_msgs/msg/Detection2DArray	gz. msgs. AnnotatedAxisAligned2DBox_V
vision_msgs/msg/Detection3D	gz. msgs. AnnotatedOriented3DBox
vision_msgs/msg/Detection3DArray	gz. msgs. AnnotatedOriented3DBox_V

在一个复杂的仿真中,通常需要桥接多个话题,每次只桥接一个话题将十分烦琐,bridge_parameter 节点提供了通过 YAML 配置文件一次性桥接多个话题的功能。只需将桥接的所有话题的配置写入 YAML 配置文件中,随后在运行 bridge_parameter 节点时设置 config_file 参数。加载 YAML 文件启动多个话题桥接的命令格式如下:

```
ros2 run ros_gz_bridge parameter_bridge --ros-args -p config_file:=config.yaml
```

其中,config. yaml 为配置文件,其内定义了话题桥接的配置信息。

以下为 config. yaml 配置文件示例,内容如下:

```
#将 Gazebo 的话题名和 ROS 2 话题名设置为相同
- topic_name: "chatter"
  ros_type_name: "std_msgs/msg/String"
  gz_type_name: "gz.msgs.StringMsg"

#只设置 ROS 2 话题名,并应用到 Gazebo
- ros_topic_name: "chatter_ros"
  ros_type_name: "std_msgs/msg/String"
  gz_type_name: "gz.msgs.StringMsg"

#只设置 Gazebo 的话题名,并应用于 ROS 2
- gz_topic_name: "chatter_gz"
  ros_type_name: "std_msgs/msg/String"
  gz_type_name: "gz.msgs.StringMsg"

#分别设置 ROS 2 话题名和 Gazebo 话题名
- ros_topic_name: "chatter_both_ros"
  gz_topic_name: "chatter_both_gz"
  ros_type_name: "std_msgs/msg/String"
  gz_type_name: "gz.msgs.StringMsg"

#一个话题的全部配置
- ros_topic_name: "ros_chatter"
  gz_topic_name: "gz_chatter"
  ros_type_name: "std_msgs/msg/String"
  gz_type_name: "gz.msgs.StringMsg"
  subscriber_queue: 5        #Default 10
  publisher_queue: 6         #Default 10
  lazy: true                 #Default "false"
  direction: BIDIRECTIONAL   #Default "BIDIRECTIONAL" - Bridge both directions
                             #"GZ_TO_ROS" - Bridge Gz topic to ROS
                             #"ROS_TO_GZ" - Bridge ROS topic to Gz
```

7.3.2 案例:桥接单个话题

本案例将介绍使用 bridge_parameter 节点对 Gazebo 和 ROS 2 间的单个话题进行桥接的方法。以下将实现 ROS 2 发布速度控制话题,实现 Gazebo 中车辆的控制,实现将 Gazebo 中车辆的里程计话题发布到 ROS 2,以及实现 Gazebo 中的图像话题发布到 ROS 2。

首先,启动 7.3.1 节中添加了模型的仿真环境,命令如下:

```
ros2 launch add_model.launch.py
```

在上述命令执行后,首先打开 Gazebo 仿真环境,然后单击 Gazebo 中的启动仿真按钮,启动仿真。

其次,建立 ROS 2 速度控制话题/cmd_vel 到 Gazebo 车辆控制话题的桥接,命令如下:

```
ros2 run ros_gz_bridge parameter_bridge /cmd_vel@geometry_msgs/msg/Twist]gz.
msgs.Twist
```

在上述命令中，通过设置 parameter_bridge 节点的参数，建立了将 ROS 2 中表示速度控制话题的/cmd_vel 桥接到 Gazebo 中车辆的 Diff_Drive 差速控制器的话题。命令的运行效果如图 7-5 所示。

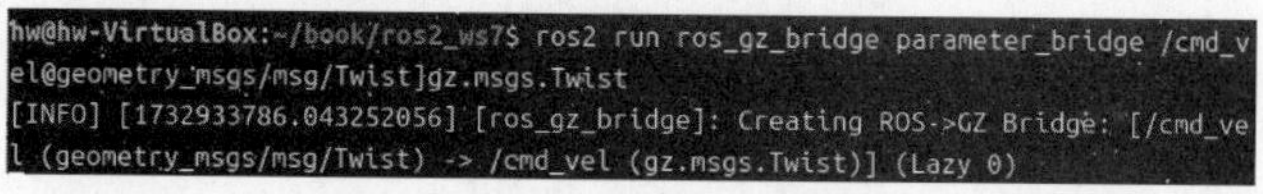

图 7-5　速度控制话题桥接

随后在一个新的终端里向话题/cmd_vel 发布控制速度的命令，命令如下：

```
ros2 topic pub /cmd_vel geometry_msgs/msg/Twist "{linear: {x: 1.0, y: 0.0, z: 0.
0}, angular: {x: 0.0, y: 0.0, z: 0.3}}"
```

上述命令的执行效果如图 7-6 所示，命令行运行后 ROS 2 会不断地向话题/cmd_vel 发布线速度为 1.0 且角速度为 0.3 的控制信息，在仿真环境中的车辆开始运动。

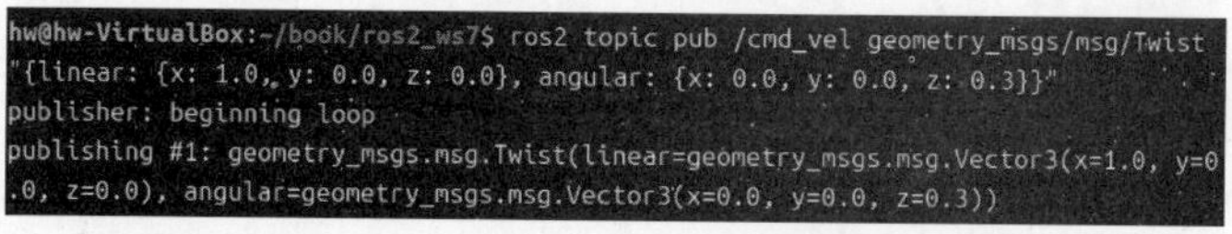

图 7-6　发布速度控制信息

以上通过速度控制话题介绍了将 ROS 2 中话题的消息桥接到 Gazebo 中的方法。

再次，将 Gazebo 中车辆的里程计话题桥接到 ROS 2 中并在 RViz 中显示接收的里程计信息，命令如下：

```
ros2 run ros_gz_bridge parameter_bridge /model/car/odometry@nav_msgs/msg/
Odometry[gz.msgs.Odometry
```

随后打开 RViz，添加一个里程计 Odometry 的数据可视化功能，首先将话题名设置为/model/car/odometry，然后将 Fixed Frame 参数设置为 car/odom，随后即可在 RViz 中看到车辆实时的里程计数据，如图 7-7 所示。

最后，将 Gazebo 中相机的图像桥接到 ROS 2 中，命令如下：

```
ros2 run ros_gz_bridge parameter_bridge /camera@sensor_msgs/msg/Image[gz.
msgs.Image
```

上述命令运行后，将 Gazebo 中的发布图像的/camera 话题桥接到 ROS 2 中，随后在 RViz 中添加 Image 的可视化，将话题设置为/camera 后，即可在显示图像的 Image 窗体中显示图像，如图 7-8 所示。

以上通过里程计和图像两个话题介绍了将 Gazebo 采集数据的话题桥接到 ROS 2 中的方法。

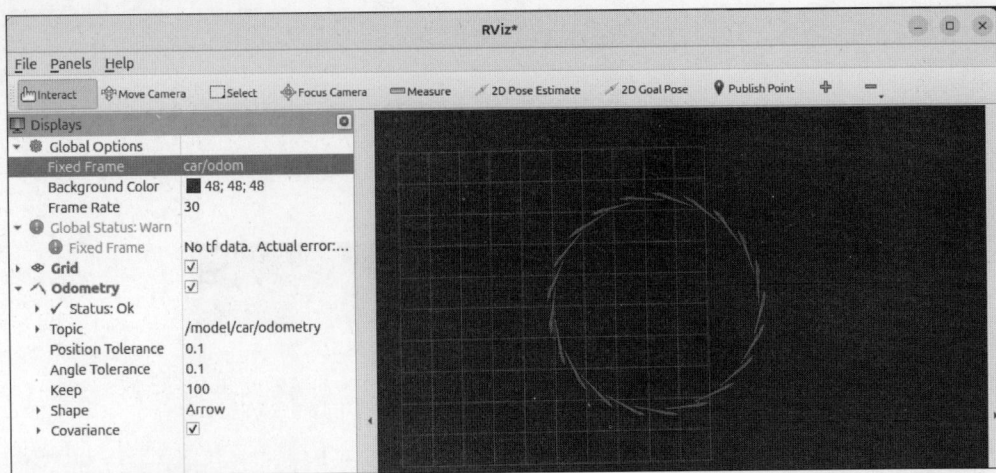

图 7-7　桥接里程计并可视化

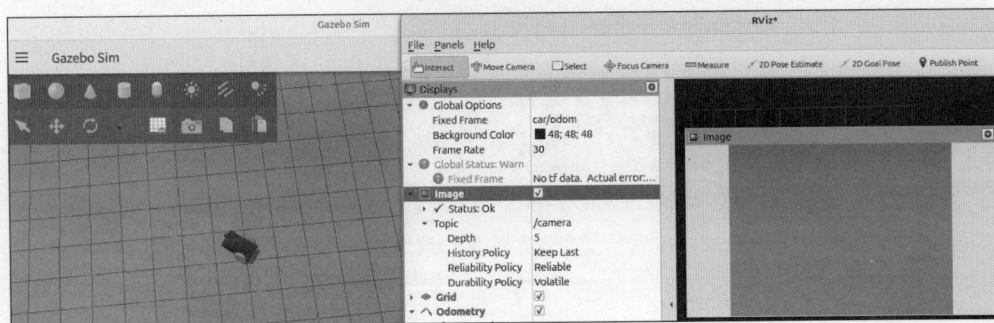

图 7-8　桥接图像

上述案例通过 3 个话题的桥接例子介绍了 ros_gz_bridge 功能包 parameter_bridge 在桥接一个话题上的使用方法,展示了 ROS 2 到 Gazebo 和 Gazebo 到 ROS 2 话题的桥接,以及不同消息类型数据的桥接效果。

7.3.3　案例:桥接多个话题

对于一个真实的仿真通常需要桥接多个话题,此时就需要先使用 YAML 文件存储所有需要桥接话题的配置信息,然后通过 ROS 2 参数 config_file 设置 YAML 文件,由 parameter_bridge 运行时从 YAML 文件中加载和桥接相应的话题。与命令行进行话题的桥接时不能更改话题名称相比,使用 YAML 文件可以完成更改话题名称,以及设置更多的配置项信息。

在以下的案例中,将用 YAML 文件对案例 7.3.2 节的 3 个话题进行配置,并使用命令行和 Launch 文件两种方式完成话题的桥接。

首先,编辑进行话题桥接的 YAML 文件。创建一个名为 car_bridge.yaml 的文件,内容如下:

```
#ros2_ws7/car_bridge.yaml
#将 ROS 2 发布的 cmd_vel 话题桥接到 Gazebo 车辆
- ros_topic_name: "/cmd_vel"
  gz_topic_name: "/cmd_vel"
  ros_type_name: "geometry_msgs/msg/Twist"
  gz_type_name: "gz.msgs.Twist"
  direction: "ROS_TO_GZ"

#将 Gazebo 发布的里程计话题桥接到 ROS 2,将话题名重命名为 odom
- ros_topic_name: "/odom"
  gz_topic_name: "/model/car/odometry"
  ros_type_name: "nav_msgs/msg/Odometry"
  gz_type_name: "gz.msgs.Odometry"
  direction: "GZ_TO_ROS"

#将 Gazebo 发布的 camera 话题桥接到 ROS 2
- ros_topic_name: "/camera"
  gz_topic_name: "/camera"
  ros_type_name: "sensor_msgs/msg/Image"
  gz_type_name: "gz.msgs.Image"
  direction: "GZ_TO_ROS"
```

第 1 种方法,通过命令行的方式桥接以上 YAML 配置。

（1）启动 7.3.2 节中添加了模型的仿真环境,命令如下:

```
ros2 launch add_model.launch.py
```

在上述命令执行后,首先 Gazebo 仿真环境会被打开,然后单击启动仿真。

（2）启动 parameter_bridge 节点并加载话题桥接配置文件 car_bridge.yaml,命令如下:

```
ros2 run ros_gz_bridge parameter_bridge --ros-args -p config_file:=car_
bridge.yaml
```

第 2 种方法,将方法一中的 parameter_bridge 节点也添加到 Launch 文件中,使用一个 Launch 文件完成仿真环境、加载模型和话题桥接 3 个功能。创建一个名为 add_model_and_bridge.launch.py 的文件,代码如下:

```
#ros2_ws7/add_model_and_cambridge.launch.py
import os
from ament_index_python.packages import get_package_share_directory
from launch import LaunchDescription
from launch.actions import IncludeLaunchDescription
from launch.launch_description_sources import PythonLaunchDescriptionSource
from launch_ros.actions import Node

def generate_launch_description():
    gazebo_node = IncludeLaunchDescription(
```

```
        PythonLaunchDescriptionSource(os.path.join(
            get_package_share_directory('ros_gz_sim'), 'launch',
            'gz_sim.launch.py')),
        launch_arguments=[('gz_args', 'empty.sdf -r -v4 ')]
        )

    robot_to_gazebo = Node(
        package='ros_gz_sim',
        executable='create',
        arguments=[ '-file', 'model.sdf',
                    '-z','0.3','-name', 'car']
        )

    robot_to_gazebo2 = Node(
        package='ros_gz_sim',
        executable='create',
        arguments=[ '-file', 'robot.urdf',
                    '-x','0.7','-name', 'arm']
        )

    car_bridge_node = Node(
        package='ros_gz_bridge',
        executable='parameter_bridge',
        parameters=[{"config_file" :"car_bridge.yaml"},]
        )
    return LaunchDescription([
        gazebo_node,
        robot_to_gazebo,
        robot_to_gazebo2,
        car_bridge_node
    ])
```

在上述代码中加入了一个启动节点,用于启动具有话题桥接配置文件的 parameter_bridge 节点。

启动 Launch 文件,命令如下:

```
ros2 launch add_model_and_bridge.launch.py
```

上述命令执行后,就会一次性完成启动仿真、加载模型和创建话题桥接等多项任务。对于实际的应用只需将所有需要启动的节点加入 Launch 文件中。

注意:进行话题桥接的配置文件 car_bridge. yaml 和 Launch 文件 add_model_and_bridge. launch. py 需要在相同的文件夹下。如果不在相同的文件夹下,则需要在 Launch 文件设置配置文件的相对路径或绝对路径。

7.4　其他注意事项

8min

除了启动仿真环境、添加模型和进行话题桥接外,在进行 Gazebo 和 ROS 2 联合仿真时还需要注意其他的一些事项以便更顺利地进行二者间的仿真。

7.4.1　实体的控制

由于 Gazebo 将整个仿真场景内容以实体的形式进行组织,因此可将整个仿真环境看作一个由若干个实体构成的数据库。数据库一般需要具有对数据(实体)进行增、删、改和查等功能。对于仿真环境,也就是向仿真场景添加实体,ros_gz_sim 功能包的 create 节点提供了添加模型(模型可以看作实体的一个子集)功能,而删、改和查等 3 个功能 ROS 2 并没有直接提供相关的操作。

当前 Gazebo 一方面成为 ROS 2 仿真环境的一部分,另一方面 Gazebo 本身也是一个独立的物理仿真工具,提供了类似于 ROS 2 命令行和编程接口,通过 Gazebo 的话题和服务等可实现对仿真环境中的实体进行增、删、改和查全部 4 个功能。这样在联合仿真时,借助 Gazebo Transport 库的相关方法就可以实现对仿真环境中的实体进行控制,例如,在机械臂智能抓取的强化学习中,当机械臂抓取物品移动后,就可以直接"修改"物品的位置,将物品移动回原位置,继续进行学习,直到成功。

7.4.2　话题消息类型

由于 Gazebo 和 ROS 2 都定义了自身的消息类型,在桥接话题进行配置时要查到话题在 Gazebo 和 ROS 2 上的消息类型后才能正确设置。话题消息类型的查询可以分为 ROS 2 作为发布者和 Gazebo 作为话题发布者两种情况。

(1) 当 ROS 2 作为话题发布者时,首先利用 ROS 2 的 topic 命令查询话题的消息类型,然后根据表 7-2 中的消息类型的对应关系查得相应的 Gazebo 消息类型,例如,在将 ROS 2 的速度控制话题/cmd_vel 桥接到 Gazebo 时,在终端查询话题的消息类型,命令如下:

```
ros2 topic info /cmd_vel
```

在终端输出的结果如下:

```
Type: geometry_msgs/msg/Twist
```

从以上的输出可以看到话题的/cmd_vel 的消息类型为 geometry_msgs/msg/Twist,通过查表 7-2 可知与其对应的 Gazebo 消息类型为 gz. msgs. Twist。

(2) 当 Gazebo 作为话题发布者时,首先利用 Gazebo 的 topic 命令查询话题的消息类型,然后根据表 7-2 中的消息类型的对应关系查得相应的 ROS 2 消息类型,例如,在将 Gazebo 的相机话题/camera 桥接到 ROS 2 时,在终端查询话题的消息类型,命令如下:

```
gz topic -i -t /camera
```

在终端输出的内容如下:

```
Publishers [Address, Message Type]:
  tcp://10.0.2.15:38257, gz.msgs.Image
```

从以上输出可以看出,相机话题/camera 的消息类型为 gz. msgs. Image,通过查表 7-2 可知与其对应的 ROS 2 消息类型为 sensor_msgs/msg/Image。

此外,在进行复杂的 Gazebo 和 ROS 2 联合仿真时,可能会出现需要桥接 ros_gz_bridge 提供的标准消息类型以外的数据。此时,如果采取先在 Gazebo 和 ROS 2 分别定义消息类型,再定义桥接方法的方式就十分复杂。针对该种情况,可以在发送两端使用数据序列化和反序列化方法,例如将数据封装为 JSON 字符串的形式,使用标准的字符串类型进行桥接即可。

7.4.3　相机话题

相较于其他传感器,相机采集的是图像,数据量较大,虽然可以直接使用 ros_gz_bridge 功能包进行桥接,但是效率较低。针对上述情况,ROS 2 专门提供了一个功能包 ros_gz_image 对相机话题进行桥接,利用该功能包的 image_bridge 节点完成图像的桥接。

使用 image_bridge 节点桥接相机的命令如下:

```
ros2 run ros_gz_image image_bridge /camera
```

在以上命令中,/camera 为待桥接的话题名称。

在 Launch 文件中可通过创建相应的启动节点调用 image_bridge 来完成图像数据的桥接,相关代码如下:

```
image_bridge_node=Node(
    package='ros_gz_image',
    executable='image_bridge',
    arguments=['/camera'] )          #/camera 为待桥接的相机话题名
```

7.4.4　RViz 可视化 SDF 模型

在进行机器人的联合仿真时,机器人模型通常使用 ROS 2 的 URDF 格式,从而在 RViz 中进行显示。在 ROS 2 Jazzy 中提供了功能包 ros-jazzy-sdformat-urdf,其内部将 SDF 格式的机器人转换为 URDF 格式,从而使在 ROS 2 开发上支持原生的 SDF 格式的机器人,将 SDF 格式的机器人在 RViz 中进行可视化。

在 RViz 中可视化 SDF 模型(机器人)主要包括以下几个步骤。

(1) 安装功能包 ros-jazzy-sdformat-urdf,命令如下:

```
sudo apt install ros-jazzy-sdformat-urdf -y
```

（2）在 Launch 文件中使用 robot_state_publisher 功能包发布模型，相关代码如下：

```
#ros2_ws7/add_and_vis_model.launch.py
robot_desc=open('model.sdf').read()        #打开 SDF 格式的机器人模型并以字符串的形式
                                           #读取模型
robot_desc_node=Node(
        package='robot_state_publisher',
        executable='robot_state_publisher',
        name='robot_state_publisher',
        output='both',
        parameters=[
            {'use_sim_time': True},
            {'robot_description': robot_desc},
        ])
```

（3）配置模型的坐标信息/tf 话题和关节状态/joint_state 话题的桥接，并在 Launch 文件中使用 ros_gz_bridge 进行桥接。

话题桥接配置的 vis_bridge.yaml 文件的内容如下：

```
#ros2_ws7/vis_bridge.yaml
- ros_topic_name: "/tf"
  gz_topic_name: "/tf"
  ros_type_name: "tf2_msgs/msg/TFMessage"
  gz_type_name: "gz.msgs.Pose_V"
  direction: GZ_TO_ROS

- ros_topic_name: "/joint_states"
  gz_topic_name: "/joint_states"
  ros_type_name: "sensor_msgs/msg/JointState"
  gz_type_name: "gz.msgs.Model"
  direction: GZ_TO_ROS
```

在 Launch 文件中进行话题桥接，相关代码如下：

```
car_bridge_node = Node(
        package='ros_gz_bridge',
        executable='parameter_bridge',
        parameters=[{"config_file" :"vis_bridge.yaml"},]
    )
```

（4）首先运行 Launch 文件 add_and_vis_model.launch.py，然后打开 RViz。在 RViz 中添加 RobotModel 可视化功能，选择话题为/robot_description，并将 Fixed Frame 设置为 body。RViz 可视化 SDF 模型的效果如图 7-9 所示。

注意：目前 ros-jazzy-sdformat-urdf 功能包在将 SDF 转换为 URDF 时，模型的关节只支持基本的几何体，例如圆柱、长方体等类型，以及 STL 格式或 DAE 格式的三维格网。对于其他类型的三维数据并不支持，在 RViz 中可视化 SDF 模型时需要注意。

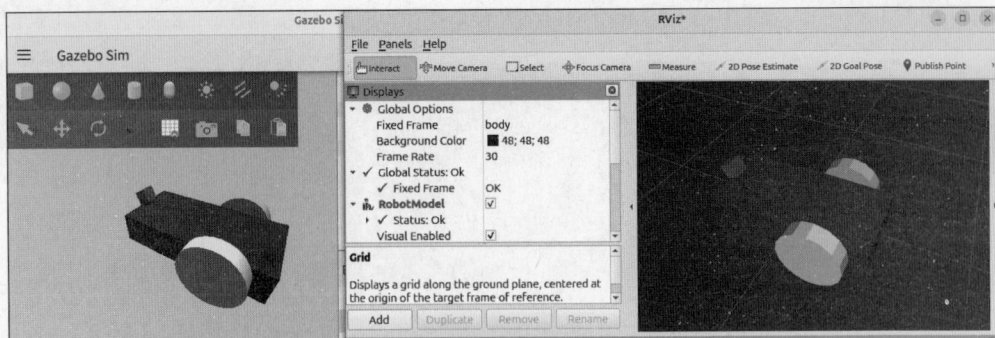

图 7-9　RViz 可视化 SDF 模型

7.5　案例：视觉巡线移动轮式机器人

以下将以一个视觉巡线移动轮式机器人的例子来介绍 Gazebo 和 ROS 2 进行联合仿真的完整过程和详细步骤。本案例的任务是使一台具有图像采集功能的差速车辆,首先通过相机采集地面图像,然后识别图像中的引导线,最后根据识别结果控制车辆在仿真场景中沿着引导线移动。要完成该任务,首先要创建一个功能包,其次制作包含地面和车辆的仿真场景,再次创建 Launch 文件启动仿真环境,以及进行速度控制话题和图像话题的桥接,最后,编辑和添加车辆控制节点以控制车辆进行巡线。以下对整个视觉巡线移动轮式机器人的仿真流程进行介绍。

(1) 创建一个功能包,用于放置整个任务的相关文件和代码,命令如下:

```
ros2 pkg create --build-type ament_python --node-name trackroad --license
MIT trackroad
```

在上述命令中创建了一个名为 trackroad 的 Python 功能包,此外,还创建了一个用于实现巡线功能的 trackroad 节点。

(2) 创建一个包含地面和车辆的仿真场景,效果如图 7-10 所示。仿真场景在建模时先利用 Gazebo 的 SDF 分别进行地面建模和车辆建模,然后将地面和车辆加载到仿真场景中进行调整和测试车辆的控制和图像采集功能,最后利用 Gazebo 导出整个仿真场景并命名为 raceworldallinone.sdf。

(3) 将仿真场景添加到功能包。首先,在功能包 trackroad 内创建一个名为 models 的文件夹,将仿真场景 SDF 文件和地面贴图放置在该文件夹内;其次,编辑功能包中的 setup.py 文件,在文件头导入 glob 函数,代码如下:

```
from glob import glob
```

此外,将 models 文件夹中的文件添加到功能包 trackroad,方法是向 data_files 变量添加 models 文件夹,代码如下:

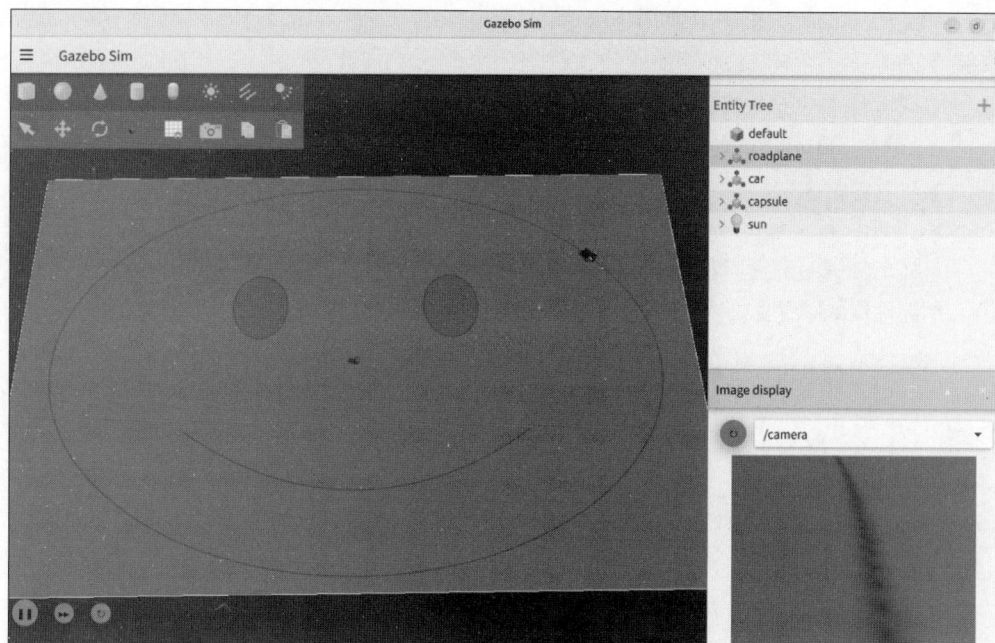

图 7-10　仿真场景

```
('share/' + package_name + '/models', glob('models/*.*')),
```

（4）创建 Launch 文件启动仿真环境。在功能包 trackroad 内创建一个名为 launch 的
文件夹，在该文件夹内创建名为 trackroad. launch. py 的 Launch 文件，代码如下：

```
#ros2_ws7/src/trackroad/launch/trackroad.launch.py
import os
from ament_index_python.packages import get_package_share_directory
from launch import LaunchDescription
from launch.actions import IncludeLaunchDescription
from launch.launch_description_sources import PythonLaunchDescriptionSource
from launch_ros.actions import Node

packagepath = get_package_share_directory('trackroad')
worldsdf=packagepath+'/models/raceworldallinone.sdf'

def generate_launch_description():
    gazebo_node = IncludeLaunchDescription(
        PythonLaunchDescriptionSource([os.path.join(
            get_package_share_directory('ros_gz_sim'), 'launch'),
            '/gz_sim.launch.py']),
        launch_arguments=[('gz_args',worldsdf + ' -r')]
        )
return LaunchDescription([
    gazebo_node,
])
```

在以上的 Launch 文件中使用 ros_gz_sim 功能包的 gz_sim. launch. py 启动仿真场景。需要注意的是为了能够找到仿真场景文件,使用了 get_package_share_directory() 函数获得功能包的安装路径,并生成了仿真场景 SDF 文件的绝对路径。

此外,编辑 setup. py 文件,将 launch 文件夹添加到变量 data_files 中,代码如下:

```
('share/' + package_name + '/launch', glob('launch/*.*')),
```

(5) 对车辆速度话题和图像话题进行桥接。首先,在功能包 trackroad 内创建一个名为 config 的文件夹,在该文件夹内创建一个名为 track_bridge. yaml 的文件,内容如下:

```
#对速度控制话题进行桥接
- ros_topic_name: "/cmd_vel"
  gz_topic_name: "/cmd_vel"
  ros_type_name: "geometry_msgs/msg/Twist"
  gz_type_name: "gz.msgs.Twist"
  lazy: false
  direction: "ROS_TO_GZ"
```

然后编辑 setup. py 文件,将 config 文件夹添加到 data_files 变量中,代码如下:

```
('share/' + package_name + '/config', glob('config/*.*')),
```

最后,编辑 Launch 文件,向 trackroad. launch. py 文件中添加桥接速度控制话题的节点和桥接相机话题的节点,代码如下:

```
bridge_node=Node(
        package='ros_gz_bridge',
        executable='parameter_bridge',
        parameters=[ {'config_file': packagepath + '/config/track_bridge. yaml
'},],
    )

image_bridge_node=Node(
        package='ros_gz_image',
        executable='image_bridge',
        arguments=['/camera']
    )
```

(6) 编写车辆视觉巡线控制节点,并添加到 Launch 文件中。首先,编辑节点 trackroad. py 文件,实现图像的接收、分析、识别蓝色引导线的位置,并根据蓝色线的位置发出车辆速度的控制指令,使车辆沿引导线前进,代码如下:

```
#ros2_ws7/src/trackroad/trackroad/trackroad.py
import numpy as np
import rclpy
from rclpy.node import Node
```

```python
from geometry_msgs.msg import Twist
from sensor_msgs.msg import Image as RosImg

class TrackRoad(Node):
    def __init__(self):
        super().__init__('track_node')
        self.speed = Twist()
        self.cmd_publisher = self.create_publisher(Twist, '/cmd_vel', 10)
        self.camera_subscription = self.create_subscription(RosImg, '/camera',
self.image_cb, 10)

    def control(self, imgarr):
        #根据检测的轨迹结果,计算车辆的线速度和角速度
        roadpos = self.detectroad(imgarr)
        dist = 160 - roadpos
        dr = np.sign(dist)
        absdist = abs(dist)

        if absdist < 10:
            lspeed, rspeed = 1.0, 0
        elif absdist < 20:
            lspeed, rspeed = 1.0, 0.1 * dr
        elif absdist < 30:
            lspeed, rspeed = 0.8, 0.2 * dr
        else:
            lspeed, rspeed = 0.5, 0.5 * dr
        self.set_speed(float(lspeed), float(rspeed))

    def image_cb(self, msg):
        #图像接收回调函数,每接收一张图像进行一次控制
        height = msg.height
        width = msg.width
        data = np.frombuffer(msg.data, dtype=np.uint8)
        data = data.reshape((height, width, 3))
        self.control(data)

    def set_speed(self, linear_x, angular_z):
        #发布车辆速度控制话题
        self.speed.linear.x = linear_x
        self.speed.angular.z = angular_z
        self.cmd_publisher.publish(self.speed)

    def detectroad(self, imgarr):
        #检测图像中蓝线的 x 坐标
        r = imgarr.argmax(axis=2)
        r = r == 2
        r = r.sum(axis=0)
        r = np.convolve(r, np.ones(11), 'same')
        return r.argmax()
```

```
def main():
    rclpy.init()
    node = TrackRoad()
    rclpy.spin(node)
    node.destroy_node()
    rclpy.shutdown()
if __name__ == '__main__':
    main()
```

然后编辑 Launch 文件,将车辆控制节点添加到 trackroad. launch. py 文件,相关代码如下:

```
track_node =Node(
        package='trackroad',
        executable='trackroad',
    )
```

(7) 编译和运行功能包。首先,编译和安装功能包,命令如下:

```
colcon build --symlink-install
source install/setup.bash
```

编译完成后,通过 Launch 文件启动所有任务所需的节点,开始视觉巡线轮式机器人的仿真,命令如下:

```
ros2 launch trackroad trackroad.launch.py
```

上述 Launch 文件在启动后会运行整个仿真,Gazebo 中的小车就会沿着线路在场景中进行移动。

注意:本案例的完整代码参见随书源码本章文件夹内的 ROS 2 工作空间 ros2_ws7。

7.6 本章小结

本章介绍了将 Gazebo 作为 ROS 2 的仿真工具,使 Gazebo 和 ROS 2 进行联合仿真的原理、方法和步骤。由于 Gazebo 和 ROS 2 都定义了自身的通信方式,二者不能直接进行信息交换,因此 ROS 2 开发了功能包 ros_gz_sim 以提供启动 Gazebo 仿真环境和添加模型等功能,开发了 ros_gz_bridge 功能包来桥接 Gazebo 和 ROS 2 间的数据通信。本章详细地介绍了 ros_gz_sim 功能包和 ros_gz_bridge 功能包的使用方法,以及 Gazebo 和 ROS 2 进行联合仿真时的一些注意事项。最后通过一个实际的视觉巡线轮式机器人的仿真案例详细地说明了 Gazebo 和 ROS 2 联合仿真的全过程,为实现其他 Gazebo 和 ROS 2 联合仿真机器人提供了相应的参考。

第 8 章

轮式机器人的建图与导航

从本章开始将介绍 ROS 2 和 Gazebo 在机器人仿真上的综合应用。轮式机器人,通常称为车辆,是在生活和生产中使用最广泛的一类机器人。对于轮式机器人来讲,其最主要的功能是移动,特别是能够自主地移动,即自动驾驶。自主移动的轮式机器人在物流、自动驾驶和家居等场景具有广泛的应用场景。轮式机器人的自主移动通常依赖于建图和导航技术,而这两种技术经过多年的发展已经包含在 ROS 2 的导航框架 Nav2 中。本章将通过 Nav2 在建图和导航中的应用,介绍轮式机器人自主移动的相关内容,并借助 Gazebo 仿真介绍使用 Nav2 进行轮式机器人建图和导航的方法。

8.1 Nav2 概述

自主移动是当前轮式机器人开发和研究的最核心的技术,有巨大的市场需求。轮式机器人自主移动的实现主要包含建图、定位和导航三部分。早期建图和定位被视为两个独立的问题进行研究,直到 SLAM(Simultaneous Localization and Mapping,同步定位与建图)的出现,才彻底解决了这一对"鸡生蛋,蛋生鸡"的问题。

自 ROS 1 开始相关研究人员和工程师就对建图、定位和导航的相关技术进行整合,开发出了基于二维平面的激光 SLAM 的导航功能包 Navigation。随着 ROS 2 的成熟,开发者对建图、定位和导航相关的功能包 Navigation 进行重新优化,从而形成了新一代导航框架 Nav2。Nav2 框架包含了一系列与导航相关的功能,并提供了灵活的插件扩展功能和高级 Python API。目前,Nav2 不仅是一个研究和实验性的产品,而且已成为一个可信赖的高质量导航框架,经过了全球 100 多家公司的检验,已经被部署到生产环境中。

8.1.1 Nav2 结构

Nav2 的整体结构如图 8-1 所示,显示了 Nav2 内部的构成,以及输入/输出信息。整个 Nav2 在运行时通过一个生命周期管理器(Lifecycle Manager)的节点管理整个 Nav2 系统内各个节点的启动、停止、暂停和恢复等状态。导航作为一项长期的任务,Nav2 引入了行为树 (Behavior Tree,BT)对导航时轮式机器人的各种状态进行切换和管理,支持自定义行为树,从而定制导航状态的转换规则。行为树只提供了状态的转换规则,不执行具体的导航行为,只支持根据状态调用相关的服务器执行导航行为。导航中的具体行为由控制器(Controller Server)、规划器(Planner Server)、行为服务器(Behavior Server)和平滑服务器(Smoother Server)等部件提供,用于完成具体的导航行为。每个服务器除了接收来自行为树的命令外,还会将状态返给行为树,以便行为树根据接收的消息进行决策和状态转换,确保导航顺利完成。

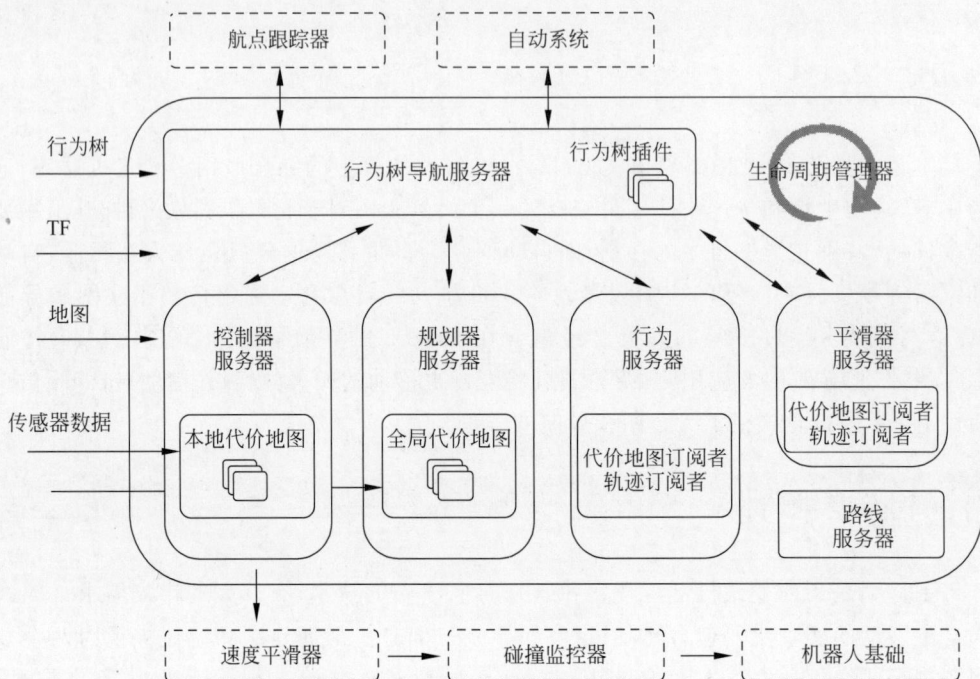

图 8-1　Nav2 导航框架

Nav2 在导航时,需要订阅(接收)外部信息,主要来自轮式机器人的各种传感器,例如里程计、激光雷达、IMU 和相机等,以及定义行为树的 XML 文件,而发布(输出)的信息主要有速度控制指令、代价地图,以及轮式机器人的定位信息。Nav2 目前支持对全向的、差动驱动的、腿式的和阿克曼(类似汽车)等类型的移动机器人进行导航。Nav2 通过 SE2 碰撞检查,支持外观为圆形和任意形状的机器人。

8.1.2　Nav2 核心功能

Nav2 提供了一系列功能,包括感知、规划、控制、定位和可视化,从而构建一个高度可靠的自主导航系统。它能够根据传感器数据和语义信息构建环境模型,进行动态路径规划,避开障碍物,计算电机速度,并支持在更高层次上定义机器人行为。

Nav2 使用行为树来协调多个独立的模块化任务服务器,以实现定制化和智能的导航行为。任务服务器被用于路径计算、电机控制、行为执行或其他与导航相关的任务。这些独立的任务服务器通过 ROS 2 接口(例如话题或服务)与行为树进行通信。机器人可以利用多种行为树,使其执行各种独特而复杂的任务。

具体来讲,Nav2 具有以下有关导航的功能:

- 加载、提供和存储地图;
- 在导航的过程中实时定位机器人在地图上的坐标;
- 规划适于不同形状和尺寸机器人的可行全局路径;
- 控制机器人沿路径行驶,并动态调整路径以避免碰撞;
- 优化路径,使其更连续、平滑和/或可行;
- 将传感器数据转换为环境模型;
- 基于行为树构建复杂和高度可定制的机器人行为;
- 在故障、人为干预或其他情况下执行预定义的行为;
- 按顺序完成多个路径点的移动;
- 管理系统的程序生命周期,并监控服务器状态;
- 动态加载插件,创建定制的算法和行为;
- 监视原始传感器数据,以检测潜在的碰撞或危险;
- 提供了 Nav2 的 Python 3 API,提供了简化导航编程;
- 对输出速度进行平滑处理,确保命令的动态可行性。

总体而言,Nav2 中的各功能和部件以插件的形式按松散的方式在一定程度上可自由组合,从而适应不同的导航应用场景。Nav2 包括一组初始默认插件,以及一些额外的插件,所有可用插件都可在 Navigation Plugins 中找到。用户可以编写自定义插件,以扩展 Nav2 的功能。

8.2 Nav2 相关概念

对于二维平面的移动机器人的导航来讲,主要涉及地图构建、机器人定位、路径规划、导航行为管理等主要功能。Nav2 借助 ROS 2 中的相关技术提供了上述功能,以下介绍 Nav2 在实现这些功能时使用的相关概念,以及概念背后的技术。

8.2.1 动作服务器

行为树定义了机器人行动的规则,而行动的真正实施需要动作的执行者。动作的执行一般需要较长的时间,ROS 2 中的动作通信机制就十分契合这种需求,因此 Nav2 在导航中就广泛地使用了动作服务器节点来执行机器人的行动。动作服务器(Action Server)是非常适于导航这种耗时长的任务,例如,将推土机上的铲子移上去,或者要求机器人向右移动 10m 等。这种长时间的任务使用服务会造成客户端长期得不到响应,从而很难判断任务是正在执行中,还是系统运行发生异常,从而影响系统整体的状态及后续动作的执行,而动作服务器会在任务执行时实时地向客户端发送进度,从而排除系统异常,保证任务的执行。

　　由于导航是长期运行的,所以行为树负责整个导航的行为。行为树根据用户请求做出决策,将命令发送到相应的动作服务器。动作服务器可以向行为树提供实时反馈,反馈消息可以是导航的时间或到目标的距离等,最终结果是一个布尔值,表示导航成功或失败。行为树在接收到反馈和结果后,根据收到的消息进行决策,重新将命令发送到不同的动作服务器接管导航。动作服务器在 nav2_msgs 功能包中定义了动作消息类型,作为信息交互的格式。

　　Nav2 在导航中主要有 3 种动作服务器,分别是规划器(Planer Server)、恢复器(Recovery Server)和控制器(Controller Server)。每个动作服务器可以通过插件技术分别运行一个导航算法插件,以完成导航中的各种任务。

1. 规划器

　　规划器是一个动作服务器,接收来自行为树的命令,执行路径规划。规划器根据当前位置和目标位置,综合各种传感器信息,在全局地图或局部地图搜索一条机器人可达的最优路径。规划器可通过插件的形式定制个性化的规划器,例如设置路径的曲率及路径规划算法等。

2. 控制器

　　控制器在 ROS 1 中被称为局部规划器,用于控制机器人沿着规划器输出的路径移动或者完成局部的动作。控制器通过访问局部环境表达,以计算跟随基准路径的可行控制工作。大多数控制器会将机器人带入局部环境中,并在每次更新迭代时计算局部可行路径。控制器主要的功能有使机器人跟随路径移动,进行充电操作,搭乘电梯,以及与工具(例如机器人上的机械臂)的接口。

　　控制器最常用的功能是使机器人沿着规划的路径移动,同样可通过插件的方式,根据实际需要为机器人增加新的移动功能。

3. 恢复器

　　恢复器提供了 Nav2 导航系统的容错功能,其主要用途是自动处理系统的未知状况或故障状况。以下通过 3 个例子来说明恢复器的应用场景:

　　(1)当感知系统故障而生成了许多假障碍物时,恢复器就会触发清除代价地图的操作,重新构建新的代价地图,使机器人重新移动。

　　(2)当机器人由于动态障碍物或控制不佳而无法继续行动时,在条件允许的情况下,恢复器通过倒退或原地旋转,将机器人移动到自由空间中,再恢复导航。

　　(3)在机器人完全发生故障的情况下,通过使机器人发出音响、灯光、电子邮件、短信、电话等方式引起操作人员的注意,以寻求外部的帮助。

8.2.2　生命周期节点

　　生命周期(或者称为管理)节点是 ROS 2 独有的,用于更好地控制 ROS 2 系统的运行状态。与普通节点不同,生命周期节点包含多种状态的切换,从而可以针对节点状态更灵活地执行相关功能。生命周期节点拥有的 4 个主要的状态分别是 Unconfigured、Inactive、

Active 和 Finalized，以及 6 个过渡状态，分别是 Configuring、CleaningUp、ShuttingDown、Activating、Deactivating 和 ErrorProcessing，并且提供了 7 个用于状态间转换的动作，分别是 create、configure、cleanup、activate、deactivate、shutdown、destroy。生命周期节点的状态及状态转换规则如图 8-2 所示。

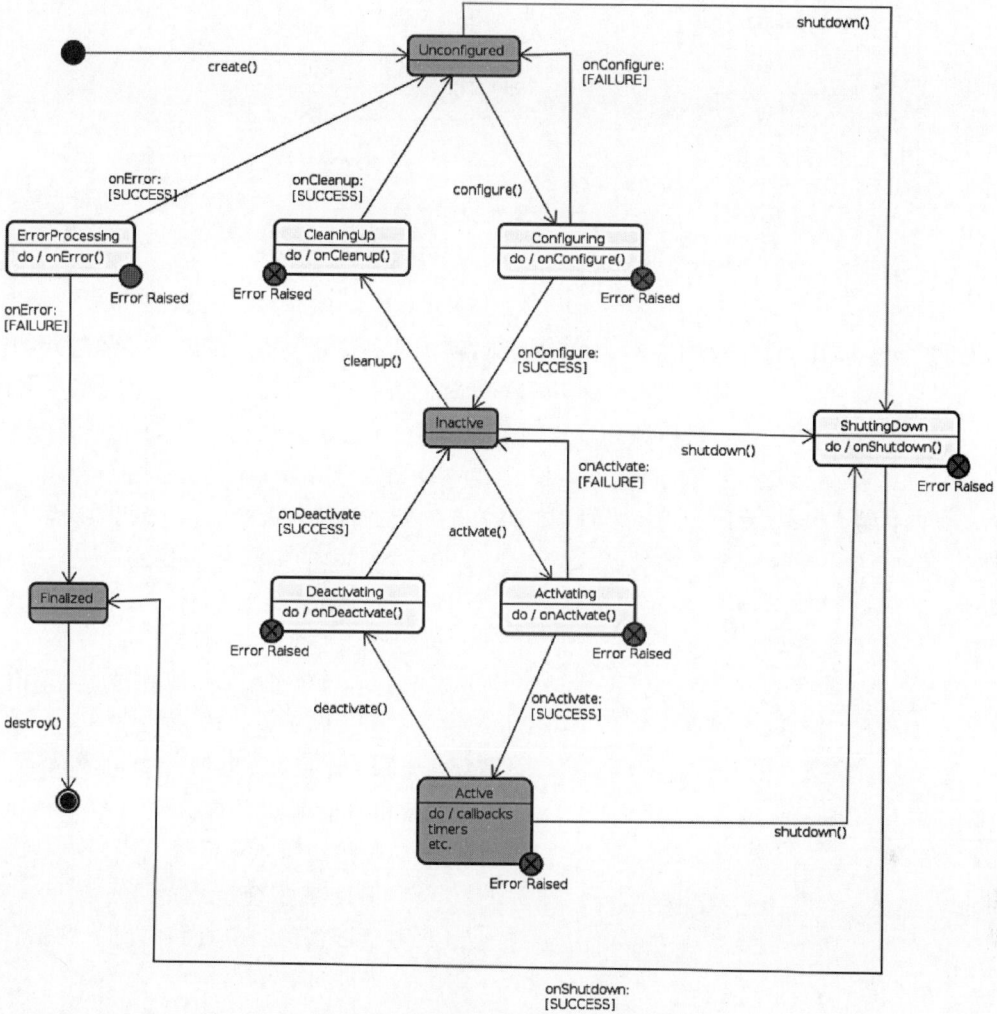

图 8-2　生命周期节点的状态及转换

Nav2 广泛地使用了 ROS 2 中的生命周期节点，用于内部的各种服务器，例如规划器、控制器、地图服务器、定位功能，以及生命周期管理器。生命周期管理器 nav2_lifeclycle_manager 功能包中的节点 lifecycle_manager 提供了对 Nav2 中其他生命周期节点的管理接口，方便了 Nav2 中各生命周期节点状态的转换。Nav2 中生命周期管理器的工作方式提供了一个统一的管理其他生命周期节点的服务，如图 8-3 所示。在一定程度上可以说 Nav2 生命周期管理器就是整个 Nav2 导航系统的管理员。

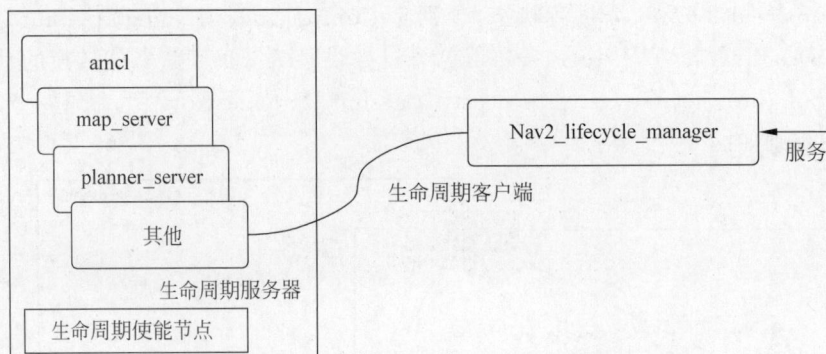

图 8-3　Nav2 生命周期管理器的工作方式

8.2.3　行为树

行为树(Behavior Tree,BT)是一种结构化切换不同任务的方法,在机器人和游戏 NPC 上得到了广泛应用。与有限状态机(Finite State Machine,SFM)关注状态及状态间的切换不同,行为树以动作为中心,将任务分解为一系列动作,并通过树结构管理动作的执行条件和执行顺序。相较于有限状态机的网状结构,行为树呈现树状结构,在定义、维护和修改上都具有较大的优势。Nav2 使用行为树来管理机器人在导航中的移动策略,为导航提供决策。

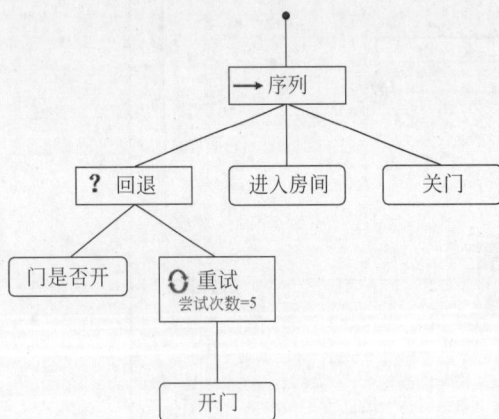

图 8-4　行为树

行为树中的节点分为控制节点(Control Node)、装饰节点(Decorator Node)和叶节点(Leaf Node)三类。控制节点可以拥有一个或多个其他的孩子节点,装饰节点只能有一个孩子节点,叶节点没有孩子节点。一棵行为树如图 8-4 所示,根据行为树的定义,序列节点和回退节点都拥有超过一个孩子节点,因此是控制节点;重试节点只有一个孩子节点,因此是装饰节点;门是否开节点、开门节点、进入房间节点和关门节点没有孩子节点,因此是叶节点。

Nav2 的行为树使用了由 BehaviorTree.CPP 库提供的实现方案。BehaviorTree.CPP 将行为树的 3 种节点分别进一步地进行了划分,并支持扩展节点的具体行为。

1. 控制节点

控制节点用于控制其孩子节点的执行顺序。在 BehaviorTree.CPP 库中,提供了顺序节点(Sequence Node)和选择节点(Selector/Fallback Node)两种默认类型的控制节点。

(1) 顺序节点会依次执行每个孩子节点,如果全部孩子节点都成功,则返回成功,如果其中的一个孩子节点失败,则立刻返回失败,不再执行后边的孩子节点,类似于带有短路的与运算。

（2）选择节点会依次执行每个孩子节点，如果全部孩子节点都失败，则返回失败，只要有一个成功，则立即返回成功，不再执行后边的节点，类似于带有短路的或运算。

2. 装饰节点

装饰节点用于对其孩子节点进行封装，改变子节点的执行方式或结果。常见的装饰节点如下。

（1）Inverter 节点：反转子节点的结果，将子节点的成功变为失败，将失败变为成功。

（2）ForceSuccess 节点：不论子节点成功或失败都返回成功。

（3）ForceFailure 节点：不论子节点成功或失败都返回失败。

（4）Repeat 节点：重复执行子节点多次，如果每次都成功，则返回成功，只要有一次失败，则返回失败。

（5）KeepRunningUntilFailure 节点：一直运行子节点，直到子节点失败，则返回失败。

（6）Delay 节点：接收到执行信号 tick 后延时一段时间后向子节点发送执行信号 tick。

3. 叶节点

叶节点不包含任何子节点，用于执行具体的任务。根据叶节点的功能定义和任务执行特性可分为条件节点（Condition Node）和动作节点（Action Node）两类。

（1）条件节点：检查特定条件是否满足，返回成功或失败，该节点的结果返回通常是立即的。

（2）动作节点：执行具体的行为或动作，例如移动、攻击等，根据动作执行结果，返回成功或失败。此外，动作节点通常耗时较长，在实现上可以使用同步或异步方式。

行为树的执行是从树根发出信号 tick，信号 tick 沿着树根一直传播到最末端的叶节点。每个接收到信号 tick 的节点都会执行在该节点上定义的规则或动作，执行的结果必须是成功（SUCCESS）、失败（FAILURE）或运行（RUNNING）3 种之一，其中当结果是运行时表明一个动作需要更长的时间来返回一个确定性的结果，即成功或失败。

例如，在图 8-4 的行为树中定义了一项进门的任务，其总体执行逻辑为开门、进门和关门 3 个顺序完成的动作，其中开门又分为门已经打开和门没有打开两种情况，在门没有打开时执行打开门的动作。

Nav2 使用功能包 nav2_behavior_tree 提供了机器人导航时的行为树，并针对导航定义了多种导航行为树中的控制节点、装饰节点、叶节点（条件节点和动作节点）。Nav2 中针对机器人导航自定义的行为树节点见表 8-1。

表 8-1　Nav2 行为树定义的节点

节 点 类 型	节 点 名 称	节 点 功 能
控制节点	PipelineSequence	按顺序执行每个子节点，只要有一个节点失败，就返回失败，并且会重复运行当前子节点之前的所有子节点，直到最后一个子节点运行完成。最后一个节点成功时，返回成功

续表

节 点 类 型		节 点 名 称	节 点 功 能
控制节点		Recovery	只包含两个子节点,当第1个子节点成功时,返回成功,当第1个子节点失败时,执行第2个子节点。当第2个子节点失败时,返回失败。当第2个子节点成功且尝试的次数不为0时,重新执行第1个节点,当尝试次数为0时,返回失败
		RoundRobin	反复循环执行每个子节点,当子节点成功时返回成功,当全部子节点失败时,返回失败,其他情况返回运行
装饰节点		Distance Controller	机器人每移动指定距离后都会向子节点发出执行信号 tick
		Rate Controller	控制孩子节点的执行频率
		Goal Updater	更新子节点的目标位置
		Single Trigger	只执行子节点一次,后续始终返回失败
		Speed Controller	根据机器人的速度按比例调用执行信号 tick 的频率
叶节点	条件节点	GoalUpdated	目标点是否通过话题更新
		GoalReached	是否到达目标点
		InitialPoseReceived	是否在话题 intial_pose 上收到位姿信息
		isBatteryLow	从监听电池话题的话题上获得电量是否低
	动作节点	ComputePathToPose	规划器的客户端
		FollowPath	控制器的客户端
		Spin	旋转动作,行动服务器的客户端
		Wait	等待动作,行动服务器的客户端
		Backup	后退动作,行动服务器的客户端
		ClearCostmapService	清理代价地图服务的客户端

创建 Nav2 导航的行为树只需按照 BehaviorTree.CPP 库的规范编写行为树的配置文件。BehaviorTree.CPP 库使用 XML 格式作为行为树的描述语言。通过编写 XML 格式的行为树可以实现多样的机器人导航任务。以下为一个在 Nav2 中定义行为树的 XML 格式文件,内容如下:

```
<root main_tree_to_execute="MainTree">
  <BehaviorTree ID="MainTree">
    <RecoveryNode number_of_retries="6" name="NavigateRecovery">
      <PipelineSequence name="NavigateWithReplanning">
        <RateController hz="1.0">
        <RecoveryNode number_of_retries="1" name="ComputePathToPose">
          <ComputePathToPose goal =" {goal}" path =" {path}" planner _ id ="GridBased"/>
          <ReactiveFallback name="ComputePathToPoseRecoveryFallback">
           <GoalUpdated/>
           <ClearEntireCostmap name="ClearGlobalCostmap-Context" service_name="global_costmap/clear_entirely_global_costmap"/>
          </ReactiveFallback>
        </RecoveryNode>
```

```
        </RateController>
        <RecoveryNode number_of_retries="1" name="FollowPath">
          <FollowPath path="{path}" controller_id="FollowPath"/>
          <ReactiveFallback name="FollowPathRecoveryFallback">
            <GoalUpdated/>
            <ClearEntireCostmap name =" ClearLocalCostmap - Context " service_
name="local_costmap/clear_entirely_local_costmap"/>
          </ReactiveFallback>
        </RecoveryNode>
      </PipelineSequence>
      <ReactiveFallback name="RecoveryFallback">
        <GoalUpdated/>
        <RoundRobin name="RecoveryActions">
          <Sequence name="ClearingActions">
            <ClearEntireCostmap name="ClearLocalCostmap-Subtree" service_name=
"local_costmap/clear_entirely_local_costmap"/>
            <ClearEntireCostmap name="ClearGlobalCostmap-Subtree" service_name=
"global_costmap/clear_entirely_global_costmap"/>
          </Sequence>
          <Spin spin_dist="1.57"/>
          <Wait wait_duration="5"/>
          <BackUp backup_dist="0.15" backup_speed="0.025"/>
        </RoundRobin>
      </ReactiveFallback>
    </RecoveryNode>
  </BehaviorTree>
</root>
```

总而言之,Nav2 利用行为树定义了机器人的运动行为。行为树上的节点将与规划器、控制器和恢复器通信,调动各个动作服务器的功能,完成导航任务,例如单点导航功能,行为树上的相应节点会先向规划器请求一条规划到目标点的路径,然后行为树上的另一个节点与控制器通信,将规划好的路径发给控制器去执行。

8.2.4　状态估计

机器人导航中最重要的状态就是机器人的位置,或者说对机器人进行定位。机器人定位有许多方法,Nav2 框架使用激光 SLAM 技术对机器人进行定位。

定位时需要使用坐标系,ROS 在 REP105 的规范文件中定义了导航时机器人定位所需的坐标系及其之间的关系,如图 8-5 所示。

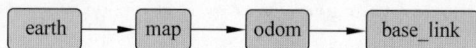

earth → map → odom → base_link

图 8-5　导航时机器人坐标系间的关系

以下是图 8-5 中各坐标系的含义:

(1) earth 坐标系表示地球坐标,是导航中顶级的坐标系,一般局部导航可不使用该坐标系。

(2) map 坐标系表示地图坐标,通常是导航中使用的顶级坐标系,RViz 中默认该坐标系为顶级坐标系。

(3) odom 坐标系表示机器人里程计原点坐标系,需要由定位技术提供,也就是需要由 SLAM 技术提供 map—> odom 的坐标变换。

(4) base_link 坐标系表示机器人主连杆的坐标系,一般是由机器人携带的里程计传感器给定的。

在 Nav2 中机器人定位时最关键的就是 odom 坐标系(map—> odom 的坐标系变换)和 base_link 坐标系(odom—> base_link 的坐标系变换),其中 base_link 坐标系可以通过多种方式得到,例如激光雷达、雷达、车轮编码器、VIO 和 IMU 等,其目的是为机器人的运动提供一个平滑、连续的局部框架。

由于提供 base_link 坐标系的里程计传感器的精度通常较差,需要通过 odom 坐标系进行补偿,因此在有些定位方法里里程计传感器并不是必需的,例如 Cartographer 就可在不依赖里程计传感器的情况下直接计算 map—> base_link 的坐标变换,当然为了能够与 ROS 规定的坐标系相一致,通常会虚拟一个与 map 重合的 odom 坐标系。

注意:使用导航系统不需要在机器人上安装激光雷达,也不要求使用基于激光雷达的防撞、定位或 SLAM。使用基于视觉或深度的定位系统并使用其他传感器来避免碰撞,同样可以取得成功。本书主要介绍基于激光雷达的 Nav2 导航。

8.2.5 环境表示

环境表示是机器人将感知的环境进行综合而形成的一种规范和全面的描述。机器人的决策和行动都依赖于环境表示。环境表示被用于导航过程中的控制器、规划器和恢复器中,使导航安全和高效。具体来讲,环境表示中最核心的内容就是基于地图的代价地图(Costmap)。

代价地图反映了机器人当前环境的整体。代价地图是由单元格组成的规则二维网格,每个单元格具有未知、空闲、占用或膨胀等多种状态。机器人利用代价地图进行全局路径规划和控制机器人移动。

以上就是 Nav2 导航的核心概念。在 Navigation1 中,导航功能通过 move_base 节点以流水线方式实现,该节点内嵌状态机协调全局和局部路径规划器这两个插件化组件。导航流程首先在一种状态中调用全局路径规划器以确定路径,然后在另一种状态中将路径传递给局部路径规划器执行。相较之下,Nav2 设计了不同的组织方式,其全局路径规划功能由多个插件实现,并可通过服务器请求;局部路径规划器同样以插件形式存在,遵循统一接口,可通过服务器将路径信息发送至控制器执行,从而实现更加灵活和模块化的导航控制。

8.3　Nav2 的安装

与其他 ROS 2 功能包的安装方法类似,Nav2 安装的具体步骤如下。

(1) 在安装前,进行系统更新,命令如下:

```
sudo apt update
sudo apt upgrade
```

(2) 安装 Nav2 的核心功能包,包括 navigation2 系列功能包和 nav2-bringup 功能包,命令如下:

```
sudo apt install ros-jazzy-navigation2
sudo apt install ros-jazzy-nav2-bringup
```

(3) 在 Gazebo 进行导航仿真时,需要安装加载 SDF 模型的 sdformat-urdf 功能包,命令如下:

```
sudo apt install ros-jazzy-sdformat-urdf
```

(4) 安装构建地图的功能包,即安装 slam-toolbox 和 cartographer 功能包,其中 slam-toolbox 是 Nav2 默认的建图工具,cartographer 是谷歌开发的另一款常用的建图工具,命令如下:

```
sudo apt install ros-jazzy-slam-toolbox
sudo apt install ros-jazzy-cartographer
sudo apt install ros-jazzy-cartographer-ros
```

通过上述 4 步,就完成了轮式机器人建图和导航所需要的功能包。在以下内容中,将介绍使用上述功能包完成轮式机器人的建图与导航的仿真。

8.4　slam_toolbox 建图

构建地图是导航的前提,slam_toolbox 功能包提供了一个用于二维激光雷达 SLAM(同步定位与建图)的工具集,主要用于机器人在未知环境中进行建图和定位。它提供了一系列功能,使用户可以轻松地进行地图构建、保存、优化和长期维护。

8.4.1　slam_toolbox 简介

slam_toolbox 是对 ROS 1 中建图工具 GMapping、Karto 和 Hector 的彻底改进和优化,使用默认配置就能够完成 2.4 万平方米大小空间的建图,体现了良好的建图性能,是 ROS 2 中默认的建图工具。

slam_toolbox 提供了 3 种主要的操作模式和功能:同步建图、异步建图和纯定位。同步建图能够在空间中进行地图构建和定位,同时保持测量数据的缓冲区,以便添加到

SLAM。同步建图在地图质量特别重要或进行离线处理时非常有利。相对而言,异步模式仅在完成最后一次测量并满足新的更新条件时处理新的测量,因此在运行复杂的回环闭合时,这种模式不会滞后于实时,然而,如果处理最后一次测量所需的时间过长,则地图可能不会包含所有有效的测量数据。当实时定位的质量特别重要时,这种模式非常有利。这两种模式都可以用于多会话 SLAM,即重新加载之前的会话并继续优化位姿图。

纯定位模式不能用于持久化环境中的变化。相反,它使用当前会话中的测量数据滚动缓冲区,并将其与原始会话的测量数据和位姿图进行匹配。当前会话的测量数据将以新的约束和节点的形式添加到位姿图中。这使环境中的变化能够被纳入考虑,从而基于新特征或移动的物体提高定位质量。随着时间的推移,滚动缓冲区中的测量数据将"过期",并从位姿图和定位问题中移除,令位姿图恢复到该区域的原始状态。将这一过程称为弹性位姿图变形。

slam_toolbox 的主要功能包括以下几点。

- 建图、保存地图 pgm 文件。
- 细化地图、重新建图或在已保存的地图上继续建图。
- 长期建图:加载已保存的地图继续建图,同时从新的激光点云中删除无关信息。
- 在已有的地图上优化定位模式。也可以使用"激光雷达里程计"模式在没有建图的情况下运行定位模式。
- 同步、异步建图。
- 动态地图合并。
- 基于插件的优化求解器,带有一个新的基于谷歌 Ceres 的优化插件。
- 交互的 RViz 插件,提供 RViz 图形操作工具,用于在建图期间操作节点和连接。
- 地图序列化和无损数据存储。

slam_toolbox 建图的过程如下:

(1) 以同步或异步模式运行,创建一个 ROS 2 节点。该节点订阅激光扫描点云和里程计两个话题,并将地图发布到里程计变换的 TF 话题和地图话题。

(2) 获取里程计和激光雷达数据,在激光话题订阅的回调函数中,将生成一个位姿使用里程计数据和与该节点相关联的激光扫描。这些带位姿的扫描对象 PosedScan 形成一个队列,供算法处理。

(3) 带位姿的扫描对象 PosedScan 队列用于构建位姿图,使用激光扫描匹配来完善里程计。该位姿图用于计算机器人位姿,并找到闭环。如果发现闭环,则优化位姿图,并更新姿态估计。位姿估计将用于计算并发布机器人到里程计变换的地图。

(4) 与位姿图中的每个位姿相关联的激光扫描用于构建和发布地图。

8.4.2 slam_toolbox 建图流程

slam_toolbox 提供了便捷的建图功能,配合仿真场景和相关节点,只需简单配置就可以完成场景的建图。以下通过例子详细介绍利用 slam_toolbox 工具集进行建图的方法和步骤。使用 slam_toolbox 进行仿真场景的建图主要包括项目的创建、仿真场景构建、机器人构建、话题的桥接、slam_toolbox 建图等步骤。

为了直接体验 slam_toolbox 建图,可直接编译和运行本书附赠的第 8 章源代码 ros2_ws8 中的 Launch 文件 build_map. launch. py,命令如下:

```
colcon build --symlink-install
source install/setup.bash
ros2 launch nav_car build_map.launch.py
```

上述命令的效果如图 8-6 所示。

图 8-6 启动建图

启动 build_map. launch. py 文件成功后,系统将会打开一个配置好的 RViz 界面,如图 8-7 所示,界面中会显示机器人的传感器数据和环境信息,特别是会在车辆四周形成一幅局部地图。同时,还会启动一个 Gazebo 仿真环境界面,如图 8-8 所示,提供了机器人在仿真环境中的动态模拟。RViz 和 Gazebo 两个界面的结合为后续的导航和建图提供了直观的可视化支持,方便后续监控和调试机器人行为。

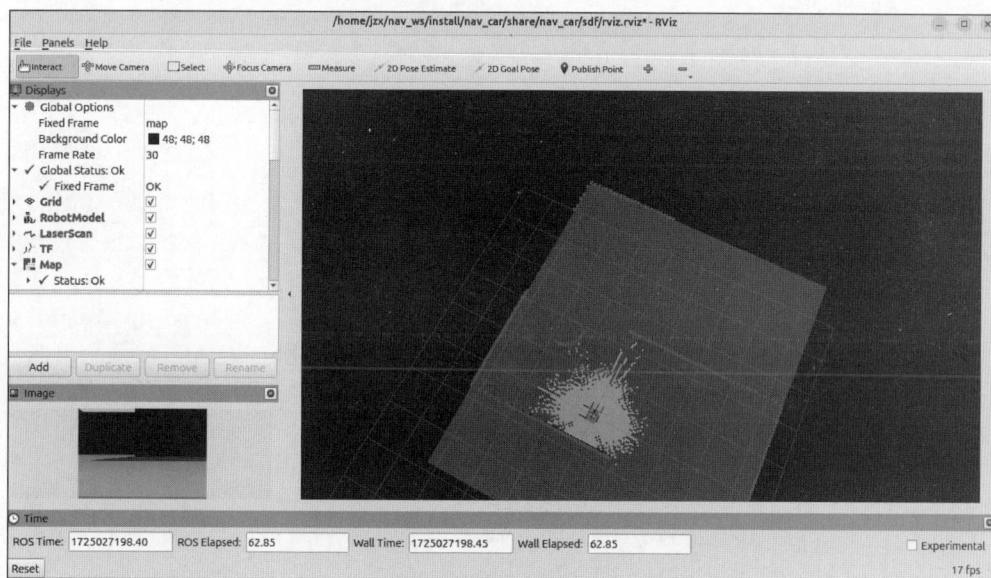

图 8-7 RViz 建图可视化

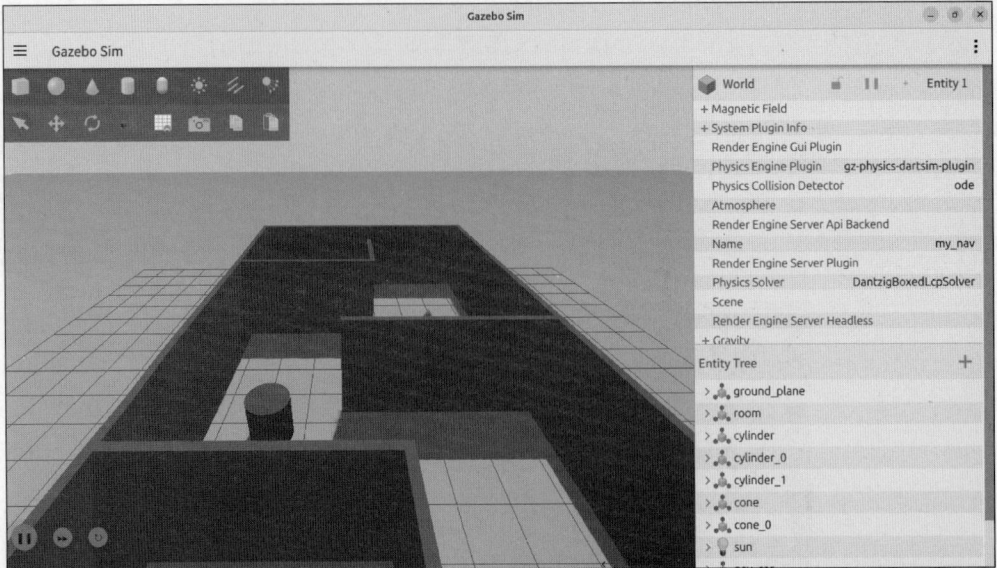

图 8-8　建图仿真环境

Launch 文件 build_map. launch. py 的代码如下：

```
#ros2_ws8/src/nav_car/launch/build_map.launch.py
import os
from ament_index_python.packages import get_package_share_directory
from launch import LaunchDescription
from launch.actions import IncludeLaunchDescription
from launch.launch_description_sources import PythonLaunchDescriptionSource
from launch_ros.actions import Node


packagepath = get_package_share_directory('nav_car')
print(packagepath)
world_sdf=packagepath+'/sdf/nav_world.sdf'
carmodel=packagepath+'/sdf/nav_car.sdf'
robot_desc=open(carmodel).read()

def generate_launch_description():
    gazebo_node = IncludeLaunchDescription(
        PythonLaunchDescriptionSource([os.path.join(
            get_package_share_directory('ros_gz_sim'), 'launch'),
            '/gz_sim.launch.py']),
        launch_arguments=[('gz_args', f'{world_sdf} -r')]
        )

    robot_to_gazebo = Node(
            package='ros_gz_sim',
            executable='create',
```

```
            arguments=[ '-string', robot_desc, '-x', '1', '-y', '1', '-z','0.05',
'-name', 'nav_car']
        )

    bridge_node=Node(
            package='ros_gz_bridge',
            executable='parameter_bridge',
            parameters=[ {'config_file':packagepath+'/sdf/nav_bridge.yaml'},],
        )

    image_bridge_node=Node(
        package='ros_gz_image',
        executable='image_bridge',
        arguments=['/camera']
    )

    robot_desc_node=Node(
        package='robot_state_publisher',
        executable='robot_state_publisher',
        name='robot_state_publisher',
        parameters=[
            {'use_sim_time': True},
            {'robot_description': robot_desc},
        ]
        )

    rviz_node=Node(
        package='rviz2',
        executable='rviz2',
        name='rviz',
        arguments=[ '-d', packagepath+'/sdf/rviz.rviz', ]
    )

    slam_node = IncludeLaunchDescription(
        PythonLaunchDescriptionSource([os.path.join(
            get_package_share_directory('slam_toolbox'), 'launch'),
            '/online_async_launch.py'])
        )

    nav_node = IncludeLaunchDescription(
        PythonLaunchDescriptionSource([os.path.join(
            get_package_share_directory('nav2_bringup'), 'launch'),
            '/bringup_launch.py']),
            launch_arguments=[('use_sim_time','true')]
        )

    return LaunchDescription([
        gazebo_node, robot_to_gazebo,
        bridge_node, image_bridge_node,
        robot_desc_node, rviz_node,
        slam_node, nav_node, ])
```

在上述进行建图的 Launch 文件中,在只使用 ROS 2 第三方功能包而不使用任何自定义节点(除 Launch 文件外无须编程)的情况下,启动仿真环境并启动 slam_toolbox 建图。具体来讲,上述 Launch 文件主要的功能如下:

(1) 获取仿真环境的 SDF 文件路径。

(2) 以字符串的形式读取轮式机器人 SDF 模型。

(3) Gazebo 加载仿真世界。

(4) 将机器人模型添加到仿真世界中。

(5) 配置 ROS 2 和 Gazebo 间的里程计、关节状态和速度控制等话题的桥接。

(6) 设置 ROS 2 和 Gazebo 间图像数据桥接。

(7) 发布机器人的状态信息。

(8) 启动可视化工具 RViz。

(9) 启动 SLAM 节点进行实时建图。

(10) 启动导航系统。

当上述建图准备就绪后,就可以借助 Nav2 实现边建图边导航。在 RViz 的工具栏中单击[2D Goal Pose],在主窗体按下鼠标左键后会出现一个绿色箭头,如图 8-9 所示。该绿色箭头用于指定机器人目标点,将此箭头移动到机器人的目的地(目的地设置不要距离机器人过远),然后拖动,以设置方向。机器人将根据创建的地图进行路径规划,躲避障碍物,移动到目的地。重复上述方法,使机器人探测完成整个地图的构建,如图 8-10 所示。

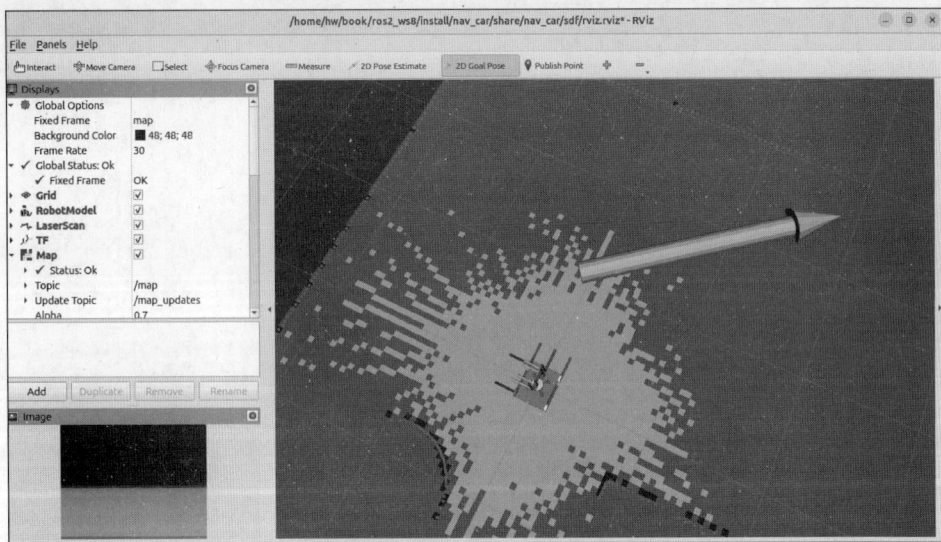

图 8-9 设置导航目标点

8.4.3 地图的保存

地图构建完成后,需要保存以供后续导航使用。保存地图的方法主要包括两种:①使

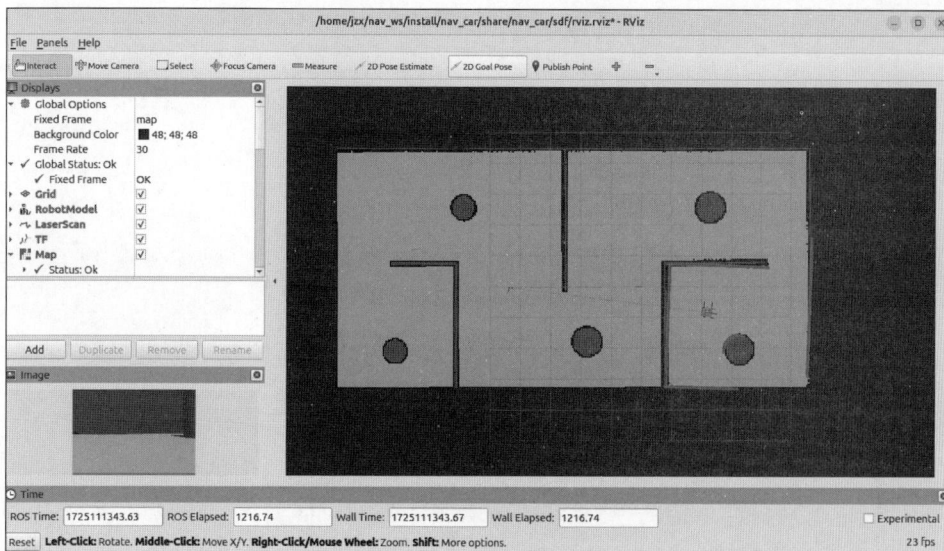

图 8-10　完成地图构建

用 RViz 中的 slam_toolbox 插件,可以通过图形界面轻松地选择并保存当前的地图,操作直观且便捷;②使用第三方功能包 nav2-map-server,在命令行中进行保存。掌握这两种方法后,可以灵活地管理地图数据,确保在后续的任务中可以利用已构建的环境地图。以下介绍两种保存地图的方法。

1. 加载 RViz 的 slam_toolbox 插件

首先,单击 RViz 界面中的 Panels→Add New Panel 选项,如图 8-11(a)所示,然后在打开的插件界面中选择 slam_toolbox 文件夹下的 SlamToolboxPlugin 插件,如图 8-11(b)所示。

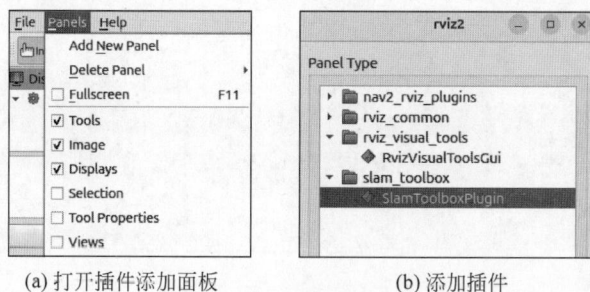

(a) 打开插件添加面板　　　　　(b) 添加插件

图 8-11　添加插件过程

选中并添加后,在 RViz 的左侧栏中出现了 SlamToolboxPlugin 插件,如图 8-12 所示。SlamToolboxPlugin 插件主要提供了手动闭环和在线/离线建图、控制在线和离线数据、序列化和反序列化服务、将序列化地图文件添加为 RViz 中的子地图等功能。

在地图构建完成后,可以通过单击插件中的 Save Map 按钮来保存刚才扫描完成的地

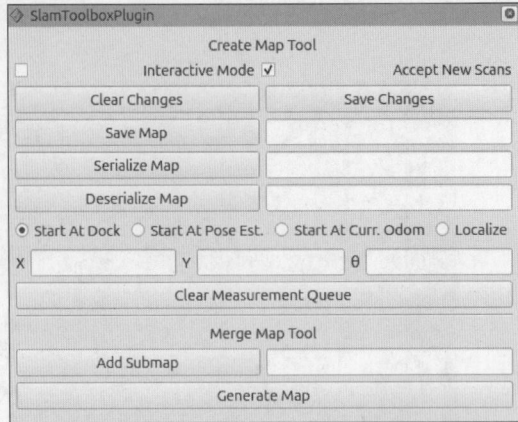

图 8-12　SlamToolboxPlugin 示意图

图。此时,若成功地保存了地图,则将在终端看到 Map saved 的提示信息,如图 8-13 所示,这表明地图已经存储成功。

图 8-13　成功保存地图

地图的保存路径为运行当前 Launch 文件的终端所在的位置,如图 8-14 所示,在该目录下生成两个地图文件,可根据需要对地图进行管理和应用。保存的地图由两个文件组成:一个是.pgm 文件,表示地图的图像,包含了障碍物和非障碍物等环境的可视化信息;另一个是.yaml 文件,包含了地图的元数据,例如分辨率、坐标原点和像素含义等内容。这两个文件共同构成了完整的地图数据,在后续的导航中可供加载和使用。

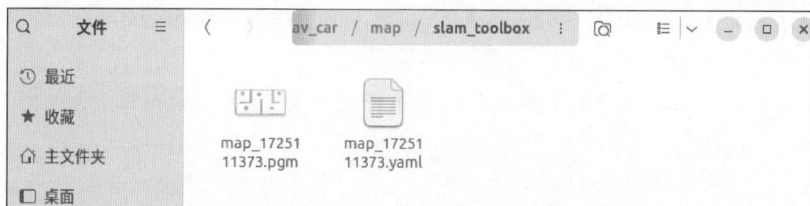

图 8-14　保存的地图文件

保存后的地图,地图会以.pgm 文件格式保存为图像,如图 8-15 所示。

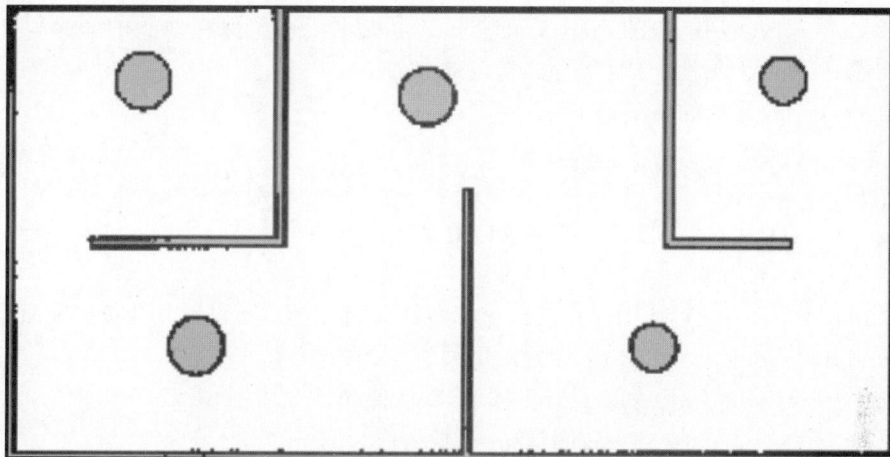

图 8-15　地图图像.pgm 文件

地图图像文件.pgm 是一种纯图像格式,无法存储地图的元数据。与.pgm 图像具有相同名的.yaml 文件记录着地图元数据,地图的.yaml 文件的内容如下:

```
image: map_1725111373.pgm
mode: trinary
resolution: 0.05
origin: [-5.66, -4.5, 0]
negate: 0
occupied_thresh: 0.65
free_thresh: 0.25
```

以上各参数的含义如下。

(1) image:该.yaml 文件所匹配的表示地图图像的.pgm 文件路径,既可以是绝对路径,也可以是相对于该.yaml 文件位置的路径。

(2) mode:可有 3 种值,即三进制(Trinary)、比例(Scale)或原始值(Raw)。默认值为三进制。当 mode 为三进制时,整个地图图像的像素值由 3 种值构成,分别表示该像素代表的区域占用、未知和自由。

(3) resolution:地图分辨率,单位是米/像素。

(4) origin：地图左下角像素的二维姿态，以(x，y，yaw)表示，x 表示横坐标，y 表示纵坐标，yaw 表示逆时针旋转角度(yaw＝0 表示不旋转)。

(5) occupied_thresh：占用概率大于此阈值的像素被视为完全占用(障碍物)。

(6) free_thresh：占用概率小于此阈值的像素被视为完全空闲(可通行)。

(7) negate：是否要颠倒白色(自由)和黑色(占用)的语义(对阈值的解释不受影响)。

2. 使用第三方功能包 nav2-map-server

nav2-map-server 功能包是 Nav2 中的与地图有关的功能包，主要提供了处理和管理地图文件的必要工具，能够方便地加载、保存和发布地图数据。

nav2-map-server 功能包的 map_saver_cli 节点提供了一个保存地图的命令行工具，该节点的功能是将当前的地图数据保存到指定的文件中。

map_saver_cli 命令的格式如下：

```
ros2 run nav2_map_server map_saver_cli [arguments]
```

其中，arguments 为保存地图时配置的参数，主要有以下几个参数。

-t < map_topic >：设置发布地图的话题，默认值为/map。

-f < mapname >：设置地图保存的路径和名称，不带后缀，不设置时会按时间戳生成。

--occ < threshold_occupied >：设置占用阈值，默认值为 0.65。

--free < threshold_free >：设置自由阈值，默认值为 0.25。

--fmt < image_format >：设置图像格式，默认值为 pgm。

--mode trinary(default)/scale/raw：设置地图模型，默认值为三进制(trinary)。

在使用 slam_toolbox 完成建图后，可以使用 map_saver_cli 保存地图，命令如下：

```
ros2 run nav2_map_server map_saver_cli
```

在上述命令中，使用了 map_saver_cli 的默认参数值。命令的运行效果如图 8-16 所示，保存成功时，在终端会输出保存的地图名 map_1733881100.pgm，地图会被保存在当前终端所在的文件夹下。

> **注意**：nav2-map-server 功能包在安装 Nav2 时会自动安装，如果运行上述命令提示没有该功能包，则需单独安装，命令为 sudo apt install ros-jazzy-nav2-map-server。

8.4.4 地图的发布

8.4.3 节介绍了两种保存地图的方法，地图在发布后就可用于机器人的导航。nav2_map_server 的 map_server 节点提供了地图的发布功能。map_server 节点是一种生命周期节点。与普通节点不同，生命周期节点在运行后，还需要进行状态切换才可正常运行。对于使用 map_server 发布地图来讲，在启动节点后，还需要将其状态切换为活动(Active)才能发布地图话题/map。以下将介绍 3 种发布地图的方法。

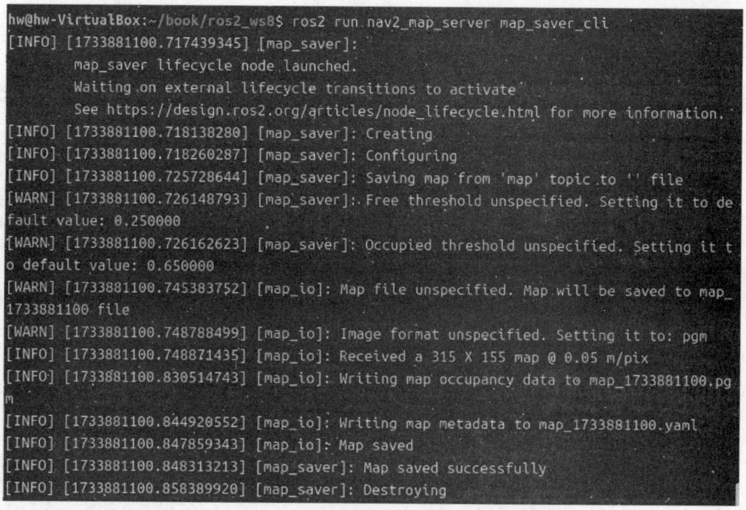

图 8-16　命令行保存地图

1. 使用生命周期节点

首先，创建 map_server 节点，并设置发布的地图。在地图所在的文件夹打开终端，命令如下：

```
ros2 run nav2_map_server map_server --ros-args --param
yaml_filename:=map_1725111373.yaml
```

其中，yaml_filename：= map_1725009999. yaml 表示地图的名称，运行成功后，结果如图 8-17 所示。

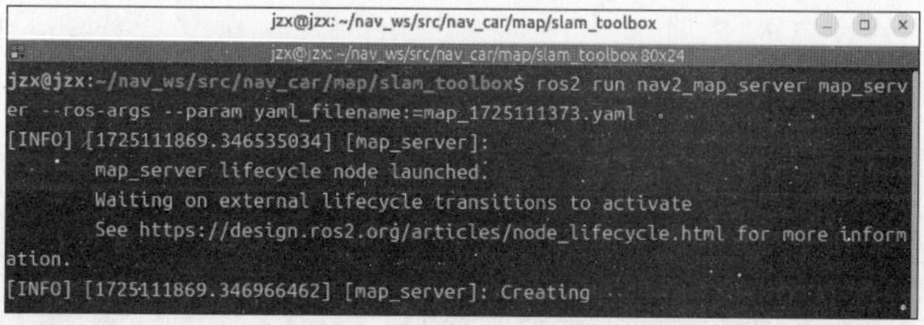

图 8-17　启动 map_server

其次，在一个新的终端启动 RViz，命令如下：

```
ros2 run rviz2 rviz2
```

打开 RViz 后，需要手动添加地图组件。首先，单击左侧下方的 Add 按钮，然后找到 Map 选项，单击 OK 按钮以成功添加，然后手动输入地图组件的主题，即输入/map（此时虽然启动了 map_server，但 map_server 还没有激活，不会发布地图，由于/map 话题尚未发布，因此只能手动输入），如图 8-18 所示。

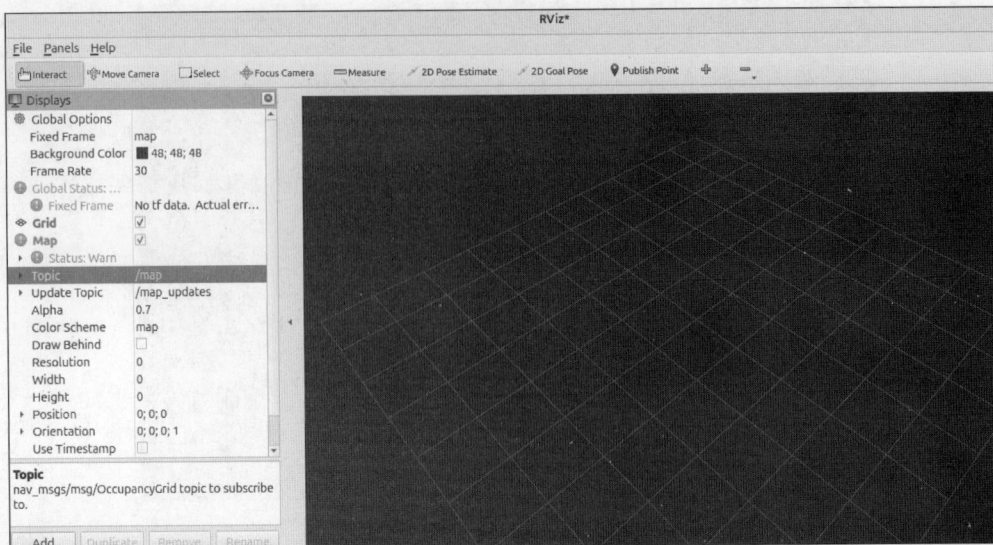

图 8-18　配置 Map 组件

最后,将 map_server 节点的状态切换到 active,发布地图。在 ROS 2 中,map_server 节点采用了生命周期节点进行管理。节点的生命周期管理需要在启动过程中进行状态过渡。需要将 map_server 节点从 create 状态过渡到 active 状态。ros2 lifecycle 命令提供了手动触发生命周期节点进行状态过渡的功能,命令如下:

```
ros2 lifecycle set /map_server configure
ros2 lifecycle set /map_server activate
```

上述命令的执行效果如图,如图 8-19 所示,表明节点配置并且激活成功。

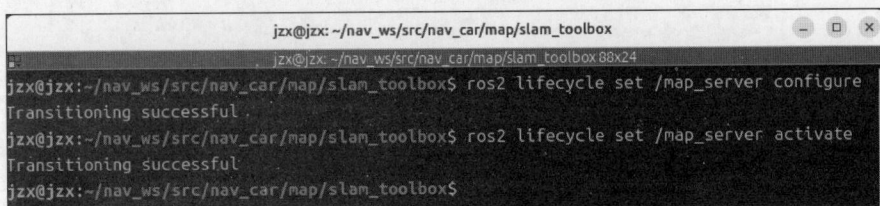

图 8-19　配置激活 map_server

此时在启动 map_server 的终端界面,可以看到终端成功输出了所加载地图的参数信息,如图 8-20 所示,表明地图发布成功。

同时在 RViz 界面,即可看到地图被成功地加载和显示,如图 8-21 所示。

2. 使用 nav2_util 功能包中的 lifecycle_bringup 节点

首先,创建 map_server 节点,并设置发布的地图。在地图所在的文件文件夹打开终端,命令如下:

图 8-20 输出地图信息

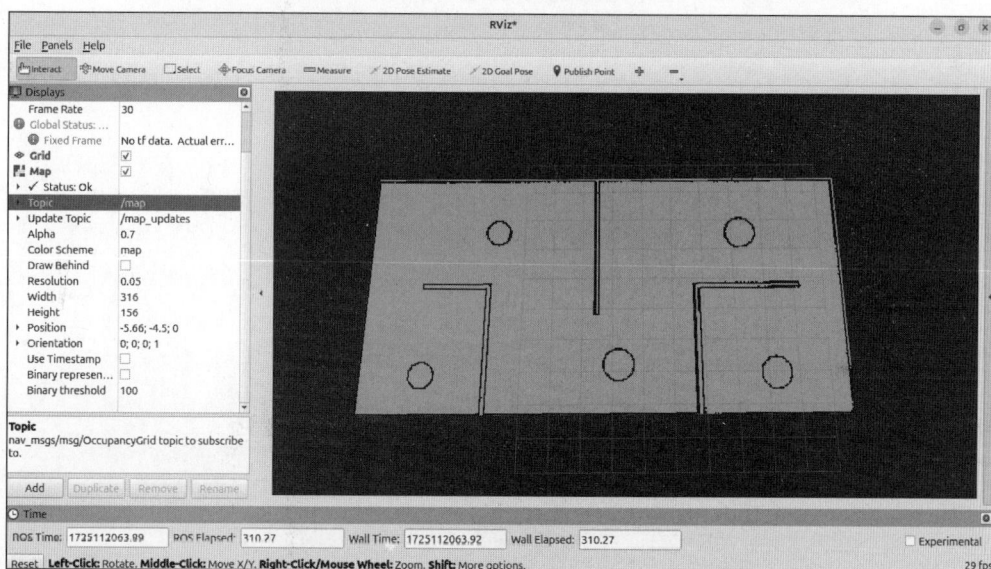

图 8-21 成功加载地图

```
ros2 run nav2_map_server map_server --ros-args --param
yaml_filename:=map_1725111373.yaml
```

其次,在一个新终端里启动 RViz,并手动添加 Map 组件,将 Topic 切换为/map。启动 RViz 的命令如下:

```
ros2 run rviz2 rviz2
```

最后,使用 nav2_util 功能包中的 lifecycle_bringup 节点配置和激活地图服务器,命令如下:

```
ros2 run nav2_util lifecycle_bringup map_server
```

上述命令运行完成后,即可看到地图成功加载,在 RViz 中显示地图。

3. 使用 Nav2 导航中的 nav2_lifecycle_manager 功能包中的 lifecycle_manager 节点

与前两种方法相同,先创建 map_server 节点,然后打开 Rviz 添加和配置 Map 组件。最后,使用 nav2_lifecycle_manager 功能包中的 lifecycle_manager 节点配置和激活地图服务器,命令如下:

```
ros2 run nav2_lifecycle_manager lifecycle_manager --ros-args -p
node_names:=[/map_server] -p autostart:=True
```

与前两种方法相同,以上命令运行完成后,即可看到地图被成功加载,在 RViz 中显示地图。

以上介绍了 3 种通过命令发布地图的方法,需要启动 map_server 生命周期节点,打开和配置 RViz,以及将 map_server 生命周期节点状态切换到活动并发布地图。将上述 3 个步骤使用 Launch 文件进行编排,整合地图发布和显示的过程。Launch 文件 publish_map.launch.py 的代码如下:

```
#ros2_ws8/src/nav_car/launch/publish_map.launch.py
import os
from ament_index_python.packages import get_package_share_directory
from launch import LaunchDescription
from launch_ros.actions import Node
from launch.actions import TimerAction

def generate_launch_description():
    ld = LaunchDescription()
    package_dir = get_package_share_directory('nav_car')
    map_file = os.path.join(get_package_share_directory('nav_car'), 'map',
'slam_toolbox', 'map_1725111373.yaml')

    rviz_node=Node(
        package='rviz2',
        executable='rviz2',
        name='rviz',
        arguments=[ '-d', package_dir +'/sdf/rviz.rviz', ]
    )

    map_server_node = Node(
        package='nav2_map_server',
```

```
        executable='map_server',
        name='map_server',
        output='screen',
        parameters=[{'yaml_filename': map_file}]
)

lifecycle_node = Node(
        package='nav2_lifecycle_manager',
        executable='lifecycle_manager',
        name='lifecycle_manager_mapper',
        output='screen',
        parameters=[{'use_sim_time': True},
                    {'autostart': True},
                    {'node_names': ['map_server']}]
)

delay_action = TimerAction(
        period=5.0,
        actions=[map_server_node, lifecycle_node]
)
ld.add_action(rviz_node)
ld.add_action(delay_action)
return ld
```

在上述 Launch 文件中,创建了一个启动带有配置的 RViz 的节点,创建了一个启动 map_server 的节点,创建了一个将 map_server 状态切换到活动的 lifecycle_manager 节点。由于 map_server 在发布地图时只发布一次,为了保证 RViz 能够接收到地图,所以添加了一个延时,先启动 RViz,然后加载地图,从而确保地图加载过程顺利进行。通过 TimerAction 节点对 map_server_node 和 lifecycle_node 进行了 5s 的延时,保证在启动 RViz 后等待 5s,然后启动地图服务器节点和生命周期管理器节点。

以上延时启动地图服务器节点和生命周期管理器节点的目的是确保 RViz 已完全启动并准备好接收数据,从而避免在 RViz 尚未准备好时就尝试加载地图,这可能会导致地图无法正确显示或加载。通过 TimerAction 节点引入延迟来提高系统启动的稳定性和可靠性。

8.5 Cartographer 建图

Cartographer 是另一种常用的基于激光的地图构建方法,提供了与 slam_toolbox 相似的功能。

8.5.1 Cartographer 简介

Cartographer 最初是由谷歌开源的实时同步定位和建图(SLAM)系统,支持多种平台和传感器配置,支持二维和三维建图功能。它基于图优化的 SLAM 算法,在具有较好建图

344 ▎ ROS 2机器人操作系统与Gazebo机器人仿真(微课视频版)

効果的同时,实现低计算资源消耗和达到实时 SLAM,是一种常用的 SLAM 工具。Cartographer 的 SLAM 算法分为两部分:第一部分是 Local SLAM,通过逐帧的激光扫描构建和维护一系列子图(Submap),每个子图由多个网格图(Grid Map)组成。当新的激光扫描到来时会利用 Ceres Scan Matching 方法将其插入子图的最佳位置,然而,子图会产生误差累积,并且也需要将子图拼接和融合为一张全局地图。为了解决上述问题,第二部分是 Global SLAM,利用基于图优化的闭环检测(Loop Closure)来消除这些累积误差。当一个子图构建完成且不再接收新的激光扫描时,算法会将其纳入闭环检测。闭环检测本质上是一个优化问题,表现为像素级匹配,分支界限法(Branch-and-Bound Approach)是解决这一优化问题的方法。

Cartographer 的特点主要包括以下几点。

(1) 项目代码结构良好,软件架构设计合理,依赖少,算法设计巧妙。

(2) 虽然谷歌放弃了维护,但社区接管代码的维护,支持 ROS 2。

(3) 建图效果好,支持多种传感器数据融合,例如 IMU、(单/多线)雷达、里程计等。

(4) 建图依赖少,在最简单情况下只需雷达数据便可实现机器人定位和构建栅格地图。

(5) 支持二维和三维的 SLAM。

8.5.2 Cartographer 建图流程

使用 Cartographer 进行建图,首先需要安装 Cartographer 的 ROS 2 功能包,命令如下:

```
sudo apt install ros-jazzy-cartographer
sudo apt install ros-jazzy-cartographer-ros
```

Cartographer 建图的流程可以分为配置建图参数、编写建图的 Launch 文件和建图 3 个步骤,以下分别进行介绍。

1. 配置 Lua 参数文件

Cartographer 在建图前需要对建图参数进行配置。与通常使用 YAML 文件作为配置不同,Cartographer 使用 Lua 脚本进行参数配置。

以下是 Lua 在配置文件中的一些重要的参数。

(1) map_frame:地图的坐标系名称,通常为 map,作为建图时小车到地图 TF 变换中的父坐标系。

(2) tracking_frame:被 SLAM 算法跟踪的 ROS 2 坐标系的名称,通常为 base_footprint 或 base_link。

(3) published_frame:建图时小车到地图 TF 变换中的子坐标系的名称。此时,分两种情况,如果小车(或者系统其他部分)提供了里程计到 base_footprint(或 base_link)的 TF 变换,则该参数应当设置为 odom;如果小车(或者系统其他部分)没有提供里程计信息,则设置为 base_footprint 或 base_link(当二者同时存在时,设置为 base_footprint)。

（4）odom_frame：当参数 provide_odom_frame 为 true 时使用，该值通常为 odom。用于发布（非闭环）本地 SLAM 结果，在 published_frame 和 map_frame 之间添加一个过渡坐标系，其目的是符合 ROS 2 在小车导航上关于坐标系命名规范的 REP 105。

（5）provide_odom_frame：当值为 true 时，Cartographer 会发布作为过渡坐标系的 odom_frame，即发布 odom_frame 与 published_frame 和 map_frame 之间的两个 TF 变换。如果小车（或者系统其他部分）没有提供里程计的 TF，则该值通常设置为 true，反之，小车（或者系统其他部分）提供了里程计的 TF，该值应当设置为 false。

（6）publish_frame_projected_to_2d：如果值为 true，则发布的姿态将限制为纯二维姿态（无滚动、俯仰或 Z 偏移）。这可以防止在二维建图模式下由于姿态外推步骤而可能出现的不必要的平面外姿态。由于本章介绍的是平面二维的建图与导航，因此该值应当被设置为 true。

（7）publish_to_tf：当值为 true 时发布 TF 变换，当值为 false 时不发布 TF 变换。在本章仿真中需要发布 TF 变换，值设置为 true。

（8）use_odometry：如果值为 true，则订阅消息类型为 nav_msgs/Odometry 的 odom 话题。对于 Cartographer 一般将该话题设置为 false，不使用里程计话题。

（9）num_laser_scans：激光雷达话题的数目。当值为 1 且只有一个激光雷达时，Cartographer 会订阅消息类型为 sensor_msgs/LaserScan 的话题 scan；当值大于 1 且有多个激光雷达时会订阅 scan_1、scan_2 等话题。对于本章的仿真小车只包含一个激光雷达，因此将该值设置为 1。

（10）num_multi_echo_laser_scans：要订阅的多回波激光雷达主题的数量。

（11）num_point_clouds：要订阅的点云话题数量。

（12）submap_publish_period_sec：发布子地图位姿的间隔（秒），例如 0.3s。

（13）TRAJECTORY_BUILDER_nD. min_range 和 TRAJECTORY_BUILDER_nD. max_range：只保留某个最小和最大范围之间的范围值。这些最小值和最大值应根据机器人和传感器的规格来选择。

（14）TRAJECTORY_BUILDER_2D. use_imu_data：如果使用二维 SLAM，则无须额外的信息源即可实时处理测距数据，因此可以选择是否让 Cartographer 使用 IMU。使用三维 SLAM 时，需要提供一个 IMU，因为它被用作扫描方向的初始猜测，从而大大地降低了扫描匹配的复杂性。本章的建图与仿真在二维平面完成，不需要 IMU 数据，因此该值被设置为 false。

（15）TRAJECTORY_BUILDER_nD. motion_filter. max_time_seconds、TRAJECTORY_BUILDER_nD. motion_filter. max_distance_meters 和 TRAJECTORY_BUILDER_nD. motion_filter. max_angle_radians：为了避免在每个子映射中插入过多的扫描，一旦扫描匹配器发现两个扫描之间存在运动，就会对其进行运动过滤。如果导致扫描的运动被认为不够重要，扫描就会被放弃。只有当扫描运动超过一定的距离、角度或时间阈值时，才会将其插入当前子地图。

（16）POSE_GRAPH. constraint_builder. min_score：一旦 FastCorrelativeScanMatcher 给出了足够好的建议(高于该最低匹配分数)，它就会被送入 ceres 扫描匹配器，以完善位姿。

除了上述参数外，Cartographer 还支持许多其他的配置参数，全部的参数都可以在其官方文档网址中找到。

以下介绍添加和设置 Lua 配置文件的方法。首先在本章的示例功能包 nav_car 中创建参数文件夹，并且在该文件夹内创建 Lua 文件，命令如下：

```
cd ~/book/ros2_ws8/src/nav_car
mkdir config
cd config
touch with_odom_2d.lua
```

其次，将配置文件添加到功能包中，在 setup. py 文件的 data_files 中添加的代码如下：

```
('share/'+package_name+'/config',glob('config/*.lua'))
```

最后，编辑 with_odom_2d. lua 文件，内容如下：

```
#ros2_ws8/src/nav_car/config/with_odom_2d.lua
include "map_builder.lua"
include "trajectory_builder.lua"

options = {
  map_builder = MAP_BUILDER,
  trajectory_builder = TRAJECTORY_BUILDER,
  map_frame = "map",
  tracking_frame = "base_footprint",
  published_frame = "odom",
  odom_frame = "odom",

  provide_odom_frame = false,
  publish_frame_projected_to_2d = true,
  use_odometry = false,
  use_nav_sat = false,
  use_landmarks = false,

  num_laser_scans = 1,
  num_multi_echo_laser_scans = 0,
  num_subdivisions_per_laser_scan = 1,
  num_point_clouds = 0,
  lookup_transform_timeout_sec = 0.2,
  submap_publish_period_sec = 0.1,
  pose_publish_period_sec = 5e-3,
  trajectory_publish_period_sec = 30e-3,
  rangefinder_sampling_ratio = 1.,
  odometry_sampling_ratio = 1.,
  fixed_frame_pose_sampling_ratio = 1.,
```

```
    imu_sampling_ratio = 1.,
    landmarks_sampling_ratio = 1.,
}

MAP_BUILDER.use_trajectory_builder_2d = true

TRAJECTORY_BUILDER_2D.min_range = 0.10
TRAJECTORY_BUILDER_2D.max_range = 200.
TRAJECTORY_BUILDER_2D.missing_data_ray_length = 0.0
TRAJECTORY_BUILDER_2D.use_imu_data = false
TRAJECTORY_BUILDER_2D.use_online_correlative_scan_matching = true
TRAJECTORY_BUILDER_2D.motion_filter.max_angle_radians = math.rad(0.1)

POSE_GRAPH.constraint_builder.min_score = 0.65
POSE_GRAPH.constraint_builder.global_localization_min_score = 0.7

return options
```

在以上 Cartographer 的 Lua 参数文件中，include "map_builder.lua" 和 include "trajectory_builder.lua"用于引入默认的 Lua 文件，以便在主配置文件中使用预定义的参数和设置，重用配置代码，其中，include "map_builder.lua"用于引入地图构建相关的参数配置，例如地图的分辨率、子地图设置等；include "trajectory_builder.lua"用于引入轨迹构建相关的参数配置，例如传感器数据处理、局部地图构建等。

注意：以上配置参数与在仿真环境中车辆的设置是密切相关的，车辆需要提供里程计的 TF 才可以实现建图。对于车辆不提供里程计的 TF 情况，配置文件可参见本书附赠项目代码中的 without_odom_2d.lua 文件。

2. 编写 Launch 启动文件

cartographer_build_map_with_odom.launch 文件中的代码如下：

```
#ros2_ws8/src/nav_car/launch/cartographer_build_map_with_odom.launch.py
import os
from launch import LaunchDescription
from launch.substitutions import LaunchConfiguration
from launch_ros.actions import Node
from launch_ros.substitutions import FindPackageShare
from ament_index_python.packages import get_package_share_directory
from launch.actions import IncludeLaunchDescription
from launch.launch_description_sources import PythonLaunchDescriptionSource

def generate_launch_description():
    packagepath = get_package_share_directory('nav_car')
    world_sdf=packagepath+'/sdf/nav_world.sdf'
    carmodel=packagepath+'/sdf/nav_car.sdf'
```

```python
        robot_desc=open(carmodel).read()

    use_sim_time = LaunchConfiguration('use_sim_time', default='true')
    resolution = LaunchConfiguration('resolution', default='0.05')
    publish_period_sec = LaunchConfiguration('publish_period_sec', default='1.0')
    configuration_directory = LaunchConfiguration('configuration_directory',
default= os.path.join(packagepath, 'config') )
     configuration_basename = LaunchConfiguration ('configuration_basename',
default='with_odom_2d.lua')

    gazebo_node = IncludeLaunchDescription(
        PythonLaunchDescriptionSource([os.path.join(
            get_package_share_directory('ros_gz_sim'), 'launch'),
            '/gz_sim.launch.py']),
        launch_arguments=[('gz_args', f'{world_sdf} -r')]
        )

    robot_to_gazebo = Node(
            package='ros_gz_sim',
            executable='create',
            arguments=[ '-string', robot_desc, '-x', '1', '-y', '1', '-z','0.05',
'-name', 'nav_car']
        )

    bridge_node=Node(
            package='ros_gz_bridge',
            executable='parameter_bridge',
            parameters=[ {'config_file':packagepath+'/sdf/nav_bridge.yaml'},],
        )

    image_bridge_node=Node(
        package='ros_gz_image',
        executable='image_bridge',
        arguments=['/camera']
    )

    robot_desc_node=Node(
        package='robot_state_publisher',
        executable='robot_state_publisher',
        name='robot_state_publisher',
        output='both',
        parameters=[
            {'use_sim_time': use_sim_time},
            {'robot_description': robot_desc},
        ]
        )

    nav_node = IncludeLaunchDescription(
        PythonLaunchDescriptionSource([os.path.join(
```

```
            get_package_share_directory('nav2_bringup'), 'launch'),
            '/bringup_launch.py']),
            launch_arguments=[('use_sim_time','true')]
    )

    cartographer_node = Node(
        package='cartographer_ros',
        executable='cartographer_node',
        name='cartographer_node',
        output='screen',
        parameters=[{'use_sim_time': use_sim_time}],
        arguments=['-configuration_directory', configuration_directory,
                   '-configuration_basename', configuration_basename])

    occupancy_grid_node = Node(
        package='cartographer_ros',
        executable='cartographer_occupancy_grid_node',
        name='occupancy_grid_node',
        output='screen',
        parameters=[{'use_sim_time': use_sim_time}],
        arguments=['-resolution', resolution, '-publish_period_sec', publish_
period_sec])

    rviz_node = Node(
        package='rviz2',
        executable='rviz2',
        name='rviz2',
        arguments=[ '-d', packagepath+'/sdf/rviz.rviz', ],
        parameters=[{'use_sim_time': use_sim_time}],
        output='screen')


    return LaunchDescription([
        gazebo_node,
        robot_to_gazebo,
        bridge_node,
        image_bridge_node,
        robot_desc_node,
        nav_node,
        cartographer_node,
        occupancy_grid_node,
        rviz_node
    ])
```

　　以上 Launch 文件中首先定义了几个参数，以供后续节点使用，启动的节点与 slam_toolbox 建图时所需的节点几乎相同，只是将 slam_toolbox 的建图节点替换为

Cartographer 的两个建图节点。

(1) cartographer_node 节点:该节点从/scan 和/tf 话题接收数据进行计算,以话题 /submap_list 输出数据,该节点需要接收一个 Lua 参数配置文件作为参数。

(2) occupancy_grid_node 节点:该节点先接收话题/submap_list 中的子图列表,然后将子图拼接成 map 并发布,该节点需要配置地图分辨率和更新周期两个参数。

3. 使用 Cartographer 算法建图

对功能包进行编译和安装后,在终端运行上述 Launch 文件,命令如下:

```
ros2 launch nav_car cartographer_build_map_with_odom.launch.py
```

上述命令运行后,在启动的 RViz 中将看到如图 8-22 所示的界面,表明 Cartographer 算法已经成功启动并开始运行,可以观察到实时生成的地图和机器人的状态信息。接下来,与 slam_toolbox 建图方法类似,控制机器人在环境中进行移动和建图,确保覆盖整个仿真环境。

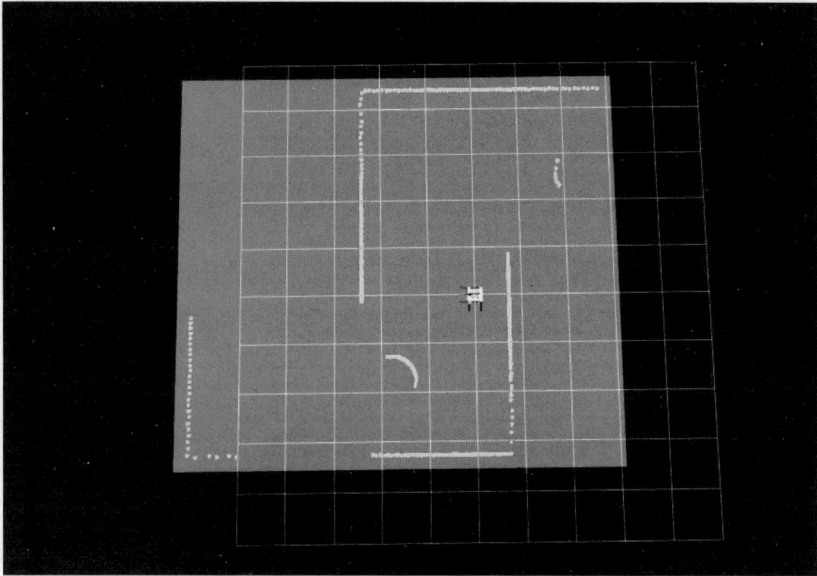

图 8-22 初始建图

建图完成后,将得到如图 8-23 所示的结果,表明 Cartographer 成功地构建了完整的地图。按照 8.4.3 节的地图保存方法,可以保存生成的地图,以便后续使用。

注意:以上的建图使用了里程计的 TF 信息,对于不使用里程计,而只依赖激光雷达完成建图是 Cartographer 的特色,在本书附赠的源代码中提供了该种建图的配置 without_odom_2d.lua 和 Launch 文件 cartographer_build_map_without_odom.launch.py,读者可自行查看和运行,比较与上述使用里程计的 TF 信息方法在建图上的异同。

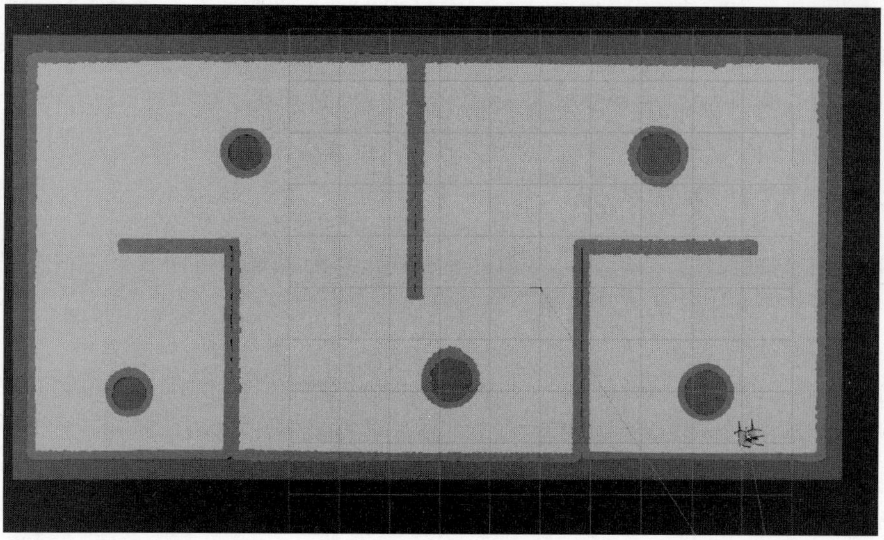

图 8-23　地图建图完成

8.6　路径规划

机器人利用地图导航时，需要先在起点和终点间找到一条路径，然后控制机器人沿着路径从起点移动到终点。路径规划就是在地图上寻找从起点到终点路径的方法。

8.6.1　路径规划简介

路径规划是一个涉及算法和技术的复杂过程，其主要目标是在特定的地图中找到从起点到目标点的路径。对于寻找到的路径一般要求"最佳"，最佳的标准可能是多方面的，例如可以从距离、损失、时间、耗能和路径平滑性等方面进行定义。

路径规划中地图通常使用图或者栅格图。栅格图可以看作一种特殊的图，每个非边缘的节点具有 4 个或 8 个相邻的节点。在 ROS 2 导航中，地图就使用栅格图，路径规划算法需要在栅格图中完成路径规划。

在实际导航时，不仅只在导航开始时在地图上进行路径规划，而且也需要在机器人运动时，根据环境中的变化（例如新增的移动障碍物）进行路径调整。根据上述两种情况可将路径规划分为全局路径规划和局部路径规划。全局路径规划是在已知的地图上计算最优路径，通常在机器人或车辆启动之前进行。局部路径规划是在动态环境中实时调整路径，以避开障碍物或应对变化，例如使用动态窗口法或人工势场法。

障碍物、可行性及成本是路径规划时的关键要素。准确地识别和定位环境中的静态和动态障碍物以避免碰撞。可行性是指生成的路径在实际操作中可行，包括机器人或车辆的运动约束，例如，路径的宽度要足够宽，以便可容纳车辆通过。起点和终端间通常有若干条路径,从距离、时间、能耗等多种因素对路径优劣进行评估,选择最佳的路径。

路径规划算法在机器人导航、自动驾驶、游戏开发等场景中应用十分广泛,已经产生了一批成熟的路径规划算法,但随着应用的不断深入也面临着动态环境自适应,多因素约束下的最优路径,以及在嵌入式、低算力和边缘设备上的计算效率等挑战。

8.6.2 路径规划算法

路径规划算法经过多年的研究,目前已经发展出多种成熟的方法。以下按全局路径规划算法和局部路径规划算法两类对相关算法进行简要介绍。

1. 全局路径规划算法

(1) RRT(Rapid-exploration Random Tree,快速扩展随机树法):通过随机采样在自由空间中快速构建一个树形结构,以探索复杂环境并迅速找到可行路径,特别适用于动态障碍物场景。该算法的优点主要体现在:适合高维空间路径规划;具有概率完备性,只要存在可行路径,算法运行足够长时间就能找到可行路径。然而,该算法也存在一些局限,主要体现在:生成的路径通常较为曲折,很大可能不是最优路径;由于其随机性质,路径生成存在不确定性。

(2) RRT*算法:对 RRT 算法的改进,通过在一定范围内为新扩展的节点寻找代价更低的父节点,从而优化路径。如果修改后的路径代价更小,则保留这条修改后的路径。该算法的主要优点包括具备 RRT 算法的全部优点;具有渐进最优性,随着运行时间延长,路径会逐渐优化,并最终找到最优路径。该算法的主要不足在于:要得到最优的路径,需要通过长时间的迭代优化,即通过时间换取路径的优化,而在某些情况下,时间是无法妥协的。

(3) PRM(Probabilistic Roadmap Method,概率路线图法):通过在地图空间随机采样一批点,将这些点作为节点,然后利用 Dijkstra 或 A*搜索算法进行路径搜索。该算法的主要优点包括适合不同维度空间的路径规划;采样点可重复使用,适用于固定和多次规划的场景。该算法的主要不足在于不适合障碍物密集或狭窄的环境;生成的路径通常较为曲折且有随机性,一般不是最优的路径。

(4) Dijkstra 算法:通过逐步扩展已知最短路径的节点,确保每次选择当前距离最小的节点,并更新其邻居节点的距离。该算法适用于非负权重的图,能够有效地找到从起点到所有其他节点的最短路径。根据 2024 年的研究表明该算法具有普遍最优性,意味着不论面对多复杂的环境,在最坏的情况下都能达到理论上最优性能。该算法的主要优点包括简单易懂;能够找到全局最优解;使用最广泛的路径规划算法。该算法的主要不足包括需要进行全局搜索,计算复杂度较高,内存消耗较大;不适合用于搜索空间大的高维路径规划。

(5) A*算法:是 Dijkstra 算法的改进版,通过引入启发式函数来优化节点代价计算,其他方面与 Dijkstra 算法相似。该算法的主要优点包括只要存在通往目标的路径,就能找到一条可行路径;能确保找到的路径最优;在障碍物较少的情况下路径的搜索效率高于 Dijkstra 算法。该算法的主要缺点为需要维护一个优先队列,可能会导致空间复杂度较高,尤其在大型地图中;虽然通常时间复杂度较好,但在不适合的启发函数或目标远离起点时,复杂度可能显著增加；假设环境静态,动态环境中障碍物移动可能需要重新规划路径,增加计算成本；在高维空间中,可能遭遇维数灾难,降低效率；主要适用于离散状态空间,而在连续状态空间中由于节点数量无限,A*算法难以直接应用。

2．局部路径规划算法

局部路径规划算法主要用于动态环境中,针对机器人或移动体的即时导航和避障。局部路径规划算法中最常用的是动态窗口法(Dynamic Window Approach,DWA)。动态窗口法适用于同时考虑速度和转向的动态环境,基于机器人的动力学模型和感知信息,通过动态调整速度和转向来应对环境变化,实现安全和高效的路径规划。

动态窗口法的优点主要包括能够在实时环境中快速生成路径,并根据环境变化即时调整机器人的速度和转向,适合快速响应的场景；根据机器人的动态窗口灵活调整速度和转向,适用性广泛；通过评估生成轨迹与障碍物的接触情况,有效避免碰撞,提高安全性和稳定性；实现相对简单,无须复杂的地图建模和路径规划算法,仅依赖于机器人的动力学模型和感知信息进行导航。

动态窗口法的不足是只关注短时间内的动态窗口,可能会导致陷入局部最优解,而无法找到全局最优路径。

8.6.3 案例：A*路径规划算法

A*路径规划算法作为经典的算法,得到了广泛使用。A*算法是 Nav2 导航时默认的路径规划算法,在 Nav2 导航前就使用了 A*路径规划算法规划路径。A*路径算法在Dijkstra 算法的基础上增加了一个启发代价,使路径总代价表示为

$$f(n) = g(n) + h(n)$$

其中,$g(n)$是起点到位置 n 的实际代价,这与 Dijkstra 算法中的最小代价一致；$h(n)$是位置 n 到目标终点的估计代价,一般使用欧氏距离或棋盘距离；$f(n)$是表示从起点到达目标点且经过位置 n 的估计总代价。

通过引入启发式代价,A*算法能够更有效地搜索路径,在障碍物较少的环境中能够快速地找到最优路径。

由于引入了启发式代价,所以 A*算法需要维护一个优先队列,优先从当前代价最小的位置开始搜索,A*算法的流程如图 8-24 所示。

按照 A*算法原理和流程利用 Python 实现的该算法,代码如下：

```python
#ros2_ws8/src/nav_car/nav_car/Astar.py
import sys
import numpy as np
from matplotlib import pyplot as plt


class Point:
    #存储代价信息并且可溯源的点
    def __init__(self, x, y):
        self.x = x
```

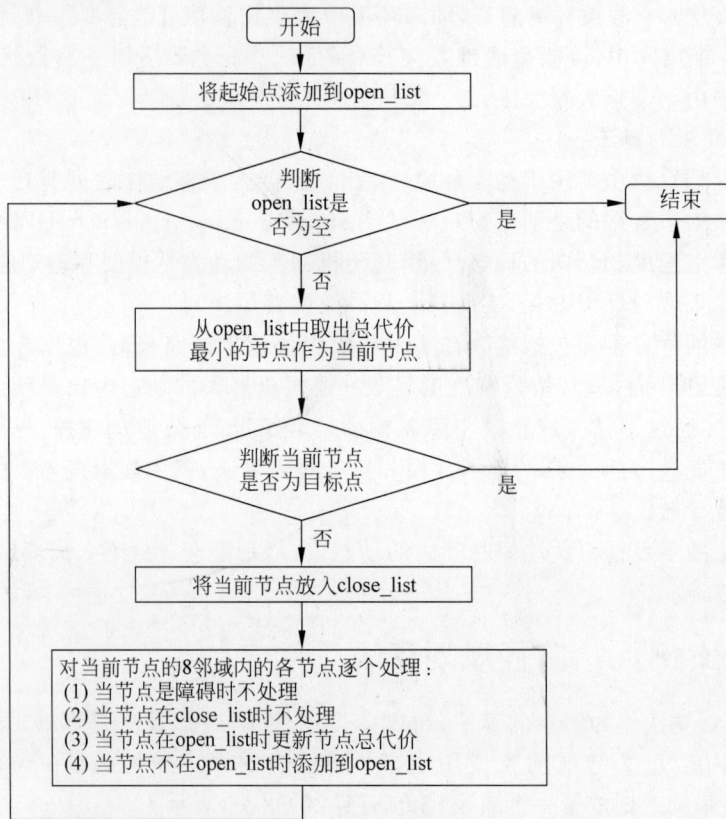

图 8-24　A* 算法的流程图

```
        self.y = y
        self.parent = None
        self.cost = sys.maxsize
        self.basecost=sys.maxsize

    def __eq__(self, __o):
        return self.x==__o.x and self.y==__o.y

    def dist(self, ptb):
        #计算到另一点的距离和角度欧氏距离
        dx=ptb.x-self.x
        dy=ptb.y-self.y
        c=dx**2+dy**2
        rad=np.arctan2(dy,dx) #-pi,pi
        return c**0.5, rad

class AStar:
    def __init__(self, mp):
        self.map=mp #A 2D numpy array represent the map
```

```python
        self.size=mp.shape
        self.path =[]
        self.open_set = []
        self.close_set = []

    def IsObstacle(self,x,y):
        #判断位置 x,y 是否是障碍物
        return self.map[y,x]>0

    def BaseCost(self,s, p):
        if s==p:
            return 0
        x_dis = p.x-p.parent.x
        y_dis = p.y-p.parent.y
        return (x_dis**2+y_dis**2)**0.5+p.parent.basecost

    def HeuristicCost(self, p,g):
        #计算启发代价 h(n),为点 p 到点 g 间的欧氏距离
        x_dis = g.x-p.x
        y_dis = g.y-p.y
        return (x_dis**2+y_dis**2)**0.5

    def TotalCost(self, s,p,g):
        #计算从点 s 到点 g,经过点 p 的估计总代价
        bc=self.BaseCost(s,p)
        p.basecost=bc
        return bc+ self.HeuristicCost(p,g)

    def IsValidPoint(self, x, y):
        #判断位置 x,y 是否可达
        if x < 0 or y < 0:
            return False
        if x >= self.size[1] or y >= self.size[0]:
            return False
        return not self.IsObstacle(x, y)

    def IsInPointList(self, p, point_list):
        #得到点 p 在列表中的索引值
        for idx,point in enumerate(point_list):
            if point==p:
                return idx
        return -1

    def IsInOpenList(self, p):
        return self.IsInPointList(p, self.open_set)

    def IsInCloseList(self, p):
        return self.IsInPointList(p, self.close_set)
```

```python
    def ProcessPoint(self, x, y, parent):
        if not self.IsValidPoint(x, y):
            return
        curp = Point(x, y)
        if self.IsInCloseList(curp) >-1:
            return
        index=self.IsInOpenList(curp)
        if index>-1:
            p=self.open_set[index]
            if p.cost>(parent.basecost+p.dist(parent)[0]+self.HeuristicCost(p,
self.g)):
                p.parent = parent
                p.cost = self.TotalCost(self.s,p,self.g)
                self.open_set[index]=p
        else:
            curp.parent = parent
            curp.cost = self.TotalCost(self.s,curp,self.g)
            self.open_set.append(curp)

    def SelectPointInOpenList(self):
        #选择代价最低的点
        selected_index = -1
        min_cost = sys.maxsize
        for index,p in enumerate(self.open_set):
            if p.cost==sys.maxsize:
                cost = self.TotalCost(self.s,p,self.g)
                p.cost=cost
            else:
                cost=p.cost
            if cost < min_cost:
                min_cost = cost
                selected_index = index
        return selected_index

    def BuildPath(self, p):
        #该获取 p 的路径,方法是私有方法由 Run 方法调用
        path = []
        while p is not None:              #确保 p 不为 None,当 p 为 None 时表示结束
            path.insert(0, p)             #从终点倒序插入
            p = p.parent                  #移动到父节点

        self.path = path
        return path

    def Run(self,s,g):
        #s 是起点,g 是终点
        self.s=s
        self.g=g
        s.cost = 0
```

```
            s.basecost=0
            #将起点加入 open_set
            self.open_set.append(s)
            while True:
                index = self.SelectPointInOpenList()
                if index < 0:
                    print('No path found, algorithm failed!!!')
                    return
                p = self.open_set[index]

                if p==g:#self.IsEndPoint(p, g):
                    return self.BuildPath(p)

                del self.open_set[index]
                self.close_set.append(p)

                #处理 8 邻域
                x = p.x
                y = p.y
                self.ProcessPoint(x-1,y, p)
                self.ProcessPoint(x+1,y, p)
                self.ProcessPoint(x,y-1, p)
                self.ProcessPoint(x,y+1, p)
                self.ProcessPoint(x -1, y-1, p)
                self.ProcessPoint(x +1, y-1, p)
                self.ProcessPoint(x -1, y+1, p)
                self.ProcessPoint(x +1, y+1, p)

    def show(self):
        #显示路径
        if self.path:
            z=np.copy(self.map)
            for p in self.path:
                z[p.y,p.x]=150
            plt.imshow(z)
            plt.show()


    def update(self,newst):
        #当机器人移动后的新位置根据已有路径重新规划进行路径的调整
        idx=None
        maxstep=20
        if len(self.path)>maxstep:
            midp=self.path[maxstep]
            idx=maxstep
        elif len(self.path)>0:
            midp=self.path[-1]
            idx=-1
        else:
            return self.path
```

```
                p1=Point(newst.x,newst.y)
                path=AStar(self.map).Run(p1, midp)
                if idx>=maxstep:
                    self.path=path+self.path[maxstep:]
                else:
                    self.path=path
                return self.path

        def getspeed(self):
            #通过此获得机器人局部目标和距离,当前坐标 20 个单位
            if len(self.path)>20:
                pt=self.path[20]
            else:
                pt=self.path[-1]
            st=self.path[0]
            return st.dist(pt)

def main():
    print('Astar')

if __name__=='__main__':
    mp = (np.random.random((120,160))>0.95)*100
    stx,sty=10,10
    edx,edy=150,110
    mp[sty,stx]=0
    mp[edy,edx]=0
    astar = AStar(mp)
    points=astar.Run(s = Point(stx,sty),g = Point(edx,edy))
    print(points)
    print(astar.getspeed())
    astar.show()
    while len(astar.path)>20:
        cp=astar.path[5]
        astar.update(cp)
        print(astar.getspeed())
        astar.show()
```

在以上代码中,AStar 类的 Run()方法接收起点和终点,并搜索路径,如果找到则返回路径上的所有点。在邻域的搜索上使用了 8 邻域,使路径较 4 邻域平滑。在估计代价上使用欧氏距离。此外,AStar 类还针对机器人的移动特性,在首次路径规划后,提供了可进行增量规划的 update()方法,从而保证根据机器人的最新位置获取实时的规划的结果。

在上述代码的最后,给出 A* 算法代码的使用示例,代码在运行后会生成一幅随机的地图,随后使用 AStar 类进行路径规划,搜索起点(10,10)到终点(150,110)间的路径。得到路径后在地图上绘制路径并显示,如图 8-25 所示(a),随后模拟了随着机器人的移动,路径不断动态更新,如图 8-25(b)~(d)所示。

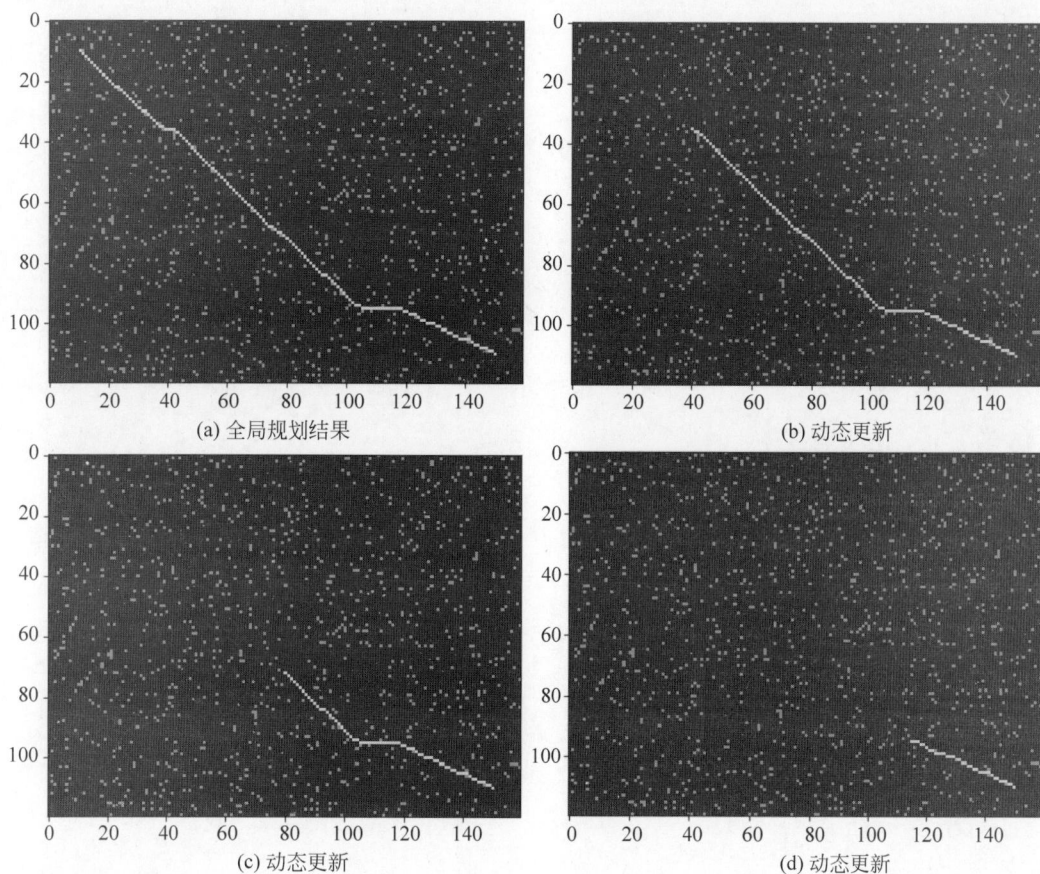

图 8-25 A* 路径规划算法

8.7 案例：自建地图的导航

利用自建地图进行导航是车辆自主移动最常见的应用。在前几节介绍了使用 slam_toolbox 和 Cartographer 建图的方法。本案例介绍基于自建的地图在 Nav2 中进行导航。

Nav2 提供了成熟的导航功能，只需简单地进行配置即可实现导航。Nav2 使用自建地图导航的主要步骤包括加载地图、在地图上定位机器人、设置目标点 3 个步骤，其中在地图上定位机器人和设置目标点两个步骤可在 RViz 中通过图形用户界面完成，极大地提升了导航的易用性。不需要编写任何功能性代码，只需编写 Launch 文件启动相关的节点。

通过 Launch 文件可对仿真环境创建、机器人加载、话题桥接、加载地图、启动 Nav2 和启动 RViz 等功能进行编排。自建地图导航的 Launch 文件 self_map_nav.launch.py 的代码如下：

```
#ros2_ws8/src/nav_car/launch/self_map_nav.launch.py
import os
```

```python
from ament_index_python.packages import get_package_share_directory
from launch import LaunchDescription
from launch.launch_description_sources import PythonLaunchDescriptionSource
from launch_ros.actions import Node
from launch.substitutions import LaunchConfiguration
from launch.actions import IncludeLaunchDescription,TimerAction

package_dir = get_package_share_directory('nav_car')
nav2_bringup_dir = get_package_share_directory('nav2_bringup')
world_sdf=package_dir+'/sdf/nav_world.sdf'

carmodel=package_dir+'/sdf/nav_car.sdf'
robot_desc=open(carmodel).read()

map_yaml_path = LaunchConfiguration('map',default=os.path.join(package_dir,'
map/slam_toolbox','map_1725111373.yaml'))

def generate_launch_description():
    ld = LaunchDescription()

    gazebo_node = IncludeLaunchDescription(
        PythonLaunchDescriptionSource([os.path.join(
            get_package_share_directory('ros_gz_sim'), 'launch'),
            '/gz_sim.launch.py']),
        launch_arguments=[('gz_args', f'{world_sdf} -r')]
        )

    robot_to_gazebo = Node(
            package='ros_gz_sim',
            executable='create',
            arguments=[ '-string', robot_desc, '-x', '1', '-y', '1', '-z','0.05',
'-name', 'nav_car']
        )

    bridge_node=Node(
            package='ros_gz_bridge',
            executable='parameter_bridge',
            parameters=[ {'config_file':package_dir +'/sdf/nav_bridge.yaml'},],
        )

    image_bridge_node=Node(
        package='ros_gz_image',
        executable='image_bridge',
        arguments=['/camera']
    )

    robot_desc_node=Node(
        package='robot_state_publisher',
        executable='robot_state_publisher',
```

```
            name='robot_state_publisher',
            output='both',
            parameters=[
                {'use_sim_time': True},
                {'robot_description': robot_desc},
            ]
        )

    rviz_node=Node(
        package='rviz2',
        executable='rviz2',
        name='rviz',
        arguments=[ '-d', package_dir +'/sdf/rviz.rviz', ]
    )

    nav_node = IncludeLaunchDescription(
            PythonLaunchDescriptionSource([os.path.join(
            get_package_share_directory('nav2_bringup'), 'launch'),
            '/bringup_launch.py']),
            launch_arguments={
                'map': map_yaml_path,
                'use_sim_time': 'true',
                }.items(),
        )

    delay_action = TimerAction(
        period=5.0,
        actions=[gazebo_node,
                robot_to_gazebo,
                bridge_node,
                image_bridge_node,
                robot_desc_node,
                nav_node]
    )

    ld.add_action(rviz_node)
    ld.add_action(delay_action)

    return ld
```

上述 Launch 文件与建图的 Launch 文件的不同之处在于向 nav_node 中添加了一个参数 map,将构建好的地图信息传递给 Nav2。通过该参数,Nav2 能够访问和使用指定的地图文件,为机器人提供环境信息,在导航时使用该地图进行机器人的定位、路径规划和移动。

对功能包进行编译和安装后,启动上述 Launch 文件进行自建地图的导航,命令如下:

```
ros2 launch nav_car self_map_nav.launch.py
```

等待上述命令运行,在 RViz 和 Gazebo 都成功启动之后,在 RViz 界面和终端中会看到一个错误提示。该错误是由于未给定机器人的初始化位置造成的,如图 8-26 所示。

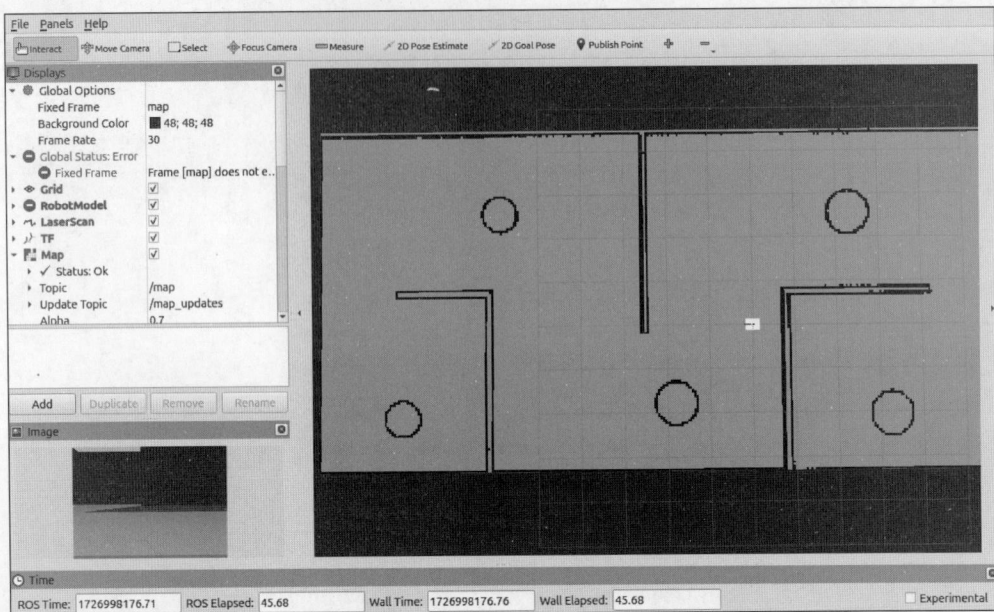

图 8-26　启动后的 RViz 界面

初始化机器人位置对于机器人导航至关重要,因为它为导航时的机器人动态地进行定位提供了基准。如果没有设置初始位置,则算法将无法准确地判断机器人在环境中的相对位置,从而导致错误或不稳定的地图生成。该情况类似于人打开地图后,需要先在地图上找到自身所在的位置。

机器人的初始位置的设置可通过 RViz 工具栏中的 2D Pose Estimate 工具完成。具体方法是在 Gazebo 观察机器人的位置和朝向,在 RViz 的地图中确定机器人在地图上的位置,然后单击 2D Pose Estimate 工具后在地图上机器人的位置处将鼠标左键按下后根据出现的绿色箭头调整机器人的朝向,调整完成后释放鼠标,机器人则会移动到鼠标处,激光雷达的数据会与地图的障碍物匹配,如图 8-27 所示。

单击 RViz 工具栏上的 2D Goal Pose 按钮,可以为机器人设置一个目标点。选中该按钮后会看到光标变为一个目标指针。在地图上的任意位置按下鼠标左键,并保持鼠标按下状态,然后移动指针以设定方向,完成后释放鼠标。Nav2 会规划一条从当前位置到目标位置的路径,随后机器人会沿着该路径进行运动,如图 8-28 所示。机器人会根据目标点的位置信息及当前的地图数据,规划最佳的行进路线,估计自身的位置和姿态,控制机器人移动。通过该方法,可以直观地指引机器人到达特定位置,实现机器人在地图的指引下自主地进行导航。

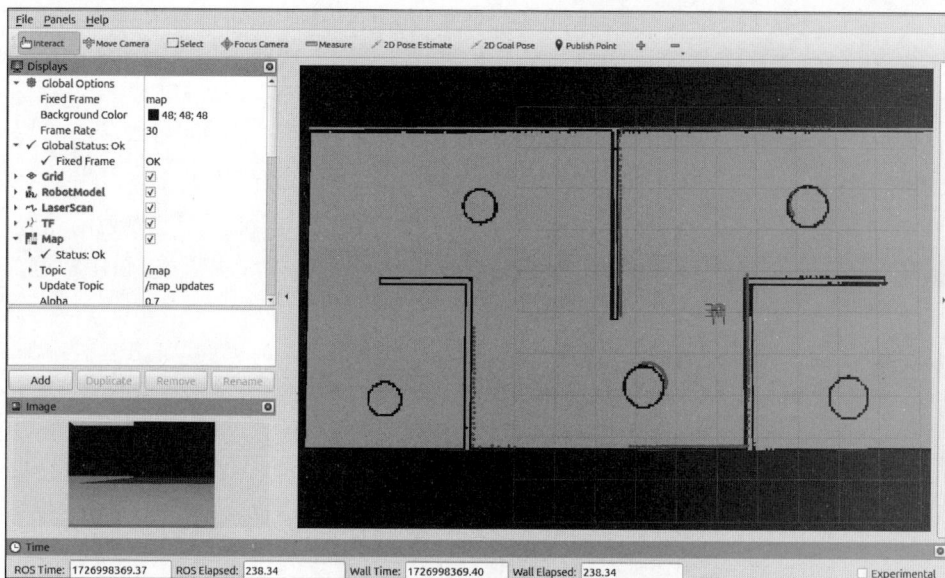

图 8-27 初始化机器人位置

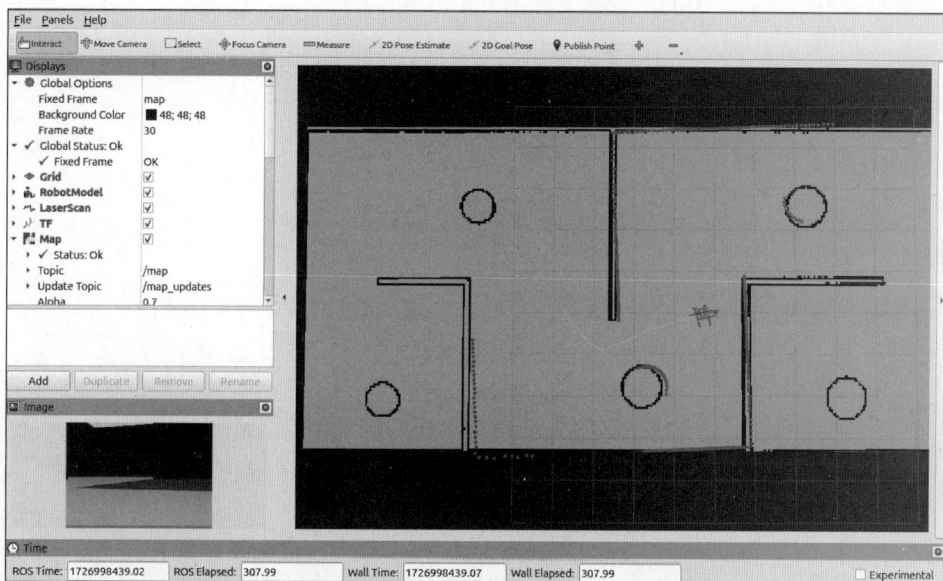

图 8-28 机器人导航

8.8 案例：自定义路径规划的导航

Nav2 对导航功能进行了封装，虽然提供了便利且高级的接口，但也向用户隐藏了导航的细节。在本节的案例中，将使用 8.6.3 节中实现的 A^* 路径规划算法，在只使用 Nav2 定

8min

位功能的前提下,实现机器人的导航,并且允许设置多个目标点,使机器人依次到达这些目标点。此外,在运动过程中,还可以动态地添加新的目标点,机器人会实时更新路径并依序向每个目标点移动。

自定义路径规划的导航主要体现在几方面:①Nav2 提供了机器人的定位功能,可通过 TF 树获得机器人的 base_link 到 map 的坐标变换,即得到车辆的实时位置;②A* 路径规划算法规划从机器人当前位置到目标位置的一条路径;③控制机器人沿规划的路径移动;④与仿真有关的环境、机器人、话题的桥接等资源。在以上的内容中①、②和④都已经在本章前几节中进行了介绍,可直接使用,而③是本案例需要实现的核心。

控制机器人沿规划的路径进行移动可通过一个 ROS 2 节点实现,向功能包添加 plan_path.py 节点,代码如下:

```python
#ros2_ws8/src/nav_car/nav_car/path_planner.py
import rclpy
import numpy as np
import cv2
from nav_car.Astar import Point, AStar
from rclpy.node import Node
from nav_msgs.msg import OccupancyGrid
import tf_transformations
from geometry_msgs.msg import Twist
from tf2_ros.buffer import Buffer
from tf2_ros.transform_listener import TransformListener
from std_msgs.msg import Float64MultiArray
from nav_msgs.msg import Path
from geometry_msgs.msg import PoseStamped

class PathPlanner(Node):
    def __init__(self):
        super().__init__('path_planner')
        self.vel_pub = self.create_publisher(Twist, "/cmd_vel", 1)
        #地图相关
        self.create_subscription(OccupancyGrid, "/map", self.map_callback, 10)
        self.mapheight=None                   #地图像素高度
        self.mapwidth=None                    #地图像素宽度
        self.resolution=None                  #地图分辨率
        self.origin=None                      #地图起点的坐标
        self.mp=None                          #存储地图数组
        self.astar=None                       #路径规划算法
        #监听 TF 树
        self.tf_buffer = Buffer()
        self.tf_listener = TransformListener(self.tf_buffer, self)
        #发布规划和实际路径,以便在 RViz 中对路径进行可视化
        self.plan_path_pub = self.create_publisher(Path, '/plan_path', 10)
        self.robot_path_pub = self.create_publisher(Path, '/robot_path', 10)
        #初始化目标点列表
        self.target_points =[]
```

```python
        self.current_target_index = 0          #当前目标点
        #订阅接收目标点的话题
        self.target_subscriber = self.create_subscription(Float64MultiArray,
                'target_points_topic',self.target_callback,10)
        self.robot_points =[]
        #创建导航的计时器
        self.timer = self.create_timer(1.0, self.navigation)

    def target_callback(self, msg):
        #收到新的目标点，更新目标点列表
        new_target_points =[(msg.data[i], msg.data[i + 1])
                        for i in range(0, len(msg.data), 2)]
        #将新的目标点添加到现有的 target_points 列表中
        self.target_points.extend(new_target_points)

    def speed_controller(self,p,tp,c):
        #计算和发布小车的速度
        dx=tp.x-p.x
        dy=tp.y-p.y
        td=np.arctan2(dy,dx)
        vel_msg=Twist()
        direction,angledist=self.calcangle(c,td)
        if angledist<0.3:
            vel_msg.angular.z=direction*angledist*0.5
            vel_msg.linear.x=np.clip((abs(dx)+abs(dy))*0.05,0,0.5)
        else:
            vel_msg.angular.z=direction*angledist if angledist<0.2 else 0.2*
direction
            vel_msg.linear.x=0.01
        self.vel_pub.publish(vel_msg)


    def map_callback(self, map_data):
        #将收地图
        self.mapheight = map_data.info.height
        self.mapwidth = map_data.info.width
        self.resolution = map_data.info.resolution
        self.origin = map_data.info.origin.position
        #将地图转换为数组
        mp = np.array(map_data.data).reshape(self.mapheight,self.mapwidth)
        #进行膨胀操作，防止小车与障碍物发生碰撞
        kernel = np.ones((5,5), np.uint8)
        mp = cv2.dilate(mp.astype('uint8'), kernel, iterations=1)
        self.astar = AStar(mp)

    def navigation(self):
        #等待地图和 A*算法初始化
        if self.astar is None:
            self.get_logger().info('等待地图数据，稍候!')
            return
```

```
        t, c, x, y= None, None, None, None
        try:
            #通过 TF 变换定位机器人
            t = self.tf_buffer.lookup_transform('map', 'base_link', rclpy.time.
Time())
        except Exception:
            self.get_logger().error(f'机器人定位失败,在 RViz 初始化机器人位置!')
            return
        mapx = t.transform.translation.x
        mapy = t.transform.translation.y
        quaternion = [t.transform.rotation.x, t.transform.rotation.y,
                    t.transform.rotation.z, t.transform.rotation.w]
        _, _, c=tf_transformations.euler_from_quaternion(quaternion)
        x, y = self.map2index(mapx, mapy)
        robot_point = Point(x, y)
        self.robot_path(robot_point)
        if self.target_points==[] :
            self.get_logger().warn(f'没有目标点,请设置目标点!')
            return
        if self.current_target_index>=len(self.target_points):
            self.get_logger().warn('已经完成所有点,等待新目标!')
            return
        #检查是否到达当前目标点 if self.current_target_index < len(self.target_
points):
         tx, ty = self.map2index(* self.target_points[self.current_target_
index])
        if abs(x - tx) + abs(y - ty) < 3:               #到达目标点的条件
            self.get_logger().info(f'到达第{self.current_target_index}个目标
点......')
            self.vel_pub.publish(Twist())
            self.astar.path = []
            self.current_target_index += 1          #移动到下一个目标点
        else:
            self.get_logger().info(f"The target position list is: {self.target_
points}")
            self.get_logger().info(f"The index is: {self.current_target_
index}")
            s = Point(int(x), int(y))               #起点
            tx, ty = self.map2index(* self.target_points[self.current_target_
index])
            g = Point(int(tx), int(ty))
            self.get_logger().info(f"The robot current position in array is: {[x, y]}")
            self.get_logger().info(f"The robot target position in array is: {[tx,
ty]}")
            if self.astar.path == []:
                self.astar.Run(s, g)
                self.astar.show()
            else:
                self.astar.update(s)
```

```
                    self.get_logger().info(f"路径更新完毕!")
                    if len(self.astar.path) > 0:
                            self.plan_path(self.astar.path)
                    if len(self.astar.path) > 5:
                        self.speed_controller(self.astar.path[0], self.astar.path[5], c)
                    elif len(self.astar.path) > 1:
                        self.speed_controller(self.astar.path[0], self.astar.path
[-1], c)

    def plan_path(self, path_points):
        #发布机器人规划的路径
        path_record = Path()
        current_time = self.get_clock().now()
        for point in path_points:
            x,y = self.index2map(point.x, point.y)
            pose = PoseStamped()
            pose.header.stamp = current_time.to_msg()
            pose.header.frame_id = 'map'
            pose.pose.position.x = float(x)            #确保是浮点数
            pose.pose.position.y = float(y)            #确保是浮点数
            path_record.header.stamp = current_time.to_msg()
            path_record.header.frame_id = 'map'
            path_record.poses.append(pose)
        self.plan_path_pub.publish(path_record)

    def robot_path(self, robot_point):
        #发布机器人实际路径
        path_record = Path()
        current_time = self.get_clock().now()
        if len(self.robot_points)==0 or robot_point!=self.robot_points[-1]:
            self.robot_points.append(robot_point)
        for point in self.robot_points:
            x,y = self.index2map(point.x, point.y)
            pose = PoseStamped()
            pose.header.stamp = current_time.to_msg()
            pose.header.frame_id = 'map'
            pose.pose.position.x = float(x)            #确保是浮点数
            pose.pose.position.y = float(y)            #确保是浮点数
            path_record.header.stamp = current_time.to_msg()
            path_record.header.frame_id = 'map'
            path_record.poses.append(pose)
        self.robot_path_pub.publish(path_record)

    def map2index(self, mapx, mapy):                   #计算地图坐标到数组索引
        x=(mapx-self.origin.x)/self.resolution
        y=(mapy-self.origin.y)/self.resolution
        return x,y

    def index2map(self, x, y):                         #计算数组索引到地图坐标
```

```
            return self.resolution * x + self.origin.x, self.resolution * y + self.
    origin.y

        def calcangle(self, start_theta, end_theta):
            #计算初始角 start_theta 到目标角 end_theta 的最小转动角度和转动方向
            #change -pi ~ pi to 0 - 6.28
            if start_theta < 0: start_theta = np.pi * 2 + start_theta
            if end_theta < 0: end_theta = np.pi * 2 + end_theta
            theta = end_theta - start_theta
            if theta > 0:
                if theta > np.pi:
                    return -1, np.pi * 2 - theta
                else:
                    return 1, theta
            if theta < 0:
                if theta > -np.pi:
                    return -1, abs(theta)
                else:
                    return 1, np.pi * 2 + theta
            return 0, 0

def main():
    rclpy.init()
    node = PathPlanner()
    try:
        rclpy.spin(node)
    except Exception:
        node.destroy_node()
    rclpy.shutdown()
```

在上述代码中定义了 PathPlanner 节点,该节点的主要功能如下:

(1) 在地图尚未获取的情况下,系统将持续等待,直至成功获取地图,根据地图初始化相关信息,对地图作膨胀运算,从而得到用于路径规划的数组,防止机器人移动时与障碍物发生碰撞,并且用数组初始化 A* 路径规划算法 self.astar 变量,作好路径规划准备。

(2) 创建了一个周期为 1s 的定时器 self.timer。定时器的回调函数 navigation()完成了整个自定义的导航。回调函数 navigation()主要包括从 TF 树中查询机器人在地图上的实时坐标;使用 map2index()方法将机器人地图坐标转换为数组索引形式的坐标,以便判断是否有目标点,如果没有目标点,则打印提示等待从话题 target_points_topic 接收的目标点,如果有目标点,则判断机器人是否到达目标点,如果到达目标点,则切换下一个目标点,反之进行路径规划或路径更新,按照路径向机器人发送移动控制指令。

(3) 判断机器人是否已到达目标点,方法是计算机器人当前位置与目标位置的距离。如果距离小于 3 像素(约 0.15m),则表明机器人即将到达目标点,此时将其速度设置为 0,并将规划路径重置为空列表,为移动到下一个目标点做好准备。

(4) 定义了话题 target_points_topic,用于接收机器人的目标点。目标点的格式是一个一维浮点数组,偶数索引为横坐标,奇数索引为纵坐标。机器人会按目标点的顺序逐个进行路径规划和移动。若规划路径为空列表,则进行全局路径规划,并展示相应的规划结果;如果路径不为空,则进行局部路径规划。

(5)方法 speed_controller()会根据机器人的当前位置和下一状态的位置,计算机器人的线速度和角速度,并将控制指令发送给机器人执行。在速度的计算上,先控制角速度以调整机器人的方向,待方向调整好后,再控制线速度使机器人移动,其中,设计了一个用于计算机器人当前位置与目标位置夹角的函数 calcangle(),该函数用于计算起始角到目标角之间的最小夹角的值及夹角的方向。

(6)为了直观地观察规划的路径和机器人的实际路径,创建了话题/plan_path 和话题/robot_path。在机器人导航时会在 RViz 中实时地显示规划的路径和机器人实际移动的路径,从而直观地显示预期路径与实际路径之间的差异。

利用 Launch 文件对整个案例所需要的全部节点进行组织,创建 path_planner_launch.py,代码如下:

```
#ros2_ws8/src/nav_car/launch/path_planner.launch.py
import os
from ament_index_python.packages import get_package_share_directory
from launch import LaunchDescription
from launch.launch_description_sources import PythonLaunchDescriptionSource
from launch_ros.actions import Node
from launch.substitutions import LaunchConfiguration
from launch.actions import IncludeLaunchDescription,TimerAction


package_dir = get_package_share_directory('nav_car')
nav2_bringup_dir = get_package_share_directory('nav2_bringup')
carmodel= package_dir +'/sdf/nav_car.sdf'
robot_desc=open(carmodel).read()
map_yaml_path = LaunchConfiguration('map',default=os.path.join(package_dir,'
map/slam_toolbox','map_1725111373.yaml'))


def generate_launch_description():
    ld = LaunchDescription()
    gazebo_node = IncludeLaunchDescription(
        PythonLaunchDescriptionSource([os.path.join(
            get_package_share_directory('ros_gz_sim'), 'launch'),
            '/gz_sim.launch.py']),
        launch_arguments=[('gz_args',package_dir +'/sdf/nav_world.sdf -r')]
        )

    robot_to_gazebo = Node(
            package='ros_gz_sim',
            executable='create',
            arguments=[ '-string', robot_desc, '-x', '-2', '-y', '0', '-z','0.05',
'-name', 'nav_car']
        )
```

```python
    bridge_node=Node(
        package='ros_gz_bridge',
        executable='parameter_bridge',
        parameters=[ {'config_file':package_dir +'/sdf/nav_bridge.yaml'},],
    )
    image_bridge_node=Node(
        package='ros_gz_image',
        executable='image_bridge',
        arguments=['/camera']
    )
    robot_desc_node=Node(
        package='robot_state_publisher',
        executable='robot_state_publisher',
        name='robot_state_publisher',
        output='both',
        parameters=[
            {'use_sim_time': True},
            {'robot_description': robot_desc},
        ]
    )
    rviz_node=Node(
        package='rviz2',
        executable='rviz2',
        name='rviz',
        arguments=[ '-d', package_dir +'/sdf/nav.rviz', ]
    )
    path_planner_node =Node(
        package='nav_car',
        executable='path_planner',
    )
    nav_node = IncludeLaunchDescription(
        PythonLaunchDescriptionSource([os.path.join(
        get_package_share_directory('nav2_bringup'), 'launch'),
        '/bringup_launch.py']),
        launch_arguments={
            'map': map_yaml_path,
            'use_sim_time': 'true',
            }.items(),
    )
    delay_action1 = TimerAction(
        period=3.0,
        actions=[rviz_node]
    )
    delay_action2 = TimerAction(
        period=6.0,
        actions=[gazebo_node,
            robot_to_gazebo,
            bridge_node,
            image_bridge_node,
```

```
                    robot_desc_node,
                    nav_node
                    ]
        )
        ld.add_action(path_planner_node)
        ld.add_action(delay_action1)
        ld.add_action(delay_action2)
        return ld
```

在上述 Launch 文件中启动了自定义路径规划的导航所需要的所有节点,并通过延时的方法控制各节点的启动顺序。在 Launch 文件启动时,先启动自定义的导航节点,确保路径规划算法启动之后再启动其他节点,在延迟 3s 后启动 RViz 可视化工具,延迟 6s 后启动 Gazebo 仿真环境、加载机器人、话题桥接及加载地图等其他核心节点,该做法与上个案例中的 Launch 文件相似,给各节点设置正确的启动顺序。

该案例运行的主要步骤如下。

(1)编译和安装功能包后启动 Launch 文件 path_planner_launch.py,命令如下:

```
colcon build --symlink-install
source install/setup.bash
ros2 launch nav_car path_planner.launch.py
```

成功启动后将显示如图 8-29 所示的 RViz 界面及一个 Gazebo 仿真环境。

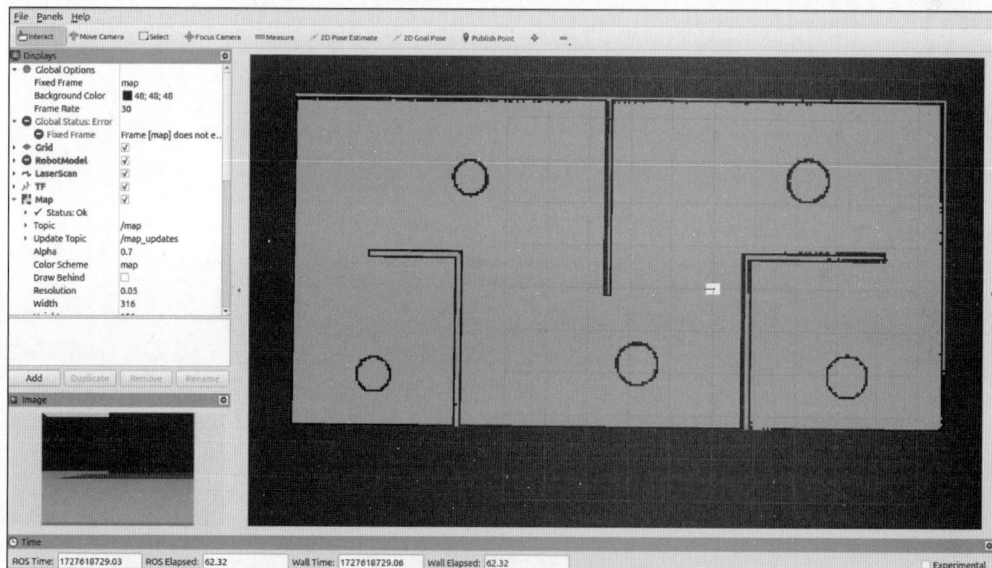

图 8-29　启动后的 RViz 界面

(2)初始化机器人位置。与 8.7 节中的情况相同,利用 2D Pose Estimate 工具初始化机器人的位置,初始化完成后的效果如图 8-30 所示。

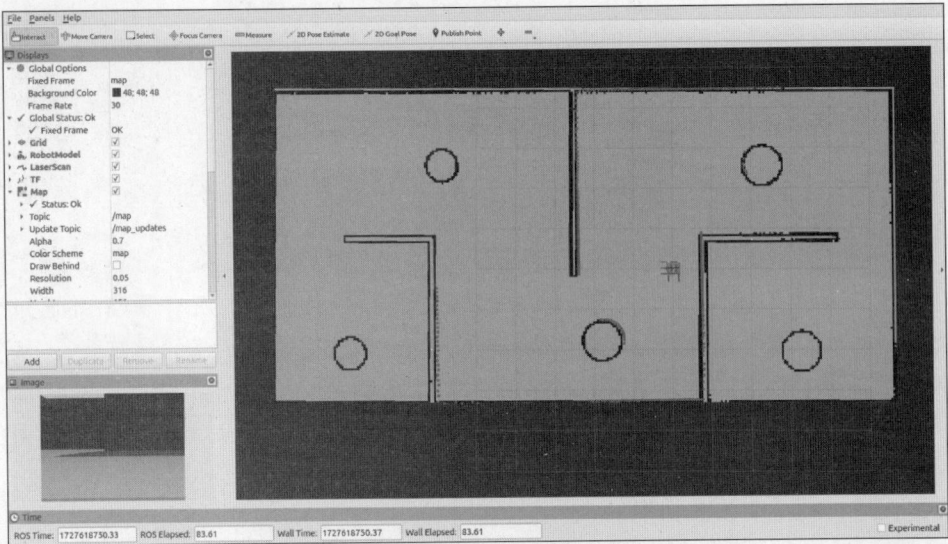

图 8-30　初始化机器人位置

(3) 发送机器人目标点。path_planner 的话题/target_points_topic 用于接收机器人目标点。只需通过命令行或使用 rqt 工具向该话题发布机器人的目标点便可启动导航。在本案例中,一次性发布了 3 个目标点的数据,具体为[1.0, −3.0, −1.0, −2.0, 1.0, 1.0]。在这个列表中,每两个数值依次构成一个独立的目标点,总共 3 个目标点:第 1 个目标点为(1.0, −3.0),第 2 个目标点为(−1.0, −2.0),第 3 个目标点为(1.0, 1.0)。利用 ROS 2 的命令行工具,将上述目标点发送给机器人进行路径规划和导航,命令如下:

```
ros2 topic pub -1 /target_points_topic std_msgs/msg/Float64MultiArray "data:
[1.0, -3.0,-1.0, -2.0, 1.0, 1.0]"
```

上述命令的运行效果如图 8-31 所示。

图 8-31　发布目标点

(4) 自定义路径规划的导航。当前 ROS 2 的节点在接收到目标点数据后,就会启动自定义路径规划的导航,先从目标点数据中取得第 1 个目标点,根据机器人的当前位置和目标点使用 A* 算法规划路径,路径规划完成后弹出了一个显示路径规划结果的窗口,关闭该窗口后机器人按照规划的路径开始移动,如图 8-32 所示。在 RViz 界面中会可视化规划的路径,并随着机器人的移动而动态地调整路径,并且也可视化了机器人真实的路径,从而方便比较规划路径和实际移动路径,如图 8-33 所示。

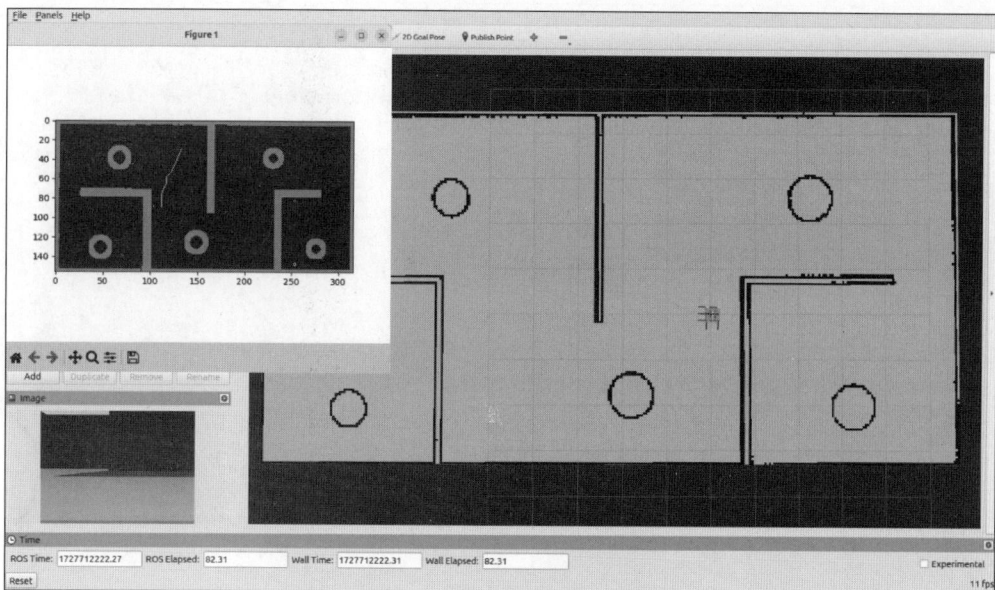

图 8-32 第 1 个目标点规划

在图 8-33 中绿色路径表示的是由路径规划算法计算出的理想路径,而机器人身后的蓝色路径则是机器人实际走出的路径。

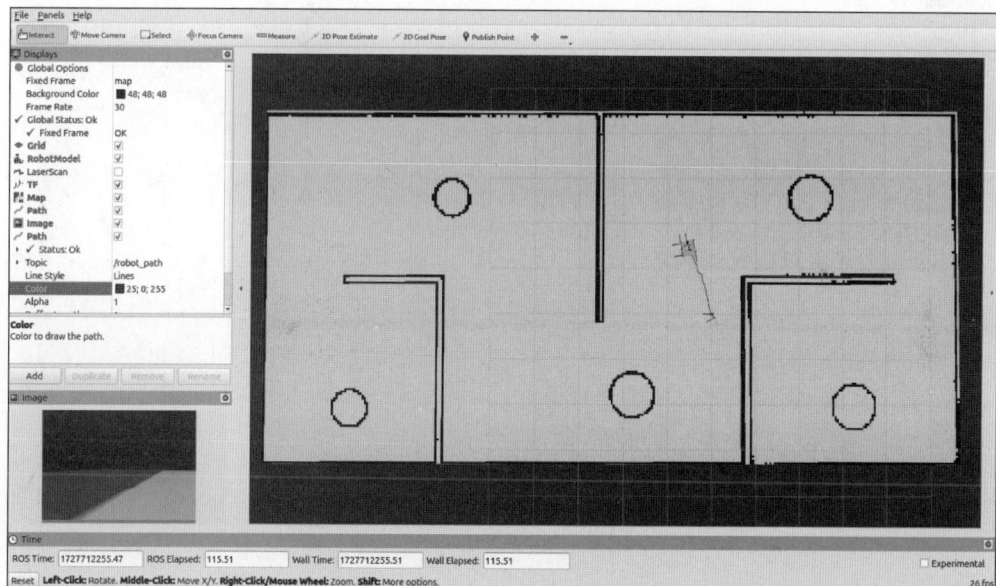

图 8-33 机器人行进与预测轨迹

当机器人到达第 1 个目标点时,它会暂停运动,随后整个系统开始规划第 2 个目标点的路径。系统会重新计算从第 1 个目标点到第 2 个目标点的最佳行进路线,如图 8-34 所示。

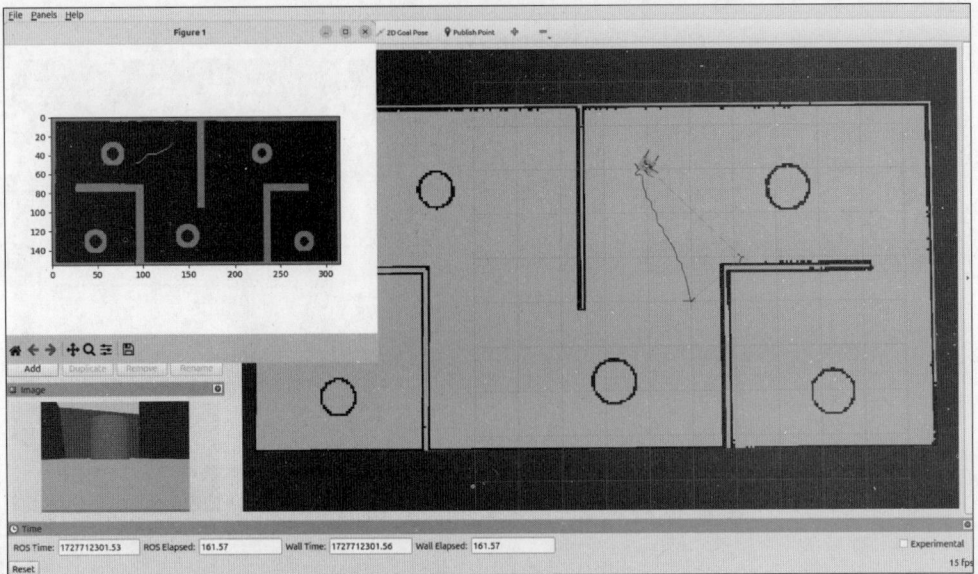

图 8-34　第 2 个目标点规划

关闭路径规划窗口后,机器人会向第 2 个目标点移动。当到达第 2 个目标点时,机器人会再次暂停,并开始规划第 3 个目标点的路径。计算从第 2 个目标点到第 3 个目标点的最佳行进路线,如图 8-35 所示。

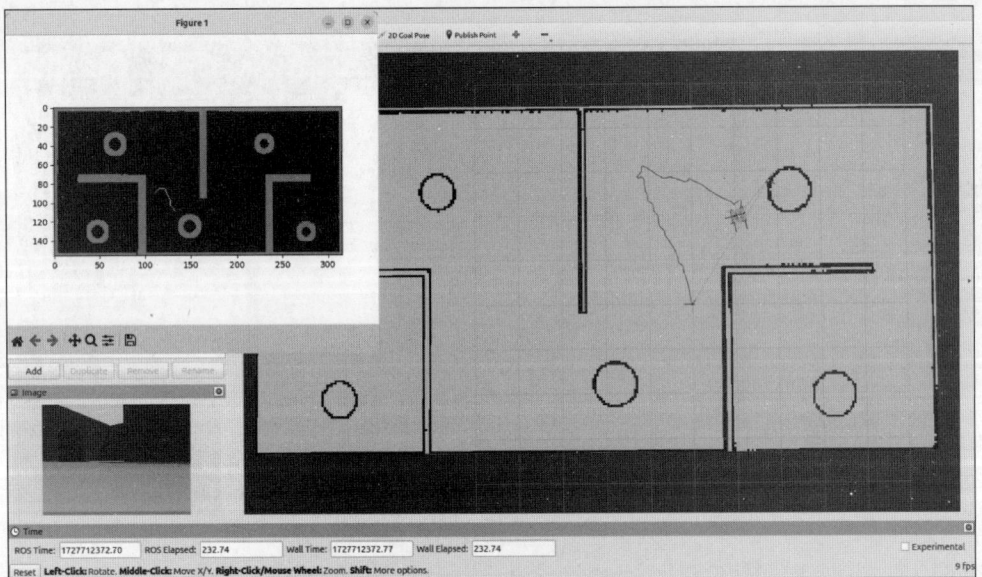

图 8-35　第 3 个目标点规划

关闭路径规划窗口后,机器人会向第 3 个目标点移动。当机器人顺利地到达了第 3 个目标点后,便完成了所有目标点的导航,如图 8-36 所示。此时机器人会被切换到等待状态,可以向机器人发布新的目标点,从而使机器人导航到新目标点。当然,也可以在机器人移动的过程中发布新的目标点,机器人会依次达到所有的目标点。

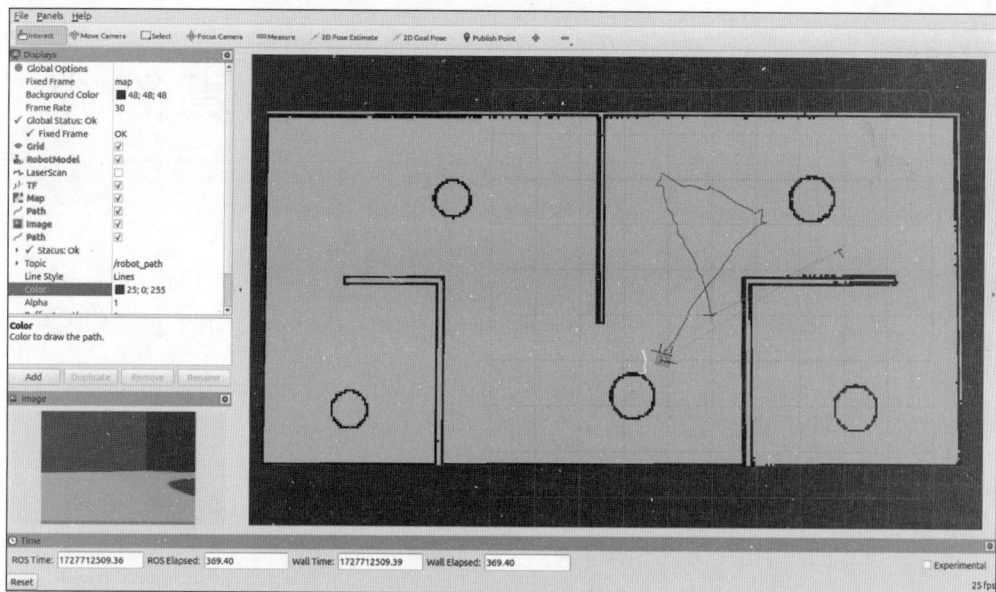

图 8-36 完成导航任务

以上就是本案例的运行效果,在本案例中实现了一个简单的机器人导航功能,利用地图、机器人定位和目标点等信息使用 A* 路径规划算法得到最优路径,并控制机器人沿最优路径移动。在该案例的基础上,可进一步地进行扩展和优化,从而得到功能更完善的导航功能。

8.9 本章小结

本章介绍了轮式机器人导航的关键组成部分和实施步骤。首先介绍了 Nav2 框架及其在导航中的重要性,随后深入地探讨了导航的基本原理,包括动作服务器、生命周期节点、行为树和 SLAM 技术等。此外,还详细地说明了 Nav2 的安装方法和过程,以快速搭建轮式机器人导航开发环境。在 SLAM 建图方面,分别介绍了使用 slam_toolbox 和 Cartographer 进行地图构建的方法和步骤,并展示了地图保存与加载的方法,以便于后续导航任务的实施。同时,还探讨了常见的路径规划算法,为理解导航决策提供了理论基础,并给出了 A* 路径规划算法的实现案例。最后,通过两个实际案例,展示了自制地图和路径规划算法在仿真环境中的应用,为扩展机器人导航,实现自定义机器人导航任务提供了参考。

第 9 章

其他类型机器人仿真简介

Gazebo 作为功能强大的物理仿真工具,提供了丰富的仿真功能,可以用于多种类型机器人的仿真。本章将介绍使用 Gazebo 和 ROS 2 进行其他类型机器人仿真的方法和流程。利用 Gazebo 和 ROS 2 进行机器人联合仿真的一般流程如下:

(1) 进行仿真环境和机器人的建模和调试。

(2) 创建仿真项目的 ROS 2 功能包。

(3) 建立 Gazebo 和 ROS 2 间的通信。

(4) 编写 ROS 2 节点,完成仿真任务。

(5) 使用 Launch 文件启动各个节点,运行仿真。

本章按照上述流程分别介绍利用 Gazebo 和 ROS 2 进行六足机器人、四足机器人、双足机器人、四旋翼无人机、水面船舶和水下潜艇 6 种常见类型机器人仿真的步骤和方法,旨在说明上述使用 Gazebo 和 ROS 2 进行机器人仿真的一般范式。

9.1 六足机器人仿真

10min

六足机器人是一种具备 6 个足的机器人,其主要特点是通过多个足的协调运动来实现稳定行走和适应复杂地形的功能。这种机器人模仿了动物(例如蜘蛛)的行走方式,能够适应不同的地面环境,具备在陡峭的边坡、不平的路面及复杂地形运动的能力。图 9-1 展示了一种六足机器人的外观。

六足机器人总共有 6 个足,每个足由 3 个转动关节构成,整个机器人的足部共计 18 个关节,也就是有 18 个自由度。六足机器人较多的足数和关节既有优点,也有不足,优点是其运动时总是可以保证至少三条腿着地,使机器人始终具有静平衡,机器人不会因为重心不稳而跌倒。反之,六足机器人的缺点是,虽然较多的自由度使其运动具有非常强的灵活性,但在一定程度上对于控制和运动步态的设计带来了复杂性。一般对于六足机器人的研究主要集中于六足机器人的运动方式上,也就是步态的设计。以下介绍使用 Gazebo 和 ROS 2 进行六足机器人步态仿真的方法和流程。

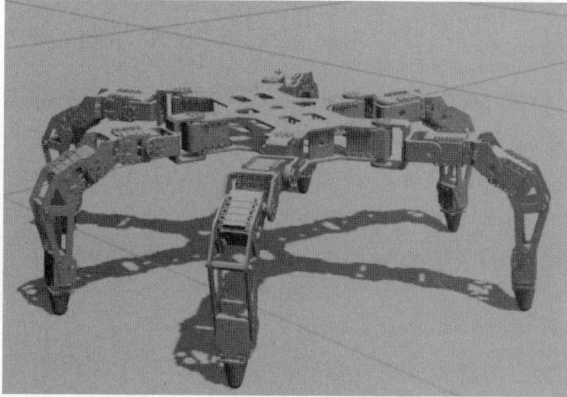

图 9-1 六足机器人的外观

9.1.1 建模

六足机器人的建模需要考虑其腿部结构和关节分布。根据腿关节的转动方向,六足机器人可以分为六足狗和六足蜘蛛两种类型,如图 9-2 所示。六足狗和六足蜘蛛都具有 6 个足,六足在身体两侧对称分布,每侧 3 个足,每个足都具有 3 个转动关节,不同之处在于六足狗与六足蜘蛛的关节转向不同,以至于二者在步态行走上有所差异。

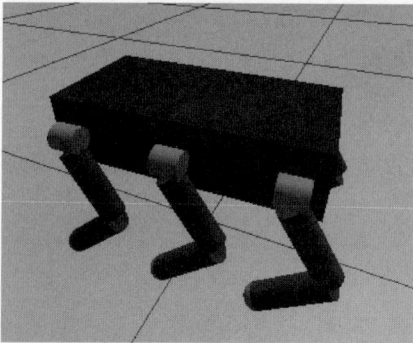

(a) 六足狗

(b) 六足蜘蛛

图 9-2 六足机器人类型

在建模时,可以使用简单的几何体(例如立方体和圆柱体)来构建六足机器人的身体和腿部结构,这样既能保证模型的准确性,又能提升仿真效率。六足机器人的关节驱动可以采用 SDF 的位置关节控制器或轨迹关节控制器,以实现关节的运动控制。

注意:在进行 Gazebo 机器人仿真时,许多初学者会在模型的视觉外观上投入过多精力,而忽视了仿真中的一些关键要素,例如质量、转动惯量、摩擦系数等物理要素。此外,复杂的视觉模型可能会增加计算负担,导致仿真速度变慢。在不影响仿真结果的前提下,应尽量简化模型的几何形状和纹理。

1. 六足蜘蛛机器人建模

六足蜘蛛在使用 SDF 建模时的主要要点：首先，选择一个合适的机器人姿态作为建模的参照，合适的姿态对连杆摆放时的定位在计算上具有十分显著的优势，然后使用连杆<link>标签内的姿态子标签<pose>将杆件放置到选定的初始姿态；再次，按照连杆的父子关系创建类型为转动的关节，将各个连杆结合为一个六足蜘蛛机器人整体；最后，为各个关节添加关节控制器，并添加关节状态发布器。

以下是六足蜘蛛机器人的 SDF 片段：

（1）连杆。连杆构成了机器人的基本构件，连杆需要设置姿态、转动惯量、可视体积和碰撞体积等，代码如下：

```
#ros2_ws9/src/spider/sdf/sixrobot.sdf
<?xml version="1.0"?>
<sdf version="1.11">
  <model name="spiderbot" canonical_link="body">
    <self_collide>true</self_collide>
    <link name="body">
      <self_collide>true</self_collide>
      <inertial auto="true">
        <density>3500</density>
      </inertial>
      <collision name="collision1">
        <geometry>
          <box>
            <size>0.2 0.4 0.1</size>
          </box>
        </geometry>
      </collision>
      <visual name="visual1">
        <geometry>
          <box>
            <size>0.2 0.4 0.1</size>
          </box>
        </geometry>
        <material>
          <ambient>0.0 0.0 1.0 1</ambient>
          <diffuse>0.0 0.0 1.0 1</diffuse>
          <specular>0.0 0.0 1.0 1</specular>
        </material>
      </visual>
    </link>
    <link name='11leg1'>
      <pose>-0.12 0.16 0 0 0 0</pose>
      <self_collide>true</self_collide>
      <inertial auto="true">
        <density>1000</density>
      </inertial>
```

```
      <collision name="collision1">
        <geometry>
          <cylinder>
            <radius>0.02</radius>
            <length>0.1</length>
          </cylinder>
        </geometry>
      </collision>
      <visual name="visual1">
        <geometry>
          <cylinder>
            <radius>0.02</radius>
            <length>0.1</length>
          </cylinder>
        </geometry>
        <material>
          <ambient>0.0 1.0 1.0 1</ambient>
          <diffuse>0.0 1.0 1.0 1</diffuse>
          <specular>0.0 1.0 1.0 1</specular>
        </material>
      </visual>
</link>
    (... ... 此处省略其他连杆)
```

（2）关节。关节将六足蜘蛛机器人的各杆件按相对运动关系连接在一起。关节采用转动类型的关节，并设置关节的相关参数，代码如下：

```
#ros2_ws9/src/spider/sdf/sixrobot.sdf
<joint name='l1leg1j' type='revolute'>
    <pose>0 0 0 0 0 0</pose>
    <parent>body</parent>
    <child>l1leg1</child>
    <axis>
      <xyz>0 0 1</xyz>
      <limit>
        <lower>-1.57</lower>
        <upper>1.57</upper>
        <effort>200</effort>
        <velocity>3</velocity> <!--set joint max speed radians-->
        <stiffness>100000000</stiffness>
        <dissipation>1</dissipation>
      </limit>
      <dynamics>
        <damping>0.8</damping>
        <friction>0</friction>
        <spring_reference>0</spring_reference>
        <spring_stiffness>0</spring_stiffness>
      </dynamics>
```

```
    </axis>
  </joint>
(... ... 此处省略其他关节)
```

（3）关节控制器。关节控制器可以看作向关节添加的驱动电机。此处，为了控制方便使用关节位置控制器，为每个关节添加一个关节位置控制器，并使用默认的话题作为控制关节的接口，代码如下：

```
#ros2_ws9/src/spider/sdf/sixrobot.sdf
<plugin
    filename="gz-sim-joint-position-controller-system"
    name="gz::sim::systems::JointPositionController">
    <joint_name>l1leg1j</joint_name>
    <p_gain>100</p_gain>
    <i_gain>1</i_gain>
    <d_gain>10</d_gain>
    <i_max>50</i_max>
    <i_min>-50</i_min>
    <cmd_max>300</cmd_max>
    <cmd_min>-300</cmd_min>
</plugin>
(... ... 此处省略其他关节控制器)
```

（4）关节状态发布器。关节状态发布器相当于位置传感器，在默认情况下通过话题/joint_states 发布机器人内所有关节的状态。关节的状态主要包含关节的当前角度、速度及在关节上施加的力矩。关节状态发布器的代码如下：

```
<plugin name='gz::sim::systems::JointStatePublisher'
        filename='gz-sim-joint-state-publisher-system' />
```

以上就是六足蜘蛛机器人的建模方法。完成建模后，可在 Gazebo 中进行加载，使用 Joint Position Controller 插件测试关节的转动，以及通过话题查看/joint_states 话题上输出的关节信息。测试模型成功后即可保存模型，并创建一个简单的机器人运行环境。

注意：六足蜘蛛的完整代码参见随书附赠的代码，代码路径为 ros2_ws9/src/spider/sdf/spider.sdf。本章其他类型的机器人的源码均保存在名为 ros2_ws9 的文件夹内。

2. 六足机器狗建模

六足机器狗的建模与六足蜘蛛的建模基本上相同，唯一的区别是需要注意连杆的摆放姿态，以及关节的转动方向，而关节控制器和关节状态发布器与六足蜘蛛使用相同的方式。六足机器狗的核心 SDF 的代码如下：

```
#ros2_ws9/src/sixrobot/sdf/sixrobot.sdf
<?xml version="1.0"?>
```

```
<sdf version="1.11">
  <model name="sixlegdogs" canonical_link="body">
    <self_collide>true</self_collide>
    <link name="body">
      <self_collide>true</self_collide>
      <inertial auto="true">
        <density>3500</density>
      </inertial>
      <collision name="collision1">
        <geometry>
          <box>
            <size>0.2 0.4 0.1</size>
          </box>
        </geometry>
      </collision>
      <visual name="visual1">
        <geometry>
          <box>
            <size>0.2 0.4 0.1</size>
          </box>
        </geometry>
        <!--let's
        add color to our link-->
        <material>
          <ambient>0.0 0.0 1.0 1</ambient>
          <diffuse>0.0 0.0 1.0 1</diffuse>
          <specular>0.0 0.0 1.0 1</specular>
        </material>
      </visual>
    </link>
    <link name='l1leg1'>
      <pose degrees="true">-0.12 0.16 0 90 0 0</pose>
      <self_collide>true</self_collide>
      <inertial auto="true">
        <density>1000</density>
      </inertial>
      <collision name="collision1">
        <geometry>
          <cylinder>
            <radius>0.02</radius>
            <length>0.04</length>
          </cylinder>
        </geometry>
      </collision>
      <visual name="visual1">
        <geometry>
          <cylinder>
            <radius>0.02</radius>
            <length>0.04</length>
```

```
        </cylinder>
      </geometry>
      <!--let's
      add color to our link-->
      <material>
        <ambient>0.0 1.0 1.0 1</ambient>
        <diffuse>0.0 1.0 1.0 1</diffuse>
        <specular>0.0 1.0 1.0 1</specular>
      </material>
    </visual>
  </link>
  (... ... 此处省略其他连杆)
  <joint name='l1leg1j' type='revolute'>
    <pose>0 0 0 0 0 0</pose>
    <parent>body</parent>
    <child>l1leg1</child>
    <axis>
      <xyz>0 0 1</xyz>
      <limit>
        <lower>-1.57</lower>
        <upper>1.57</upper>
        <effort>200</effort> <!--force
        ?-->
        <velocity>3</velocity> <!--set
        joint max speed radians-->
        <stiffness>100000000</stiffness>
        <dissipation>1</dissipation>
      </limit>
      <dynamics>
        <damping>0.8</damping>
        <friction>0</friction>
        <spring_reference>0</spring_reference>
        <spring_stiffness>0</spring_stiffness>
      </dynamics>
    </axis>
  </joint>
(... ... 此处省略其他关节)

  <plugin
    filename="gz-sim-joint-position-controller-system"
    name="gz::sim::systems::JointPositionController">
    <joint_name>l1leg1j</joint_name>
    <use_actuator_msg>true</use_actuator_msg>
    <actuator_number>0</actuator_number>
    <p_gain>100</p_gain>
    <i_gain>1</i_gain>
    <d_gain>10</d_gain>
    <i_max>50</i_max>
    <i_min>-50</i_min>
```

```
    <cmd_max>300</cmd_max>
    <cmd_min>-300</cmd_min>
  </plugin>
(... ... 此处省略其他关节控制器)

  <plugin name='gz::sim::systems::JointStatePublisher'
    filename='gz-sim-joint-state-publisher-system' />
</model>
</sdf>
```

9.1.2　步态

六足机器人的步态设计是其仿真研究的核心内容之一。六足机器人常见的步态包括三角步态、波形步态等。下面以三角步态为例介绍六足机器人的前进方法。

三角步态是一种稳定的行走方式,将六条腿分为两组(每组三条腿),通过两组腿交替抬起和放下,实现六足机器人在复杂地形上的平稳移动,如图 9-3 所示。图 9-3 展示了六足机器人以三角步态的足部运动方式,(a)为初始状态,6 个足着地均匀地放置在身体两侧,在运动开始后,(b)抬起一组腿,(c)向前摆动抬起的这组腿,摆动完成后,(d)放下摆动的腿,(e)抬起另一组腿,(f)将放下的腿向后摆,使机器人向前移动,(g)将抬起的腿向前摆动,摆动完成后,(h)放下摆动到位的腿,(i)抬起一组腿,并将放下的腿向后摆动,机器人向前移动,机器人状态恢复到状态(b),随后往复循环上述过程,这样六足机器人便可向前移动。

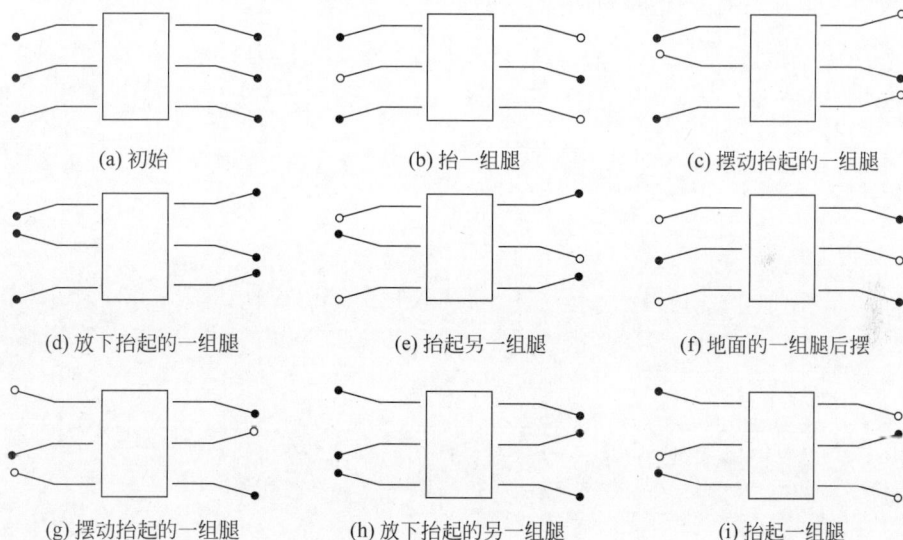

(a) 初始　　　(b) 抬一组腿　　　(c) 摆动抬起的一组腿

(d) 放下抬起的一组腿　　　(e) 抬起另一组腿　　　(f) 地面的一组腿后摆

(g) 摆动抬起的一组腿　　　(h) 放下抬起的另一组腿　　　(i) 抬起一组腿

图 9-3　三角步态

9.1.3　仿真

六足机器人步态的 ROS 2 和 Gazebo 联合仿真的主要步骤如下。

1. 话题桥接

话题桥接与模型中的关节控制器的设置相关,在上述两个六足机器人中均使用了单个的关节控制器话题控制机器人。通过配置文件设置 Gazebo 与 ROS 2 间的每个关节的控制话题与关节状态话题桥接,代码如下:

```
#ros2_ws9/src/spider/sdf/jointcontroltopicmap.yaml
- ros_topic_name: "l1leg1j"
  gz_topic_name: "/model/spider/joint/l1leg1j/0/cmd_pos"
  ros_type_name: "std_msgs/msg/Float64"
  gz_type_name: "ignition.msgs.Double"
  lazy: true
  direction: ROS_TO_GZ
#(此处省略其他 17 个关节的话题桥接配置)

- ros_topic_name: "joint_states"
  gz_topic_name: "/world/spider/model/spider/joint_state"
  ros_type_name: "sensor_msgs/msg/JointState"
  gz_type_name: "ignition.msgs.Model"
  lazy: false
  direction: GZ_TO_ROS
```

2. 步态仿真

下面的 ROS 2 节点通过简单的有限状态机,将三角步态分解为不同的状态,实现了六足机器人以三角步态的方式进行前进,代码如下:

```
#ros2_ws9/src/spider/spider/learnstep.py
import rclpy
from rclpy.node import Node
from std_msgs.msg import Float64
from sensor_msgs.msg import JointState
from geometry_msgs.msg import PoseArray

class Leanstep(Node):
    def __init__(self):
        super().__init__('steplearner')
        self.joint_states=None
        self.subscription = self.create_subscription(
            JointState,f'joint_states',self.currentpose,1)
        self.posesub = self.create_subscription(
            PoseArray,f'pose',self.getpose,1)
        self.jointscontroller={}
        for legparts in range(3):
            for legidx in range(3):
                ltpname=f'l{legidx+1}leg{legparts+1}j'
                rtpname=f'r{legidx+1}leg{legparts+1}j'
                ltmppub= self.create_publisher(Float64, ltpname, 1)
                rtmppub= self.create_publisher(Float64, rtpname, 1)
```

```
                self.jointscontroller[ltpname]=ltmppub
                self.jointscontroller[rtpname]=rtmppub
        self.states=self.getstates()
        self.get_logger().info('{}'.format((self.states)))
        self.curstate='unknow'
        self.timer = self.create_timer(1, self.timer_callback)
        #将定时器周期设为1

    def currentpose(self,joint_states):
        self.joint_states=joint_states

    def getpose(self,pose):
        self.bodypose=pose.poses[0]

    def timer_callback(self):
        if self.curstate=='unknow':
            st=self.states['stand']
            self.curstate='stand'
        elif self.curstate=='stand':
            st=self.states['leftlift']
            self.curstate='leftlift'
        elif self.curstate=='leftlift':
            st=self.states['leftgo']
            self.curstate='leftgo'
        elif self.curstate=='leftgo':
            st=self.states['leftdown']
            self.curstate='leftdown'
        elif self.curstate=='leftdown':
            st=self.states['rightlift']
            self.curstate='rightlift'
        elif self.curstate=='rightlift':
            st=self.states['leftback']
            self.curstate='leftback'
        elif self.curstate=='leftback':
            st=self.states['rightgo']
            self.curstate='rightgo'
        elif self.curstate=='rightgo':
            st=self.states['rightdown']
            self.curstate='rightdown'
        elif self.curstate=='rightdown':
            st=self.states['leftlift']
            self.curstate='leftlift'
        else:
            self.curstate='unknow'
            st=self.states['stand']

        self.get_logger().info('{}'.format((self.curstate)))
        self.run(st)
```

```
    def run(self,state):
        for joint in state:

        self.jointscontroller[joint].publish(Float64(data=float(state[joint])))
    def getstates(self):
        statesnames='stand','leftlift','leftgo','leftdown','rightlift',
'leftback','rightgo','rightdown','rightback'
        states=[]
        stand={'l1leg1j':0.0,'l2leg1j':0.0,'l3leg1j':0.0,'r1leg1j':0.0,
'r2leg1j':0.0,
            'r3leg1j':0.0,'l1leg2j':-0.57,'l2leg2j':-0.57,'l3leg2j':-0.57,
'r1leg2j':0.57,
            'r2leg2j':0.57,'r3leg2j':0.57,'l1leg3j':-1.0,'l2leg3j':-1.0,
'l3leg3j':-1.0,
            'r1leg3j':1.0,'r2leg3j':1.0,'r3leg3j':1.0,}
        states.append(stand)

        tmpd=self.liftup('left')
        tmp=stand.copy()
        tmp.update(tmpd)
        states.append(tmp)

        tmpd=self.go('left')
        tmp=tmp.copy()
        tmp.update(tmpd)
        states.append(tmp)

        tmpd=self.liftdown('left')
        tmp=tmp.copy()
        tmp.update(tmpd)
        states.append(tmp)

        tmpd=self.liftup('right')
        tmp=tmp.copy()
        tmp.update(tmpd)
        states.append(tmp)

        tmpd=self.back()
        tmp=tmp.copy()
        tmp.update(tmpd)
        states.append(tmp)

        tmpd=self.go('right')
        tmp=tmp.copy()
        tmp.update(tmpd)
        states.append(tmp)

        tmpd=self.liftdown('right')
        tmp=tmp.copy()
```

```python
            tmp.update(tmpd)
            states.append(tmp)

            tmpd=self.back('right')
            tmp=tmp.copy()
            tmp.update(tmpd)
            states.append(tmp)
            return dict(zip(statesnames,states))

    def stand(self):
        for i in range(3):
            lname=f'l{i+1}leg2j'
            rname=f'r{i+1}leg2j'
            self.jointscontroller[lname].publish(Float64(data=-0.57))
            self.jointscontroller[rname].publish(Float64(data=0.57))
        for i in range(3):
            lname=f'l{i+1}leg3j'
            rname=f'r{i+1}leg3j'
            self.jointscontroller[lname].publish(Float64(data=-1.0))
            self.jointscontroller[rname].publish(Float64(data=1.0))

    def liftup(self,side='left'):
        if side=='left':
            legs=['l2','r1','r3']
        else:
            legs=['l1','l3','r2']
        states={}
        for leg in legs:
            states[leg+'leg2j']=0.0
        return states

    def liftdown(self,side='left'):
        if side=='left':
            legs=['l2','r1','r3']
        else:
            legs=['l1','l3','r2']
        states={}
        for leg in legs:
            if 'l' in leg:
                states[leg+'leg2j']=-0.57
            else:
                states[leg+'leg2j']=0.57
        return states

    def go(self,side='left'):
        if side=='left':
            legs=['l2','r1','r3']
        else:
            legs=['l1','l3','r2']
```

```
        states={}
        for leg in legs:
            if 'l' in leg:
                states[leg+'leg1j']=-0.2
            else:
                states[leg+'leg1j']=0.2
        return states

    def back(self,side='left'):
        if side=='left':
            legs=['l2','r1','r3']
        else:
            legs=['l1','l3','r2']
        states={}
        for leg in legs:
            if 'l' in leg:
                states[leg+'leg1j']=0.2
            else:
                states[leg+'leg1j']=-0.2
        return states


def main():
    rclpy.init(args=None)
    learnstep = Leanstep()
    try:
        rclpy.spin(learnstep)
    except Exception:
        learnstep.destroy_node()
    rclpy.shutdown()

if __name__ == '__main__':
    main()
```

3. Launch 文件

利用 Launch 文件整合 Gazebo 和 ROS 2 的相关节点以启动和运行整个六足机器人仿真。Launch 文件启动的节点使用了 ros_gz_sim 功能包启动 Gazebo 仿真环境并向仿真环境添加了六足机器人；使用 ros_gz_bridge 功能包建立了 Gazebo 和 ROS 2 间的话题桥接；使用 robot_state_publisher 功能包发布了机器人的状态；启动了 RViz 节点；启动了三角步态控制节点。Launch 文件的代码如下：

```
#ros2_ws9/src/spider/launch/spider_launch.py
from launch import LaunchDescription
from launch.actions import IncludeLaunchDescription
from launch_ros.actions import Node
from launch.actions import DeclareLaunchArgument
from launch.substitutions import LaunchConfiguration
from launch.launch_description_sources import PythonLaunchDescriptionSource
```

```python
from ament_index_python import get_package_share_directory
import os
print(__file__)
packagepath = get_package_share_directory('spider')
print(packagepath)
sdfdir=packagepath+'/sdf/'
print(sdfdir)
SDF_WORLD_PATH=sdfdir+'world.sdf'
SDF_MODEL_PATH=sdfdir+'spider.sdf'

def loadsdfmodel(sdfmodelpath):
    with open(sdfmodelpath) as f:
        robot_desc = f.read()
        robot_desc = robot_desc.replace('model://','file://'+sdfdir)
        return robot_desc

sdfmodelstr=loadsdfmodel(SDF_MODEL_PATH)

def generate_launch_description():
    #launch a gazebo world for simulation
    gazebo_launch_node = IncludeLaunchDescription(
        PythonLaunchDescriptionSource(
            os.path.join( get_package_share_directory('ros_gz_sim'),
                'launch/gz_sim.launch.py')), launch_arguments=[('gz_args', SDF_
WORLD_PATH + ' -r')] )

    #add model to gazebo
    robot_spwan_node=Node(
            package='ros_gz_sim',
            executable='create',
            arguments=['-world', 'spider', '-name', 'spider', '-string',
sdfmodelstr, '-x', '0', '-y', '0', '-z', '0.25'] )

    #bridge gazebo msg to ros
    bridge_node=Node(
            package='ros_gz_bridge', executable='parameter_bridge',
            parameters=[ {'config_file':sdfdir+'jointcontroltopicmap.yaml'},] )

    #publish model to ros by robot state publisher, which make robot can be seen
in rviz
    robot_state_node=Node(
        package='robot_state_publisher',
        executable='robot_state_publisher',
        name='robot_state_publisher',
        output='both',
        parameters = [ {' use _ sim _ time ': True }, {' robot _ description ':
sdfmodelstr},] )
```

```
    #start rviz node
    rviz_node=Node(
            package='rviz2',
            executable='rviz2',
            parameters=[ {'use_sim_time': True}], arguments=['-d', sdfdir+
'spider.rviz'])

    #robot control node
    learnstep=Node(package='spider', executable='learnstep')
    return LaunchDescription([
        gazebo_launch_node, robot_spwan_node,
        bridge_node, robot_state_node,
        rviz_node, learnstep ])
```

功能包经过编译和安装后,启动六足机器人步态仿真,运行 Launch 文件,命令如下:

```
ros2 launch spider spider_launch.py
```

上述命令运行后,ROS 2 会启动 Gazebo 和 RViz 开始仿真,六足机器人就会在 Gazebo 中以三角步态的方式向前移动,如图 9-4 所示。

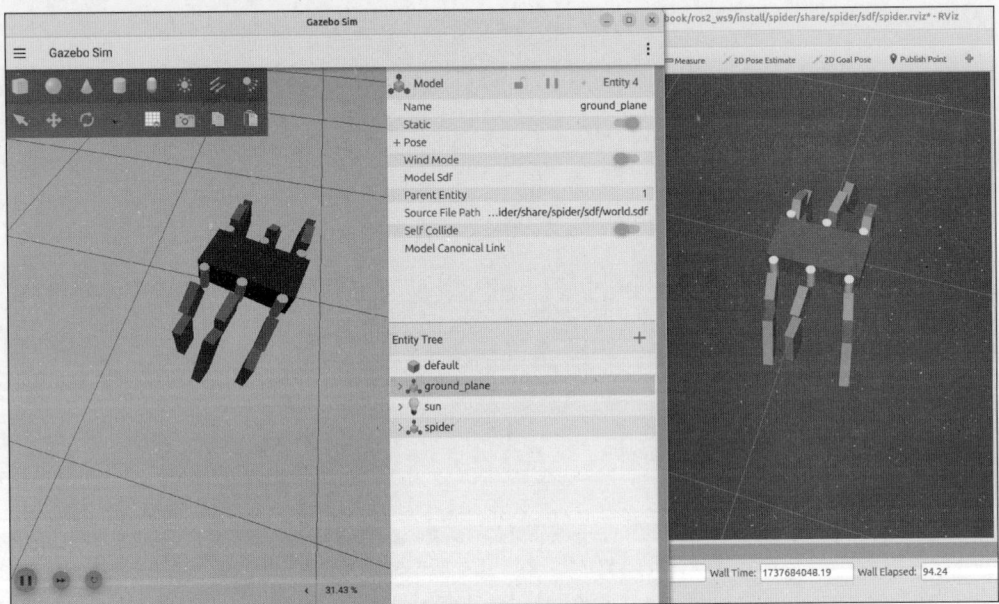

图 9-4　六足机器人三脚步态仿真效果

注意:对于六足狗机器人可执行 ros2_ws9 工作空间下的 sixrobot 功能包中的 sixcontroller_launch.py 文件启动和运行仿真。

9.2　四足机器人仿真

　　四足机器人是指有 4 个足的机器人。四足机器人在形态和运动模式上通常仿生狗、牛、豹等动物的步态。相较于六足机器人,四足机器人具有较高的灵活性和适应性,能够在复杂的地形中快速移动,同时保持较低的能量消耗,然而,由于四足机器人拥有更少的足,在运动中保持其身体的稳定是一个重要的挑战,比六足机器人的步态更加复杂,因此四足机器人的研究重点主要集中在步态学习与控制技术上,尤其是在动态环境下维持平衡的能力。

　　目前四足机器人的步态控制研究已经取得显著进展,相关技术日趋成熟,部分企业已经推出了相关的产品。波士顿动力公司的 Spot 机器狗、麻省理工学院的机器豹及宇树科技公司的 Go 系列机器狗是其中的典型代表。这些产品不仅展示了四足机器人在科研领域的潜力,也为未来在物流配送、灾害救援、工业检查等领域的广泛应用奠定了基础。

9.2.1　建模

　　四足机器人的建模需要考虑其腿部结构和关节分布。简单的四足机器人可以通过几何体(例如立方体和圆柱体)进行建模,以提高仿真效率。对于更加复杂精细的四足机器人,例如宇树 Go2,其建模需要考虑更多的细节,包括机器人的身体结构、腿部关节及传感器的分布。以下分别介绍简单的四足机器人和宇树 Go2 四足机器人的建模方法。

1. 简单的四足机器人

　　四足机器人主要由身体和四条腿构成。四条腿固定在身体两侧,并且都具有相同的结构。每条腿由髋关节和膝关节构成,髋关节一般有两个自由度,在设计时通常分为左右摆动和前后摆动的两个子关节,膝关节可以前后摆动。简单的四足机器人的建模效果如图 9-5 所示。

图 9-5　简单的四足机器人

简单的四足机器人的 SDF 内容如下:

```
#ros2_ws9/src/fourrobot/sdf/fourrobot.sdf
<?xml version="1.0"?>
```

```
<sdf version="1.11">
  <model name="fourlegdogs" canonical_link="base">
    <self_collide>true</self_collide>
    <link name="base">
      <self_collide>true</self_collide>
      <inertial auto="true">
        <density>1500</density>
      </inertial>
      <collision name="collision1">
        <geometry>
          <box>
            <size>0.2 0.4 0.1</size>
          </box>
        </geometry>
      </collision>
      <visual name="visual1">
        <geometry>
          <box>
            <size>0.2 0.4 0.1</size>
          </box>
        </geometry>
        <!--let's
        add color to our link-->
        <material>
          <ambient>0.0 0.0 1.0 1</ambient>
          <diffuse>0.0 0.0 1.0 1</diffuse>
          <specular>0.0 0.0 1.0 1</specular>
        </material>
      </visual>
    </link>
    <link name='l1leg1'>
      <pose degrees="true">-0.12 0.16 0 90 0 0</pose>
      <self_collide>true</self_collide>
      <inertial auto="true">
        <density>1000</density>
      </inertial>
      <collision name="collision1">
        <geometry>
          <cylinder>
            <radius>0.02</radius>
            <length>0.04</length>
          </cylinder>
        </geometry>
      </collision>
      <visual name="visual1">
        <geometry>
          <cylinder>
            <radius>0.02</radius>
            <length>0.04</length>
```

```
            </cylinder>
          </geometry>
          <!--let's
          add color to our link-->
          <material>
              <ambient>0.0 1.0 1.0 1</ambient>
              <diffuse>0.0 1.0 1.0 1</diffuse>
              <specular>0.0 1.0 1.0 1</specular>
          </material>
        </visual>
      </link>
    (... ... 此处省略)
      </model>
    </sdf>
```

2. 宇树 Go2 四足机器人

宇树 Go2 四足机器人的仿真效果如图 9-6 所示。宇树 Go2 四足机器人与简单的四足机器人在运动结构上相同,有四条腿,每条腿有 3 个关节,外观上使用三维格网和纹理贴图提升了仿真的视觉效果。

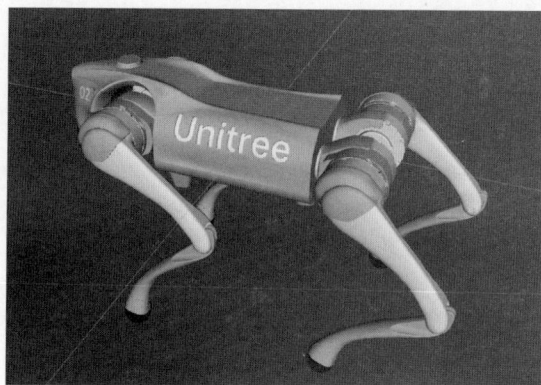

图 9-6 宇树 Go2 四足机器人

宇树 Go2 具有 URDF 模型文件,通过对 URDF 模型文件进行转换,可以得到宇树 Go2 的 SDF 模型,通过添加关节控制器来完成对 Gazebo 的适配。宇树 Go2 四足机器狗模型的 SDF 内容如下:

```
#ros2_ws9/src/fourrobot/sdf/go2.sdf
<?xml version="1.0"?>
<sdf version="1.11">
  <model name='go2' canonical_link="base">> <link name='base'>
    <inertial>
      <pose>0.021189390726563631 0 -0.0053716721074678611 0 0 0</pose>
      <mass>6.923</mass>
      <inertia>
```

```
        <ixx>0.02450242076517968</ixx>
        <ixy>0.00012166</ixy>
        <ixz>0.0014956963870049491</ixz>
        <iyy>0.098242939262173756</iyy>
        <iyz>-3.1199999999999999e-05</iyz>
        <izz>0.1071627184969941</izz>
      </inertia>
    </inertial>
    <collision name='base_collision'>
      <pose>0 0 0 0 0 0</pose>
      <geometry>
        <box>
          <size>0.37619999999999998 0.0935 0.114</size>
        </box>
      </geometry>
      <surface>
        <friction>
          <ode />
        </friction>
        <bounce />
        <contact />
      </surface>
    </collision>
    <collision name='base_fixed_joint_lump__Head_upper_collision_1'>
      <pose>0.28499999999999998 0 0.01 0 0 0</pose>
      <geometry>
        <cylinder>
          <length>0.089999999999999997</length>
          <radius>0.050000000000000003</radius>
        </cylinder>
      </geometry>
      <surface>
        <friction>
          <ode />
        </friction>
        <bounce />
        <contact />
      </surface>
    </collision>
    <collision name='base_fixed_joint_lump__Head_lower_collision_2'>
      <pose>0.29299999999999998 0 -0.059999999999999998 0 0 0</pose>
      <geometry>
        <sphere>
          <radius>0.047</radius>
        </sphere>
      </geometry>
      <surface>
        <friction>
          <ode />
```

```
                </friction>
                <bounce />
                <contact />
            </surface>
        </collision>
        <visual name='base_visual'>
            <pose>0 0 0 0 0 0</pose>
            <geometry>
                <mesh>
                    <scale>1 1 1</scale>
                    <uri>model://go2_dog/dae/base.dae</uri>
                </mesh>
            </geometry>
            <material>
                <ambient>0.0 0.0 1.0 1</ambient>
                <diffuse>0.0 0.0 1.0 1</diffuse>
                <specular>0.0 0.0 1.0 1</specular>
            </material>
        </visual>
        <pose>0 0 0 0 0 0</pose>
        <enable_wind>false</enable_wind>
    </link>
(... ... 此处省略)
    </model>
</sdf>
```

以上不论是简单的四足机器人还是宇树 Go2 四足机器人,二者的不同仅在于外观,由于关节的控制方式都采用了关节位置控制器,因此二者具有相同的控制方法。

9.2.2　仿真

四足机器人步态的 ROS 2 和 Gazebo 联合仿真的主要步骤如下。

1. 话题桥接

在四足机器人建模中,对于关节的控制方式采取了集成的方式,通过对关节进行编号,使用 Actuators 消息一次性控制多个关节,简化了机器人在进行多关节控制时为每个关节添加话题的方法。在话题的桥接上,只需一个话题就可完成所有关节的命令传输,以及另一个发布关节状态的话题,精简了话题的桥接数量,提高了桥接效率,内容如下:

```
#ros2_ws9/src/fourrobot/sdf/jointcontroltopicmap.yaml
- ros_topic_name: "actuators"
  gz_topic_name: "/actuators"
  ros_type_name: "actuator_msgs/msg/Actuators"
  gz_type_name: "gz.msgs.Actuators"
  lazy: false
  direction: ROS_TO_GZ
```

```
- ros_topic_name: "joint_states"
  gz_topic_name: "/world/fourrobot/model/fourrobot/joint_state"
  ros_type_name: "sensor_msgs/msg/JointState"
  gz_type_name: "gz.msgs.Model"
  lazy: false
  direction: GZ_TO_ROS
```

2. 步态仿真

四足机器人的步态仿真方法众多,难度也较大。以下给出一个基于有限状态机的四足机器人步态控制节点的实现方法,该节点能够控制四足机器人向前运动,代码如下:

```python
#ros2_ws9/src/fourrobot/fourrobot/go2controller.py
import rclpy
from rclpy.node import Node
from std_msgs.msg import Float64
from actuator_msgs.msg import Actuators

class FourController(Node):
    def __init__(self):
        super().__init__('fourcontroller')
        self.curstate='unknow'
        self.states=self.getstates()
        self.actuators_pub = self.create_publisher(Actuators, f'actuators', 1)
        self.timer = self.create_timer(1, self.timer_callback)    #将定时器周
                                                                  #期设为1

    def timer_callback(self):
        if self.curstate=='unknow':
            st=self.states['stand']
            self.curstate='stand'
        elif self.curstate=='stand':
            st=self.states['leftlift']
            self.curstate='leftlift'
        elif self.curstate=='leftlift':
            st=self.states['rightdown']
            self.curstate='rightdown'
        elif self.curstate=='rightdown':
            st=self.states['rightlift']
            self.curstate='rightlift'
        elif self.curstate=='rightlift':
            st=self.states['leftdown']
            self.curstate='leftdown'
        elif self.curstate=='leftdown':
            st=self.states['leftlift']
            self.curstate='leftlift'
        else:
            self.curstate='unknow'
            st=self.states['stand']
```

```python
        self.get_logger().info('{}'.format((self.curstate)))
        self.run(st)

    def run(self,state):
        values_list = list(state.values())
        actuator = Actuators()
        actuator.position = values_list
        self.actuators_pub.publish(actuator)

    def getstates(self):
        statesnames='stand', 'leftlift', 'rightdown', 'rightlift', 'leftdown'
        states=[]
        stand={'l1leg1j':0.0, 'l3leg1j':0.0, 'r1leg1j':0.0, 'r3leg1j':0.0,
'l1leg2j':-0.78,
               'l3leg2j':-0.78, 'r1leg2j':-0.78, 'r3leg2j':-0.78, 'l1leg3j':1.57,
               'l3leg3j':1.57, 'r1leg3j':1.57, 'r3leg3j':1.57, }
        states.append(stand)

        tmpd=self.liftup('left')
        tmp=stand.copy()
        tmp.update(tmpd)
        states.append(tmp)

        tmpd=self.liftdown('left')
        tmp=tmp.copy()
        tmp.update(tmpd)
        states.append(tmp)

        tmpd=self.liftup('right')
        tmp=tmp.copy()
        tmp.update(tmpd)
        states.append(tmp)

        tmpd=self.liftdown('right')
        tmp=tmp.copy()
        tmp.update(tmpd)
        states.append(tmp)

        return dict(zip(statesnames,states))

    def liftup(self,side='left'):
        if side=='left':
            legs=['r1','l3']
        else:
            legs=['l1','r3']
        states={}
        for leg in legs:
            states[leg+'leg2j']=-0.2
            states[leg+'leg3j']=1.4
```

```
        return states

    def liftdown(self,side='left'):
        if side=='left':
            legs=['r1','l3']
        else:
            legs=['l1','r3']
        states={}
        for leg in legs:
            states[leg+'leg2j']=-0.78
            states[leg+'leg3j']=1.57
        return states

def main():
    rclpy.init(args=None)
    fourcontroller = FourController()
    rclpy.spin(fourcontroller)
    fourcontroller.destroy_node()
    rclpy.shutdown()

if __name__ == '__main__':
    main()
```

3. Launch 文件

由于以上实现了两个四足机器人模型,创建两个 Launch 文件分别启动和运行两个模型的仿真,二者的差异主要体现在四足机器人模型的加载,需要对宇树 Go2 四足机器人的 SDF 中的三维格网路径进行调整。通过 Launch 文件添加启动 Gazebo、添加机器人、发布机器人状态、启动 RViz、话题桥接和步态控制等节点。

以下为宇树 Go2 四足机器人的 Launch 文件,代码如下:

```
#ros2_ws9/src/fourrobot/launch/go2_launch.py
from launch import LaunchDescription
from launch.actions import IncludeLaunchDescription
from launch_ros.actions import Node
from launch.launch_description_sources import PythonLaunchDescriptionSource
from ament_index_python import get_package_share_directory
import os
print(__file__)
packagepath = get_package_share_directory('fourrobot')
print(packagepath)
sdfdir=packagepath+'/sdf/'
print(packagepath+'/sdf/')
SDF_WORLD_PATH=sdfdir+'world.sdf'
SDF_MODEL_PATH=sdfdir+'go2.sdf'

def loadsdfmodel(sdfmodelpath):
    with open(sdfmodelpath) as f:
```

```python
        robot_desc = f.read()
        robot_desc = robot_desc.replace('model://go2_dog','file://'+sdfdir)
        return robot_desc


def generate_launch_description():
    #launch a gazebo world for simulation
    gazebo_launch = IncludeLaunchDescription(
        PythonLaunchDescriptionSource(
os.path.join(get_package_share_directory('ros_gz_sim'),'launch/gz_sim.
launch.py')),
        launch_arguments=[('gz_args', SDF_WORLD_PATH + ' -r')])

    #add model to gazebo
    sdfmodelstr=loadsdfmodel(SDF_MODEL_PATH)
    addrobottogazebo=Node(package='ros_gz_sim', executable='create',
arguments=['-world', 'fourrobot', '-name', 'fourrobot','-string', sdfmodelstr,
'-x', '0', '-y', '0', '-z', '0.6'])

    #publish model to ros by robot state publisher, which make robot can be seen
in rviz
    robot_state_node=Node(
        package='robot_state_publisher',
        executable='robot_state_publisher',
        name='robot_state_publisher',
        output='both',
        parameters=[{'use_sim_time': True}, {'robot_description': sdfmodelstr},
])

    #start rviz node
    rviz_node=Node(package='rviz2', executable='rviz2',
    parameters=[{'use_sim_time': True}], arguments=['-d', sdfdir+'fourrobot.
rviz'])

    #bridge gazebo msg to ros
    bridge_node=Node(package='ros_gz_bridge', executable='parameter_bridge',
        parameters=[{'config_file':sdfdir+'jointcontroltopicmap.yaml'},])

    #robot control node
    fourcontroller =Node(package='fourrobot', executable='go2controller')

    return LaunchDescription([gazebo_launch, addrobottogazebo,
        robot_state_node, rviz_node, bridge_node, fourcontroller])
```

功能包经过编译和安装后，启动宇树 Go2 四足机器人步态仿真，运行 Launch 文件，命令如下：

```
ros2 launch fourrobot go2_launch.py
```

上述命令运行后,ROS 2 会启动 Gazebo 和 RViz 开始仿真,宇树 Go2 四足机器人就会在 Gazebo 中向前移动,通过添加 Gazebo 的插件 Plot 3D 可以在 Gazebo 中绘制和显示四足机器人的运动轨迹,如图 9-7 所示。

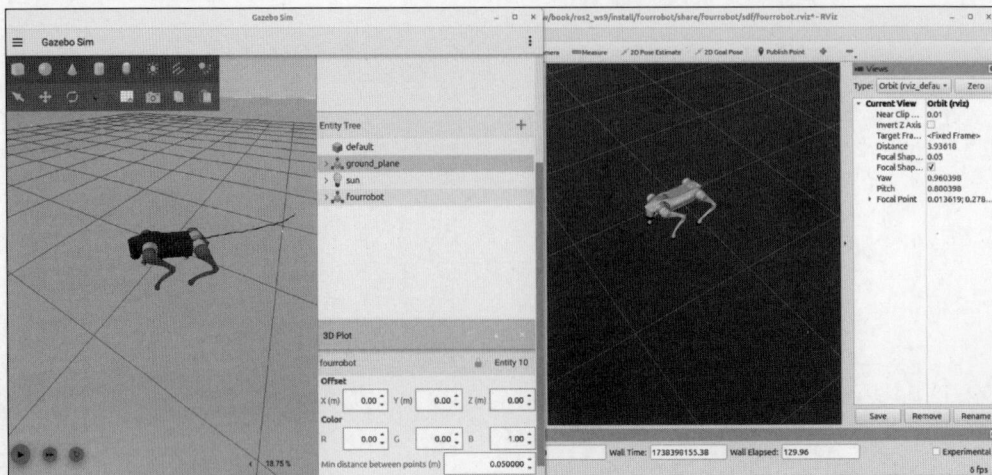

图 9-7　四足机器人仿真

9.3　双足机器人仿真

双足机器人,亦称人形机器人,是指依靠两足站立和行走的机器人。双足机器人作为与人具有相同运动方式的机器人,对于未来的机器人在日常生活中的应用具有十分重要的意义。双足机器人不仅可以用于家庭服务、教育娱乐等领域,还可以在危险环境中代替人类执行任务,具有十分广阔的应用前景。

双足机器人的研究难点和核心在于解决平衡控制和稳定行走的难题。相较于六足机器人和四足机器人拥有静态平衡,双足机器人的静态平衡十分脆弱,仅维持自身平衡就已颇具挑战,行走控制更加复杂。由于双足结构复杂,运动控制难度较大,因此利用仿真技术进行大量实验和优化十分关键。尽管当前人形机器人的步态研究与实践已取得了一定的成果,但仍面临诸多挑战。通过仿真技术深入学习双足机器人的平衡机制与步态控制,不仅是当前研究的热点,也是推动双足机器人技术迈向更高层次的重要途径。

9.3.1　建模

图 9-8 展示了 Nao 人形机器人模型。Nao 人形机器人拥有头部、手部、腰部和腿部等共计 24 个活动关节,十分灵活,但也给其控制增加了复杂性。通过对 Nao 人形机器人进行适配来添加关节位置控制器和关节状态发布器,从而完成人形机器人的建模。

图 9-8　Nao 人形机器人模型

人形机器人 Nao 的 SDF 内容如下：

```
#ros2_ws9/src/tworobot/sdf/nao.sdf
<?xml version="1.0"?>
<sdf version="1.11">
  <model name="naoH25V40">
    <link name="Torso">
      <pose>0 0 0 0 -0 0</pose>
      <inertial>
        <pose>-0.00413 0 0.04342 0 -0 0</pose>
        <mass>1.04956</mass>
        <inertia>
          <ixx>0.00506234</ixx>
          <ixy>1.43116e-05</ixy>
          <ixz>0.000155191</ixz>
          <iyy>0.00488014</iyy>
          <iyz>-2.70793e-05</iyz>
          <izz>0.0016103</izz>
        </inertia>
      </inertial>
      <collision name="Torso_collision">
        <pose>0 0 0.01 0 -0 0</pose>
        <geometry>
          <box>
            <size>0.1 0.1 0.2115</size>
          </box>
        </geometry>
      </collision>
      <visual name="Torso_visual">
        <pose>0 0 0 0 -0 0</pose>
        <geometry>
          <mesh>
            <scale>0.1 0.1 0.1</scale>
```

```
        <uri>meshes/V40/Torso.dae</uri>
      </mesh>
    </geometry>
  </visual>
  <gravity>1</gravity>
  <velocity_decay />
  <self_collide>0</self_collide>
</link>
<joint name="HeadYaw" type="revolute">
  <child>Neck</child>
  <parent>Torso</parent>
  <axis>
    <xyz>0 0 1</xyz>
    <limit>
      <lower>-2.08567</lower>
      <upper>2.08567</upper>
      <effort>40.25</effort>
      <velocity>8.26797</velocity>
    </limit>
    <dynamics>
      <damping>0.1</damping>
      <friction>0</friction>
      <spring_reference>0</spring_reference>
      <spring_stiffness>0</spring_stiffness>
    </dynamics>
    <use_parent_model_frame>1</use_parent_model_frame>
  </axis>
  <physics>
    <ode>
      <implicit_spring_damper>1</implicit_spring_damper>
      <cfm_damping>1</cfm_damping>
      <limit>
        <cfm>0</cfm>
        <erp>0.2</erp>
      </limit>
    </ode>
  </physics>
</joint>
<plugin filename="gz-sim-joint-position-controller-system"
    name="gz::sim::systems::JointPositionController">
    <joint_name>HeadYaw</joint_name>
    <p_gain>10</p_gain>
    <i_gain>0.1</i_gain>
    <d_gain>0.01</d_gain>
    <i_max>1</i_max>
    <i_min>-1</i_min>
    <cmd_max>1000</cmd_max>
    <cmd_min>-1000</cmd_min>
    <use_actuator_msg>true</use_actuator_msg>
```

```
        <actuator_number>0</actuator_number>
    </plugin>
(... ...此处省略)
    </model>
</sdf>
```

9.3.2　仿真

双足机器人关节控制的 ROS 2 和 Gazebo 联合仿真的主要步骤如下。

1. 话题桥接

人形机器人在控制时与前述的六足机器人和四足机器人并没有区别，需要桥接控制话题和关节状态发布话题。编写人形机器人话题桥接的配置文件，内容如下：

```
#ros2_ws9/src/tworobot/sdf/jointcontroltopicmap.yaml
- ros_topic_name: "actuators"
  gz_topic_name: "/actuators"
  ros_type_name: "actuator_msgs/msg/Actuators"
  gz_type_name: "gz.msgs.Actuators"
  lazy: false
  direction: ROS_TO_GZ

- ros_topic_name: "joint_states"
  gz_topic_name: "/world/tworobot/model/tworobot/joint_state"
  ros_type_name: "sensor_msgs/msg/JointState"
  gz_type_name: "gz.msgs.Model"
  lazy: false
  direction: GZ_TO_ROS
```

2. 关节控制

人形机器人的关节控制与前述的六足机器人和四足机器人的控制方法相同，但保持人形机器人平衡和实现人形机器人的步态较为困难。为了方便展示人形机器人关节控制，以下实现了一个随机关节位置控制的节点，随机设置关节的位置，机器人会摆出不同的姿态。控制人形机器人关节位置的节点代码如下：

```
#ros2_ws9/src/tworobot/tworobot/controller.py
import rclpy
from rclpy.node import Node
from std_msgs.msg import Float64
from actuator_msgs.msg import Actuators
import random

class TwoController(Node):
    def __init__(self):
        super().__init__('twocontroller')
        self.actuator = Actuators()
```

```
        self.actuators_pub = self.create_publisher(Actuators, f'actuators', 1)
        self.timer = self.create_timer(0.3, self.timer_callback)
        #将定时器周期设为1

    def timer_callback(self):
        self.actuator.position=[random.random()*2-1 for i in range(24)]
        self.actuators_pub.publish(self.actuator)

def main():
    rclpy.init(args=None)
    twocontroller = TwoController()
    rclpy.spin(twocontroller)
    twocontroller.destroy_node()
rclpy.shutdown()

if __name__ == '__main__':
    main()
```

3. Launch 文件

人形机器人仿真的 Launch 文件用于启动仿真环境、加载机器人、桥接话题、启动 RViz、发布机器人状态、运行关节控制节点。Launch 文件中的代码如下：

```
#ros2_ws9/src/tworobot/launch/twocontroller_launch.py
from launch import LaunchDescription
from launch.actions import IncludeLaunchDescription
from launch_ros.actions import Node
from launch.launch_description_sources import PythonLaunchDescriptionSource
from ament_index_python import get_package_share_directory
import os
import re

print(__file__)
packagepath = get_package_share_directory('tworobot')
print(packagepath)
sdfdir=packagepath+'/sdf/'
print(packagepath+'/sdf/')
SDF_WORLD_PATH=sdfdir+'world.sdf'
SDF_MODEL_PATH=sdfdir+'nao.sdf'

def loadsdfmodel(sdfmodelpath):
    with open(sdfmodelpath) as f:
        robot_desc = f.read()
        #使用正则表达式替换<uri>标签内的内容
        robot_desc = re.sub(
            r'<uri>(.*?)</uri>',
            lambda match: f'<uri>file://{sdfdir}/{match.group(1)}</uri>',
            robot_desc
        )
```

```
        return robot_desc

def generate_launch_description():
    #launch a gazebo world for simulation
    gazebo_launch = IncludeLaunchDescription(
        PythonLaunchDescriptionSource(
            os.path.join( get_package_share_directory('ros_gz_sim'),
                'launch/gz_sim.launch.py')), launch_arguments=[('gz_args', SDF_
WORLD_PATH + ' -r') ] )

    #add model to gazebo
    sdfmodelstr=loadsdfmodel(SDF_MODEL_PATH)
    addrobottogazebo=Node(
            package='ros_gz_sim',
            executable='create',
            arguments=['-world', 'tworobot', '-name', 'tworobot', '-string',
sdfmodelstr, '-x', '0', '-y', '0', '-z', '0.35' ] )

    #publish model to ros by robot state publisher, which make robot can be seen
in rviz
    robot_state_node=Node(
        package='robot_state_publisher',
        executable='robot_state_publisher',
        name='robot_state_publisher',
        output='both',
        parameters =[ {' use _ sim _ time ': True }, {' robot _ description ':
sdfmodelstr}, ] )

    #start rviz node
    rviz_node=Node( package='rviz2', executable='rviz2',
            parameters =[{'use_sim_time': True}], arguments =['-d', sdfdir+'
tworobot.rviz'])

    #bridge gazebo msg to ros
    bridge_node=Node( package='ros_gz_bridge', executable='parameter_bridge',
            parameters=[ {'config_file':sdfdir+'jointcontroltopicmap.yaml'},] )

    #robot control node
    cotroller_node =Node(package='tworobot', executable='random_controller')
    rcturn LaunchDescription([
        gazebo_launch, addrobottogazebo,
        robot_state_node, rviz_node,
        bridge_node, cotroller_node ])
```

　　功能包经过编译和安装后,启动双足机器人关节控制仿真,运行 Launch 文件,命令如下:

```
ros2 launch tworobot twocontroller_launch.py
```

上述命令运行后,ROS 2 会启动 Gazebo 和 RViz 开始仿真,双足机器人就会在 Gazebo 中随机地摆动四肢,如图 9-9 所示。

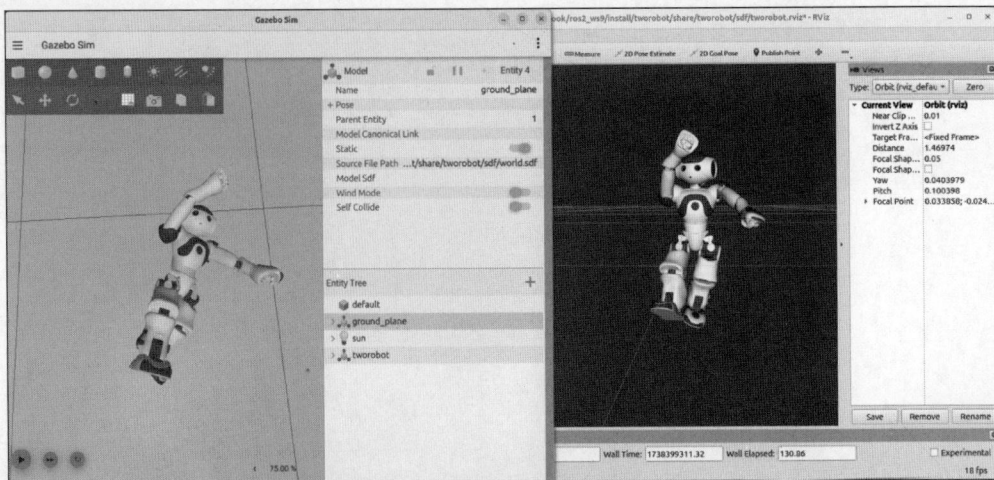

图 9-9　双足机器人仿真

9.4　四旋翼无人机仿真

四旋翼无人机通过 4 个旋翼的转速控制来实现飞行速度和姿态的调整。每个旋翼由一个电动机驱动,通过改变转速可以调节升力的大小和方向。这种通过转速差异实现的控制方法使四旋翼无人机具有极高的灵活性和操控性。近年来,四旋翼无人机因其具有结构简单、控制灵活、易于操作等特点,已经成为无人机领域的主流机型之一。四旋翼无人机在航拍、表演、物流配送、农业植保、环境监测等领域得到了广泛应用。

四旋翼无人机的研究重点在于实现稳定的飞行控制和高效的路径规划。通过仿真技术,在虚拟环境中测试和优化各种算法和系统,从而提高无人机在复杂环境中的适应能力。尽管仿真技术存在一定的局限性,但其低成本、高安全性和可重复性的优势使其成为四旋翼无人机研究中不可或缺的工具。

9.4.1　建模

四旋翼无人机建模的一方面在于外观,更重要的是其 4 个旋翼的控制,以及更高级的速度控制方法。Gazebo 针对通过旋翼驱动提供升力的需求,提供了 MulticopterMotorModel 插件。MulticopterMotorModel 插件可以通过旋转螺旋桨向模型施加推力,可以满足各种螺旋桨飞行器的需求。在对四旋翼无人机进行控制时,使用 MulticopterMotorModel 插件时需要调节每个螺旋桨的转速,虽然真实但较复杂,适用于通用的旋翼飞机的仿真。为了方便多旋翼无人机控制,基于 MulticopterMotorModel 插件,Gazebo 的 MulticopterVelocityControl 插件提供了多旋翼无人机的速度驱动接口,只需简单配置就能够像控制小车一样通过 Twist 消息实现多旋翼无人机的速度控制,简化了多旋翼无人机的仿真。以下介绍最简单的多旋翼无人机(四旋翼无人机)的建模。

图 9-10 为四旋翼无人机 X3 的仿真效果。相较前几节中的机器人,四旋翼无人机建模的关键要点有螺旋桨和机体关节的设置、对旋转螺旋桨配置 MulticopterMotorModel 控制器插件和为整个模型配置 MulticopterVelocityControl 插件 3 方面。

图 9-10　四旋翼无人机 X3

以下就四旋翼无人 X3 建模时编写 SDF 的要点进行介绍:

(1) 关节设置。四旋翼无人机螺旋桨和机体的关节设置为转动类型关节,其中的一个关节的配置内容如下:

```
#ros2_ws9/src/drone/sdf/drone.sdf
<joint name="rotor_1_joint" type="revolute">
    <child>rotor_1</child>
    <parent>base_link</parent>
    <axis>
      <xyz>0 0 1</xyz>
      <limit>
        <lower>-1e+16</lower>
        <upper>1e+16</upper>
      </limit>
      <dynamics>
        <spring_reference>0</spring_reference>
        <spring_stiffness>0</spring_stiffness>
      </dynamics>
    </axis>
</joint>
```

(2) 配置 MulticopterMotorModel 控制器插件。为每个螺旋桨关节添加一个 MulticopterMotorModel 插件,其中的一个关节的配置内容如下:

```
#ros2_ws9/src/drone/sdf/drone.sdf
<plugin filename="gz-sim-multicopter-motor-model-system"
```

```
        name="gz::sim::systems::MulticopterMotorModel">
            <robotNamespace>X3</robotNamespace>
            <jointName>rotor_0_joint</jointName>
            <linkName>rotor_0</linkName>
            <turningDirection>ccw</turningDirection>
            <timeConstantUp>0.0125</timeConstantUp>
            <timeConstantDown>0.025</timeConstantDown>
            <maxRotVelocity>800.0</maxRotVelocity>
            <motorConstant>8.54858e-06</motorConstant>
            <momentConstant>0.016</momentConstant>
            <commandSubTopic>gazebo/command/motor_speed</commandSubTopic>
            <motorNumber>0</motorNumber>
            <rotorDragCoefficient>8.06428e-05</rotorDragCoefficient>
            <rollingMomentCoefficient>1e-06</rollingMomentCoefficient>
            <motorSpeedPubTopic>motor_speed/0</motorSpeedPubTopic>
            <rotorVelocitySlowdownSim>10</rotorVelocitySlowdownSim>
            <motorType>velocity</motorType>
        </plugin>
```

在上述 MulticopterMotorModel 插件的配置中设置了相关的参数,每个参数的含义可通过标签名识别,其中,参数< turningDirection >为螺旋桨转向的设置,任意两个相邻螺旋桨的转向要设置为相反。参数< robotNamespace >和< commandSubTopic >提供了关节速度(螺旋桨转速)的话题,并通过< motorNumber >对 4 个螺旋桨进行编号。在模型调试时,可通过话题驱动 4 个螺旋桨进行转动,命令如下:

```
gz topic -t /X3/gazebo/command/motor_speed --msgtype gz.msgs.Actuators - p
'velocity:[400, 400, 400, 400]'
```

对于旋翼无人机的低级仿真,使用上述 MulticopterMotorModel 插件,对每个螺旋桨进行速度控制即可。

(3) 配置 MulticopterVelocityControl 速度控制插件。基于 MulticopterMotorModel 插件,MulticopterVelocityControl 速度控制插件提供了多旋翼无人机的高级控制接口,使用简单的 Twist 消息即可设置无人机的速度。为四旋翼无人机添加 MulticopterVelocityControl 插件的内容如下:

```
#ros2_ws9/src/drone/sdf/drone.sdf
<plugin filename="gz-sim-multicopter-control-system"
        name="gz::sim::systems::MulticopterVelocityControl">
    <robotNamespace>X3</robotNamespace>
    <enableSubTopic>enable</enableSubTopic>
    <comLinkName>base_link</comLinkName>
    <velocityGain>2.7 2.7 2.7</velocityGain>
    <attitudeGain>2 3 0.15</attitudeGain>
    <angularRateGain>0.4 0.52 0.18</angularRateGain>
    <maximumLinearAcceleration>2 2 2</maximumLinearAcceleration>
    <rotorConfiguration>
```

```
<rotor>
  <jointName>rotor_0_joint</jointName>
  <forceConstant>8.54858e-06</forceConstant>
  <momentConstant>0.016</momentConstant>
  <direction>1</direction>
</rotor>
<rotor>
  <jointName>rotor_1_joint</jointName>
  <forceConstant>8.54858e-06</forceConstant>
  <momentConstant>0.016</momentConstant>
  <direction>1</direction>
</rotor>
<rotor>
  <jointName>rotor_2_joint</jointName>
  <forceConstant>8.54858e-06</forceConstant>
  <momentConstant>0.016</momentConstant>
  <direction>-1</direction>
</rotor>
<rotor>
  <jointName>rotor_3_joint</jointName>
  <forceConstant>8.54858e-06</forceConstant>
  <momentConstant>0.016</momentConstant>
  <direction>-1</direction>
</rotor>
  </rotorConfiguration>
</plugin>
```

通过上述 MulticopterVelocityControl 插件为四旋翼无人机提供了一个名为/X3/cmd_vel 的话题,用于控制无人机的速度。通过命令行工具将四旋翼无人机的上升速度设置为 0.3,命令如下:

```
gz topic -t /X3/cmd_vel --msgtype gz.msgs.Twist -p 'linear: {z: 0.3}'
```

上述命令运行后,可看到四旋翼无人机的螺旋桨开始转动,并缓慢向上升高。

9.4.2 仿真

四旋翼无人机飞行控制的 ROS 2 和 Gazebo 联合仿真的主要步骤如下。

1. 话题桥接

四旋翼无人机在使用 ROS 2 进行仿真时,在简单的情况下,只需桥接速度控制话题和关节状态两个话题。话题桥接的配置内容如下:

```
#ros2_ws9/src/drone/sdf/drone_bridge.yaml
- ros_topic_name: "cmd_vel"
  gz_topic_name: "/X3/cmd_vel"
  ros_type_name: "geometry_msgs/msg/Twist"
```

```
  gz_type_name: "gz.msgs.Twist"
  lazy: false
  direction: ROS_TO_GZ

- ros_topic_name: "joint_states"
  gz_topic_name: "/joint_states"
  ros_type_name: "sensor_msgs/msg/JointState"
  gz_type_name: "gz.msgs.Model"
  direction: GZ_TO_ROS
```

2. 控制节点

四旋翼无人机使用了 MulticopterVelocityControl 插件,只需使用 Twist 消息向四旋翼无人机发送速度指令。以下创建的四旋翼无人机的控制节点实现了四旋翼无人机起飞并绕圈飞行一周的功能,代码如下:

```python
#ros2_ws9/src/drone/drone/controller.py
import rclpy
from rclpy.node import Node
from geometry_msgs.msg import Twist
import math

class DroneController(Node):
    def __init__(self):
        super().__init__('drone_controller')
        self.publisher_ = self.create_publisher(Twist, 'cmd_vel', 10)
        self.get_logger().info('Drone Controller has been started.')
        self.msg = Twist()
        self.state='start'
        self.turnnum=0
        self.timer = self.create_timer(10.0, self.timer_callback)    #每秒发布一次

    def timer_callback(self):
        if self.state=='start':
            self.msg.linear.z=0.5
            self.msg.angular.z=0.0
            self.state='go'
        elif self.state=='go':
            self.msg.linear.x=0.5
            self.msg.linear.z=0.0
            self.msg.angular.z=0.0
            self.state='turn'
        elif self.state=='turn':
            self.msg.linear.x=0.0
            self.msg.linear.z=0.0
            self.msg.angular.z=math.pi/2/10
            self.turnnum+=1
            self.state='go'
            if self.turnnum==4:
```

```
                self.state='down'
            elif self.state=='down':
                self.msg.linear.x=0.0
                self.msg.linear.z=-0.5
                self.msg.angular.z=0.0
                self.state='stop'
            else:
                self.msg.linear.x=0.0
                self.msg.linear.z=0.0
                self.msg.angular.z=0.0

        self.publisher_.publish(self.msg)
        self.get_logger().info(self.state)
        self.get_logger().info('Publishing: Linear X: %.2f, Linear Z: %.2f
Angular Z: %.2f' % (self.msg.linear.x,self.msg.linear.z, self.msg.angular.z))

def main(args=None):
    rclpy.init(args=args)
    drone_controller = DroneController()
    try:
        rclpy.spin(drone_controller)
    except KeyboardInterrupt:
        pass
    finally:
        drone_controller.destroy_node()
        rclpy.shutdown()

if __name__ == '__main__':
    main()
```

3. Launch 文件

四旋翼无人机的仿真通过 Launch 文件运行，在 Launch 文件中分为完成启动 Gazebo 仿真环境、加载四旋翼无人机模型、创建话题桥接和四旋翼无人机 4 个节点。四旋翼无人机 Launch 文件中的代码如下：

```
#ros2_ws9/src/drone/launch/dronecontroller_launch.py
from launch import LaunchDescription
from launch.actions import IncludeLaunchDescription
from launch_ros.actions import Node
from launch.launch_description_sources import PythonLaunchDescriptionSource
from ament_index_python import get_package_share_directory
import os

print(__file__)
packagepath = get_package_share_directory('drone')
print(packagepath)
sdfdir=packagepath+'/sdf/'
```

```
print(packagepath+'/sdf/')
SDF_WORLD_PATH=sdfdir+'world.sdf'
SDF_MODEL_PATH=sdfdir+'drone.sdf'

def loadsdfmodel(sdfmodelpath):
    with open(sdfmodelpath) as f:
        robot_desc = f.read()
        #使用正则表达式替换<uri>标签内的内容
        robot_desc =robot_desc.replace('meshes',f'file://{sdfdir}materials')
    return robot_desc

def generate_launch_description():
    #launch a gazebo world for simulation
    gazebo_launch = IncludeLaunchDescription(
        PythonLaunchDescriptionSource(
            os.path.join( get_package_share_directory('ros_gz_sim'),
                'launch/gz_sim.launch.py')), launch_arguments=[('gz_args', SDF_
WORLD_PATH + ' -r')])

    #add model to gazebo
    sdfmodelstr=loadsdfmodel(SDF_MODEL_PATH)
    #print(sdfmodelstr)
    addrobottogazebo=Node(
            package='ros_gz_sim',
            executable='create',
            arguments=['-world', 'drone_world', '-name', 'drone', '-string',
sdfmodelstr, '-x', '0', '-y', '0', '-z', '0.15'])

    #bridge gazebo msg to ros
    bridge_node=Node( package='ros_gz_bridge', executable='parameter_bridge',
            parameters=[ {'config_file':sdfdir+'drone_bridge.yaml'},])

    #robot control node
    cotroller_node =Node(package='drone', executable='controller')
    return LaunchDescription([ gazebo_launch, addrobottogazebo,
        bridge_node, cotroller_node ])
```

功能包经过编译和安装后,启动四旋翼无人机仿真,运行 Launch 文件,命令如下:

```
ros2 launch drone dronecontroller_launch.py
```

上述命令运行后,ROS 2 会启动 Gazebo 开始仿真,四旋翼无人机就会在 Gazebo 中按照控制节点的命令进行飞行,通过 Plot 3D 插件可显示四旋翼无人机的轨迹,如图 9-11所示。

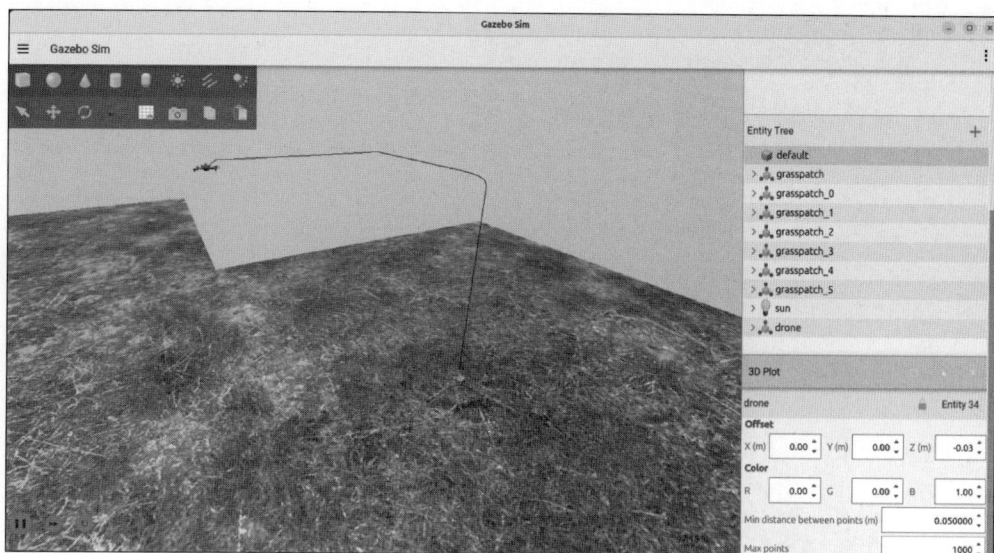

图 9-11　四旋翼无人机仿真

9.5　海面船舶仿真

船舶是一类在水面航行的机器。海面船舶仿真不仅需要对船舶进行建模,而且需要对水面进行建模。由于 Gazebo 本身对于船舶和水面的仿真支持有限,所以需要开发自定义的插件。目前 Gazebo 以第三方扩展的形式提供了水面的仿真,能够实现产生波浪的仿真效果。对于船舶的仿真,则可以通过 Gazebo 内置水动力仿真插件 Hydrodynamics 模拟船舶在水面中的受力,从而较好地对船舶进行仿真。

海面船舶仿真对于船舶设计、海洋工程、航海训练等领域具有重要意义。目前通过船舶的仿真可以研究航行控制和高效的路径规划,从而对船舶的航行性能进行优化,提高其在复杂海洋环境中的适应能力。

9.5.1　建模

图 9-12 展示了一种海面船舶模型,该船舶由两个舱体构成,左右各有一个能够转向的由发动机驱动的螺旋桨在水中产生推力,从而使船舶能够完成左右转向和前进后退运动。

SDF 建模船舶的要点如下。

(1) 添加 Thruster 插件,从而使螺旋桨能够产生推力。以下为其中的一个螺旋桨的 Thrust 插件的配置,内容如下:

```
#ros2_ws9/src/surfaceboat/sdf/wam-v.sdf
<plugin
    filename="gz-sim-thruster-system"
```

```
name="gz::sim::systems::Thruster">
<joint_name>left_engine_propeller_joint</joint_name>
<thrust_coefficient>0.004422</thrust_coefficient>
<fluid_density>1000</fluid_density>
<propeller_diameter>0.2</propeller_diameter>
<velocity_control>true</velocity_control>
</plugin>
```

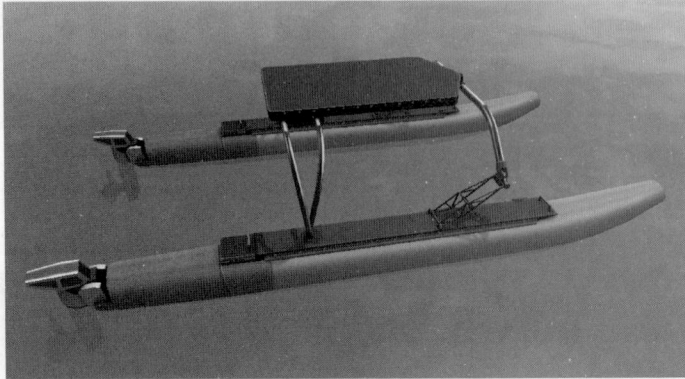

图 9-12 海面船舶模型

（2）添加关节位置控制器，用于改变螺旋桨推力的方向。以下为其中的一个螺旋桨关节控制器的配置，内容如下：

```
#ros2_ws9/src/surfaceboat/sdf/wam-v.sdf
<plugin
    filename="gz-sim-joint-position-controller-system"
    name="gz::sim::systems::JointPositionController">
    <joint_name>left_chasis_engine_joint</joint_name>
    <use_velocity_commands>true</use_velocity_commands>
    <topic>/left_cmd_pos</topic>
</plugin>
```

（3）使用第三方自定义的一个船体与水体作用的 maritime::Surface 插件，配置内容如下：

```
#ros2_ws9/src/surfaceboat/sdf/wam-v.sdf
<plugin
    filename="libSurface.so"
    name="maritime::Surface">
    <link_name>base_link</link_name>
    <hull_length>4.9</hull_length>
    <hull_radius>0.213</hull_radius>
    <fluid_level>0</fluid_level>
    <points>
      <point>0.6 1.03 0</point>
```

```
      <point>-1.4 1.03 0</point>
    </points>
    <wavefield>
      <topic>/gazebo/wavefield/parameters</topic>
    </wavefield>
</plugin>
```

（4）为船体添加水动力仿真插件 Hydrodynamics，使船体在仿真时能够遵循在液体中运动的物理规律。Hydrodynamics 插件的配置内容如下：

```
#ros2_ws9/src/surfaceboat/sdf/wam-v.sdf
<plugin filename="gz-sim-hydrodynamics-system"
    name="gz::sim::systems::Hydrodynamics">
    <link_name>base_link</link_name>
    <xDotU>0.0</xDotU>
    <yDotV>0.0</yDotV>
    <nDotR>0.0</nDotR>
    <xU>-51.3</xU>
    <xAbsU>-72.4</xAbsU>
    <yV>-40.0</yV>
    <yAbsV>0.0</yAbsV>
    <zW>-500.0</zW>
    <kP>-50.0</kP>
    <mQ>-50.0</mQ>
    <nR>-400.0</nR>
    <nAbsR>0.0</nAbsR>
</plugin>
```

9.5.2 仿真

船舶航行控制的 ROS 2 和 Gazebo 联合仿真的主要步骤如下。

1. 话题桥接

船舶的运动需要控制两个关节和两个螺旋桨，需要建立 4 个 ROS 2 到 Gazebo 话题的桥接，以及 1 个 Gazebo 到 ROS 2 的关节状态话题桥接。话题桥接的配置内容如下：

```
#ros2_ws9/src/surfaceboat/sdf/surfaceboat_bridge.yaml
- ros_topic_name: "/cmd_left_angle"
  gz_topic_name: "/left_cmd_pos"
  ros_type_name: "std_msgs/msg/Float64"
  gz_type_name: "gz.msgs.Double"
  lazy: true
  direction: ROS_TO_GZ

- ros_topic_name: "/cmd_right_angle"
  gz_topic_name: "/right_cmd_pos"
  ros_type_name: "std_msgs/msg/Float64"
  gz_type_name: "gz.msgs.Double"
```

```
    lazy: true
    direction: ROS_TO_GZ

- ros_topic_name: "/cmd_left_thrust"
  gz_topic_name: "/model/wam-v/joint/left_engine_propeller_joint/cmd_thrust"
  ros_type_name: "std_msgs/msg/Float64"
  gz_type_name: "gz.msgs.Double"
  lazy: true
  direction: ROS_TO_GZ

- ros_topic_name: "/cmd_right_thrust"
  gz_topic_name: "/model/wam-v/joint/right_engine_propeller_joint/cmd_thrust"
  ros_type_name: "std_msgs/msg/Float64"
  gz_type_name: "gz.msgs.Double"
  lazy: true
  direction: ROS_TO_GZ

- ros_topic_name: "joint_states"
  gz_topic_name: "/joint_states"
  ros_type_name: "sensor_msgs/msg/JointState"
  gz_type_name: "gz.msgs.Model"
  direction: GZ_TO_ROS
```

2. 船舶控制

船舶的运动在控制上速度的调节需要通过左右两个螺旋桨的朝向和两个螺旋桨的速度来实现,需要共计 4 个话题。船舶速度的控制方法与差速小车控制器类似,借助有限状态机来实现船舶的直行和转弯,使船舶在海面绕圈航行,控制节点的代码如下:

```python
#ros2_ws9/src/surfaceboat/surfaceboat/controller.py
import rclpy
from rclpy.node import Node
from std_msgs.msg import Float64

class BoatController(Node):
    def __init__(self):
        super().__init__('boat_publisher')
        self.la_pub = self.create_publisher(Float64, '/cmd_left_angle', 10)
        self.ra_pub = self.create_publisher(Float64, '/cmd_right_angle', 10)
        self.lt_pub = self.create_publisher(Float64, '/cmd_left_thrust', 10)
        self.rt_pub = self.create_publisher(Float64, '/cmd_right_thrust', 10)
        self.msgs=[ Float64() for i in range(4)]
        self.action='turn'
        self.timer = self.create_timer(5.0, self.publish_angle)   #每秒发布一次

    def publish_angle(self):
        self.get_logger().info(self.action)
        if self.action=='turn':
            self.msgs[0].data= 1.0
```

```
                self.msgs[1].data= 1.0
                self.msgs[2].data= 10.0
                self.msgs[3].data= 10.0
                self.action='go'
            elif self.action=='go':
                self.msgs[0].data= 0.0
                self.msgs[1].data= 0.0
                self.msgs[2].data= 100.0
                self.msgs[3].data= 100.0
                self.action='turn'
            else:
                self.msgs[0].data= 0.0
                self.msgs[1].data= 0.0
                self.msgs[2].data= 0.0
                self.msgs[3].data= 0.0

            self.la_pub.publish(self.msgs[0])
            self.ra_pub.publish(self.msgs[1])
            self.lt_pub.publish(self.msgs[2])
            self.rt_pub.publish(self.msgs[3])

def main(args=None):
    rclpy.init(args=args)
    angle_publisher = BoatController()
    rclpy.spin(angle_publisher)
    angle_publisher.destroy_node()
    rclpy.shutdown()

if __name__ == '__main__':
    main()
```

3. Launch 文件

船舶仿真的 Launch 文件用于启动仿真环境、控制节点、桥接话题等节点,代码如下:

```
#ros2_ws9/src/surfaceboat/launch/boat_launch.py
from launch import LaunchDescription
from launch.actions import IncludeLaunchDescription
from launch_ros.actions import Node
from launch.launch_description_sources import PythonLaunchDescriptionSource
from ament_index_python import get_package_share_directory
import os

print(__file__)
packagepath = get_package_share_directory('surfaceboat')
print(packagepath)
sdfdir=packagepath+'/sdf/'
print(packagepath+'/sdf/')
SDF_WORLD_PATH=sdfdir+'world.sdf'
```

```
SDF_MODEL_PATH=sdfdir+'wam-v.sdf'

#设置临时环境变量
os.environ['GZ_SIM_SYSTEM_PLUGIN_PATH']=os.environ['GZ_SIM_SYSTEM_PLUGIN_PATH']+':
'+packagepath+"/sdf"
os.environ['LD_LIBRARY_PATH']=os.environ['LD_LIBRARY_PATH']+': '+packagepath+
"/sdf"

def loadsdfmodel(sdfmodelpath):
    with open(sdfmodelpath) as f:
        robot_desc = f.read()
        #使用正则表达式替换<uri>标签内的内容
        robot_desc =robot_desc.replace('meshes',f'file://{sdfdir}meshes')
    return robot_desc

def generate_launch_description():
    #launch a gazebo world for simulation
    gazebo_launch = IncludeLaunchDescription(
        PythonLaunchDescriptionSource(
            os.path.join(
                get_package_share_directory('ros_gz_sim'),
                'launch/gz_sim.launch.py')), launch_arguments=[('gz_args', SDF_
WORLD_PATH + ' -r')])

    #add model to gazebo
    sdfmodelstr=loadsdfmodel(SDF_MODEL_PATH)
    #print(sdfmodelstr)
    addrobottogazebo=Node( package='ros_gz_sim', executable='create',
            arguments=['-world', 'surfaceboat_world', '-name', 'wam-v', '-string',
sdfmodelstr, '-x ', '0', '-y','0', '-z', '0.15'])

    #bridge gazebo msg to ros
    bridge_node=Node( package='ros_gz_bridge', executable='parameter_bridge',
            parameters=[ {'config_file':sdfdir+'surfaceboat_bridge.yaml'},])

     #publish model to ros by robot state publisher, which make robot can be seen
in rviz
    robot_state_node=Node( package='robot_state_publisher',
        executable='robot_state_publisher', name='robot_state_publisher',
        parameters =[ {' use _ sim _ time ': True}, {' robot _ description ':
sdfmodelstr}, ])

    #robot control node
    cotroller_node =Node(package='surfaceboat', executable='controller')
    return LaunchDescription([
        gazebo_launch, addrobottogazebo, bridge_node,
        robot_state_node, cotroller_node ])
```

功能包经过编译和安装后,在终端运行 Launch 文件,命令如下:

```
ros2 launch surfaceboat boat_launch.py
```

以上命令运行后,启动海面船舶仿真,如图 9-13 所示,在控制节点的命令下船舶会在海面上进行近似圆周绕圈运动,通过 Plot 3D 插件可直观地显示船舶航行的轨迹。

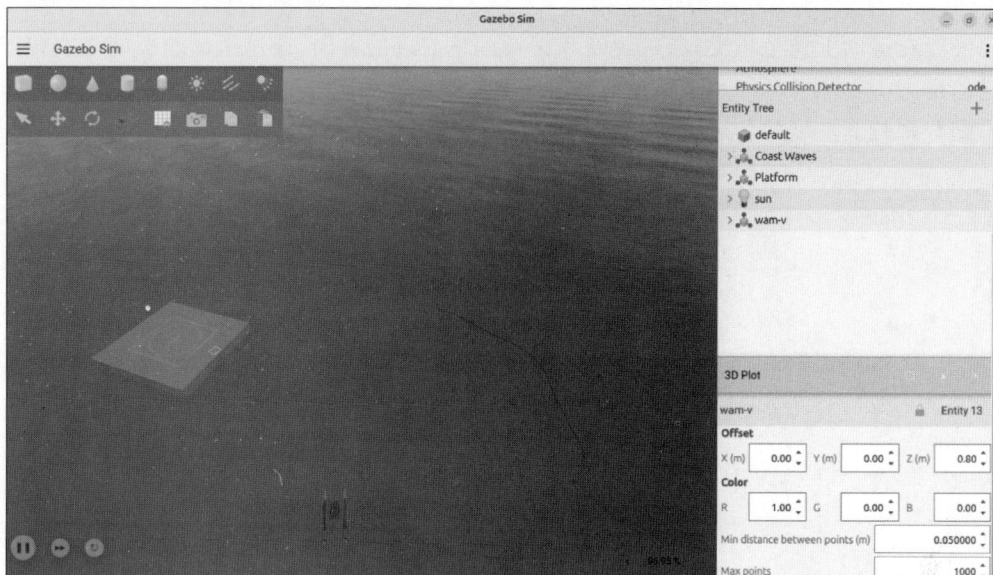

图 9-13　海面船舶仿真效果

9.6　水下潜艇仿真

潜艇作为水下的航行器,具有十分重要的用途。相较于其他地面或空中的机器人仿真,潜艇的受力比较复杂,除了重力、阻力外,还受到水的浮力。Gazebo 通过浮力插件 Buoyancy 可以模拟出一个具有浮力的仿真环境,从而支持水下潜艇(机器人)的仿真。

水下潜艇仿真在军事、海洋科学、水下工程等领域具有重要的应用价值。对于军事领域,水下潜艇仿真可以帮助军事人员进行战术训练和作战模拟,提高潜艇的作战效能。在海洋科学研究中,水下潜艇仿真可以用于模拟深海探测任务,研究海洋环境对潜艇的影响。

水下潜艇的研究重点在于实现稳定的水下航行控制和高效的路径规划。通过仿真技术,可以对潜艇的航行性能进行优化,提高其在复杂水下环境中的适应能力。

为了模拟水下环境,需要在仿真世界中添加浮力插件 Buoyancy。在 Gazebo 仿真世界的 SDF 中添加浮力插件,内容如下:

```
<plugin
    filename="gz-sim-buoyancy-system"
    name="gz::sim::systems::Buoyancy">
```

```
            <uniform_fluid_density>1000</uniform_fluid_density>
    </plugin>
```

9.6.1　建模

潜艇在运动上仿生鱼类,通过背鳍和腹鳍调整前进的方向,通过尾部的螺旋桨旋转产生前进的推力。一款开源的水下潜艇 Tethys 的建模效果如图 9-14 所示,潜艇在建模时的要点是配置影响其速度的各个关节、添加关节的控制插件,以及模拟水中阻力的物理插件。

图 9-14　水下潜艇 Tethys 模型

以下为潜艇建模中 SDF 的关键配置代码。

(1) 将潜艇的水平鳍和垂直鳍设置为关节位置控制器,内容如下:

```
#ros2_ws9/src/submarine/sdf/submarine.sdf
<plugin filename="gz-sim-joint-position-controller-system"
    name="gz::sim::systems::JointPositionController">
        <joint_name>horizontal_fins_joint</joint_name>
        <use_velocity_commands>true</use_velocity_commands>
        <topic>hfin_pos_cmd</topic>
</plugin>
<plugin filename="gz-sim-joint-position-controller-system"
    name="gz::sim::systems::JointPositionController">
        <joint_name>vertical_fins_joint</joint_name>
        <topic>vfin_pos_cmd</topic>
        <use_velocity_commands>true</use_velocity_commands>
</plugin>
```

(2) 向潜艇尾部的螺旋桨关节添加推力控制器,内容如下:

```
#ros2_ws9/src/submarine/sdf/submarine.sdf
<plugin filename="gz-sim-thruster-system"
    name="gz::sim::systems::Thruster">
        <namespace>submarine</namespace>
```

```
        <joint_name>propeller_joint</joint_name>
        <thrust_coefficient>0.004422</thrust_coefficient>
        <fluid_density>1000</fluid_density>
        <propeller_diameter>0.2</propeller_diameter>
</plugin>
```

（3）通过 LiftDragPlugin 插件向潜艇添加升力和阻力，内容如下：

```
#ros2_ws9/src/submarine/sdf/submarine.sdf
<!-- Lift and drag -->
<plugin filename="gz-sim-lift-drag-system"
     name="gz::sim::systems::LiftDrag">
        <air_density>1000</air_density>
        <cla>4.13</cla>
        <cla_stall>-1.1</cla_stall>
        <cda>0.2</cda>
        <cda_stall>0.03</cda_stall>
        <alpha_stall>0.17</alpha_stall>
        <a0>0</a0>
        <area>0.0244</area>
        <upward>0 1 0</upward>
        <forward>1 0 0</forward>
        <link_name>vertical_fins</link_name>
        <cp>0 0 0</cp>
</plugin>
<!-- Horizontal fin -->
<plugin filename="gz-sim-lift-drag-system"
     name="gz::sim::systems::LiftDrag">
        <air_density>1000</air_density>
        <cla>4.13</cla>
        <cla_stall>-1.1</cla_stall>
        <cda>0.2</cda>
        <cda_stall>0.03</cda_stall>
        <alpha_stall>0.17</alpha_stall>
        <a0>0</a0>
        <area>0.0244</area>
        <upward>0 0 1</upward>
        <forward>1 0 0</forward>
        <link_name>horizontal_fins</link_name>
        <cp>0 0 0</cp>
</plugin>
```

（4）为模型添加 Hydrodynamics 插件，使模型可以获得水动力学特性，内容如下：

```
#ros2_ws9/src/submarine/sdf/submarine.sdf
<!-- hydrodynamics plugin-->
<plugin filename="gz-sim-hydrodynamics-system"
     name="gz::sim::systems::Hydrodynamics">
        <link_name>base_link</link_name>
```

```
                    <xDotU>-4.876161</xDotU>
                    <yDotV>-126.324739</yDotV>
                    <zDotW>-126.324739</zDotW>
                    <kDotP>0</kDotP>
                    <mDotQ>-33.46</mDotQ>
                    <nDotR>-33.46</nDotR>
                    <xUabsU>-6.2282</xUabsU>
                    <xU>0</xU>
                    <yVabsV>-601.27</yVabsV>
                    <yV>0</yV>
                    <zWabsW>-601.27</zWabsW>
                    <zW>0</zW>
                    <kPabsP>-0.1916</kPabsP>
                    <kP>0</kP>
                    <mQabsQ>-632.698957</mQabsQ>
                    <mQ>0</mQ>
                    <nRabsR>-632.698957</nRabsR>
                    <nR>0</nR>
</plugin>
```

9.6.2 仿真

潜艇水下运动控制的 ROS 2 和 Gazebo 联合仿真的主要步骤如下。

1. 话题桥接

潜艇仿真时需要桥接的话题有水平鳍和垂直鳍的角度控制话题,尾部螺旋桨的推力控制话题,以及关节状态发布话题。话题桥接的配置内容如下:

```yaml
#ros2_ws9/src/submarine/sdf/submarine_bridge.yaml
- ros_topic_name: "/cmd_hfins"
  gz_topic_name: "hfin_pos_cmd"
  ros_type_name: "std_msgs/msg/Float64"
  gz_type_name: "gz.msgs.Double"
  lazy: true
  direction: ROS_TO_GZ

- ros_topic_name: "/cmd_vfins"
  gz_topic_name: "vfin_pos_cmd"
  ros_type_name: "std_msgs/msg/Float64"
  gz_type_name: "gz.msgs.Double"
  lazy: true
  direction: ROS_TO_GZ

- ros_topic_name: "/cmd_thrust"
  gz_topic_name: "/model/submarine/joint/propeller_joint/cmd_thrust"
  ros_type_name: "std_msgs/msg/Float64"
  gz_type_name: "gz.msgs.Double"
  lazy: true
```

```
            direction: ROS_TO_GZ

  - ros_topic_name: "joint_states"
    gz_topic_name: "/joint_states"
    ros_type_name: "sensor_msgs/msg/JointState"
    gz_type_name: "gz.msgs.Model"
    direction: GZ_TO_ROS
```

2. 潜艇控制

潜艇的速度通过水平鳍、垂直鳍和尾部螺旋桨的推力这 3 个参数进行控制。模拟潜艇在水中进行圆周运动，创建一个 ROS 2 的节点，只需发布恒定的推力，并将垂直鳍设置为恒定的角度，代码如下：

```python
#ros2_ws9/src/submarine/submarine/controller.py
import rclpy
from rclpy.node import Node
from std_msgs.msg import Float64

class SubmarineController(Node):
    def __init__(self):
        super().__init__('submarine_publisher')
        self.hf_pub = self.create_publisher(Float64, '/cmd_hfins', 10)
        self.vf_pub = self.create_publisher(Float64, '/cmd_vfins', 10)
        self.thrust_pub = self.create_publisher(Float64, '/cmd_thrust', 10)
        self.msgs=[Float64() for i in range(3)]
        self.timer = self.create_timer(1.0, self.loop)        #每秒发布一次

    def loop(self):
        self.msgs[0].data= 0.0
        self.msgs[1].data= 0.5
        self.msgs[2].data= -15.0
        self.hf_pub.publish(self.msgs[0])
        self.vf_pub.publish(self.msgs[1])
        self.thrust_pub.publish(self.msgs[2])
        self.get_logger().info('submarine loop!')

def main(args=None):
    rclpy.init(args=args)
    angle_publisher = SubmarineController()
    rclpy.spin(angle_publisher)
    angle_publisher.destroy_node()
    rclpy.shutdown()

if __name__ == '__main__':
    main()
```

3. Launch 文件

通过 Launch 文件启动和运行潜艇仿真的各个节点，主要有启动仿真环境、添加潜艇模

型、话题桥接和控制节点。潜艇仿真的 Launch 文件中的代码如下：

```python
#ros2_ws9/src/submarine/launch/submarine_launch.py
from launch import LaunchDescription
from launch.actions import IncludeLaunchDescription
from launch_ros.actions import Node
from launch.launch_description_sources import PythonLaunchDescriptionSource
from ament_index_python import get_package_share_directory
import os

packagepath = get_package_share_directory('submarine')
print(packagepath)
sdfdir=packagepath+'/sdf/'
print(packagepath+'/sdf/')
SDF_WORLD_PATH=sdfdir+'world.sdf'
SDF_MODEL_PATH=sdfdir+'submarine.sdf'

def loadsdfmodel(sdfmodelpath):
    with open(sdfmodelpath) as f:
        robot_desc = f.read()
        #使用正则表达式替换<uri>标签内的内容
        robot_desc =robot_desc.replace('meshes',f'file://{sdfdir}meshes')
        robot_desc =robot_desc.replace('materials',f'file://{sdfdir}materials')
    return robot_desc

def generate_launch_description():
    #launch a gazebo world for simulation
    gazebo_launch = IncludeLaunchDescription(
        PythonLaunchDescriptionSource(
            os.path.join( get_package_share_directory('ros_gz_sim'),
                'launch/gz_sim.launch.py')), launch_arguments=[('gz_args', SDF_
WORLD_PATH + ' -r' ) ])

    #add model to gazebo
    sdfmodelstr=loadsdfmodel(SDF_MODEL_PATH)
    #print(sdfmodelstr)
    addrobottogazebo=Node( package='ros_gz_sim', executable='create',
            arguments =['-world', 'submarine_world', '-name', 'submarine',
'-string', sdfmodelstr, '-x', '0', '-y', '0', '-z', '0.15' ])

    #bridge gazebo msg to ros
    bridge_node=Node( package='ros_gz_bridge', executable='parameter_bridge',
            parameters=[ {'config_file':sdfdir+'submarine_bridge.yaml'},])

    #publish model to ros by robot state publisher, which make robot can be seen
in rviz
    robot_state_node=Node( package='robot_state_publisher',
        executable='robot_state_publisher', name='robot_state_publisher',
        parameters=[ {'use_sim_time': True},
            {'robot_description': sdfmodelstr},])
```

```
#robot control node
cotroller_node =Node(package='submarine', executable='controller')
return LaunchDescription([
    gazebo_launch, addrobottogazebo,
    bridge_node, robot_state_node, cotroller_node ])
```

功能包经过编译和安装后，启动潜艇仿真，运行 Launch 文件，命令如下：

```
ros2 launch submarine submarine_launch.py
```

上述命令运行后，ROS 2 会启动 Gazebo 开始仿真，潜艇就会在 Gazebo 中按照控制节点的命令进行运动，通过 Plot 3D 插件可显示潜艇近似圆形的运行轨迹，如图 9-15 所示。

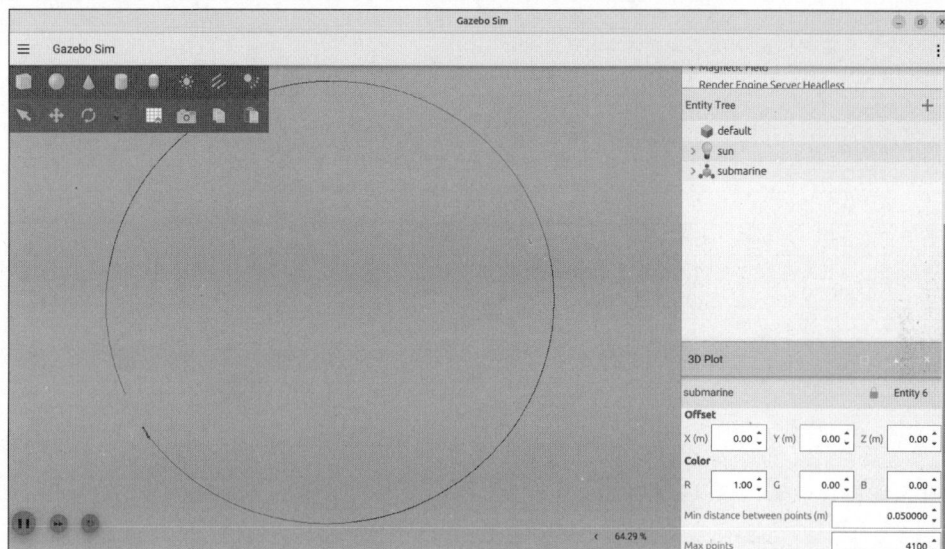

图 9-15　水下潜艇仿真效果

9.7　本章小结

本章以 Gazebo 和 ROS 2 进行机器人仿真为主要内容，对六足机器人、四足机器人、双足机器人、四旋翼无人机、海面船舶和水下潜艇等多种类型机器人的仿真流程和方法进行了详细介绍。本章通过上述多种类型的机器人仿真实例展示了 Gazebo 和 ROS 2 在机器人仿真中的强大功能，提出了一种 Gazebo 和 ROS 2 进行机器人仿真的框架，即先利用 SDF 进行环境和机器人建模，然后创建 ROS 2 功能包，在功能包里完成话题桥接的配置，控制节点的编写等内容，最后通过 Launch 文件启动各个节点进行仿真。随着机器人技术的不断发展，仿真将在机器人研发过程中变得愈加重要。通过改编和拓展本章实例，读者将能够把相关知识运用到实际的项目中，推动机器人技术的进一步发展与创新。

图书推荐

书　名	作　者
HuggingFace 自然语言处理详解——基于 BERT 中文模型的任务实战	李福林
大模型时代——智能体的崛起与应用实践(微课视频版)	王瑞平、张美航、王瑞芳 等
动手学推荐系统——基于 PyTorch 的算法实现(微课视频版)	於方仁
强化学习——从原理到实践	李福林
全解深度学习——九大核心算法	于浩文
深度学习——从零基础快速入门到项目实践	文青山
Diffusion AI 绘图模型构造与训练实战	李福林
图像识别——深度学习模型理论与实战	于浩文
Transformer 模型开发从 0 到 1——原理深入与项目实践	李瑞涛
AI 驱动下的量化策略构建(微课视频版)	江建武、季枫、梁举
LangChain 与新时代生产力——AI 应用开发之路	陆梦阳、朱剑、孙罗庚 等
玩转 OpenCV——基于 Python 的原理详解与项目实践	刘爽
ChatGPT 应用解析	崔世杰
跟我一起学深度学习	王成、黄晓辉
跟我一起学机器学习	王成、黄晓辉
深度强化学习理论与实践	龙强、章胜
语音与音乐信号处理轻松入门(基于 Python 与 PyTorch)	姚利民
轻松学数字图像处理——基于 Python 语言和 NumPy 库(微课视频版)	侯伟、马燕芹
自然语言处理——基于深度学习的理论和实践(微课视频版)	杨华 等
非线性最优化算法与实践(微课视频版)	龙强、赵克全
Java＋OpenCV 高效入门	姚利民
Java＋OpenCV 案例佳作选	姚利民
量子人工智能	金贤敏、胡俊杰
Spark 原理深入与编程实战(微课视频版)	辛立伟、张帆、张会娟
PySpark 原理深入与编程实战(微课视频版)	辛立伟、辛雨桐
ChatGPT 实践——智能聊天助手的探索与应用	戈帅
AI 芯片开发核心技术详解	吴建明、吴一昊
MLIR 编译器原理与实践	吴建明、吴一昊
编程改变生活——用 Python 提升你的能力(基础篇·微课视频版)	邢世通
编程改变生活——用 Python 提升你的能力(进阶篇·微课视频版)	邢世通
编程改变生活——用 PySide6/PyQt6 创建 GUI 程序(基础篇·微课视频版)	邢世通
编程改变生活——用 PySide6/PyQt6 创建 GUI 程序(进阶篇·微课视频版)	邢世通
编程改变生活——用 Qt 6 创建 GUI 程序(基础篇·微课视频版)	邢世通
编程改变生活——用 Qt 6 创建 GUI 程序(进阶篇·微课视频版)	邢世通
Python 量化交易实战——使用 vn.py 构建交易系统	欧阳鹏程
Python 区块链量化交易	陈林仙
Python 全栈开发——数据分析	夏正东
Unity3D 插件开发之路	陈星睿
Unity 游戏单位驱动设计	张寿昆
Unity 编辑器开发与拓展	张寿昆
Python 概率统计	李爽

图 书 推 荐

书 名	作 者
仓颉语言实战(微课视频版)	张磊
仓颉语言网络编程	张磊
仓颉语言核心编程——入门、进阶与实战	徐礼文
仓颉语言程序设计	董昱
仓颉程序设计语言	刘安战
仓颉语言元编程	张磊
仓颉语言极速入门——UI 全场景实战	张云波
HarmonyOS 移动应用开发(ArkTS 版)	刘安战、余雨萍、陈争艳 等
openEuler 操作系统管理入门	陈争艳、刘安战、贾玉祥 等
Go 语言零基础入门(微课视频版)	郭志勇
Vue＋Spring Boot 前后端分离开发实战(第 2 版·微课视频版)	贾志杰
后台管理系统实践——Vue.js＋Express.js(微课视频版)	王鸿盛
前端工程化——体系架构与基础建设(微课视频版)	李恒谦
NDK 开发与实践(入门篇·微课视频版)	蒋超
公有云安全实践(AWS 版·微课视频版)	陈涛、陈庭暄
虚拟化 KVM 极速入门	陈涛
解密 SSM——从架构到实践	鲍源野、江宇奇、饶欢欢
Node.js 全栈开发项目实践——Egg.js＋Vue.js＋uni-app＋MongoDB(微课视频版)	葛天胜
Kubernetes API Server 源码分析与扩展开发(微课视频版)	张海龙
编译器之旅——打造自己的编程语言(微课视频版)	于东亮
JavaScript 修炼之路	张云鹏、戚爱斌
精讲数据结构(Java 语言实现)	塔拉
嵌入式 C 语言实践(微课视频版)	孟皓
从数据科学看懂数字化转型——数据如何改变世界	刘通
5G 网络规划与工程实践(微课视频版)	许景渊
5G 核心网原理与实践	易飞、何宇、刘子琦
恶意代码逆向分析基础详解	刘晓阳
零基础入门 CyberChef 分析恶意样本文件	黄雪丹、任嘉妍
C++元编程与通用设计模式实现	宋炜
Spring Cloud Alibaba 微服务开发	李西明、陈立为
Spring Boot 3.0 开发实战	李西明、陈立为
Spring Boot＋Vue.js＋uni-app 全栈开发	夏运虎、姚晓峰
SageMath 程序设计	于红博
超单元法应用实践——以汽车仿真为例	成传胜
Power Query M 函数应用技巧与实战	邹慧
零基础入门 Rust-Rocket 框架	盛逸飞
深入浅出 Power Query M 语言	黄福星
深入浅出 DAX——Excel Power Pivot 和 Power BI 高效数据分析	黄福星
从 Excel 到 Python 数据分析: Pandas、xlwings、openpyxl、Matplotlib 的交互与应用	黄福星
云计算管理配置与实战	杨昌家
移动 GIS 开发与应用——基于 ArcGIS Maps SDK for Kotlin	董昱